项目名称

内蒙古自治区5种特色蒙药濒危植物资源保护与可持续利用发展体系的构建（2012BAI28B002）

第四次全国中药资源普查（内蒙古地区）

包头医学院内蒙古沙棘属药用植物资源保护与开发利用院士专家工作站（00114201）

蒙药药用植物资源保护与开发利用院士工作站（CX2014-28-1）

沙棘

李旻辉　刘　勇
廉永善　肖培根

主编

中国医药科技出版社

内容提要

　　沙棘的分布就像一条自然的丝绸之路经济带，为我们与"丝绸之路"沿线国家的合作研究与开发、经济与文化交流、生态环境保护等提供了很好的平台。本书对沙棘的起源、植物分类、地理分布做了权威阐述，同时讲述沙棘的化学成分、药理作用、提取工艺、质量控制标准，对栽培技术、采收贮存和产品研发现状提出了指导性的建议。本书适合从事沙棘等中药材研究、开发生产人员及政策研究等相关人员使用。

图书在版编目（CIP）数据

沙棘 / 李旻辉等主编 . — 北京：中国医药科技出版社，2016.7
ISBN 978-7-5067-8561-7

Ⅰ . ①沙… 　Ⅱ . ①李… 　Ⅲ . ①沙棘－研究 　Ⅳ . ① S793.6

中国版本图书馆 CIP 数据核字（2016）第 150363 号

责任编辑　于海平
美术编辑　陈君杞
版式设计　锋尚设计
出版　中国医药科技出版社
地址　北京市海淀区文慧园北路甲 22 号
邮编　100082
电话　发行：010-62227427　邮购：010-62236938
网址　www.cmstp.com
规格　710×1020mm　$\frac{1}{16}$
印张　26
字数　429 千字
版次　2016 年 7 月第 1 版
印次　2024 年 4 月第 4 次印刷
印刷　河北环京美印刷有限公司
经销　全国各地新华书店
书号　ISBN 978-7-5067-8561-7
定价　100.00 元

沙棘 SHA JI

主　编　李旻辉　刘　勇　廉永善　肖培根

副主编　张　艺　张春红　崔治家　王晓琴

编　委　（以姓氏笔画为序）

王晓琴　王艳芳　王颖莉　刘　勇
毕雅琼　李守汉　李旻辉　杨大为
苏　琨　苏本山　肖培根　宋　淼
宋晓玲　张　艺　张　娜　张　璐
张艾华　张春红　赵冬冬　崔治家
廉永善

审　阅　王文全　许瑞芳

前　言

在我的"绿药觅踪"生涯中，沙棘对我来说可谓是"情有独钟"。

这是由于早在20世纪70~80年代我在担任药物所的室主任期间，所获得有关沙棘医疗效果的重要信息最多，因而在1983年我担任药用植物资源开发研究所所长时，便把沙棘列为我所五大开发项目之首，并组织了包括植物化学、药理、栽培等30余人的团队，对沙棘开展了研究。当时着重于开发，曾试制生产了浓缩果汁、沙棘汽水等，产品也曾摆上了人民大会堂的餐桌，也获得了国家星火奖的鼓励。可惜好景不长，由于所办药厂主打的沙棘汽水每瓶仅获利一分钱，因而顺理成章地便被更为红火的"西洋参蜂王浆"所取代了。

但通过实践，使我认识到沙棘确实是一种"神奇的浆果"。它的树枝、叶、果实和种子等确实对人体健康有益，使得人们对沙棘的开发经久不衰。特别是近年来更阐明其富含强效的脂肪酸，其中$\omega-3$、$\omega-6$、$\omega-7$和$\omega-9$不饱和脂肪酸，这种组合在自然界中可谓是绝无仅有的例子，使得沙棘具有强效抗氧化功能，可广泛用于抗衰老以及防止皮肤老化的各种化妆品中。特别是沙棘中富含罕见的$\omega-7$脂肪酸，在一些动物实验和临床观察中呈现出减肥、调节脂质代谢的作用，受到了国际上的广泛关注。

更不用说大家熟知的沙棘果实富含维生素C（果实中含约600mg/100g），维生素E（果油中含300mg/100g），对心血管有良好的防治效果的沙棘黄酮类，有护眼作用的类胡萝卜素等。凡此种种，因而沙棘已被广泛用于保健饮料、运动饮料及各种食品中，并成为餐桌上的宠儿。

更为宝贵的是沙棘的生态效应，沙棘根部生长有根瘤，有很好的固氮及保持水土的作用。成年植株（13~16年）每年每公顷固氮量达179kg。因而是环境保护和修复的理想树种。沙棘林如果与禽畜混养更可以收到互利的效果。

沙棘的分布就像一条自然的丝绸之路经济带，为我们与沿线国家提供了一个理想的合作研究与开发对象。也为互利共赢和文化、经济交流提供了一个很好的平台。

　　沙棘的研究与开发有广阔的前景，但必须要做大做强，走综合利用和多种途径的路子。我十分高兴能与在沙棘属物种生物学研究中做出贡献的廉永善教授以及中药资源的新生力量李旻辉教授和刘勇教授合作这部专著，希望它能在沙棘研究开发中发挥微薄的力量。

　　请大家不吝指教。

肖培根

中国工程院院士 教授

中国医学科学院药用植物研究所 名誉所长

2016年1月15日

Preface

In my career of "Tracing the Green Medicine", I have always been fascinated by sea buckthorn.

During the period in the early 1970s and 1980s when I worked as director of pharmaceutical institute, I obtained the most important information about the medical effect of sea buckthorn. Consequently, when I served as director of the Development Institute of Medical Plant Resources in 1983, sea buckthorn was given the first priority on the list of our five development projects. In addition, a 30-person team majoring in phytochemistry, pharmacology, and cultivation was organized to carry out the research on sea buckthorn. At that time, the research was focused on the development and trial production such as concentrated juice and sea buckthorn soda which were placed on the table of the Great Hall of the People. Moreover, the research won the National Spark Award. But good scene didn't grow. The pharmaceutical plant could only get a penny profit per bottle from the key product sea buckthorn soda and naturally it was replaced by a more prosperous product—American ginseng royal jelly.

But the practice proves that sea buckthorn is indeed a kind of "magic belly". Its branch, leaf, fruit, and seed are really beneficial to our physical health, which makes the development of sea buckthorn hold enduring popularity. Especially in recent years, the research elucidates that sea buckthorn is rich in potent fatty acids, among which the combination of omega-3, 6,7 and 9 unsaturated fatty acids is unique in nature and makes sea buckthorn enjoy powerful antioxidant function. With this function, sea buckthorn can be widely used in various kinds of cosmetics which have remarkable anti-aging effects and help to delay the aging process of skin. The rare omega-7 fatty acid rich in sea buckthorn presents functions such as losing weight and adjusting lipid metabolism in some animal experiments and clinical observation, which has received widespread concern in the world.

Not to mention the well-known fact that sea buckthorn fruit is rich in vitamin C (fruit contains about 600mg/100g), vitamin E (fruit oil contains 300mg/100g), flavonoid (which has good control effect on cardiovascular diseases), carotenoid (which can protect eyes) and the like. Accordingly, sea buckthorn has been widely used in health drink, sports drink, a variety of foods and has become more popular on dining table.

What's more valuable is the ecological effect of sea buckthorn. There are nodules on the root of sea buckthorn which has the function of nitrogen fixation and soil and water conservation. The nitrogen fixation capacity of adult plants (13-16 years) is 179kg per hectare per year, which makes sea buckthorn become the ideal trees for environmental protection and restoration. The poly-culture of sea buckthorns and poultry and livestock can receive mutual benefits.

The distribution of sea buckthorn forms an economic belt just like a natural silk road, which provides an ideal object of cooperative research and development for countries along and also provides a good platform for mutual benefits, win-win progress, cultural and economic exchanges.

The research and development of sea buckthorn has broad prospect but it must take the road of comprehensive utilization and a variety of ways to make it bigger and stronger. I am very pleased to be working with Professor Lian Yongshan who dedicates himself to sea buckthorn study, Professor Li Minhui and Professor Liu Yong who represent the newborn force of traditional Chinese medicine study, hoping to play a modest role in the research and development of sea buckthorn.

Any criticism or suggestion is welcome.

Xiao Peigen

Academician of China Engineering Academy　Professor

Research Institute of Medical Plant of

Chinese Academy of Medical Sciences　Honorary Director

15, January, 2016

Предисловие

На моём пути «поиска зелённых лекарств» облепиха для меня как оазис в пустыни.

Это потому, что еще в 70-80-х годах прошлого века я пребывал на посту директора по медикаментам, получил много важной информации о лечебном эффекте облепихи, поэтому в 1983 году, когда я работал в качестве директора Института развития растительных лекарств, ставил облепиху на первое место среди пяти объектов изучения нашего института. К тому же организовал группу из 30 человек из разных областей, включая химию растений, фармакологию и растениеводство, которая занималась исследованием. В то время был сделан упор на развитие, пробовали изготовить облепиховый сгущённый сок, лимонад и т.д., продукция ставилась на стол народного собрания. Также была получена государственная премия «Огонька». К сожалению, не долго длилось счастье, поскольку прибыль с каждой бутылки облепихового лимонада составляла копейки, то облепиха была заменена более процветающим маточным молочком с пятилистным женьшенем.

Но на практике, я понимал, что облепиха действительно является «чудо ягодой». Его ветви, листья, ягоды и семена действительно полезны для здоровья человека, что заставляет людей заниматься исследованием и по сей день. Особенно в этом году было определены ее высокоэффективные жирные кислоты, ω-3,6,7 и 9 ненасыщенные жирные кислоты, эта комбинация является уникальной, и нету другого примера в природе, облепиха обладает мощной антиоксидантной функцией, что может быть широко использовано против физиологического старения, а также против старения кожи в различной косметике. Замечательно то, что облепиха богата жирной кислотой ω-7, в экспериментах и клинических наблюдениях над животными проявилась ее роль в похудении и корректировке липидного обмена, что привлекло внимание всего мира.

Как всем известно, облепиха богата витамином С

(плод содержит примерно 600мг/100г), витамином Е(фруктовое масло содержит 300mg/100g), флавоноидом, который полезен при лечении кровеносных сосудов, каротином, который для глаза и т.д. В связи с вышеуказанным, облепиха широко используется в медицинских напитках, спортивных напитках и других различных продукциях, к тому же стала неотъемлемой частью любого стола.

Более ценным является экологическое воздействие облепихи, корни облепихи обладают корневым клубеньком, что положительно влияет на фиксацию азота и сохранение почв и воды. Фиксация азота взрослых растений (13-16 лет) на гектар в год составляет 179 кг. Поэтому, облепиха – идеальное дерево для восстановления и охраны окружающей среды. Если сочетать облепиховый лес и кормление сельскохозяйственных животных, то можно получить взаимовыгодный результат.

Распределение облепихи на линии естественной экономической зоны Шелкового пути позволит нам предложить странам вдоль нее идеальный предмет для совместного исследования. Также обеспечивает хорошую платформу для взаимовыгодных культурных и экономических обменов.

Существуют большие перспективы для исследования облепихи, но необходимо развиваться семимильными шагами, и встать на путь комплексного использования различных способов. Я очень рад сотрудничать с профессором ЛяньйонШань, который предан изучению облепихи всю свою жизнь, также с профессором ЛиминьХуй, который представляет «новые силы» для китайских лекарств и профессором ЛюЙон для написания этой монографии. Надеюсь, что это будет играть хотя бы скромную роль в исследования облепихи.

Прошу всех не скупиться на комментарии.

Сяопэйгэнь

Академик Китайской Академии Проектирования

Профессор Почётный директор Института лекарственных растений

Китайской академии медицинских наук

15 января 2016г.

目 录

沙
棘

第一章

沙棘属植物的系统分类

植物经典分类是人们认识植物的一种方法和一把钥匙，它要求研究者认真地考察，分析并处理好植物居群之间分与合的关系。系统分类则应该建造一个完整而开放的信息存取系统，它既客观的反映了分类群之间的演化顺序，又能为提高对物种的认识水平、开发利用以及保护植物资源提供有效服务。沙棘属植物分类学历经了一段漫长而曲折的过程，最终取得了许多重要的成果。

沙棘属植物的分类学简史

沙棘属（*Hippophae* Linn.）由瑞典学者林奈（Linnaeus）于1753年建立[1]。当时仅包括*H. rhamnoides* Linn. 和*H. canadensis* Linn. 两个种，后者被Nuttae于1818年以其花萼和雄蕊数目等特征的不同而移置*Shepherdia* Nutt. 属下。

1825年，D. Don[2]在《尼泊尔植物志》中，描述了一个喜马拉雅种——柳叶沙棘（*H. salicifolia*）。模式标本采自尼泊尔。

1863年，D. F. L. Schlechtendaly[3]记载了一个青藏高原种——西藏沙棘（*H. tibetana*）。模式标本采自西藏。

1908和1909年，C. Servettaz[4]分别把西藏沙棘和柳叶沙棘放在鼠李沙棘（*H. rhamnoides*）种下作为亚种处理；并且把产于阿尔卑斯山的沙棘依叶子的大小划分为两个变种，*H. rhamnoides* var. *minor*和*H. rhamnoides* var. *major*。但是，这一观点并没有被大多数学者所认可。

1915和1916年，A. Rehder[5]分别依据E. H. Wilson采自四川西部的928号（Type）和Veitch的4421号标本命名了*H. rhamnoides* var. *procera*，A. Rousi（1971）认为*H. rhamnoides* var. *procera*的模式标本是一个混杂物，并按国际植物命名法规把该变种作为中国沙棘（*H. rhamnoides* subsp. *sinensis* Rousi）的基出异名。《中国植物志》的作者沿用了此观点。廉永善等先后两次到四川康定、稻城、乡城及云南中甸等地进行了考察，并对有关标本进行了比较仔细地观察对比，认为var. *procera*的确是一个混杂物，其一部分应属于中国沙棘，而分布于康定、稻城和乡城等地区的植物，植株高大、幼枝和叶片上面有明显的星状鳞毛，应为云南沙棘（*H. rhamnoides* subsp. *yunnanensis* Rousi）。

1952年，J.L.Soest[6]首次把产于欧洲的沙棘（*H. rhamnoides*）

沙棘

阿尔泰紫菀

分为两个亚种，即海滨沙棘（*H. rhamnoides* subsp. *maritima*）和溪生沙棘（*H. rhamnoide* subsp. *fluviatilis*），前者分布于海滨，后者分布于阿尔卑斯山。依据国际植物命名法规中自动名规则，A. Rousi（1971）指出了*H. rhamnoides* subsp. *maritima*在命名上的错误，并订正为*H. rhamnoides* subsp. *rhamnoides*。

1971年，A. Rousi[7]发表了专著性论文《The genus *Hippophae* Linn. A taxonomic study》。文中包括沙棘属的3个种，即柳叶沙棘、西藏沙棘和鼠李沙棘，并把鼠李沙棘分为9个亚种，其中6个亚种，包括中国沙棘（subsp. *sinensis*）、云南沙棘（subsp. *yunnanensis*）、中亚沙棘（subsp. *turkestanica*）、蒙古沙棘（subsp. *mongolica*）、高加索沙棘（subsp. *caucasia*）和喀尔巴千山沙棘（subsp. *carpatica*）为新描述的类群；并考证了林奈的早期著作，认为定名为*H. rhamnoides*的腊叶标本可能首先采自北欧海岸，指定了其模式产地为瑞典乌布萨拉的林奈植物园；还观测了部分亚种的染色体数量，生长习性，茎和刺的特性，叶序的排列，叶片的大小、形状、叶脉、气孔、毛被种类和颜色，花序和花的结构；分析了果实和种子的变异幅度；讨论了沙棘属植物的起源扩散，对沙棘属植物的分类做出了重要贡献。

1978年，中国学者刘尚武和何廷农[8]研究整理了青藏高原的沙棘，发表了《青藏高原的沙棘》一文。文中包括西藏沙棘、鼠李沙棘和肋果沙棘（*H. neurocarpa*）等3个种，并对属的特征进行了补充修订。其中肋果沙棘是他们新描述的一个具有明显特征的种。

1981年，V. I. Avdeev[9]描述了一个分布于帕米尔的新亚种（*H. rhamnoides* subsp. *pamiroalaica*），但文中没有把新亚种与沙棘属其他亚种分类群进行比较，尤其是没有与其同域分布的中亚沙棘进行比较，其特征描述也看不出与中亚沙棘有何本质的区别，我们认为此名称应是中亚沙棘的后出异名。

1983年出版的《中国植物志》52卷2分册和1986年出版的《西藏植物志》第3卷[10]，分别记述了沙棘属植物4种5亚种和4种4亚种，作者完全采用了A. Rousi的分类学观点。

早期，在研究中还出现过一些混乱名称，如*Osyris rhamnoides* Scopoli，*Rhmnoides hippophae* Moench和*Hippophae littoralis* Salisbury等。

另外，还有一些学者始终认为沙棘属只有一个种，如V. I. Avdeev（1983）和I. P. Eliseev（1983）等。这种观点显然是不符合沙棘属植物所存在的特征差异的实际状况。

1988年，廉永善发表《沙棘属的新发现》[11]一文，文中依据沙棘属植物的果皮与种皮贴合或者分离、雌雄花芽在冬季的形态结构以及各类群的地理分布等因素，在种上建立了无皮组（Sect. Ⅰ. Hippophae）和有皮组（Sect. Ⅱ. Gyantsenses）；并把江孜沙棘升级为独立种并置于有皮组之中。

2000年，廉永善[12~17]和陈学林等在进行了多次野外考察采集和全面深入研究的基础上，编写出版了专著《沙棘属植物生物学和化学》，专著分为十三章，内容涉及到沙棘属的性状演化、系统分类、种间关系、地理分布、生态生物学特性、种下类型、生长发育、有性繁育、群落结构和演替、雌雄差异、物种形成、起源扩散、天然产物化学，以及沙棘基础研究与沙棘引种育种、水土保持和耕作制度间的关系等，对沙棘属基础生物学的有关问题进行了比较全面的总结；发现并发表了1个新种和2个新亚种，即棱果沙棘（H. goniocarpa）、理塘沙棘（H. goniocarpa subsp. litangensis）和密毛肋果沙棘（H. neurocarpa subsp. stellatopilosa）。至此，以形态为标志、以进化为背景的属内分类系统日臻完善，沙棘属基础生物学的研究提高到了一个新的水平。

2003年廉永善等[18]又在四川野外考察中发现了卧龙沙棘（H. rhamnoides subsp. wolongensis）。

沙棘属的特征集要

沙棘属多为落叶乔木、小乔木或灌木，常有枝刺；植物体各器官常被星状或鳞片状鳞毛。花芽形状明显而稳定，雄花芽呈四棱状塔型、莲花瓣型、螺旋状塔型、"十"字型或卵状二裂型；雌花芽呈"十"字型、莲花瓣型、螺旋状矮塔型、卵型或卵状二裂型。单叶对生、互生或三叶轮生；叶柄短，长1~4mm。花单性，雌雄异株，先叶开放。雄花生于早落的苞腋内，无花梗，花萼几二全裂，雄蕊4枚，2枚与萼裂片互生，另2枚与之对生，花丝短，花药矩圆形。雌花单生叶腋或集成花序状，花梗短，花萼囊状，顶端2齿裂，子房上位，1心皮，1室，1胚珠，花柱微伸出。类核果（由肉质化的花萼筒包被形成，子房上位，通常含一粒种子而且形似核果），果皮膜质或薄革质，与种皮分离或贴合；种子1枚，种皮骨质。花粉粒为3或4（5）沟孔型，表面平滑或有颗粒状、疣状纹饰。染色体数2n＝24。

该属现有6种10亚种。中国产6种7亚种，其中3种5亚种为中国特有。

阿穆尔小檗

沙棘

该属植物地上部分具有旱生结构，对大气干旱忍耐力强，可以生长在年降雨量350mm以上或少于350mm但地下水或地表径流较多的地域。地下根系发达、萌蘖力强，且生有根瘤，有利改良土壤、提高土壤的氮素营养，是水保部门大力推广种植的优良树种。类核果、种子和叶子富含多类生物活性组分及营养物质，是医药工业、食品工业和饲料加工业等很好的原料作物。

沙棘属植物分类系统概览

沙棘属植物由于起源古老、分布广泛，在繁育方式上的异株授粉，并兼具营养繁殖，使得属内植物种间性状交错复杂，种内变异丰富多样，因而类群划分上存在许多困难。这里所介绍的分类系统，是廉永善等[19]学者十多年的研究成果总结，它以起源进化为背景，形态特征为标志，充分重视兼性营养繁殖方式和异体授粉所造成的性状交错以及分布地域和扩散路经。

分类系统概览

1. 无皮组Sect. Ⅰ. *Hippophae*

①. 鼠李沙棘*H. rhamnoides* Linn.

  ① a. 中国沙棘subsp. *sinensis* Rousi

  ① b. 云南沙棘subsp. *yunnanensis* Rousi

  ① c. 卧龙沙棘subsp. *wolongensis* Y.S.Lian，K. Sun et X.L.Chen

  ① d. 中亚沙棘subsp. *turkestanica* Rousi

  ① e. 蒙古沙棘subsp. *mongolica* Rousi

  ① f. 高加索沙棘subsp. *caucasia* Rousi

  ① g. 喀尔巴千山沙棘subsp. *carpatica* Rousi

  ① h. 溪生沙棘subsp. *fluviatilis* Van Soest

  ① i. 海滨沙棘subsp. *rhamnoides*

②. 柳叶沙棘*H. salicifolia* D. Don

2. 有皮组Sect. Ⅱ. *Gyantsenses* Y.S.Lian

③. 棱果沙棘*H. goniocarpa* Y.S.Lian et al. ex Swenson et Bartish

  ③ a. 理塘沙棘subsp. *litangensis*（Y.S.Lian et X.L.Chen ex Swenson et Bartish）Y.S.Lian et K. Sun

  ③ b. 棱果沙棘subsp. *goniocarpa*

④. 江孜沙棘*H. gyantsensis*（Rousi）Y. S. Lian

⑤. 肋果沙棘*H. neurocarpa* S. W. Liu et T. N. He

⑤ a. 密毛肋果沙棘subsp. *stellatopilosa* Y. S. Lian et X. L. Chen ex Swenson et Bartish

⑤ b. 肋果沙棘subsp. *neurocarpa*

⑥. 西藏沙棘*H. tibetana* Schlecht.

中国产沙棘属植物的分种（亚种）检索表

1. 果皮与种皮离生，果实成熟后其果皮易脱离种皮，种子表面有光泽；叶片披针形、宽披针形或狭披针形，叶柄长1.5～3mm（组1. 无皮组 Sect. Ⅰ *Hippophae*）

  2. 叶缘不反卷；叶下面密被毛部退化的鳞片状鳞毛，外观呈现鳞片状；枝刺通常强烈发育（①鼠李沙棘*H. rhamnoides* Linn.）

    3. 花芽较大；雄花芽明显四棱状塔型、不明显四棱状塔型或莲花瓣型；雌花芽十字型、近十字型、卵状二裂型或轮生型；花在花芽中对生、近对生或者轮生；大多数果实纵径长小于或等于横径长。

      4. 雄花芽呈明显的四棱状塔型或不明显四棱状塔型；雌花芽十字型、近十字型或卵状二裂型；叶对生、近对生，或至少有部分对生或近对生，边缘通常平直，叶柄长1.5～3mm；果实较大，纵径和横径通常大于6mm，果梗长1～2.5mm。

        5. 雄花芽呈明显的四棱状塔型，雌花芽十字型；叶片大多数对生或近对生，叶柄长1.5～3mm，叶上面中脉间断凹陷，叶背面被白色鳞片状鳞毛或有少量锈色鳞片状鳞毛；当年生枝条较坚挺；类核果多橙红色，果皮与种皮容易分离；种子不呈扁平状……………①a.中国沙棘（亚种）subsp. *sinensis*

        5. 雄花芽呈不明显四棱状塔型；雌花芽近十字型或三棱状或卵状二裂型；叶片大多数互生，叶柄长1～1.5（2）mm，叶上面中脉凹陷直达顶端，叶背面有多数锈色鳞片状鳞毛；当年生枝条柔软；类核果多黄色，果皮与种皮有时脱离困难；种子通常稍扁平…………①b.云南沙棘（亚种）subsp. *yunnanensis*

艾蒿

4. 雄花芽呈莲花瓣型，雌花芽轮生型；叶互生，边缘多少呈明显的波状，波谷常向背面稍反折，叶柄长2～4mm；类核果明显较小，纵径和横径通常小于6mm，果梗长达3～5mm···①c.卧龙沙棘subsp. *wolongensis*

3. 花芽较小；花在花芽中螺旋状着生；大多数果实纵径长大于横径长。

   6. 枝条表面呈银白色，刺较多且常有分枝；叶片较窄，宽2～4（5）mm，两面常呈银白色；果梗长3～4（7）mm……………………………………………………①d.中亚沙棘（亚种）subsp. *turkestanica*

   6. 枝条表面不呈银白色，刺较少且不分枝；叶片较宽，宽（3）4～8mm，上表面通常绿色，下表面银白色；果梗长1～4mm……………………①e.蒙古沙棘（亚种）subsp. *mongolica*

2. 叶缘通常反卷；叶下面密被星状鳞毛或毛部发达的鳞片状鳞毛，外观呈现毡绒状；枝刺发育微弱…………………………②.柳叶沙棘 *H. salicifolia*

1. 果皮与种皮贴合，类核果成熟后果皮紧包种子，表面无光泽；叶片条形或近条形，叶柄长≤1（2）mm（组2. 有皮组Sect. Ⅱ. *Gyantsenses* Lian）

7. 植株较高大，达1.5～8m；枝条开展；类核果黄色、杏黄色、深橘红色或乌棕色，顶端无星芒状纹饰或不规则六角形黑色斑块；果实和种子有5～7条纵棱。

   8. 植株高5～8m，成年树冠顶部不呈平台状；枝条柔软，当年生枝褐黄色、红棕色或深褐色；类核果黄色、杏黄色或深橘红色，卵圆形或圆柱形，汁液丰富；种子卵圆形或长卵圆形，稍扁，具6或3～5条纵棱。

     9. 雄花芽十字型，雌花芽近十字型（卵形二裂，裂缝中可见到第二对鳞片）；类核果杏黄色或深橘红色，果棱不成翅状；种子长卵形，具3～5条不明显的纵棱（③.棱果沙棘 *H. goniocarpa*）。

      10. 幼枝和叶片下面密被星状鳞毛，叶缘通常明显反卷，中脉在叶上面凹陷，形成明显的纵沟；类核果橘红色或深橘红色，长6～7.6mm，宽4.5～5.3mm，长/宽为1.4……………………………………………③a.理塘沙棘（亚种）subsp. *litangensis*

      10. 幼枝和叶片下面密被鳞片状鳞毛，叶缘通常平展，绝不明显反卷，中脉在叶上面凹陷，其纵沟较浅或近平坦；类核果杏黄色或禾杆色，长（5.5）6～10mm，宽（3.5）4～5.9mm，长/宽为（1.26）1.45～2.1………③b.棱果沙棘（亚种）subsp. *goniocarpa*

9. 雌、雄花芽均为卵型，类核果黄色，纵棱发达，几成翅状；种子平凸，具6条纵棱，近两面体型…………………………………………………④.江孜沙棘*H. gyantsensis*

8. 植株高1～3.5m；成年树冠顶部通常呈平台状；枝条坚挺，当年生枝灰白色；类核果乌棕色或微橘黄色，呈弯曲的棱柱状，汁液少或很少；种子棱柱状，一头较细，具5～7条纵棱（⑤. 肋果沙棘*H. neurocarpa*）。

11. 幼枝和叶片下面密被星状鳞毛，叶缘通常明显反卷，中脉在叶上面凹陷，形成明显的纵沟；类核果橘黄色或黄褐色，长5.6～6.5mm，宽2.5～3.1mm，长/宽为2.1…………………………………⑤a.密毛肋果沙棘（亚种）subsp. *stellatopilosa*

11. 幼枝和叶片下面密被鳞片状鳞毛；叶缘通常平展，绝不明显反卷，中脉在叶上面凹陷，其纵沟较浅或近平坦；类核果棕黑色，长7.8～8.4 mm，宽2.8～3.3mm，长/宽为2.5……………………………⑤b.肋果沙棘（亚种）subsp. *neurocarpa*

7. 植株矮小，高7～60（80）cm；枝条上指，常呈扫帚状；类核果橘黄色或橘红色，顶端具（5）6（9）条棕黑色星芒状纹饰或者不规则六角形黑色斑块；果实和种子无纵棱…………………………………………………⑥.西藏沙棘*H. tibetana*

中国产沙棘属植物各类群特征简述

组1. 无皮组

Sect. I. *Hippophae*

果皮与种皮相互分离，类核果成熟后其果皮易脱离种皮，且种子表面具光泽，是这个组植物的标志性特征。

该组植物分布范围广，从喜马拉雅山南坡的高山峡谷区到辽阔的亚欧温带地区；分布海拔（0）800～3500（4200）m之间。从生态角度看，该组植物有向耐旱性发展的趋势。这个组可能出现较早，是比较原始的一群。

白桦

沙棘

①.**鼠李沙棘**

H. rhamnoides Linn. Sp. Pl. 1023. 1753.

该种是沙棘属的模式种，但世界各国都未曾发现由林奈定名的模式标本，这给正确定名带来一定困难，所以过去很长一个时期分类学者简单地把世界各地的标本，均定名为一个种，并认为沙棘属只有一个种，也很少进行深入研究。1971年芬兰学者A. Rousi对沙棘属特别是鼠李沙棘做了详细研究，认为林奈定名的沙棘应为欧洲北部海滨植物，因此后选模式标本产地为瑞典乌布萨拉的林奈植物园。A. Rousi把鼠李沙棘划分为9个亚种，中国产5亚种。其中江孜沙棘亚种被廉永善于1988年提升为1个独立种，但廉永善等在2003年又在四川发现发表了一个新亚种卧龙沙棘。

该种现有9个亚种，中国分布有5个。

①a. **中国沙棘**（亚种）酸刺（甘肃、内蒙古）、黑刺（青海）、黄酸刺、酸刺柳（陕西）、醋柳（山西）图1-1：5-9

Hippophae rhamnoides Linn. subsp. *sinensis* Rousi in Ann. Bot. Fen. 8:212. F. 22. 1971.

落叶乔木、小乔木或灌木，高1.5～18m；枝条坚挺，枝刺较多且粗壮；嫩枝褐绿色，在干燥的河滩砾石地上有时呈灰褐色，老枝灰黑色或深褐色。叶通常对生或近对生，亦同时兼有互生或三叶轮生的，叶片披针形至狭披针形，长30～80mm，宽4～10（12）mm，叶上面中脉凹陷较浅而窄，下面密被银白色鳞片状鳞毛，有时杂生少量的锈色鳞片状鳞毛或毛部发达的鳞片状鳞毛；叶柄长1.5～3mm。花芽大，雄花芽呈四棱状塔型，雌花芽"十"字型；花在花芽中对生或者近对生。类核果黄色、橘红色或深橘红色，近球形，径长（3）4～8（10）mm；果柄长1～1.5 mm。种子椭圆形至倒长卵形，有时稍扁，长2～4.5mm，深褐色、褐红色、紫黑色或黑色，具光泽。花期4～5月，果熟期9～10月。

产自西藏东南部、四川西部、青海、甘肃、陕西、山西、宁夏、内蒙古、河北、北京（西部山区有零星分布）及辽宁、吉林等省区（辽宁、吉林等为引种栽培）；生长于海拔400～3100m（3900m）的河滩或山坡，多生砾石地、沙壤土或黄土上，中国黄土高原区极为普遍。模式标本采自山西省交城，系中国特有种。

该亚种是中国沙棘事业的主要物质基础，由于其分布区范围广、环境复杂多变及本身兼行营养繁殖，其种下类型相当丰富，从形态特征到其内含活性物质组成，其变异幅度都很大；并且类核果中维生素C含量明显较高（297～1967mg/100g），给选种育种、开发利用提供了广阔的前景。

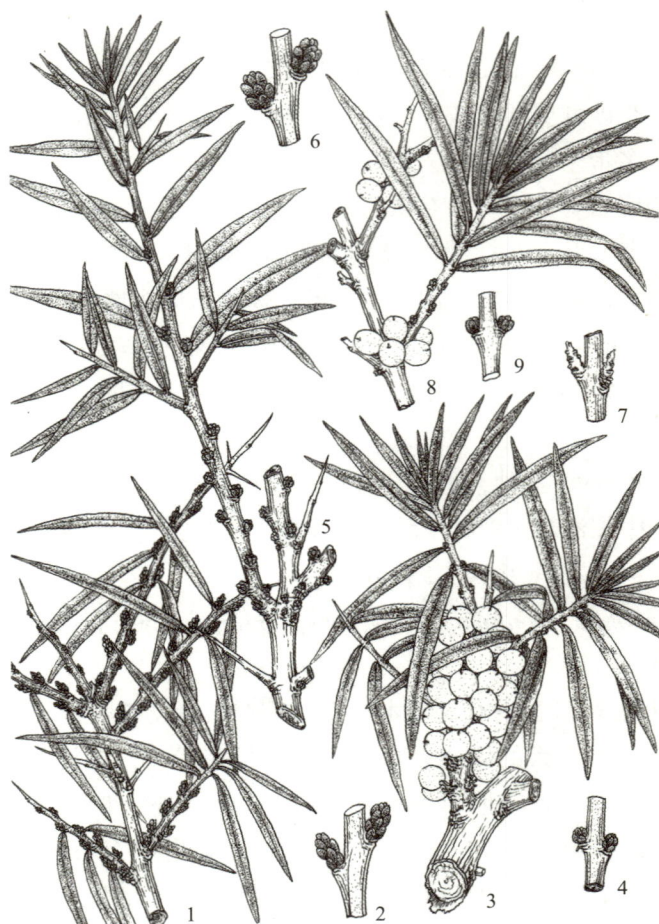

图 1-1

1-4. 中亚沙棘 *Hippophae rhamnoides* L. subsp. *turkestanica* Rousi，1. 雄株花枝；2. 雄性花芽；3. 雌性果枝；4. 雌性花芽。5-9. 中国沙棘 *Hippophae rhamnoides* Linn. subsp. *sinensis* Rousi，5. 雄株花枝；6. 雄性花芽；7. 雄花序残遗物；8. 雌性果枝；9. 雌花芽（白建鲁绘）

① b. 云南沙棘（亚种）

Hippophae rhamnoides Linn. subsp. ***yunnanensis*** Rousi in Ann. Bot. Fennici，8: 213. F. 23. 1971.

　　落叶乔木或小乔木，高5~23m，直径可达1m以上；枝条柔软或具软刺，幼枝密被锈色鳞片状鳞毛。叶多互生，披针形，长4.3~5.3cm，宽0.6~1.4cm，基部最宽，中脉在上面凹陷直达顶端，沟槽较宽而深，叶片下面被较多且较大的锈色鳞片状鳞毛；叶柄长1~1.5（2）mm。雄花芽呈不明显的四棱状塔型，雌花芽近十字型

或卵状二裂型；花在花芽中对生或者近对生。类核果黄色或橘黄色，近圆球形，径长5～7mm；果梗长1～2mm。种子倒阔椭圆形至倒卵形，有光泽，稍扁，长3～4mm。花期4月，果熟期9～10月。

产自西藏拉萨以东、云南西北部、四川宝兴、康定以南地区和青海（都兰）；生长于海拔（1000）2200～3700（4000）m的山谷沟底、干涸河谷沙地、石砾地或山脚林中。模式标本采自云南省中甸县。

① c. 卧龙沙棘（亚种）图1-2：1-7

Hippophae rhamnoides Linn. subsp. *wolongensis* Y.S.Lian，K. Sun et X.L.Chen in Novon 13（2）:200-202. 2003.

落叶小乔木，高（3）4～7m。一年生枝条柔软，棕褐色，通常稍镰状弯曲，表面呈细条纹状，密生污褐色鳞片状鳞毛；老枝深褐色。叶互生、极少近对生；叶片椭圆状披针形，长50～85mm，宽6～16mm，先端急尖至渐尖，基部楔形至宽楔形，有时稍偏斜，叶缘多少呈明显地波状，波谷常向背面反折，上面鳞片早落而呈深绿色，下面密被银灰色鳞片状鳞毛并常杂生有红褐色鳞片状鳞毛；中脉在叶上面明显凹陷直达叶尖，在下面隆起并密被红褐色鳞片状鳞毛而非常清晰；叶柄长2～4mm，亦密被红褐色鳞片状鳞毛。芽鳞密被红褐色鳞片状鳞毛，近等长，雄花芽有芽鳞5～11个，呈莲花瓣状着生，雌花芽芽鳞5～7个，轮生状。类核果鲜黄色，近圆形，纵径小于横径，纵径长4～5.5（6）mm，横径长（4.5）5～6（7）mm，纵横比值为0.7～0.9，每百粒体积5.5～12cm^3，表面被红褐色鳞片状鳞毛；果柄长3～5mm。种子倒卵状矩圆形，长3～4mm，宽约1.5mm，先端具小尖，褐色，表面具光泽。果熟期10月初。

产自四川（汶川县和茂县）；生长于海拔1920～1940m的山坡沙棘林中或河岸林中。模式标本采自四川省汶川县卧龙。

该亚种最近缘于中国沙棘和云南沙棘，但其叶片的长、宽和叶柄的长度均可以超出中国沙棘和其亚种云南沙棘的变幅上限，叶边缘多呈明显地波状，波谷常向背面反折；果柄长达3～5mm；芽鳞近等长，雄花芽有芽鳞5～11个，呈莲花瓣状排列，雌花芽有芽鳞3～5个，轮生状；类核果和种子明显较小，而区别于中国沙棘和云南沙棘。除此之外，与中国沙棘（亚种）相比其嫩枝表面带红褐色，枝条比较柔软，表面具多数细条纹并且叶片互生；与云南沙棘（亚种）相比，嫩枝上仅被鳞片状鳞毛而无星状鳞毛，叶柄和果柄明显较长。

① d. 中亚沙棘（亚种）图1-1：1-4

Hippophae rhamnoides Linn. subsp. *turkestanica* Rousi in Ann. Bot. Fennici 8:

图 1-2

卧龙沙棘 *Hippophae rhamnoides* Linn. subsp. *wolongensis* Y.S.Lian. K. Sun et X.L.Chen，1. 雌性果枝；2. 雌花芽；3. 种子；4. 雄株花枝；5. 雄性花芽；6. 叶子的基部；7. 鳞片和鳞毛（白建鲁绘）

208. F. 19. 1971.

落叶小乔木或灌木，高5~6m，稀达15m；嫩枝密被银白色鳞片状鳞毛，一年后鳞毛脱落，枝条呈灰白色，枝刺较多且常有分枝；老枝树皮剥裂。叶互生，少有对生者，叶片狭披针形，长15~45（80）mm，宽2~4（8）mm，两面银白色，密被鳞片状鳞毛（稀上面绿色）；叶柄长1.5~3mm。花芽较小，呈螺旋状塔形；花螺旋状着生。类核果橘红色或橘黄色，极少黄色者，阔椭圆形、倒卵形或球形，通常纵径大于横径，纵径长5~9（11）mm，横径长3~4（8）mm；果柄长3~6mm。种子形状变异大，红棕色或褐色，常稍扁，具光泽，长

2.8～4.2mm。花期5月，果熟期9～10月。

产自西藏北部、新疆、甘肃（肃北党河河谷，海拔1200～1700m），常见于河漫滩，海拔600～4200m。印度北部（Lahaul-Spiti）、克什米尔地区、兴都库什山、塔吉克斯坦、吉尔吉斯斯坦、哈萨克斯坦、乌兹别克、阿富汗西部及蒙古西部有分布。模式标本采自哈萨克斯坦。

该亚种的花芽呈螺旋状排列，显然与欧洲的几个亚种近缘，很可能欧洲的几个亚种是由该亚种逐次演化而形成的。

① e. 蒙古沙棘（亚种）

Hippophae rhamnoides Linn. subsp. ***mongolica*** Rousi in Ann. Bot. Fennici 8:210. F. 21. 1971.

落叶灌木，高2～6m，在高山区矮化或呈匍匐状；幼枝灰色或褐色；老枝粗壮，褐色，枝刺长，通常不分枝。叶互生，长40～60mm，宽5～8mm，最宽处通常在中部以上，上表面通常绿色，下表面银白色，先端钝尖；叶柄短，长约1.5mm。花螺旋状着生，呈塔形。类核果橘红色、橘黄色或深橘红色，极少黄色，圆球形或近圆球形，纵径长6～9mm，横径长5～8mm；果柄长1～4mm。种子椭圆形，稍扁压，具光泽。

产自新疆阿尔泰山区（青河县）；生长于海拔420～1250m的河漫滩。蒙古（西部），哈萨克斯坦（东部）和俄罗斯（阿尔泰至贝加尔湖以东地区）有分布。模式标本采自蒙古。该种生长期较短，抗寒性较强。

②. 柳叶沙棘

Hippophae salicifolia D.Don，Prodr. Fl. Nepal. 68. 1825.

落叶小乔木或灌木，高3～5m，有时高达10m以上。枝条纤细，少刺或无刺，密被褐色鳞片状鳞毛并散生淡白色星状鳞毛，老枝灰棕色。叶披针形，长（30）45～80（90）mm，宽6～10mm，边缘通常反卷，上面散生白色星状短柔毛，下面密被星状鳞毛和少量毛部比较长的鳞片状鳞毛，外观呈现毡绒状；叶柄长约2mm。类核果近球形，黄色、橘黄色或橘红色，径长6～8mm；果梗长约1mm。种子倒阔椭圆形，长5.5 mm，宽约3.2 mm，具光泽。花期6月，果熟期10月。

产自西藏（错那、亚东、吉隆）；生长于海拔（2200）2800～3700m的高山峡谷山坡疏林中或林缘及河谷。另外，在不丹，尼泊尔，锡金，印度和克什米尔地区也有分布。模式标本采自尼泊尔。

该种为喜马拉雅地区特有种，也是沙棘属的原始类群。

据于倬德等报道，在尼泊尔的Lete地区生长有树龄约300年且大面积的天然柳叶沙棘原始林。

组2. 有皮组

Sect. Ⅱ. *Gyantsenses* Y. S. Lian 植物分类学报，26（3）:235.1988.

该组以果皮与种皮贴合，果实成熟后果皮紧包种子，其表面无光泽而区别于组1。江孜沙棘*H. gyantsensis*（Rousi）Lian是该组的模式种。

该组植物的叶柄通常长不逾1mm，叶片多近条形；雌雄花芽为卵状或卵状二裂；类核果表面具纵棱或有星状、星芒状纹饰；集中分布于海拔（2500）3000~5200m的青藏高原及边缘地区。从生态学角度看，该组植物有向矮小、耐寒性发展的趋势，显然是伴随着喜马拉雅山脉上升而出现的，是比较进化的一群。

③. 棱果沙棘 图1-3：1-6

Hippophae goniocarpa Y. S. Lian et al. ex Swenson et Bartish in Syst. Bot. 27（1）:41–54. 2002.

落叶灌木或小乔木，高（3）4~7m。一年生，枝条柔软，淡褐色，通常镰状弯曲，先端刺状，密被白色星状鳞毛或褐色鳞片状鳞毛；老枝黑褐色或深褐色。叶互生、近对生或对生，稀三叶轮生；叶片窄披针形、披针状条形、近条形或窄条形，长20~57mm，宽2.5~7mm，先端渐尖，基部楔形或宽楔形，叶缘平展或反卷，上面绿色，嫩时被白色鳞片状鳞毛或被星状鳞毛，以后脱落，下面密被白色星状鳞毛或鳞片状鳞毛，或仅在叶缘或中脉上混生极少数褐色鳞片状鳞毛；中脉在叶上面凹陷；叶柄长1~2.5mm。雄花芽"十"字型，稀三棱状，雌花芽近"十"字型，即卵形二裂，其第二对芽鳞明显可见；花被片外面密被锈色鳞片状鳞毛。类核果橘红色、深橘红色、禾杆色或杏黄色，汁液丰富，圆柱状或短圆柱状，纵径长（5.5）6~7（10）mm，横径长（3.5）4.5~5.3（5.9）mm，纵横比值为（1.26）1.4~2.1，常具5~7条纵棱；果柄长0.9~1.2 mm。种子暗褐色，倒卵状矩圆形，稍扁，长4~6（7）mm，宽1.8~2.7mm，基部稍稍向内弯曲，具不明显3~5条纵棱；果皮与种皮贴合，有时上部彼此分离而种子表面具光泽。果熟期10月初。

该种虽然有一些特征，例如：花芽呈"十"字型或近"十"字型，果皮与种皮有时在其上部脱离而种子部分表面具光泽，相似于中国沙

白芷

图 1-3

1–6. 棱果沙棘 *H. goniocarpa* Y.S.Lian et al. ex Swenson et Bartish，1. 雌株果枝；2. 雌性花芽；3. 叶下表面；
4. 叶上表面；5. 类核果；6. 种子（带果皮）。7–14. 理塘沙棘 *H. goniocarpa* subsp. *litangensis*（Y.S.Lian et
X.L.Chen ex Swenson et Bartish）Y.S.Lian et K. Sun，7. 雄株花枝；8. 雄性花芽；9. 叶上表面；10. 叶下表面；
11. 星状鳞毛；12. 雌株果枝；13. 类核果；14. 种子（带果皮）（白建鲁绘）

棘和云南沙棘。在某种程度上，它把无皮组和有皮组联系了起来。但是，棱果沙棘的类核果圆柱状，具5～7条纵棱，通常果皮与种皮贴合而不分离，种子表面无光泽等基本性状特征和生态环境更近似于江孜沙棘和肋果沙棘，所以该种隶属于有皮组。

该种现有2个亚种。

③ a. **理塘沙棘**（亚种）图1-3：7-14

Hippophae goniocarpa Y. S. Lian et al. ex Swenson et Bartish subsp. ***litangensis***（Y. S. Lian et X. L. Chen ex Swenson et Bartish）Y. S. Lian et K. Sun, in Bot. Jour. Linn. Soc. 142:425–430. 2003.

该亚种幼嫩枝条密被白色星状鳞毛。叶片窄条形、近条形或披针状条形，幼时上面被星状鳞毛和较稀疏的鳞片状鳞毛，以后很快脱落，下面密被白色星状鳞毛或仅在叶缘或中脉混生极少数褐色鳞片状鳞毛，叶缘通常明显反卷，中脉在叶上面凹陷，形成明显的纵沟。类核果短圆柱状，长6～7.6mm，宽4.5～5.3 mm，长为宽的1.4倍，类核果成熟时橘红色或深橘红色，纵棱不显著。

产自四川省（理塘县）；生长于海拔3400～3800m的沟谷阶地，常与密毛肋果沙棘和云南沙棘生长在同一地段形成单纯的沙棘灌丛。模式标本采自四川理塘甲洼。

③ b. **棱果沙棘**（亚种）图1-3：1-6

Hippophae goniocarpa Y.S.Lian et al. ex Swenson et Bartish subsp. ***goniocarpa***

该亚种与理塘沙棘的区别在于：幼嫩枝条密被褐色鳞片状鳞毛、稀疏的长柔毛和少量星状鳞毛。叶片窄披针形、披针状条形或近条形，嫩时上面被白色鳞片状鳞毛，后逐渐脱落，下面密被白色鳞片状鳞毛或杂生少量褐色鳞片状鳞毛，叶缘通常平展，呈不明显反卷，中脉在叶上面凹陷成沟，但向顶端变浅或几近平坦。类核果圆柱状，通直，纵径长（5.5）6～10mm，横径长（3.5）4～5.9mm，长为宽的（1.26）1.45～2.1倍，类核果成熟时禾杆色、杏黄色或橘红色，表面被稀疏的白色鳞片状鳞毛。

产自四川（松潘县和红原县）、青海（祁连县）和甘肃（肃南县）；生长于海拔2700～3650m的山坡或河漫滩。模式标本采自四川松潘。

百里香

沙棘

图 1-4

1-7. 肋果沙棘 *H. neurocarpa* S. W. Liu et T. N. He，1. 雌株果枝；2. 雌性花芽；3. 雄花；4. 雄株花枝；5. 雄性花芽；6. 类核果；7. 雌花。8-9. 江孜沙棘 *Hippophae gyantsensis*（Rousi）Y.S.Lian，8. 雌株果枝；9. 雌性花芽（白建鲁绘）

④. **江孜沙棘** 图1-4：8-9

Hippophae gyantsensis（Rousi）Y.S.Lian，植物分类学报，Vol.26（3）：236.1988.

落叶乔木，高5～18m。枝条柔软，当年生枝褐黄色，被棕红色的盾状鳞片或混生星状鳞毛。叶互生，叶片条状矩圆形、条状披针形或近条形，长3～5.5cm，宽1.5～5mm，下面密被鳞片状鳞毛或混生星状鳞毛；叶柄短于1mm。雌雄花芽。

卵形或卵形二裂。类核果黄色，椭圆形，长4～7mm，宽3～5mm，具6条纵棱；果柄长约1mm。种子为果皮包被而表面无光泽，近两面体形，一面平，一面凸，具6条纵棱，长4.5～5mm，宽约3mm。果熟期9～10月。

产自西藏（定日、拉孜、江孜、拉萨、错那、八宿等县）；生长于海拔2970～4300m的河床石砾地或河漫滩。另外锡金也有分布。模式标本采自西藏自治区江孜县。

⑤. **肋果沙棘**图1-4：1-7

Hippophae neurocarpa S. W. Liu et T. N. He in Act. Phytotax. Sinica 16（2）:107. 1978.

落叶灌木，高1～4.5m。当年生枝灰白色，幼枝被鳞片状鳞毛或星状鳞毛，枝条坚挺密集，成年树冠顶端呈平台状；枝刺粗硬。叶片互生，条形或近条形，长2～6（8）cm，宽1.5～5mm，上面绿色，幼时被鳞片状鳞毛和少量的星状鳞毛，或密被白色星状鳞毛，有时混生少量鳞片状鳞毛，然后脱落，下面密被鳞片状鳞毛和极少量星状鳞毛，或密被白色星状鳞毛而仅在中脉和边缘有褐色鳞片状鳞毛，叶缘平展或反卷，中脉在叶上面凹陷；叶柄长约1mm。雌雄花芽均呈卵形或卵形二裂，簇生于当年生枝基部。类核果柱状，弯曲，具（5）6（7）条纵肋，亮黑色或暗绿色至浅稻黄色，密被银白色鳞片状鳞毛，长4～8（9）mm，直径3～4mm；果皮与种皮相互贴生，不易脱离。种子黄褐色，圆柱状，一头粗、一头细。果熟期9～10月。

该种有2个亚种。

⑤a.**密毛肋果沙棘**（亚种）图1-5：1-10

Hippophae neurocarpa S.W.Liu et T.N.He subsp. ***stellatopilosa*** Y.S.Lian et al. ex Swenson et Bartish in Syst. Bot. 27（1）:41–54.2002.

该亚种植株高1.5～4.5m，幼枝密被白色星状鳞毛；叶窄条形，上面绿色，幼嫩时密被白色星状鳞毛，然后逐渐脱落，有时混生少量鳞片状鳞毛，下面密被白色星状长鳞毛或有时沿叶缘和中脉杂生少量

图 1-5

密 毛 肋 果 沙 棘 *Hippophae neurocarpa* S.W.Liu et T.N.He subsp. *stellatopilosa* Y.S.Lian et al.ex Swenson et Bartish，1. 雄株花枝；2. 叶片；3. 叶上表面；4. 叶下表面；5. 星状鳞毛；6. 雄性花芽；7. 雌株果枝；8. 类核果；9. 鳞片状鳞毛；10. 星状鳞毛（白建鲁绘）

褐色鳞片状鳞毛，叶缘通常明显反卷，中脉在叶上面凹陷，形成明显的纵沟；类核果较短，蜡黄色或淡黄色，纵径长5.6～6.5mm，横径长2.5～3.1mm，长仅为宽的2.1倍。

产自四川（稻城、理塘）、西藏（江达、八宿、左贡、芒康、类乌齐和拉萨）和青海（囊谦、玉树、治多）；生长于海拔3400～4400m的河滩灌丛或高山草甸。模式标本采自四川省理塘县。

⑤ b. **肋果沙棘**（亚种）图1-4：1-7

Hippophae neurocarpa S.W.Liu et T.N.He subsp. ***neurocarpa***

该亚种与密毛肋果沙棘不同在于：植株高1～3.5m，嫩枝密被鳞片状鳞毛并混生有稀疏的柔毛；幼时叶上面被鳞片状鳞毛和少量的星状鳞毛，然后逐渐脱落，下面密被白色鳞片状鳞毛或有时沿叶缘和中脉杂生少量的柔毛，叶缘通常平展，绝不明显反卷，中脉在叶上面凹陷成纵沟，但向顶端变浅或几近平坦；类核果鳞片状鳞毛脱落后呈现亮黑色或暗褐色，纵径长7.8～8.4mm，横径长2.8～3.3mm，长为宽的2.5倍。

产自四川、青海、甘肃和西藏；生长于海拔2900～3650m的河谷、阶地或河漫滩，常形成灌木林。模式标本采自青海省河南县。

⑥. **西藏沙棘**图1-6：1-8

Hippophae tibetana Schlechtend. in Linnaea 32:296. 1863.

矮小灌木，高8～60（100）cm；枝条上指，整体呈扫帚状。叶片3枚轮生，稀对生，条形，长10～25mm，宽2～3.5mm，下面密被银白色鳞片状鳞毛，或杂生少数锈色鳞片状鳞毛。雌雄花芽呈卵形或卵形二裂。类核果圆球形或矩圆形，黄色、橘红色或暗橘红色，纵径长8～13mm，横径长6～10mm，顶端具黑色星状斑块或者有（5）6（9）条棕黑色星芒状纹饰；果柄长约1mm。果皮与种皮结合，表面无光泽，长卵形，稍扁压。果熟期8～9月。种子含油量约达18%。

产自西藏、四川、青海和甘肃；生长于海拔（2800）3000～5200m的高山草地及河漫滩。另外在锡金、尼泊尔、印度（Spiti）有分布。模式标本采自西藏自治区。

薄荷

沙棘

20

图 1-6

西藏沙棘 *Hippophae tibetana* Schlechtend，1. 雄株花枝；2. 雄性花芽；3. 雄花；4. 雌株果枝；5. 雌性花芽；6. 雌花；7. 类核果；8. 营养芽（白建鲁绘）

参考文献

[1] Linnaeus, C.Sp.Pl.1023.1753.

[2] D.Don, Prodr.Fl.Nepal. 68.1825.

[3] Von Schlechtendal D.F.L.Linnaea.1863，32:296.

[4] Serveltaz, C.in Bull.Herb.Boiss.Serv.2，8:387.1908 et Bot. Centralbl. Beih. 1909，25:18.

[5] Rehder, A.in Bailey, Standard Cycl. Hort. 3:1495 (sine descrip. Latina). 1915 et in Sarg. P1. Wils. 1916，2:409.

[6] Van Soest, J.L. in Mitt. Flor. soz. Arb. N. F.1952，3:88.

[7] Rousi A.The genus Hippophae Linn. A taxonomy Study[J]. Annales Botanici Fennici，1971, 8:177–227.

[8] 刘尚武，何廷农. 青藏高原的沙棘[J]. 植物分类学报，1978，16（2）：106–108.

[9] V.I.Avdeev. Нэв. Акал. Наук Талжнк. ССР, ОТл. Бнол. Наук. No.1（82）

[10] 方文培，张泽荣. 中国植物志[M]. 北京：科学出版社，1983，52（2）：1–66.

[11] 廉永善. 沙棘属的新发现[J].植物分类学报，1988，26（3）:235–237.

[12] 廉永善. 江孜沙棘分类学地位的研讨[J].沙棘，1990，3（1）:24–30.

[13] 中国赴尼泊尔沙棘代表团. 尼泊尔的沙棘资源及利用[J]. 沙棘，1992，5（1）：36–37.

[14] Lian Y S，Chen X L.Study on the Germplasm Resource of the Genus Hippophae Linn.The Resis of Reports International Symposium on Sea-Buckthorn，New Siberia，Russia，1993，157–161.

[15] 廉永善，陈学林. 沙棘属植物的系统分类[J]. 沙棘，1996，9（1）：15–24.

[16] Lian Y S，Chen X L.Discoveries of the genus Hippophae Linn.（Elaeagnaceae）（Ⅱ）.Worldwide Research & Development of Seabuekthom，Proceedings of International Workshop on Seabuckthorn 1995，Beijing. Beijing:China Science & Technology Press，1997，60–67.

[17] 廉永善，陈学林，卢顺光，等. 沙棘属植物生物学和化学[M]. 兰州：甘肃科学技术出版社，2000.

[18] Lian Y S，Chen X L，Sun K，et al. A New Subspecies of Hippophae（Elaeagnaceae）from China[J].Novon，2003，13（2）:200–202.

[19] 廉永善，陈学林. 沙棘的生态地理分布及其植物地理学意义[J]. 植物分类学报，1992，30（4）：349–355.

（崔治家　李守汉　廉永善）

沙棘

石竹

第二章

沙棘属植物的起源

芬兰学者A. Rousi（1971）[1]和俄罗斯学者N.π.Eπuceeb（1974）等，都曾对沙棘属植物的起源做过一些研究和论述。特别是我国著名植物学家吴征镒（1983）[2]，在全面研究了我国植物区系的地理成分和起源后，把沙棘属归入旧大陆温带分布区类型，并认为旧大陆温带分布型的大多数属和地中海及中亚分布的属有一个共同的起源和发生背景，即在古地中海沿岸地区起源、在地中海面积逐渐缩小、在亚洲广大中心地区逐渐旱化的过程中发生和发展。

上述有关的研究和论述，或者由于对沙棘属内类群间的演化关系缺乏深入地研究，没有弄清楚哪个类群是该属中最原始的类群；或者从根本上否认沙棘属内存在着种级的分化；或者研究方向并不在沙棘属本身，所以有关沙棘属植物起源的认识不够充分。

由于化石资料的缺乏和属内各类群植物间核型的同一性（2n=24），本书采用分支分类学中的同源性状状态分析方法[3~9]，找出其原始类群，结合对沙棘属各类群地理分布的研究分析，对沙棘属原始类群生长发育所需要的各生态因子最适量图的分析[10,11]，以及果实中维生素C含量变化的对比分析等[12~14]，来探讨沙棘属植物的起源。

沙棘属植物同源性状的演化分析

按照Hennig（1966）的系统发育原理，进行同源性状演化分析必须严格地限制在单系类群（monophyletic group）之中。沙棘属以雌雄异株、雄花有雄蕊4枚且其中2枚与花被片对生、雌花具2枚花被片为共同衍征，而区别于胡颓子科中的其余2个属即胡颓子属（Elaegnus，雌雄同株、花被片4枚、雄蕊4枚）和仅分布于北美的Shepherdia属（雌雄异株、花被片4枚、雄蕊8枚）。按照分支分类学的观点，沙棘属在系统发生上是一个单系类群。该属内各类群间核型的同一性和同工酶谱的相似性，也证实了这种论断的合理性。一个单系属内同源性状的状态分析，无疑有助于对该属内原始类群的推断。

下面是沙棘属中22个同源性状的演化状态分析。其性状递变极性的确定是依据W. Hennig（1966）提出的四种方法，即与外类群的比较分析、个体发育分析、地质的顺序和分布学分析。

生活型（图2-1）：乔木（树干单一，树高4m以上），演化到乔木型和灌木型同时存在，再演化到灌木。沙棘属植物生活型的演化，正

抱茎苦荬菜

沙棘

图 2-1　沙棘属植物叶片上下面鳞毛形态和植株生活型的演化

1-8.叶片上下面鳞毛形态的演化（1-2.柳叶沙棘；3-4.中国沙棘；5-6.肋果沙棘；7-8.西藏沙棘）。9-13.植株生活型的演化（9.云南沙棘；10.中国沙棘；11.棱果沙棘；12.肋果沙棘；13.西藏沙棘）

如前苏联学者 И.Л.叶利谢耶夫所认为的那样，经历了两个阶段：第一阶段是冰河期（更新世），伴随着这一地质时代的全球气候变冷，沙棘由乔木类型演变为1.5～3m高的小乔木和灌木。第二阶段发生在冰后期（全新世），这个时期山川河谷和一些高原如西藏、帕米尔等地区的冰河已开始解冻，在高山生境下，低温、多风和短生长期使沙棘按垂直地带性规律形成了高山生态型-灌丛型，树高不到1m。

枝条特征：由枝条柔软、无明显枝刺演化到枝条坚挺、枝刺多。沙棘枝刺的形成与大气干旱、多风和生长后期的低温相联系，这种生态条件限制了枝端分生组织活动及细胞体积的增大。它的形成过程可能与冰河期沙棘生活型的演化相伴产生。

叶的着生方式：由以对生为主，演化到以互生为主，再演化到以轮生为主。作者进行了种子萌发试验，结果是沙棘属各种植物不论其成年株是以互生、对生还是轮生为主，但在幼苗早期出现的数对真叶均为对生或近对生，绝无互生或轮生情况。因此，萌发试验说明在沙棘属内对生为祖征态，而轮生为衍征态。

叶片形状：由明显披针形，宽>5mm，演化到条形或近条形，宽<5mm。

叶柄长度：由1.5～3mm演化到≤1mm。

叶片形状和长度的演化极性是在与外类群胡颓子属的比较分析中得出的。如胡颓子属植物叶片宽大、叶柄长（2）4～15（25）mm。作者还对胡颓子属内的常绿种（34个）和落叶种（18个）的叶柄长度做了统计比较。常绿种叶柄平均长为8.63mm，而落叶种为6.33mm。显然叶片宽大、叶柄较长为祖征态，而叶片狭小、叶柄较短为衍征态。

叶面被覆物（图2-1）：由星状鳞毛演化到鳞片状鳞毛。萌发试验表明，星状鳞毛在个体发育中出现较早，尤其是柳叶沙棘在其胚轴上就有相当数量的星状鳞毛发育；从着生位置看，当星状鳞毛和鳞片状鳞毛同时存在时，星状鳞毛通常在底层而鳞片状鳞毛多在上层；从生态功能分析，星状鳞毛有利于水汽流通而降低叶面温度，而鳞片状鳞毛则能减少水分蒸发并保存叶面温度。所以星状鳞毛为祖征态，而鳞片状鳞毛为衍征态。

花芽冬季形态：由十字型或四棱状塔型，演化到呈螺旋状塔形，再演化到卵形。十字型到螺旋状塔型，与叶片由对生到互生的演化方

贝加尔唐松草

沙棘

向是相一致的。卵形则是在严酷生境条件下的一种简化形式。

花萼愈合程度：雌花花萼先端在分化早期（未开花前）明显分离，演化到部分愈合，再演化到全部愈合。由于沙棘属植物系子房上位，花萼与子房分离为原始态性状，所以花萼顶端趋向愈合显然为次生性状。

花的性别：由两性花或雌雄花同株或雄花中有退化雌蕊存在演化到花单性、雌雄异株。

雄蕊数量：由花内发现有5个雄蕊或5个雄蕊的退化痕迹演化到4个雄蕊。

心皮数量：由花内发现有2个心皮组成的子房存在演化到仅有1个心皮构成的子房。

类核果的形态类型（图2-2）：由横径长≥纵径长，演化到横径长≥纵径长和横径长<纵径长同时存在，再演化到横径长明显<纵径长。类核果的横径长明显<纵径长，与荒漠区系中绝大多数具浆果或核果等肉质果类植物的果型相一致，对沙棘属植物来说多风的寒旱生态环境是次生的，所以类核果的横径长明显<纵径长为衍征态。另外，廉永善对甘肃产中国沙棘种下的13个类型进行了分布分析，发现分布于河西地区（乌稍岭以西地区）的7个类型，其类核果的横径长全部<纵径长，而分布于兰州以东地区的6个类型中，只有一个分布在岷县境内洮河河谷中的类型，其类核果的横径长<纵径长，但是植株数量很少，而且结果率很低。

类核果的色泽：由黄色到黄、橘黄、橘红和深橘红同时存在，再到棕褐色。例如在新疆和田的荒漠平原（1200m）至山地（2500m）的天然沙棘林中，类核果8月成熟的多为卵圆形，橘红色和鲜红色，而9月初成熟者较少，其类核果为圆形，橙黄色。它既说明了色浅者较原始，同时也说明了其圆形即类核果的横径长≥纵径长为原始性状。

类核果的纹饰：由无特殊纹饰，演化到类核果具5~7棱或类核果顶部有黑色星芒状纹饰。

研究表明，类核果具棱或者类核果的顶端具有黑色纹饰是一种特化类型。因为沙棘属中凡具有这种性状的植物仅仅分布在青藏高原及其边缘的高海拔地区，而这些地区的生境在地质历史上出现较晚，因而类核果具棱或者类核果的顶端具有黑色星芒状纹饰为衍征态性状。

果皮与种皮关系（图2-2）：由两者易于分离而种子表面具光泽，演化到两者有时部分分离而种子部分表面有光泽，再演化到两者贴合而表面无光泽。

类核果内种子数量：由含有2粒种子的类核果，演化到所有类核果仅含1粒种子。

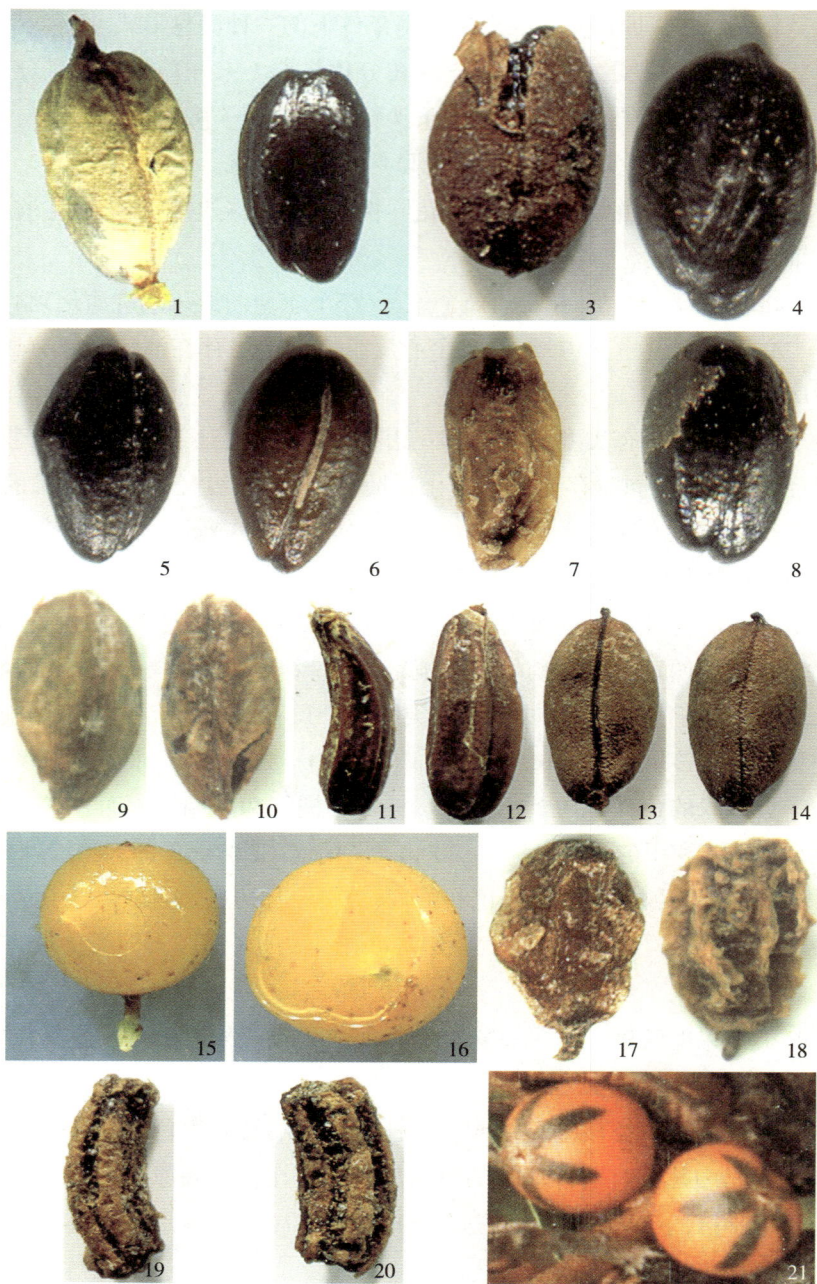

图2-2　沙棘属植物类核果形态及果皮与种皮关系的演化

1-14.果皮与种皮关系的演化（1-8.无皮组种类果皮与种皮分离：1-2.中国沙棘，3-4.云南沙棘，5-6.中亚沙棘，7-8.蒙古沙棘；9-14.有皮组种类果皮与种皮结合：9-10.江孜沙棘，11-12.肋果沙棘，13-14.西藏沙棘）。15-21.类核果形态的演化（15-16.中国沙棘，17-18.江孜沙棘，19-20.肋果沙棘，21.西藏沙棘）

沙棘

蝙蝠葛

种皮厚度：由种皮较厚（通常在143～500μm之间），演化到种皮较薄（通常在50～143μm之间）。这一性状与果皮和种皮关系的演化方向相呼应。

种子的内胚乳量：由种子横切面上可以看到明显棕褐色内胚乳层，种子干燥后在子叶与种皮之间有明显间隙存在，演化到横切面上无明显的棕褐色内胚乳层，种子干燥后子叶紧贴种皮。

花粉类型：由3孔沟型演化到有4或5孔沟型出现。

花粉表面纹饰（图2-3）：由近平滑或微皱波状，演化到具颗粒状突起，再演化到具疣状突起。

种子蛋白质谱带数：由谱带较少，主带7～10条，演化到谱带较多，主带达15条。

花的性别、心皮数量、果皮与种皮关系、果实内种子数量、种子的内胚乳量、花粉类型、花粉表面纹饰和种子蛋白质谱带数的演化方向，与植物学界通常公认的演化极性相一致，这里不做过多的解释。

分布海拔：由通常分布于海拔3000m以下，演化到主要分布在海拔3000m以上。

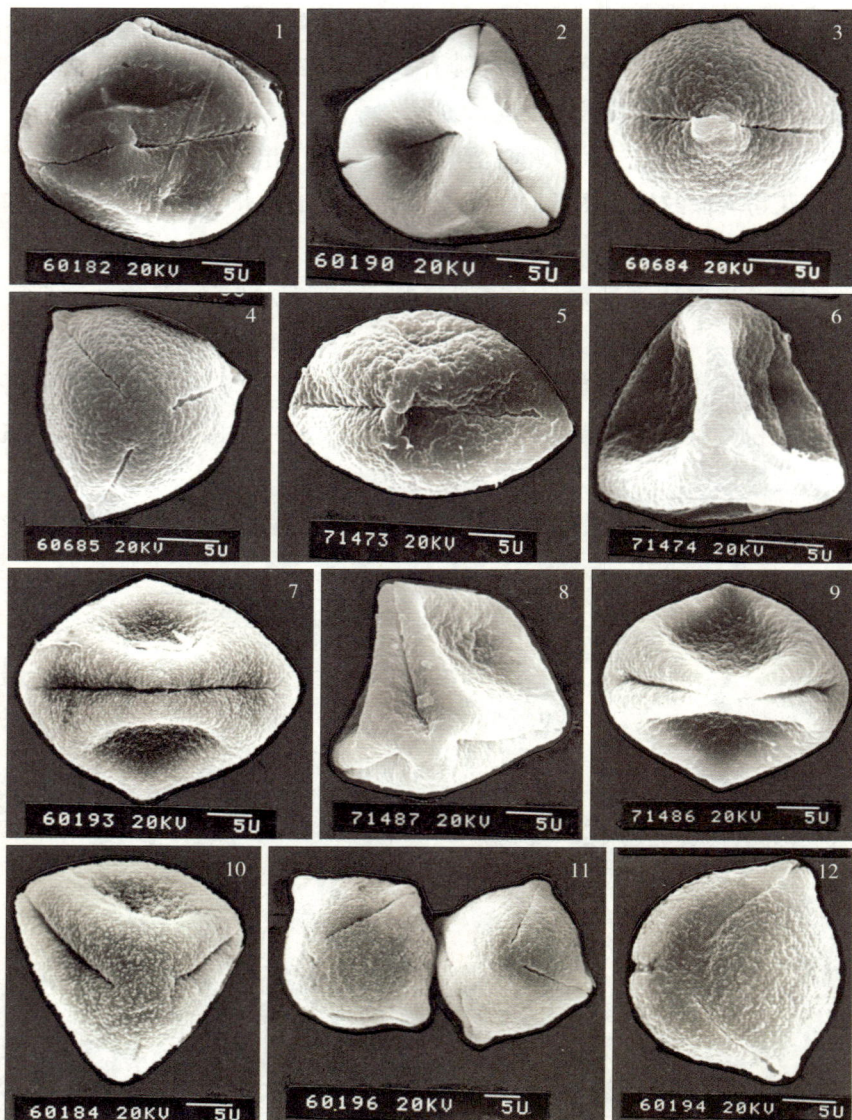

图 2-3 沙棘属植物花粉结构及其表面纹饰的演化

1-2.中国沙棘；3-4.云南沙棘；5-6.中亚沙棘；7-8.江孜沙棘；9-10.肋果沙棘；11-12.西藏沙棘

沙棘

扁核木

沙棘属植物各类群的演化水平分析

我们选取了20个同源性状，作为分析确定沙棘属内各类群演化程度的基础。沙棘属内各类群（种和亚种）同源性状的性状状态分析和数据矩阵以及演化指数见表2-1和表2-2。

表2-1 沙棘属植物同源性状的状态分析表[5]

性状	祖征态	中间态	衍征态
1. 生活型	乔木（树杆单一，高4米以上）	乔木型和灌木型同时存在	灌木
2. 枝条特征	枝条柔软，无明显枝刺	—	枝条坚挺,枝刺多
3. 叶的着生方式	以对生为主	以互生为主	以轮生为主
4. 叶片形状	披针形，宽>5mm	—	条形或近条形，宽<5mm
5. 叶柄长度	1.5~4mm	—	≤1mm
6. 叶面被覆物	密被星状绒毛	杂生星状和鳞片状鳞毛	密被鳞片状鳞毛
7. 花芽形状	"十"字形或四棱状塔型	螺旋状塔型或莲花瓣型	卵形
8. 花的性别	有两性花或雌雄花同株	—	花均单性，雌雄花异株
9. 心皮数量	有2个心皮组成的子房存在	—	仅有1个心皮组成的子房
10. 果实纵横比	横径长≥纵径长	两类果型同时存在	横径长<纵径长
11. 果实色泽	黄色	黄至深橘红色同时存在	棕褐色
12. 果实纹饰	无特殊纹饰	—	果实具5~7棱或顶部有黑色星芒状纹饰
13. 果皮与种皮的关系	两者易分离而表面具光泽	有时部分分离而表面具光泽	两者贴合而表面无光泽
14. 果实内的种子数	杂有含2粒种子的果实	—	所有果实均含1粒种子
15. 种皮厚度	种皮厚，通常在143~500μm之间	—	种皮薄，通常在50~143μm之间
16. 种子内胚乳量	量多，种子干后在子叶与种皮间有明显间隙	—	量少，种子干后子叶紧贴种皮
17. 花粉类型	3沟孔型	—	有4或5沟孔型
18. 花粉纹饰	近平滑或微皱波状	具颗粒状突起	具疣状突起
19. 种子蛋白质谱带	主带7~10条	—	主带达15条
20. 分布海拔	通常在3000m以下	—	主要分布于3000m以上

表2-2中的演化指数虽然具有相对性，但它基本上反映了沙棘属各种和各亚种的进化程度，指数越大表明该分类群进化程度越高，反之则低。由表2-2中我们可以清楚地看出：中国沙棘和柳叶沙棘是沙棘属中最为原始的类群，而西藏沙棘则是最为进化的种。

沙棘属植物各类群的地理分布分析

有关沙棘属植物的地理分布，在第四章中将进行比较全面地论述和讨论，这里仅从起源角度进行分析讨论。沙棘属现有6种10亚种中的绝大多数类群（6种6亚种）集中分布于喜马拉雅及毗邻的青藏高原地区，而且类群分布区彼此重叠。它们之中不仅包括有原始类群中国沙棘和柳叶沙棘，另外分化较晚、比较进化的有皮组的江孜沙棘、棱果沙棘、理塘沙棘、肋果沙棘、密毛肋果沙棘和西藏沙棘等4个种2个亚种也全部集中在这里。很自然的，我们会得出结论，喜马拉雅山及毗邻地区，不仅是沙棘属植物的类群分布中心，而且还是沙棘属植物的类群分化中心和原始类群中心。从几个中心重合这一事实出发，有理由认为沙棘属植物很可能是从这个地区发生起源的。此外，从沙棘属植物的性状看，前述20个性状的祖征态也全部在这个地区表现出来，这也从另一侧面证明这一观点。

一方面为了对沙棘属植物的起源地有更进一步的了解，另一方面考虑到旧大陆温带分布区类型的起源可能与海拔有关，我们再看看沙棘属类群植物分布的海拔、纬度和经度范围（表4-1）。表4-1显示，沙棘属植物种类最富集的中心区在海拔2800～3700m、纬度28°～30°、经度90°～100°的范围内。这恰恰是沙棘属中原始类群——中国沙棘和柳叶沙棘分布的交接地区，即东喜马拉雅山至横断山地区，这也暗示着沙棘属植物发生起源的中心区就在这里。当然，从原始类群的分布的海拔较低推断，沙棘属植物发生起源的海拔不可能很高，可能在2000～3000m之间。

沙棘属的原始类群——中国沙棘生长发育所需各生态因子最适等量线图分析

从起源角度看，对于旧大陆温带分布区类型的植物，属内的原始类群不仅地理分布区最靠近，并包含该属植物的起源地；而且它对各

并头黄芩

沙棘

表2-2 沙棘属各类群（种、亚种）性状状态数据矩阵和演化指数表*

类群	1	2	3	4	5	6	7	8	9	10	11	12	13	14	15	16	17	18	19	20	合数	Id（%）
祖种	0	0	0	0	0	0	0	0	0	0	0	0	0	0	0	0	0	0	0	0	0	0
中国沙棘	0.5	1	0	0	0	0	0	0	0	0.5	0.5	0	0	0	0	0	0	0	0	0	3.5	17.5
柳叶沙棘	0	0	0.5	0	0	0	0	1	1	0	0.5	0	0	0	0	0	1	0	–	0	5	26.3
云南沙棘	0	0	0.5	0	0	0.5	0	1	1	0	0.5	0	0	0	0	0	0	1	0	0	5.5	27.5
卧龙沙棘	0.5	0	0.5	0	0	0.5	0.5	1	1	0	0	0	0	1	–	0	–	–	–	0	5	31.3
中亚沙棘	0.5	1	0.5	1	0	1	0.5	1	1	0.5	0.5	0	0	1	0	0	0	0.5	0	0	9	45
蒙古沙棘	0.5	1	0.5	0	0	1	0.5	1	1	0.5	0.5	0	0	1	0	0	0	0.5	0	0	8	42.1
高加索沙棘	0.5	1	0.5	0	0	1	0.5	1	1	0.5	0.5	0	0	1	0	1	0	0.5	–	0	8	42.1
喀尔巴千山沙棘	0.5	1	0.5	0	0	1	0.5	1	1	0.5	0.5	0	0	1	0	1	0	0.5	–	0	8	42.1
溪生沙棘	0.5	1	0.5	0	0	1	0.5	1	1	0.5	0.5	0	0	1	0	0	0	0.5	–	0	8	42.1
鼠李沙棘	0.5	1	0.5	0	0	1	0.5	1	1	0.5	0.5	0	0	1	0	0	0	0.5	0	0	8	42.1
理塘沙棘	0.5	0.5	0.5	0.5	0	0.5	0	1	1	1	0.5	1	0.5	1	1	1	–	–	–	1	11	64.7
棱果沙棘	0.5	0.5	0.5	0.5	0	1	0	1	1	1	0.5	1	0.5	1	1	1	–	–	–	1	12	70.6
江孜沙棘	0.5	0	0.5	1	1	1	1	1	1	1	0.5	1	1	1	1	1	0	0.5	0	1	15	75.0
密毛肋果沙棘	1	1	0.5	1	1	0.5	1	1	1	1	0.5	1	1	1	1	1	0	0.5	0	1	15.5	77.5
肋果沙棘	1	1	0.5	1	1	1	1	1	1	1	1	1	1	1	1	1	0	0.5	0	1	17	85.0
西藏沙棘	1	1	1	1	1	1	1	1	1	1	0.5	1	1	1	1	1	1	1	1	1	19.5	97.5

注：*表中的"1"表示衍征态；"0"表示祖征态；"0.5"表示中间态。合数表示各类群具衍征态数量之和；Id表示各类群的演化指数，以公式Id=d/c×100%计算（演化指数=衍征态状态之合数/性状总数×100%）。表中数代表表2-1中的性状编码

生态因子的最适量需求，也应该是最好地反映（保留）了该属植物起源时的生态条件。基于此，作者认为通过分析属内原始类群生长发育所需要的最适生态条件，并绘制最适量图的方法[3]，将有益于对该属起源地的探寻。

中国沙棘和柳叶沙棘都是沙棘属的原始类群，但由于中国境内分布的柳叶沙棘生长地域狭窄、地形复杂，又没有到产地去进行实际考察，很难掌握其生长发育所需要的生态条件。而且中国沙棘是仅分布于我国境内的一个亚种，又是沙棘属的原始类群，所以作者采用中国沙棘分布区与各生态因子等量线相似性比较，以及与野外考察相结合的研究方法，探求中国沙棘对光、热、水和土壤等生态因子的耐性限度、最适值以及限制因子，并绘制各生态因子最适等量线图，进而从一个侧面讨论沙棘属的起源。

1 光条件

从图2-1可知，中国沙棘分布区光条件在年太阳总辐射为110～150kcal/cm^{2}的范围内，其最适值约为135kcal/cm^2，年日照总时数为2000～3000h。可见，中国沙棘对光辐射要求较高，属阳性树种。

作者在野外考察中发现，在中国沙棘分布的东南缘地区，当森林破坏后，中国沙棘可以侵入并能正常生长发育，但当森林恢复，其他乔木树种的生长高度超过了中国沙棘的高度时，中国沙棘就很容易因为受到病虫害的侵袭或发育不良而迅速衰退。据此，我们认为低光照是中国沙棘分布的限制因子之一，年太阳总辐射110kcal/cm^{2}是中国沙棘分布的低辐射限界。

2 水分条件

中国沙棘分布区的年降水量见图2-1。图2-1表明，中国沙棘集中分布于年降水量为400～700mm的区域内。有时在<400mm或>700mm的地域内也会有中国沙棘生长，前者必然是沿河流或山脉延伸分布，立地有较充足的地面水或地下水供给，而后者则是森林破坏后出现的一种不稳定的次生状况。

依据中国沙棘的水分利用效率较低[15]，根系脆而多汁、薄壁组织发达的特性，并结合野外实地观察分析，我们认为中国沙棘是一种喜水植物。年降水量500～600mm对中国沙棘生长发育最为有利，而<400mm则会影响中国沙棘的正常生长发育。在中国沙棘分布的西北

布氏紫堇

沙棘

边缘地区，低降水量便成了中国沙棘分布的限制因子。

3 温度条件

中国沙棘生长发育所需要的温度条件见图2-2。

图2-2表明，中国沙棘分布区内最冷月平均温度为-15～-5℃，最热月平均

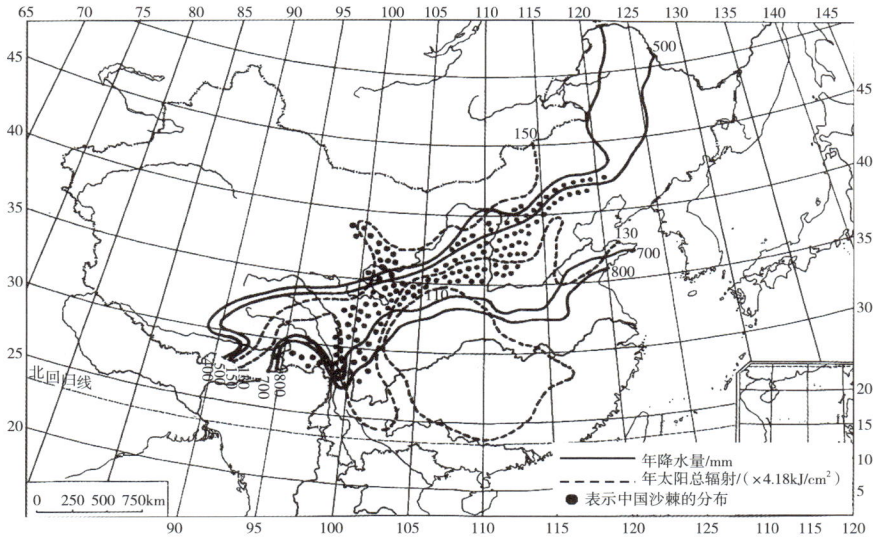

图 2-1 中国沙棘分布与光条件和水分条件之间的关系

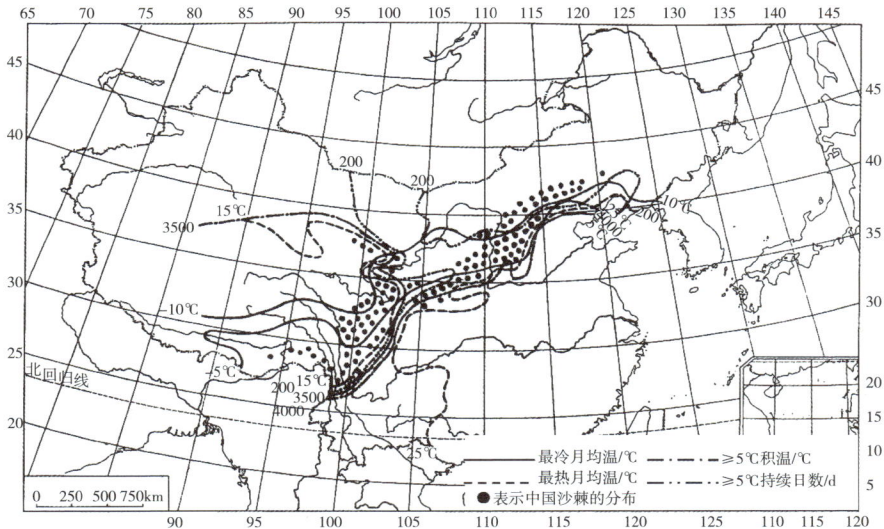

图 2-2 中国沙棘分布与温度之间的关系

温度为15~25℃，年日均温度≥0℃的天数约为240天（三月上中旬至十一月上中旬），≥0℃的积温为3500~4000℃，≥5℃的年持续天数为200~225天，≥5℃的年积温为3400~3900℃。联系到中国沙棘仅分布于我国暖温带和高原温带区，沙棘属为欧亚温带分布型植物，显然中国沙棘系温性植物。≥5℃的持续天数200天以上，≥5℃的年积温为3750℃可能为最适温度条件；而夏季高温，即最热月平均温度>25℃，则温度也可能是中国沙棘分布的限制因子之一。

4 土壤条件

虽然中国沙棘分布区内的土壤类型较多，但在水分较充沛、光照能满足的条件下，常以多砾石的沙土或壤土对中国沙棘生长发育最好，所以，我们认为结构较疏松、氧含量较高的壤土或沙土更适合于种植中国沙棘；反之，可能会成为中国沙棘生长发育的限制因子。

综合野外考察和上述分析，中国沙棘生长发育的最适环境条件为：年降水量500~600mm，年太阳总辐射量为130~140kcal/cm²，≥5℃的年积温为3500~4000℃，≥5℃的天数为每年200~225天，土壤为较疏松的多砾石或沙性土壤，中国沙棘生长发育的所需要的各生态因子的最适量图见图2-3。

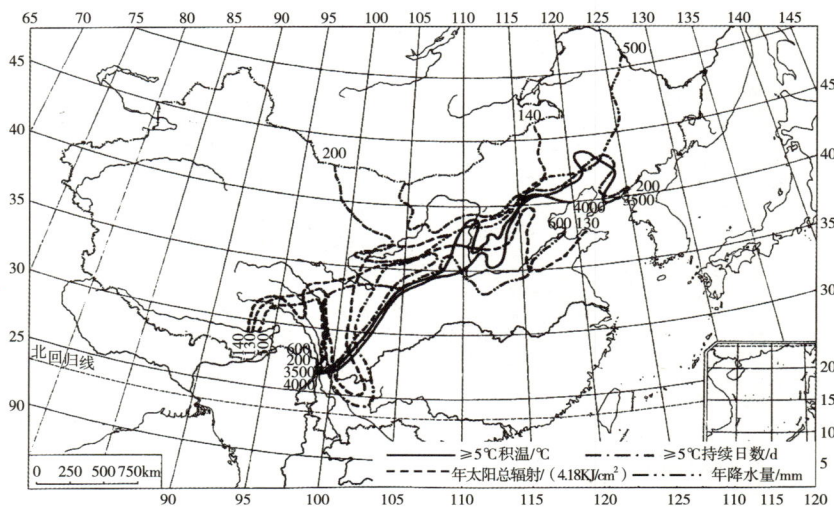

图2-3 中国沙棘生长发育的所需各生态因子的最适等量线图

苍耳

沙棘

图2-3表明，各生态因子等量线有两个明显的交会中心，并形成一个密集网区。前者正好位于喜马拉雅山至横断山地区，这与通过地理分布分析得出的起源地相吻合，显然进一步论证支持了沙棘属植物可能起源于此地的观点。后者大致与山西省的行政区划相一致，这似乎解释了为什么山西省天然中国沙棘林面积较大的原因。

5 沙棘属内各类群果实中维生素 C 含量对比分析

依据资料报道数据，廉永善[14]对沙棘属植物果实中的维生素C含量进行了整理总结，发现了一个很有趣的现象。让我们观察一下沙棘属植物果实中的维生素C含量与各类群的演化程度，以及沙棘果实中的维生素C含量与海拔和纬度之间的相互关系（表2-3、表2-4和表2-5）。

表2-3　沙棘属各类群植物果实中的维生素C含量（mg/100g）
与其类群演化指数的关系

类群名称	中国沙棘	柳叶沙棘	鼠李沙棘	江孜沙棘	肋果沙棘	西藏沙棘
演化指数	0.175	0.263	0.421	0.75	0.85	0.975
维生素C含量	297 ~ 1907	1729	16 ~ 1300	23.4	3 ~ 8.5	141 ~ 242

表2-4　山西省内中国沙棘果实中的维生素C含量（mg/100g）
与纬度（N）间的关系[13]

采样地点	乡宁县	沁源县	交口县	岢岚县	五台县	右玉县
纬度	36°03′	36°48′	37°03′	38°34′	38°37′	39°56′
维生素C含量	1302.5	1025.1	1076.8	1161.1	962.6	702.3

表2-5　青海省内中国沙棘果实中的维生素C含量（mg/100g）
与海拔（m）间的关系[12]

样品编号	1	2	3	4	5	6	7
海拔	2290	2320	2620	2750	2900	3020	3120
维生素C含量	885.5	1116.4	1166.9	1310.9	1351.2	1654.9	1907.1

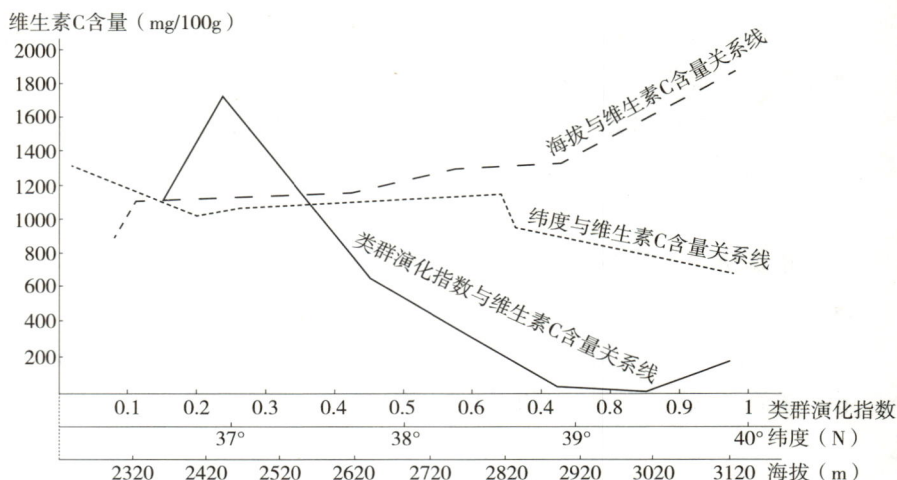

图 2-4 沙棘属各类群植物果实中的维生素 C 含量（mg/100g）与其类群演化指数，以及中国沙棘果实中的维生素 C 含量（mg/100g）与纬度（N）和海拔（m）间的关系

　　表2-3、表2-4、表2-5和图2-4清楚地显现了沙棘属植物类核果中的维生素C含量存在一个规律性的变化。总趋势是：①从类群演化角度，越原始的种类通常较更进化的种类类核果中的维生素C含量更高。②从纬度角度，由低纬度向高纬度过渡，其类核果中的维生素C含量逐渐递减。③从海拔角度，随海拔上升类核果中的维生素C含量渐次增加。关于这种规律性的变化，虽然我们对它的生理生态意义及其有关植化组成分间的消涨规律还认识不足，但是它与起源进化间的关系已清楚地显现出正相关性。尤其是维生素C含量随纬度变化与海拔变化同气候变化规律间的矛盾性。假如类核果中维生素C含量的变化规律主要受气候变化规律制约的话，那么，维生素C含量的变化随纬度由南向北的变化趋势应该与随海拔上升的变化趋势相一致，可事实恰恰相反，这说明维生素C含量随纬度升高而减少和随海拔上升而增加的规律性变化，用气候因素（外界因素）是解释不通的。但是，若从起源进化（内因）的角度看问题，就可以很容易得到解释，因为从低纬度到高纬度和从中高海拔（3000m左右）到低海拔区维生素C含量的变化规律正好与沙棘属植物起源进化演变的方向相一致。这也从另一个侧面论证支持了沙棘

苍术

沙棘

属植物起源于低纬度的中高海拔地段的观点。

综合上述分析，再结合沙棘属植物水平根系发达，根内机械组织发育微弱而薄壁组织发达，叶片蒸腾强度大而保水力较差，光合效率和水分利用效率不高[16]，植物体各器官（包括种子）生理休眠期短，原始类群种子萌发时需要较高的温度（25℃），以及体内保护性蔗糖含量较高等特征，都表明沙棘属植物只可能起源于低纬度的中高海拔地区，即喜马拉雅山至横断山地区，在海拔2000～3000m的林缘地段。其祖先可能是一类阳性湿生植物，具有发达的浅根系，类核果中维生素C含量较高，子房由少数心皮组成。通过与地质年代相比较，并联系到喜马拉雅造山运动，沙棘属植物起源的时代，最大可能是在喜马拉雅第一幕运动时期[17]，即渐新世晚期到中新世中期之间（2500万年～4000万年前）。

参考文献

[1] A. Rousi，The genus Hippophae Linn. A taxonomic Study[J]. Annales Botanici Fennici，1971，8：177–227.

[2] 吴征镒，王荷生. 中国自然地理——植物地理（上册）[M]. 北京：科学出版社. 1983.

[3] 廉永善，陈学林. 沙棘属植物起源的研究[J]. 甘肃科学学报，1991，3（2）：13–23.

[4] 廉永善，郑洪. 沙棘属植物的果实和花粉的观察研究[J]. 沙棘，1988（4）：7–10.

[5] 廉永善，陈学林. 沙棘属植物的性状演化及其意义[J]. 沙棘，1991，4（2）：16–20.

[6] 张小民，张吉科. 中国沙棘表皮毛细胞功能初探[J]. 沙棘，1995，8（3）：10–17.

[7] 张志翔，高宗庆，张勇. 沙棘属和胡颓子属叶表皮形态与分类的扫描电镜研究I，叶表皮及表皮附属物的形态[J]. 植物研究，1992，12（2）：169–176.

[8] 张志翔，张勇，高宗庆. 沙棘属和胡颓子属叶表皮形态与分类的扫描电镜研究Ⅱ，沙棘属叶表皮形态与分类[J]. 植物研究，1992，12（4）：407–415.

[9] 廉永善，陈学林，马瑞君. 关于沙棘属植物鳞毛的研究[J]. 沙棘，1999，12（3）：4–10.

[10] 李世奎，等. 中国农业气候资源和农业气候区划[M]. 北京：科学出版社，1988.

[11] 廉永善，陈学林. 沙棘的生态地理分布及其植物地理学意义[J]. 植物分类学报，1992，30（4）：349–355.

[12] 杨海荣，王生新，苏锡晓. 青海沙棘果实中抗坏血酸的动态变化研究[J]. 沙棘，1988，（4）：41–44.

[13] 张维国，阎晋民，朵建华，等. 山西省不同地区中国沙棘果实生化成分分析及变化趋势初探[A]. 国际沙棘学术交流会论文集. 西安，1989，75–83.

[14] 廉永善，陈学林. 沙棘属植物天然产物化学组分的时空分布[J]. 西北师范大学学报（自然科学版），2000，36（1）：113–128.

[15] 卢崇恩，卜宗式，张启民，等．沙棘的水分利用效率与抗逆性[A]．沙棘研究文集（第一集）：45–47．1987

[16] 刘艳玲，廉永善，陈学林，等．棱果沙棘等三种三亚种的同工酶比较研究[J]．沙棘，1998，11（1）：12–17.

[17] 廉永善，陈学林，刘艳玲，等．棱果沙棘物种形成的研究[J]．西北师范大学学报（自然科学版），1997，33（4）：42–51.

（崔治家　李守汉　廉永善）

香青兰

沙棘

第三章

沙棘属植物的物种形成

物种形成与生命起源和细胞起源一样，是研究生物演化历程的重要课题；生物世界的千姿百态、万紫千红，也与物种的形成有着直接的联系。它的研究不仅对认识和了解自然有着重大的理论意义，而且为引种育种提供了科学依据及具体的途径和方法。

关于沙棘属的物种形成，廉永善等学者曾以本人所发现发表的新种棱果沙棘为例[1]，从形态解剖性状、种子蛋白质谱带、核型分析、地理分布、开花授粉、大小孢子发育、胚胎发育和种子萌发等方面，探讨沙棘属的物种形成问题，并且在综合上述研究结果的基础上，提出了棱果沙棘的物种形成方式亦属于地理式物种形成式样，即异地物种形成模式的观点。但是，孙坤等[2]学者进行了ITS序列分析，发现在中国沙棘和肋果沙棘之间的58个核苷酸差异位点中有53个位点（91.4%），在棱果沙棘中表现出前两者核苷酸的完全叠加，剩余的5个位点发生了不同程度的一致性进化，并据此认为棱果沙棘的自然居群是亲本中国沙棘和肋果沙棘经过多次重复杂交形成的，且时间比较晚。

为了对沙棘属的物种形成式样有一个正确的认识，本文以棱果沙棘为例，从正反两个方面对这个问题进行对比讨论。之所以仍然选择棱果沙棘作为沙棘属植物物种形成的代表种有两个原因：一是因为沙棘属植物中只有棱果沙棘与其可能的亲本种生长在同一地域（假设棱果沙棘是杂交起源形成的），二是棱果沙棘正好是有皮组中最接近于无皮组的种类。

棱果沙棘及其近缘类群的形态解剖性状比较 [1]

棱果沙棘（Gg）、理塘沙棘（Gl）与肋果沙棘（Nn）、密毛肋果沙棘（Ns）以及中国沙棘（Rs）和云南沙棘（Ry）的形态解剖性状比较见表3–1。

草麻黄

沙棘

表3-1 棱果沙棘、理塘沙棘与中国沙棘、云南沙棘
以及肋果沙棘、密毛肋果沙棘的性状比较

性状	Rs	Gg	Nn	Ry	Gl	Ns
1. 果长（mm）	5.32	8.40	7.64	5.99	6.81	5.92
2. 果宽（mm）	5.58	4.79	3.05	6.82	4.93	2.87
3. 果宽/长	1.05	0.57	0.40	1.14	0.71	0.49
4. 果实形状	近圆形（0）	圆柱形（1）	弯曲柱状（2）	近圆形（0）	圆柱形（1）	弯曲柱状（2）
5. 果色	橘红为主（2）	橘黄为主（1）	亮黑色（3）	黄色为主（0）	橘红为主（2）	黄褐色（1.5）
6. 果柄长（mm）	1.32	1.08	1.95	1.87	1.73	0.88
7. 果皮种皮结合程度	易分离（1）	部分分离（1.5）	贴合紧密（2）	易分离（1）	部分易分离（1.5）	贴合紧密（2）
8. 种子长（mm）	3.80	5.30	5.30	3.23	5.34	4.18
9. 种子宽（mm）	2.20	2.02	1.90	2.31	2.43	1.85
10. 种子宽/长	0.58	0.38	0.36	0.72	0.46	0.44
11. 种子厚（mm）	1.71	1.69	1.16	2.17	1.63	1.28
12. 种子颜色	棕褐色（1）	淡褐色（2）	禾杆色（3）	棕褐色（1）	淡褐色（2）	禾杆色（3）
13. 窄导管长（μm）	140	103	134	140	122	115
14. 窄导管直径（μm）	16.9	16.5	16.9	16.7	17.5	15.5
15. 宽导管长（μm）	122	92.7	108	114	104	98.8
16. 宽导管直径（μm）	47.0	29.7	32.8	57.6	40.5	33.0
17. 木纤维长（μm）	357	348	324	372	355	311
18. 木纤维直径（μm）	10.6	10.14	9.24	8.9	9.6	8.1
19. 冬芽形态	♀十字形（1）♂四棱塔形	♀近十字（2）♂十字形	♀卵形（3）♂卵形二裂	♀近十字（2）♂近十字形	♀近十字（2）♂十字形	♀卵形（3）♂卵形二裂
20. 叶排列方式	对生为主（1）	近对生（2）	互生（3）	近对生（2）	近对生（2）	互生（3）
21. 叶柄长（mm）	1.91	1.73	1.02	1.59	1.20	0.89
22. 叶被毛	鳞片（3）	鳞片（3）	星毛多（1.5）	星毛较少（2）	星状毛（1）	星状毛（1）
23. 叶宽/长	0.19	0.14	0.13	0.18	0.13	0.10
24. 叶形	多披针形（1）	近条形（2）	条形（3）	多披针形（1）	近条形（2）	条形（3）

　　为了使性状的比较更直观鲜明，下面我们用坐标图（图3-1、图3-2）显示。

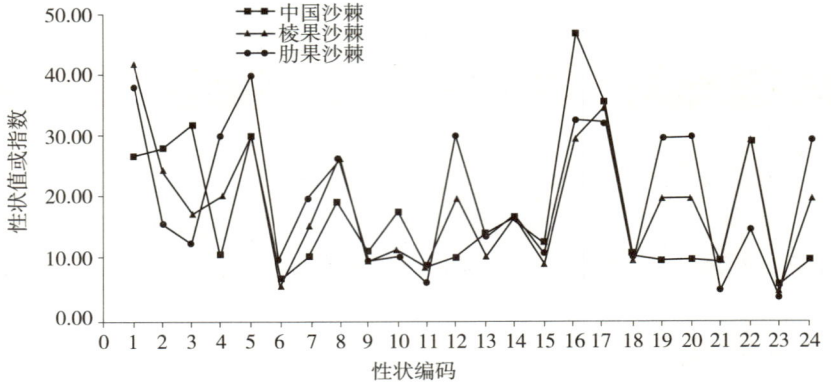

图 3-1　中国沙棘、棱果沙棘与肋果沙棘之间的性状比较

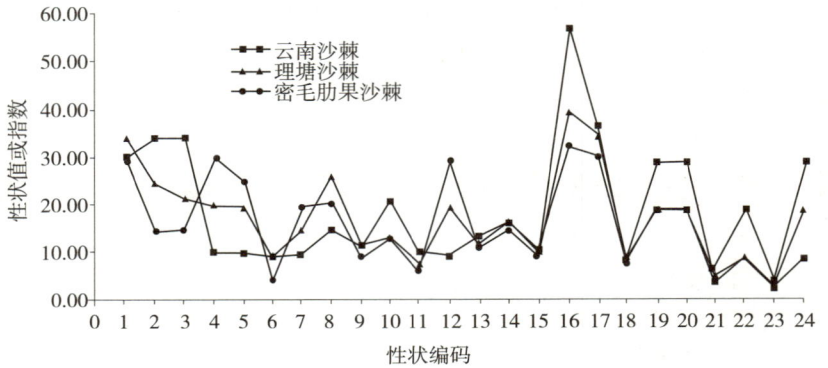

图 3-2　云南沙棘、理塘沙棘与密毛肋果沙棘之间的性状比较

性状备注：1.果长（mm×5）；2.果宽（mm×5）；3.果宽／果长（×30）；4.果实形状（×10）；5.果色（×10）；6.果柄长（mm×5）；7.果皮与种的结合程度（×10）；8.种子长（mm×5）；9.种子宽（mm×5）；10.种子宽／种子长（×30）；11.种子厚（mm×5）；12.种子颜色（×10）；13.窄导管长（μm×5）；14.窄导管直径（μm）；15.宽导管长（μm×10）；16.宽导管直径（μm）；17.木纤维长（μm×10）；18.木纤维直径（μm）；19.冬芽形（×10）；20.叶排列方式（×10）；21.叶柄长（mm×5）；22.叶被毛（×10）；23.叶宽／叶长（×30）；24.叶形（×10）

　　从表3-1及图3-1和图3-2可以看出：棱果沙棘及其亚种理塘沙棘的大多数性状均介于中国沙棘与肋果沙棘以及云南沙棘与密毛肋果沙棘之间，而且棱果沙棘更靠近肋果沙棘，理塘沙棘更接近于密毛肋果沙棘；仅有少数性状不具中间状态。性状对比的结果的确存在棱果沙棘的物种形成方式是由中国沙棘（或者云南沙棘）与肋果沙棘（或者密毛肋果沙棘）杂交而形成的可能性，但是上述表征也不能排除另一种可能性，即棱果沙棘是由其祖种的边缘居群分化而形成的。而且，

侧柏

沙棘

后一种可能还存在两个可能性：一个是中国沙棘或者云南沙棘是它的祖种，另一个是肋果沙棘或密毛肋果沙棘是它的祖种。从进化的不可逆性分析，其祖种的最大可能是中国沙棘或云南沙棘，而不可能是肋果沙棘及其亚种密毛肋果沙棘，因为按照进化的不可逆性通则，肋果沙棘及其亚种的演化水平比中国沙棘和云南沙棘的演化水平要高；而且其分布区边界可以达到更高纬度和更高海拔。棱果沙棘及其亚种的性状特征之所以更靠近肋果沙棘及其亚种，这显然可以解释为棱果沙棘与肋果沙棘可能具有共同的近缘祖种，也可能是由于它们在扩散迁移的进程中，受相类似且严酷的环境选择压力而平行演化的结果。事实上，这两个种就是分布在干旱、寒冷而且多风的高海拔地带，其生态环境也是相当严酷的[3,4]。

其实，孙坤等学者测序所获得的分子叠加与表3-1中所列出的形态解剖性状是相类似的，其差别只是不同层次水平上的性状，或者说是表征性状与遗传因子之间的关系，其解释当然也应该是相类似的。那种仅仅依据分子叠加就解释为杂交形成的观点，显然是太简单化了，因为研究实践表明凡同倍体物种之间杂交形成新物种时其生殖隔离往往必须伴随着生态隔离；可是，棱果沙棘及其亚种与其所谓的亲本种中国沙棘和肋果沙棘及其亚种多生长在同一地段，根本不存在生态隔离。

棱果沙棘与中国沙棘和肋果沙棘的种子蛋白质谱带比较

由于种子蛋白质电泳谱带具有较高的稳定性和叠加性，所以研究分析其谱带组成在物种形成的研究中具有重要的意义。棱果沙棘及其近缘类群的种子蛋白质谱带见表3-2。

表3-2　棱果沙棘（Gg）及中国沙棘（Rs）和肋果沙棘（Nn）的种子蛋白质谱带[5]

谱带	Rs	Gg1	Gg2	Gg3	Nn	谱带	Rs	Gg1	Gg2	Gg3	Nn	谱带	Rs	Gg1	Gg2	Gg3	Nn
1	0.31	0.31	0.31	0.31	0.31	15	0.52	0.52	0.52	0.52	0.52	29	0.74	0.74	0.74	0.74	0.74
2	0.33	0.33	0.33	0.33	0.33	16	0.53	0.53	0.53	0.53	0.53	30	0.77	0.77	0.77	0.77	0.77
3	0.35	0.35	0.35	0.35	0.35	17		0.54	0.54	0.54	0.54	31	0.79			0.79	0.79
4	0.36			0.36		18	0.55	0.55	0.55	0.55	0.55	32	0.81	0.81	0.81	0.81	0.81
5	0.37	0.37	0.37	0.37	0.37	19	0.57	0.57	0.57	0.57	0.57	33	0.82	0.82	0.82	0.82	
6	0.38					20	0.60	0.60	0.60	0.60	0.60	34	0.84	0.84	0.84	0.84	0.84
7	0.39	0.39	0.39	0.39	0.39	21	0.61	0.61	0.61	0.61	0.61	35	0.86	0.86	0.86	0.86	0.86
8		0.40	0.40			22		0.63	0.63	0.63	0.63	36	0.88	0.88	0.88	0.88	
9			0.41		0.41	23	0.65	0.65	0.65	0.65	0.65	37		0.90	0.90	0.90	0.90
10	0.43	0.43	0.43	0.43	0.43	24			0.67	0.67		38	0.92	0.92	0.92	0.92	0.92
11	0.45	0.45	0.45		0.45	25	0.68	0.68	0.68	0.68	0.68	39					0.93
12	0.47	0.47	0.47	0.47	0.47	26	0.69	0.69	0.69	0.69	0.69	40	0.94	0.94	0.94	0.94	0.94
13		0.48	0.48	0.48	0.48	27		0.70	0.70	0.70	0.70	41	0.95	0.95		0.95	0.95
14	0.50	0.50	0.50	0.50	0.50	28	0.71	0.71	0.71	0.71							

　　表3-2中显示出：棱果沙棘与中国沙棘和肋果沙棘有24条共有带，占总带数的58.53%，这充分地表明了它们的同源性。棱果沙棘谱带的叠加性表现在谱带13、17、22、27、31、37和28、33、36等九条带上，其中，前六条带与肋果沙棘共有，后三条带与中国沙棘共有，占总带数的21.95%。但是仍有6条带不具有或不完全具有叠加性质，特别是中国沙棘和肋果沙棘各有一条带完全没有出现在棱果沙棘之中，后两者相加约占总带数的17.5%，这一事实显然与杂交起源的观点相悖。

棱果沙棘等三种六亚种的同工酶谱带比较

　　同工酶作为一类遗传标记，为检测种间亲缘关系和研究物种形成方面提供了一种能够进行定量分析的方法。早在20世纪60年代中期就开始被运用于系统学和物种生物学研究领域。关于沙棘属植物同工酶

叉枝鸦葱

沙棘

的检测研究已有不少报道，例如吕荣森等[6]研究了分布于中国的沙棘属植物（4种5亚种）的过氧化物同工酶，Yingmou Yao et al.（1993）[7]研究了分布于欧亚的3种3亚种的5种同工酶。刘艳玲等[8]对棱果沙棘等三种六亚种的4种同工酶进行了研究分析，结果见从表3-3到表3-4和谱带从图3-3到图3-4以及谱带模式从图3-5到图3-6。

表3-3　酯酶（Esterase）同工酶谱带的RF值

类群	1	2	3	4	5	6	7	8
Rs	0.50	0.56	–	0.66			0.88	–
Ry	0.50	0.56	–	0.66	–	0.78	0.88	–
Gl	0.50	0.56	–	0.66	0.69	0.78	0.88	–
Gg	0.50	0.56		0.66			0.88	–
Ns	0.50	0.56	0.62	–			0.88	0.92
Nn	0.50	0.56	–	0.66			0.88	0.92

表3-4　过氧化物酶（Peroxidase）同工酶谱带的RF值

类群	1	2	3	4
Rs	–	0.16	–	–
Ry	0.12	0.16	–	–
Gl	–	0.16	0.19	0.22
Gg	–	0.16	0.19	0.22
Ns	–	–	0.19	0.22
Nn	–	–	0.19	0.22

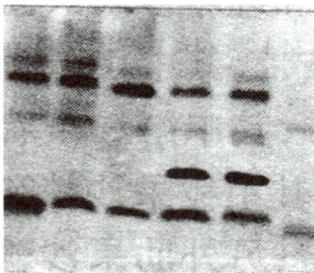

Nn　Gg　Rs　Ry　Gl　Ns

图 3-3　酯酶同工酶谱带图

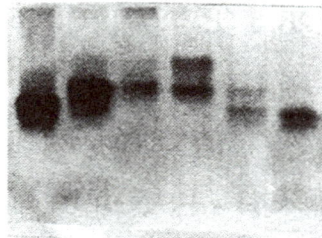

Nn　Gg　Rs　Ry　Gl　Ns

图 3-4　过氧化物酶同工酶谱带图

表3-5 苹果酸酶（Malic enzyme）同工酶谱带的RF值

类群	1	2	3	4	5	6	7	8	9	10	11	12	13	14	15
Rs	–	0.11	0.14	–	–	–	–	–	0.45	–	–	–	0.53	0.58	0.62
Ry	–	0.11	0.14	–	–	–	0.3	–	0.45	–	–	–	0.53	0.58	0.62
Gl	–	–	0.14	0.20	0.25	0.27	0.3	–	0.45	–	0.49	–	0.53	0.58	0.62
Gg	–	–	0.14	–	–	–	0.3	–	0.45	–	0.49	–	0.53	0.58	0.62
Ns	0.08	0.11	0.14	0.20	0.25	–	–	0.43	–	0.47	–	0.51	–	–	–
Nn	–	–	0.14	0.20	0.25	–	–	0.43	–	0.47	–	0.51	–	–	–

表3-6 苹果酸脱氢酶（Malale dehydrogenase）同工酶谱带的RF值

类群	1	2	3	4	5	6	7	8	9	10	11	12	13	14	15	16
Rs	–	0.11	0.14	–	–	–	–	–	–	0.45	–	–	–	–	0.58	0.62
Ry	–	0.11	0.14	–	–	–	–	0.3	–	0.45	–	–	–	–	0.58	0.62
Gl	–	–	0.14	–	0.20	0.25	0.27	0.3	–	0.45	–	0.49	–	–	0.58	0.62
Gg	–	0.11	0.14	–	0.20	0.25	–	0.3	–	0.45	–	0.49	–	0.53	0.58	0.62
Ns	0.08	0.11	0.14	0.16	–	0.25	0.27	–	0.43	–	0.47	–	0.51	–	–	–
Nn	–	–	0.14	–	0.20	0.25	–	–	0.43	–	0.47	–	0.51	–	–	–

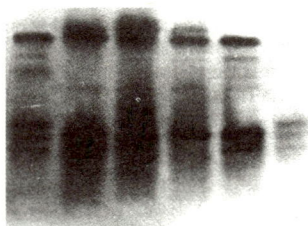

Nn Gg Rs Ry Gl Ns

图3-5 棱果沙棘及近缘类群的酯酶谱带图

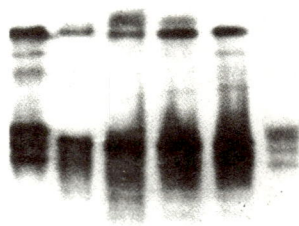

Nn Gg Rs Ry Gl Ns

图3-6 棱果沙棘及近缘类群的过氧化物酶谱带图

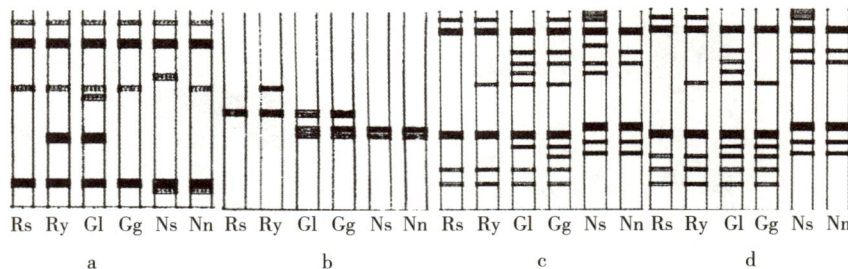

Rs Ry Gl Gg Ns Nn　Rs Ry Gl Gg Ns Nn　Rs Ry Gl Gg Ns Nn　Rs Ry Gl Gg Ns Nn

a　　　　　　　b　　　　　　　c　　　　　　　d

图3-7 从左到右分别为棱果沙棘及其近缘类群的酯酶酶谱（a）、过氧化物酶酶谱（b）、苹果酸酶酶谱（c）和苹果酸脱氢酶酶谱（d）的谱带模式图

沙棘

柴胡

从上述表3-3至表3-6和图3-3至图3-7中可以看出：酯酶同工酶有三个活性区，共8条带。第一活性区较宽且酶带着色深，除理塘沙棘有4条带外，其他类群只有3条带，但密毛肋果沙棘的第3条带显示了它的趋异性质。第二活性区只有云南沙棘和理塘沙棘共同具有1条着色很深的带。第三活性区只有肋果沙棘的两个亚种各具两条带，其中1条带为特有带。苹果酸酶谱有两个活性区，共15条带。第一活性区有7条带，其中第3条着色很深的主带为所有类群共有，其余谱带着色浅。第二活性区共8条带，其中棱果沙棘和理塘沙棘有1个共有带（11），这个带可以看成是棱果沙棘这个种的特征带；另外肋果沙棘和密毛肋果沙棘共同具有3条（8、10和12）与其他类群所不同的谱带，这也体现了肋果沙棘具有明显的遗传特征；其余的4条带（9、13、14和15）为棱果沙棘、理塘沙棘、中国沙棘和云南沙棘所共有，这无疑反映了它们之间的亲缘关系更近。苹果酸脱氢酶酶谱与苹果酸酶酶谱相似，仅多1条带，其不同在第一活性区中密毛肋果沙棘和理塘沙棘分别多2条和1条带，在第二活性区中国沙棘、云南沙棘和理塘沙棘又少1条带，这种差异进一步表明了理塘沙棘作为云南沙棘和密毛肋果沙棘的中间桥梁作用。过氧化物酶仅检出四条带，除第1条带外，棱果沙棘的两个亚种分别兼有肋果沙棘和中国沙棘以及密毛肋果沙棘和云南沙棘的全部谱带。

依据上述四种酶的谱带组成，进行相似性分析（表3-7，图3-8）和二维排序（表3-8，图3-9）。

表3-7　棱果沙棘及近缘种的同工酶谱带相似系数

	Rs	Ry	Gl	Gg	Ns
Ry	0.8	--			
Gl	0.483	0.567	--		
Gg	0.60	0.63	0.759	--	
Ns	0.176	0.158	0.244	0.2	--
Nn	0.207	0.182	0.353	0.303	0.593

表3-8　各类群四种酶酶谱的不相似值总和（∑）与X_i、E_i、Y_i值矩阵

	Rs	Ry	Gl	Gg	Ns	Nn	∑	X_i	E_i	Y_i
Rs	–	11.1	34.9	25	70	65.7	207	69.2	10.6	64.9
Ry	11.1	–	27.7	22.7	72.7	69.2	203	72.7	0	69.2
Gl	34.9	27.7	–	13.7	60.8	47.8	185	56.5	22.5	45.6
Gg	25	22.7	13.7	–	66.7	53.5	182	63.4	20.7	51.6
Ns	70	72.7	60.8	66.7	–	25.6	296	0	0	1.15
Nn	65.7	69.2	47.8	53.5	25.6	–	262	7.92	24.3	0

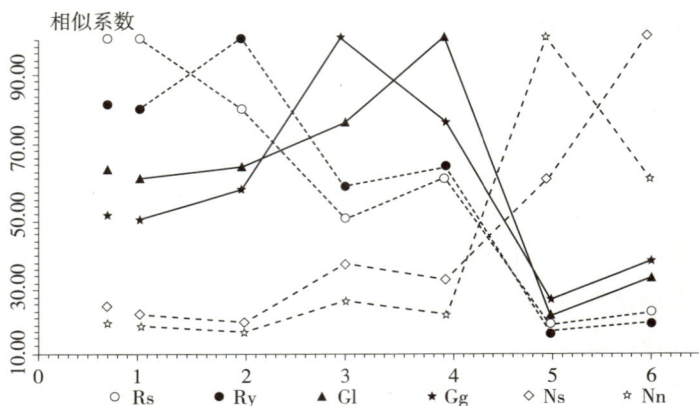

图 3-8　棱果沙棘及近缘种的同工酶谱带相似性

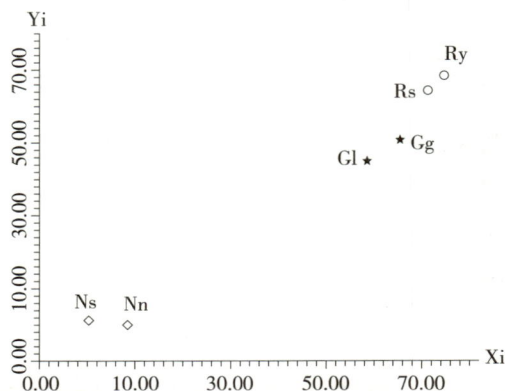

图 3-9　棱果沙棘及近缘种的四种酶谱的二维排序

综合棱果沙棘等三种六亚种的四种酶的谱带分析和排序结果，表明：①同种内不同亚种之间相似系数最高、排序距离最近，说明其类群划分自然合理。②表3-7中Rs与Ry相似系数为0.8，Gl与Gg相似系数为0.759，而Ns和Nn相似系数为0.593，其同种内亚种之间的相似系数随着种的进化水平逐渐降低，说明进化过程也是遗传趋异加大的过程。③棱果沙棘及其亚种与其他四个亚种间的相似系数均较高，凸显了棱果沙棘在进化进程中的桥梁作用。④四种同工酶酶谱的43条谱带中，在棱果沙棘及其亚种中有近20条带不表现或不完全表现出叠加性质，这显然与棱果沙棘是通过杂交起源的观点是相矛盾的。⑤表3-7中云南沙棘与棱果沙棘及其亚种理塘沙棘酶谱谱带之间的相似系数很高，寓意着棱果沙棘由云南沙棘演化而来的可能性。

齿叶草

沙棘

棱果沙棘与近缘类群的核型比较 [9～13]

下面阐述棱果沙棘与中国沙棘和肋果沙棘的核型比较（表3-9和图3-10）。

表3-9 青海省祁连县棱果沙棘与中国沙棘和肋果沙棘的核型比较

类群	编号	长臂	短臂	随体	相对长度	臂比	类型	I.R.L	备注
中国沙棘	1	5.42	4.11	2.64	12.17	1.32	m	1.46L	核型公式:
	2	5.71	3.97	2.08	11.76	1.44	m	1.413L	2n=24=18m+6m（SAT）
	3	4.97	4.97	1.59	11.53	1.0	m	1.384L	
	4	5.32	4.55	–	9.87	1.17	m	1.18M2	染色体长度组成:
	5	4.36	3.71	–	8.07	1.18	m	0.97M1	2n=24=6L+2M2+10M1+6S
	6	4.29	3.65	–	7.94	1.17	m	0.95M1	
	7	4.15	3.65	–	7.80	1.13	m	0.93M1	核型类型:2A
	8	3.97	3.31	–	7.28	1.20	m	0.87M1	
	9	3.63	2.99	–	6.62	1.21	m	0.79M1	
	10	2.99	2.99	–	5.98	1.00	m	0.72S	产地:青海祁连
	11	2.92	2.78	–	5.70	1.05	m	0.68S	
	12	2.64	2.64	–	5.28	1.00	m	0.63S	作者:李常宝等[9]
棱果沙棘	1	6.31	4.95	–	11.26	1.27	m	1.35L	核型公式:
	2	6.20	4.59	–	10.79	1.35	m	1.30L	2n=24=22m+2m（SAT）
	3	5.52	4.79	–	10.31	1.15	m	1.24M2	
	4	5.37	3.13	1.49	9.99	1.16	m	1.20M2	染色体长度组成:
	5	5.27	4.13	–	9.40	1.28	m	1.13M2	2n=24=4L+8M2+10M1+2S
	6	4.58	4.45	–	9.03	1.03	m	1.09M2	
	7	4.41	3.80	–	8.21	1.17	m	0.99M1	核型类型: 2A
	8	4.02	3.18	–	7.20	1.26	m	0.84M1	
	9	3.27	3.15	–	6.42	1.04	m	0.77M1	
	10	3.21	3.21	–	6.42	1.00	m	0.77M1	产地:青海祁连
	11	3.16	2.98	–	6.14	1.06	m	0.74M1	
	12	2.75	2.08	–	4.83	1.31	m	0.58S	作者:李常宝等[9]
肋果沙棘	1	7.49	6.64	–	14.13	1.13	m	1.69L	核型公式:
	2	6.21	5.41	–	11.62	1.15	m	1.38L	2n=24=22m+2m（SAT）
	3	5.49	3.65	2.06	11.20	1.51	m	1.33L	
	4	4.91	4.79	–	9.70	1.02	m	1.15M2	染色体长度组成:
	5	4.26	4.26	–	8.52	1.00	m	1.10M2	2n=24=6L+4M2+6M1+8S
	6	4.05	3.91	–	7.96	1.04	m	0.95M1	
	7	3.91	3.73	–	7.64	1.05	m	0.91M1	核型类型:2A
	8	3.82	3.67	–	7.49	1.04	m	0.89M1	
	9	3.79	2.56	–	6.35	1.48	m	0.75S	
	10	2.65	2.49	–	5.14	1.05	m	0.61S	产地:青海祁连
	11	2.65	2.49	–	5.14	1.05	m	0.61S	
	12	2.62	2.49	–	5.11	1.04	m	0.61S	作者:李常宝等[9]

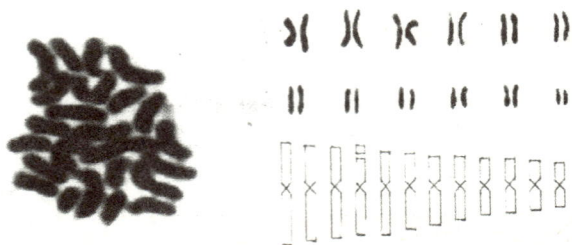

图 3-10　青海省祁连县棱果沙棘染色体数目、组型分析和组型模式图

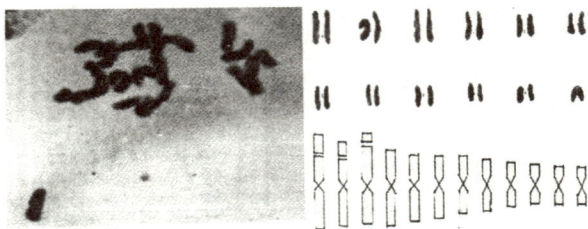

图 3-11　青海省祁连县中国沙棘染色体数目、组型分析和组型模式图

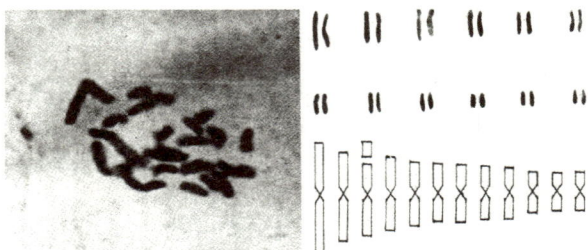

图 3-12　青海省祁连县肋果沙棘染色体数目、组型分析和组型模式图

　　上述核型分析表明，棱果沙棘、中国沙棘和肋果沙棘的核型与沙棘属其他类群的核型基本相似，其染色体的数量是相当稳定的，均为24条（2n=24），也不存在4个同源6条染色体组；而差异主要表现在随体的数目、位置以及臂比等方面。这种染色体数量的相同以及种间乃至种内染色体结构差异的存在，不仅论证了沙棘属植物的同源性而且也说明沙棘属内的物种形成方式具有一致性，即物种形成方式的最大可能性是经过染色体结构的变异（包括染色体易位、倒位或二者兼而有之）、生殖隔离和扩散分布区而完成的。

棱果沙棘与有关类群的地理分布分析

　　棱果沙棘及有关各类群的垂直和水平分布分别见图3-13和图3-14。

齿缘草

沙棘

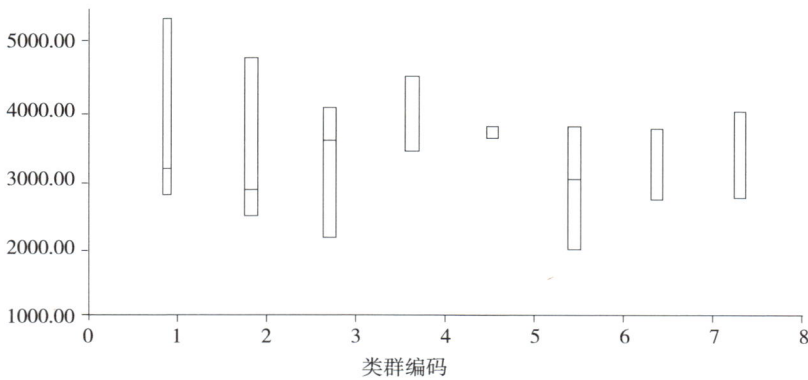

图 3-13　沙棘属在喜马拉雅和青藏高原地区各类群的垂直分布

1.西藏沙棘；2.江孜沙棘；3.云南沙棘；4.密毛肋果沙棘；

5.理塘沙棘；6.中国沙棘；7.棱果沙棘；8.肋果沙棘

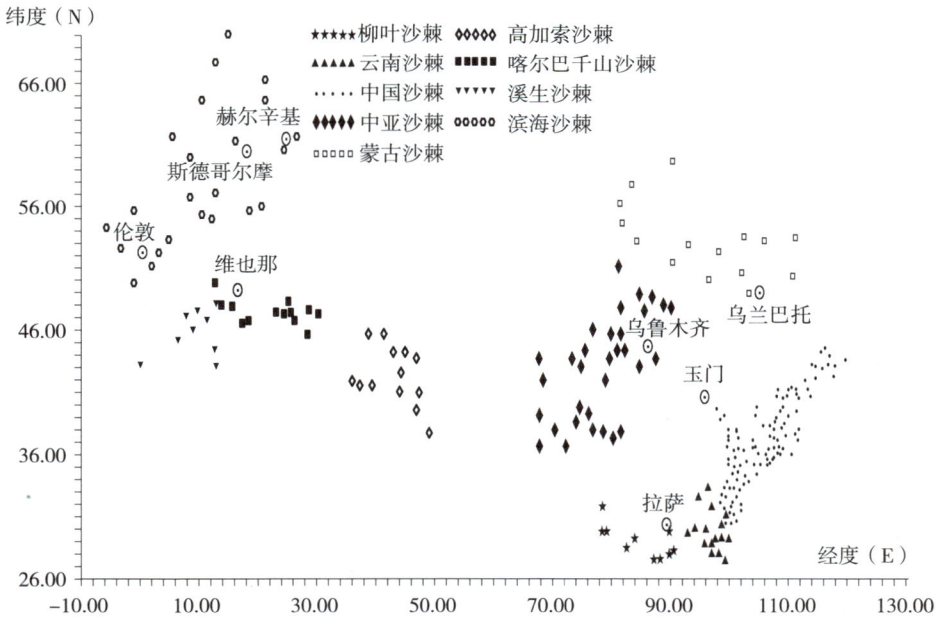

图 3-14　沙棘属无皮组各类群的水平分布

　　从上面两图可以看到，沙棘属植物各类群（种和亚种）的分布具有明显的地理替代特点。从低纬度向高纬度过渡，柳叶沙棘分布于喜马拉雅地区，向北被中国沙棘所替代。在中国沙棘中，云南沙棘分布于滇西北、川西南和藏东南的局部地区，往东北至我国西北、华北被中国沙棘所替代。在鼠李沙棘中，中亚沙棘往东北被蒙古沙棘替代，往西北被高加索沙棘、喀尔巴千山沙棘、溪生沙棘和海滨沙棘依次替代。随着海拔的升高，无皮组的中国沙棘被云南沙棘替代，云南沙棘又被有皮组的江孜沙棘和西藏沙棘替代；西藏沙棘分布于最高海拔区，甚至到了5200m的高山地带。肋果沙棘和密毛肋果沙棘受纬度和海拔双重影响，分布于较北和较高的地区。而棱果沙棘和理塘沙棘仅仅分布于中国沙棘或云南沙棘、肋果沙棘或密毛肋果沙棘的接触地区。

纵观种群替代特征，不难得出，沙棘属的物种形成可能与其相关种群边缘居群的特化有着直接的关系。棱果沙棘的物种形成，当然也与同属内其他种的物种形成有着相类似的途径和方式。也就是说，地理分布的分析结果支持棱果沙棘是由中国沙棘或云南沙棘的边缘居群特化而来的观点。

中国沙棘种下类型在四川省和甘肃省的地理分布分析

为了查明棱果沙棘是否可能由中国沙棘的边缘居群特化而来，作者对中国沙棘在四川省和甘肃省的种下类型进行了野外实地考察研究，图3-15是中国沙棘在四川和甘肃省的种下类型的地理分布。

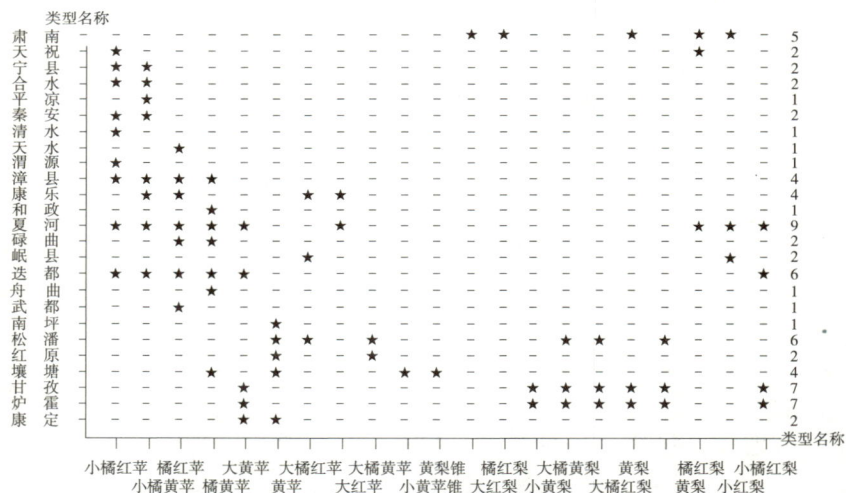

图 3-15　中国沙棘在四川和甘肃省的种下类型的地理分布

图3-15中清楚地显示出中国沙棘中一些特化的类型都出现在其种的分布区边缘地带，特别是果实的纵径明显大于横径长度的梨类地方宗仅仅出现在较高纬度的甘肃南和低纬度的更高海拔区（甘孜、炉霍和松潘等）[14]。这不仅表明棱果沙棘及其亚种理塘沙棘在果实的形态上与中国沙棘中一些特化的类型相近似，而且这些地区恰好这些地区

川芎

也是棱果沙棘及其亚种理塘沙棘的主要或者相邻分布区。这无疑更进一步论证了棱果沙棘可能是由中国沙棘的边缘居群特化而来的观点的合理性。

棱果沙棘与中国沙棘和肋果沙棘的雌雄花发育进程和细胞学特征 [15]

分别观测棱果沙棘（亚种）、中国沙棘和肋果沙棘（亚种）的雌雄花发育、胚胎发育及其细胞学特征，发现其雌雄花发育进程和细胞学特征如下。

1 雌雄花发育进程

雌雄花发育进程参见表3-9。

表3-9　在青海省祁连县小东草沟自然条件下，棱果沙棘等3亚种沙棘的雌雄花发育进程

日期	30/3	15/4	23/4	28/4	6/5
中国沙棘 ♂	造孢细胞	花母细胞	减数分裂	单胞花粉	放粉
♀	未分化	孢原细胞	孢原细胞	孢原细胞	—
棱果沙棘 ♂	造孢细胞	花母细胞	花母细胞	凝线期	减数分裂
♀	未分化	孢原细胞	孢原细胞	孢原细胞	—
肋果沙棘 ♂	造孢细胞	造孢细胞	花母细胞	花母细胞	—
♀	未分化	孢原细胞	孢原细胞	孢原细胞	孢原细胞
日期	10/5	12/5	14/5	20/5	24/5
棱果沙棘 ♂	单胞早期	单胞花粉	二胞花粉	放粉	
♀	二核胚囊	四核胚囊	八核胚囊	成熟胚囊	
肋果沙棘 ♂	减数分裂	四分体	单胞花粉	二胞花粉	放粉
♀	—	二核胚囊	四核胚囊	八核胚囊	成熟胚囊

表3-9清楚地显示出，中国沙棘与棱果沙棘和肋果沙棘雌雄花的发育节律差异很大，前者比后二者的花粉和胚囊成熟期要早14天以上。按照田良才等对中国沙棘开花特性和人工杂交试验[16]以及郭荫槐等对沙棘花粉生活力的研究[17]，沙棘雌花的盛花期仅5~7天[18]，只有在盛花期时授粉率才最高；一般雄花还要早于雌花2~4天开花，花粉传布距离主要在12m以内，越过15m花粉量则大大减少，到25m时几乎消声匿迹，而且花粉生活力下降很快，至第5天其发芽率仅为12.4%，第15天则降为零[19]。雌雄花发育时间上的隔离和沙棘授粉生物学的特点，表明中国沙棘和其他两种沙棘在种间进行杂交几乎是不可能的。另一方面，虽然棱果沙棘与肋果沙棘的雌雄花发育和花期大体一致，而且棱果沙棘总是分布在有肋果沙棘生长的地域，但是棱果沙棘与肋果沙棘在形态上存在着一系列种级差异。野外实地考察中，不仅没有发现杂种蜂群出现，甚至从未发现有其中间类型的存在，这又表明后两者之

间存在着生殖隔离。上述事实证明，棱果沙棘不是由杂交而形成的。

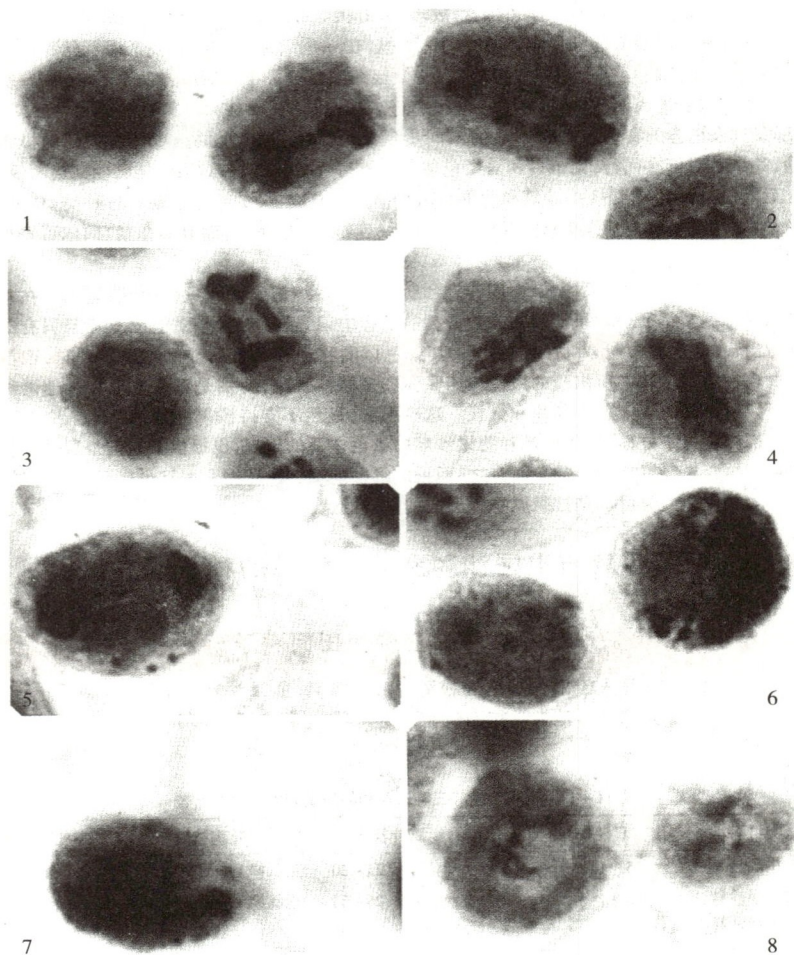

图 3-16　棱果沙棘及其近缘种在小孢子发育进程中的细胞学特征比较

1-4.棱果沙棘雄花减数分裂后期Ⅰ时出现的染色体桥、落后染色体及染色体不同步运动；
5-6.中国沙棘雄花减数分裂后期Ⅰ和末期Ⅰ时细胞核中出现微核；7-8.肋果沙棘雄花减数分裂后期I时细胞核中出现微核以及前中期I时出现的多价体

2　小孢子发育进程中的细胞学特征

研究显示，棱果沙棘和中国沙棘在减数分裂中期，同源染色体均能正常配对，大多数花粉母细胞减数分裂过程正常；但是，在肋果沙棘中，常常会看到一对（个别细胞中两对）很小的异常染色体。在终变期，棱果沙棘和中国沙棘中只有二价体；而肋果沙棘在约30%的细胞中发现有四联体甚至多联体，它们组成环状、链状等不同形态。在后期Ⅰ

穿龙薯蓣

沙棘

（图3-16），肋果沙棘和中国沙棘的染色体能同时到达两极，在一些细胞中发现有多个无着丝粒的染色体断片，这些断片常形成许多微核，一些微核在减数分裂Ⅰ之后进入两个子核，一些在第二次分裂后进入四分体核，还有一些没有进入四分体核；而棱果沙棘在中期Ⅰ和后期Ⅰ期间，其染色体的移动存在着明显的不同步现象，其中一对较小的染色体首先向两极移动，其余各对依次而行，当最后两对染色体离开赤道板时，其他各对染色体已经到达两极。在后期Ⅰ和后期Ⅱ，在棱果沙棘和肋果沙棘中，约有1%～2%的细胞出现有各种类型的染色体桥，桥的类型有后期Ⅰ单桥、后期Ⅰ二单桥、后期Ⅰ三单桥、后期Ⅱ一单桥，偶尔可发现后期Ⅱ二单桥。

上述结果表明，棱果沙棘、中国沙棘和肋果沙棘在小孢子发育进程中，明显地存在着各自的细胞学特征。棱果沙棘在减数分裂的进程中，其同源染色体配对正常，而且只有二价体出现。在中期Ⅰ和后期Ⅰ期间，虽然其染色体的移动存在有明显的不同步现象，但却没有发现在肋果沙棘中所出现的染色体四联体和多联体现象，特别是没有发现在中国沙棘和肋果沙棘两种中所频繁出现的染色体断片和微核。这些事实，显然也不支持棱果沙棘由种间杂交而形成的推测。

另一方面，棱果沙棘和肋果沙棘中染色体桥的出现，也为它们是通过染色体结构的变异（易位、倒位或兼而有之）而形成物种提供了细胞学证据。同时也启示我们，其染色体的易位和倒位可能是沙棘属物种形成的重要的遗传学基础。

3 棱果沙棘与中国沙棘和肋果沙棘的种子萌发试验

3.1 棱果沙棘等三种六亚种的田间种子萌发

把1992年10月采于四川省理塘和松潘的棱果沙棘、肋果沙棘和中国沙棘的种子于1995年4月在甘肃省兰州市西北师范大学校园试验地中播种，进行萌发试验和幼苗观察，其结果见表3-11。

表3-11　棱果沙棘等3种6亚种的种子萌发和幼苗比较

类群名称	出苗日期（天）	出苗率（%）	真叶长出日期（天）	叶茎被毛	幼苗长势
中国沙棘	15～18	85～90	25～30	星状毛→鳞片	好
云南沙棘	15～18	82～90	26～33	星状毛→鳞片	好
理塘沙棘	15～19	83～90	26～32	星状毛	好
棱果沙棘	15～18	85～90	25～28	星状毛→鳞片	好
密毛肋果沙棘	11～15	60～65	22～26	星状毛	部分死亡
肋果沙棘	11～14	60～70	21～25	星状毛→鳞片	部分死亡

从表3-11看出，棱果沙棘、理塘沙棘、中国沙棘和云南沙棘虽然出苗较晚、真叶出现较迟，但出苗率高而且幼苗健壮、长势好。而肋果沙棘及其亚种密毛肋

果沙棘出苗快、真叶出现早，但出苗率低、长势差而且易枯死。这种结果与下述室内萌发试验的结果完全一致，其实质是说明棱果沙棘、理塘沙棘、中国沙棘和云南沙棘等四个亚种起源于较温暖的生境之中，而肋果沙棘和密毛肋果沙棘可能起源于相对较寒冷的生境之中。

3.2 棱果沙棘等3种3亚种沙棘的室内种子萌发

作者对棱果沙棘、肋果沙棘和中国沙棘等三个亚种在室内不同温度条件下，也进行了种子萌发试验。结果表明，沙棘种子无明显休眠期，子叶为出土萌发类型，在4℃时种子只有物理吸胀而不萌发。在15～30℃温度条件下其种子萌发率及主根生长量见图3-17和图3-18。

从图3-17、图3-18可以看出：①肋果沙棘的种子在15～30℃的温度条件下，不但萌发早且萌发率高，但在30℃条件下主根生长明显受到抑制，而且最早枯死。②棱果沙棘和中国沙棘在15℃条件下，其种子的萌动发芽明显推迟，而且主根生长非常缓慢；但随温度的提高其萌发率上升、主根生长量加大，并且发育正常。由于受所试温度的限制，还不能确定每个种种子萌发所需的最适温度条件，但是棱果沙棘和中国沙棘种子萌发需要较高（20～25℃）的温度条件，而肋果沙棘的种子萌发需要相对较低（15～20℃）的温度条件。室内萌发试验，进一步论证了棱果沙棘和中国沙棘起源于较温暖的生境之中，而肋果沙棘则起源于相对较寒冷的生境之中。

4. 棱果沙棘与中国沙棘和肋果沙棘的生理生化指标比较

2010年，马飞[20]研究了高山松和棱果沙棘的生理生态适应性，测定了15个生理指标和特征，结果如下。

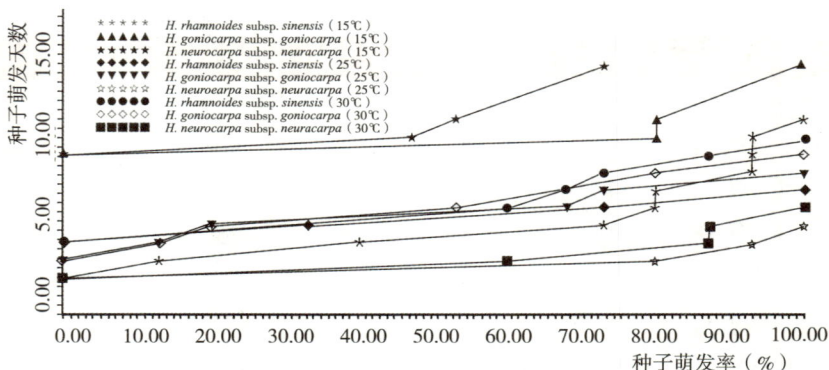

图3-17　棱果沙棘、肋果沙棘和中国沙棘3个亚种室内种子萌发率
与温度之间的关系

垂果南芥

沙棘

种子萌发天数

15.00

10.00

5.00

0.00

*＊＊＊＊＊ *H. rhamnoides* subsp. *sinensis*（15℃）
▲▲▲▲▲ *H. goniocarpa* subsp. *goniocarpa*（15℃）
◆◆◆◆◆ *H. neurocarpa* subsp. *neuracarpa*（15℃）
▼▼▼▼▼ *H. rhamnoides* subsp. *sinensis*（25℃）
☆☆☆☆☆ *H. goniocarpa* subsp. *goniocarpa*（25℃）
◇◇◇◇◇ *H. neurocarpa* subsp. *neuracarpa*（25℃）
●●●●● *H. rhamnoides* subsp. *sinensis*（30℃）
◇◇◇◇◇ *H. goniocarpa* subsp. *goniocarpa*（30℃）
■■■■■ *H. neurocarpa* subsp. *neuracarpa*（30℃）

0.00　100.00　200.00　300.00　400.00　500.00　600.00　700.00

主根总生长量（mm）

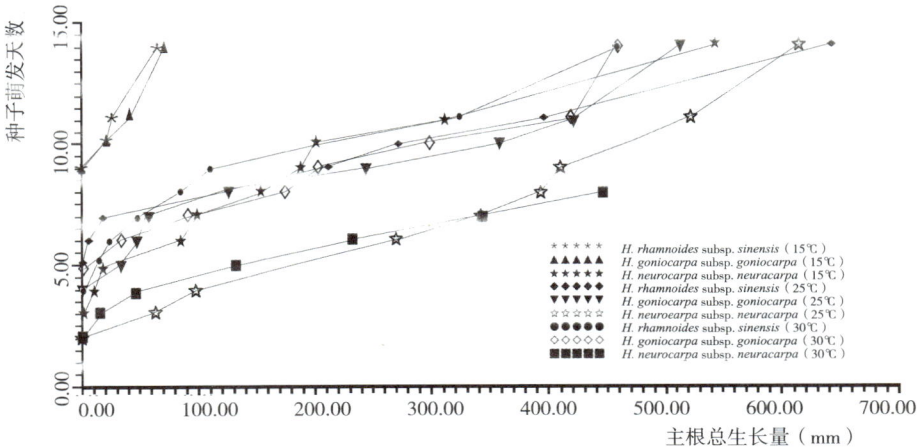

图 3-18　棱果沙棘、肋果沙棘和中国沙棘 3 个亚种主根总生长量与温度之间的关系

（1）在不同水分的干旱条件下，高山松与油松和云南松随着干旱的加剧，三个种的叶干物质积累量、茎干物质积累量、根干物质积累量、总干物质积累量、最大光合速率、气孔导度、蒸腾速率、PSII最大产量、单株植物总耗水量、长期水分利用效率等均呈现下降趋势；同时，导致植物的根冠比、叶片同位素组成（$\delta^{13}C$）及瞬时水分利用效率上升，而叶片氮元素利用效率和碳元素含量随土壤含水量的降低变化趋势不一致。尽管如此，高山松的总干物质积累量和长期水分利用效率在四种水分处理条件下都显著高于油松和云南松，显示出超亲优势；根、茎、叶的干物质积累量和叶片同位素组成（$\delta^{13}C$）至少在三个水分处理下表现出超亲优势；另外，还有一些指标在一个水分处理下表现出超亲优势。总的来说，高山松在水分良好和轻度干旱胁迫条件下，15个生理特征中拥有9个超亲特征；在中度和重度干旱条件下拥有9个超亲特征。

（2）在33天的低温胁迫条件下，15个生理特征中高山松拥有8个超亲特征，且其超亲特征都直接或者间接与光系统的功能相关。

事实表明，高山松对干旱和低温的忍耐力都明显高过油松和云南松，这不仅有利于高山松成功占领高海拔地区，而且也促进了与亲本种的生态隔离和物种形成。

与此相对比，棱果沙棘和两个亲本种之间与上述的结果则存在明显不同。

（1）在棱果沙棘种内存在两个明显的基因型，而且在两个基因型之间，其最大光合速率、瞬时水分利用效率、量子效率、羧化效率、非光化学淬灭、光补偿点、综合水分利用效率、单位面积的氮含量、平均单叶面积、单位面积干重和碳含量等11个生理特征都存在差异。

（2）虽然在 *H. goniocarpa*-R基因型中，有最大光合速率、叶片同位素组成（$\delta^{13}C$）、非光化学淬灭、平均单叶面积和光补偿点等5个生理特征高于两个亲

本；而在 *H. goniocarpa*-N 基因型中，最大光合速率和叶片同位素组成（$\delta^{13}C$）两个生理特征却介于亲本之间。

（3）在棱果沙棘种内两个基因型中，只有瞬时水分利用效率和单位面积的氮含量2个生理特征共同高于两个亲本；而平均单叶面积和单位重量的氮2个生理特征又介于两个亲本之间；特别是还有碳元素的含量和量子效率2个生理特征还明显低于两个亲本。

显然，上述生理生态适应性研究表明，棱果沙棘及其亚种与中国沙棘和肋果沙棘及其亚种相比较，在生理特征方面既不存在显著的超亲优势，且还分布于同一地域，当然也就不支持棱果沙棘是由杂交形成的观点。

综合上述几个方面的研究、分析和讨论，除了形态解剖性状居间和分子叠加现象无法确定棱果沙棘的物种形成方式之外，其他一系列事实都不支持棱果沙棘是杂交起源的观点。首先是"杂交亲本种"之间花期不遇，研究表明沙棘的开花期一般仅仅延续7天左右[21,22]，但实地考察发现同在祁连县八宝乡生长的中国沙棘与肋果沙棘，其开花期要相差21天，何况沙棘属植物雌蕊柱头可授粉时限是相当暂短的（一般3~4天）。其次，生长在祁连县八宝乡的棱果沙棘、中国沙棘和肋果沙棘，其各自种下都存在着不同的类型，但是棱果沙棘却没有出现种间杂种所必然要出现的杂种蜂群式的植株。第三，在减数分裂过程中，棱果沙棘的染色体配对正常，均为二价体，可被认为是杂交亲本种之一的肋果沙棘却大量出现染色体环、染色体桥和落后染色体。第四，在中国沙棘和肋果沙棘的细胞内微核很多，而在棱果沙棘的细胞内却没有出现。第五，15项生理指标测定的结果表明，棱果沙棘与中国沙棘和肋果沙棘相比较，除2个生理特征高于中国沙棘和肋果沙棘之外，其余指标不仅没有超过中国沙棘和肋果沙棘，而且在棱果沙棘种内两个基因型之间还有11个生理特征存在明显差异。第六，棱果沙棘和其亚种理塘沙棘种内居群之间远距离的间断分布式样，以及棱果沙棘、中国沙棘和肋果沙棘果实中酯酶、苹果酸酶、苹果酸脱氢酶和过氧化物酶等4种酶的酶谱分析结果和种子萌发试验等事实，不仅充分论证了棱果沙棘是一个独立的种，而且均不支持棱果沙棘是杂交起源的观点。至于棱果沙棘中间性状的存在和分子叠加的事实，可以用"三级跳"的式样来解释，即从中国沙棘演化到棱果沙棘再演化到肋果沙棘；棱果沙棘介于前后二者之间，其性状必然居中。

另一方面，沙棘属内种和亚种之间的地理替代式分布格局，以及

刺柏

沙棘

种和亚种之间染色体数量的相同而在结构方面所存在的差异和在减数分裂过程中的行为异常，特别是中国沙棘种下一些特化的类型——梨类地方宗仅仅出现在较高纬度的肃南和低纬度的更高海拔区（甘孜、炉霍和松潘等）[1]，而梨类地方宗不仅在类核果的形态上与棱果沙棘及其亚种理塘沙棘的类核果相近似，且恰好这些地区也是棱果沙棘及其亚种理塘沙棘的主要或者相邻分布区。这无疑为棱果沙棘可能就是由中国沙棘特化的边缘居群而来的观点提供了直接的证据。

至此，我们可以得出结论：棱果沙棘的物种形成方式是随着漫长的地质和气候环境的变迁，由种内变异开始，经过遗传宗、地理宗或生态宗的分化，逐渐形成物种的过程，属于地理式物种形成式样[6]，即异地的物种形成模式。棱果沙棘的祖种最大的可能是中国沙棘或云南沙棘，而且是分布于较低纬度地区（川滇藏接触地区，即康滇古陆区）的较高海拔地带（2600～3500m）的特化的边缘居群。从遗传角度，其染色体结构的变异（易位、倒位或兼而有之）和分化是非常关键的一个环节。生殖隔离的形成，可能与许多雌雄异株植物的遗传体制相一致，即其边缘居群中的"建立者"（指重大的染色体结构变异，而最初出现的具有特化的遗传型的少数几个乃至一个雌株个体）通过正选型交配而获得。在野外考察中，我们常常发现一些植株数量少的类型往往其结果量也最少，而且类核果的形态与常见类型之间的差异相对距离更大、特征更为突出，这也从另一个侧面为正选型交配在沙棘属内的存在提供了一个佐证。

肋果沙棘之所以与棱果沙棘的许多性状更为靠近，从肋果沙棘的进化水平更高、种子萌发所需要的温度较低以及分布海拔更高来分析，只能得出肋果沙棘是由棱果沙棘的边缘居群分化而来的推论。至于棱果沙棘分布区的狭窄，可能与这个种遗传的灵活度较低和生态适应幅较小有关。

参考文献

[1] 廉永善，陈学林，刘艳玲，等. 棱果沙棘物种形成的研究[J]. 西北师范大学学报（自然科学版），1997，33（4）：42–51.

[2] Sun K, Ma RJ, Chen X, et al. Hybrid origin of the diploid species *Hippophae goniocarpa* evidencedby the internal transcribed spacers (ITS) of nuclear rDNA[J]. Belgian Journal of Botany, 2003, 136(1):91–96.

[3] 廉永善，陈学林. 沙棘的生态地理分布及其植物地理学意义[J]. 植物分类学报，1992，30（4）：349–355.

[4] 陈学林，廉永善. 沙棘属植物的分布格局及其成因[J]. 西北植物学报，1994，14（6）：105–110.

[5] 马瑞君，李常宝，刘艳玲，等. 四种沙棘种子可溶性蛋白谱带分析研究[J]，沙棘，1997，10（3）：4-9.

[6] 吕荣森，莫卫平，陈素文，等. 中国沙棘属植物过氧化物酶同工酶分析[A]. 见：国际沙棘学术交流会论文集[C]，西安，1989，110-114.

[7] Yingmou Yao, Peter M. A. Tigerstedt. Isozyme studies of genetic diversity andevolution in Hippophae[J].
Genetic Resources and Crop Evolution，1993，40（3）：153-164.

[8] 刘艳玲，廉永善，陈学林，等. 棱果沙棘等三种三亚种的同工酶比较研究[J]. 沙棘，1998，11（1）：12-17.

[9] 梁万福，李常宝，廉永善. 青海产四种沙棘的核型分析[J]. 沙棘，1997，10（4）：5-10.

[10] 普晓兰，李懋学，徐炳声. 三种沙棘的核型和性染色体[M]. 北京：中国植物学会，1988，463-464.

[11] 曹亚玲，吕荣森. 中国沙棘属植物核型分析[J]. 植物分类学报，1989，27（2）：118-123.

[12] 冯显逵，宋玉霞. 三种沙棘属植物的核型分析[J]. 沙棘. 1988（2）：16-19.

[13] 刘琰，徐炳声. 中华沙棘的核型分析[J]. 武汉植物学研究，1988，6（2）：195-197.

[14] 廉永善，陈学林，王峰. 沙棘的种下类型研究[J]. 西北师范大学学报（自然科学版），1997，33（1）：36-46.

[15] 廉永善，陈学林，等. 沙棘属植物生物学和化学[M]. 兰州：甘肃科学技术出版社，2000.

[16] 田良才，关芳玲. 中国沙棘开花特性与人工杂交的初步研究[J]. 沙棘，1993，6（1）：29-33.

[17] 郭荫槐，等. 不同条件下沙棘花粉生活力测定和贮藏试验[J]. 沙棘，1995，8（1）：10-13.

[18] E. ∏. 索科洛娃（邱德明译）. 沙棘花授粉的易受期. 在沙棘的生物学化学和引种育种论文集. 北京：科学技术文献出版社，1989，93-95.

[19] 王子科，郭百年，阎立业. 多山地区沙棘花粉飞散特征研究. 国际沙棘学术交流会论文集，西安，1989，186-189.

[20] 马飞. 二倍体杂交物种与亲本种的生理生态适应差异[D]. 兰州大学博士学位论文，2010.

[21] 张志翔，高宗庆，张勇. 沙棘属和胡颓子属叶表皮形态与分类的扫描电镜研究I. 叶表皮及表皮附属物的形态[J]. 植物研究，1992，12（2）：169-176.

[22] 张志翔，张勇，高宗庆. 沙棘属和胡颓子属叶表皮形态与分类的扫描电镜研究Ⅱ. 沙棘属叶表皮形态与分类[J]. 植物研究，1992，12（4）：407-415.

刺槐

（崔治家　李守汉　廉永善）

沙棘

第四章

沙棘属植物的地理分布

　　植物地理分布是植物类群在地球表面存在的空间形式，是植物对自然环境的综合反映，也是大自然对植物类群长期选择的结果。沙棘属植物地理分布的研究有利于人们对该类群的起源和生态生物学特性认识的深化，有助于对沙棘资源的开发利用，也有助于科学合理地保护和发展沙棘资源。

沙棘属植物的地理分布概况

　　沙棘属植物现有6种10亚种，归属2个组，广泛分布于亚欧大陆温带地区。南起喜马拉雅山脉南坡的尼泊尔和锡金，北至斯堪的纳维亚半岛大西洋沿岸的挪威，东抵我国内蒙古哲里木盟库伦旗以东地区，西到地中海沿岸的西班牙，跨东经2°～123°、北纬27°～69°之间。其垂直分布从北欧及西欧海滨到海拔3000m的高加索山脉，直到海拔5200m的喜马拉雅及青藏高原地区。

1 沙棘属植物各种和亚种的地域分布

1. 无皮组Sect. Ⅰ. *Hippophae*

①.**鼠李沙棘** *H. rhamnoides* Linn.

①a.**中国沙棘**（亚种）*H. rhamnoides* subsp. *sinensis*

四川：木里藏族自治县，九龙县，康定县，雅江县，宝兴县，道孚县，丹巴县，都江堰市，理县，小金县，金川县，炉霍县，白玉县，德格县，甘孜县，色达县，石渠县，壤塘县，马尔康县，黑水县，茂县，汶川县，松潘县，红原县，阿坝县，若尔盖县和九寨沟县。

青海：玉树藏族自治州，班玛县，久治县，河南蒙古族自治县，泽库县，同仁县，贵德县，循化撒拉族自治县，化隆回族自治县，湟源县，民和回族土族自治县，互助土族自治县，湟中县，大通回族土族自治县，门源回族自治县，祁连县和柴达木。

甘肃：玛曲县，碌曲县，夏河县，临潭县，卓尼县，迭部县，舟曲县，岷县县，宕昌县，武都县，文县（西北部），成县，西和县，礼县，天水市，武山县，漳县，甘谷县，秦安县，清水县，张家川回族自治县，陇西县，渭源县，通渭县，定西市，会宁县，临洮县，广河县，康乐县，和政县，临夏县，东乡族自治县，永靖县，榆中县，兰州市，皋兰县，永登县，天祝藏族自治县，古浪县，民乐县，肃南裕固族自治县，山丹县，临泽县，静宁县，庄浪县，华亭县，崇信

达乌里龙胆

沙棘

县，灵台县，泾川县，平凉市，镇原县，宁县，正宁县，合水县和西峰区。

陕西：韩城市，白水县，陇县，千阳县，麟游县，凤翔县，岐山县，扶风县，太白县，凤县，永寿县，彬县，旬邑县，淳化县，耀州区，铜川市，宜君县，黄龙县，黄陵县，洛川县，宜川县，富县，甘泉县，延安市，延长县，延川县，安塞县，志丹县，子长县，靖边县，定边县，横山县，佳县，榆林市，神木县，府谷县，吴堡县，绥德县，米脂县和清涧县。

宁夏：泾源县，隆德县，西吉县，固原市，海原县，银川市和石嘴山市。

内蒙古：清水河县，和林格尔县，凉城县，丰镇市，兴和县，卓资县，呼和浩特市，正蓝旗，多伦县，东胜区，达拉特旗，准格尔旗，赤峰市，克什克腾旗，林西县，翁牛特旗，敖汉旗和库伦旗。

山西：全省各地均有分布，分布面积在1.334万公顷以上的有右玉县，岢岚县，兴县，岚县，方山县，离石市，中阳县，交口县，和顺县和榆社县等10个县。

河北：蔚县，涿鹿县，阳原县，张北县，丰宁满族自治县和围场满族蒙古族自治县。

北京：西部山区有零星分布（百花山）。

辽宁：建平县（引种栽培）。

生于海拔（400）800～3100（3900）m的山坡、谷地、河岸或干涸河床，在黄土高原极为普遍。

①b.**云南沙棘**（亚种）*H. rhamnoides* subsp. *yunnanensis* Rousi

西藏：察隅县，左贡县，芒康县，波密县，林芝县，米林县，隆子县和江达县。

云南：丽江市，宁蒗彝族自治县，维西傈僳族自治县，香格里拉县，贡山独龙族怒族自治县和德钦县。

四川：乡城县，得荣县，稻城县，木里藏族自治县，九龙县，巴塘县，理塘县，雅江县，康定县，道孚县，新龙县，白玉县和德格县。

青海：囊谦县。

生于海拔（1000）2200～3500（4000）m的沟谷、河岸及山脚疏林中。

①c.**卧龙沙棘***H. rhamnoides* subsp. *wolongensis* Y.S.Lian，X.L.Chen et K.Sun

四川：汶川县和茂县；生于海拔1920～1940m的山坡沙棘林中或河岸林中。

①d.**中亚沙棘**（亚种）*H. rhamnoides* subsp. *turkestanica* Rousi

中国：西藏（札达县）；新疆（和田县，民丰县，于田县，策勒县，洛浦县，墨玉县，皮山县，叶城县，塔什库尔干塔吉克自治县，莎车县，喀什市，阿克苏市，库尔勒市，乌鲁木齐市，特克斯县，昭苏县，巩留县，察布查尔锡伯自治县，伊宁市，尼勒克县，霍城县，温泉县，博乐市，精河县，塔城市，新源县，和静县，吉木乃县，哈巴河县，布尔津县，福海县，吐鲁番市，哈密市）；甘肃（肃北蒙古族自治县党河河谷）。

印度西北部（Lahaul and Spiti），**克什米尔**地区，兴都库什山，**塔吉克斯坦**（喷赤河沿岸及其支流沿岸，扎拉夫掸河，范达里亚河，杨格诺布河，木库斯河，科基兹河，苏尔哈布河，沃比欣果河），**吉尔吉斯斯坦**（集中分布于伊塞克湖沿岸，其他各个河流沿岸也有小块沙棘丛林分布），**哈萨克斯坦**（阿拉木图，塔尔迪库尔干和东哈萨克斯坦州的各河谷地及帖帖卡河支流河谷地），**乌兹别克**（扎拉夫掸河，卡拉达里亚河，阿克达里亚河，契尔奇克河，拜依宗河，马卡达里亚河，都帕兰克河，萨尔干达克河）。

生于海拔（530）1200～3700（4200）m的河谷阶地、山坡，常见于河漫滩。

①e.**蒙古沙棘**（亚种）*H. rhamnoides* subsp. *mongolica* Rousi

中国：新疆（青河县，吉木乃县，哈巴河县，布尔津县和阿勒泰市）。

蒙古：乌布苏诺尔，色楞格，中央，东方，扎布汗，库苏古勒，科布多。

俄罗斯：在阿尔泰边区的卡通河下游有约10km²天然沙棘林，戈尔诺–阿尔泰各河流沿岸，图瓦自治共和国分布在赫姆奇卡河草原及其支流河畔，捷斯捷列卡河及其支流，科什捷列卡河，奥拉赫科拉河及托尔勒卡河，伊尔库茨克州在基托河集中分布，在阿尔丹河支流少量生长且矮小，布里亚特联邦共和国沿色楞格河及其支流，捷尼卡河有0.9km²沙棘林，伊尔库特河河滩有矮生型沙棘。

哈萨克斯坦：东部。

生于海拔（420）1200～1800m的河谷阶地或河漫滩。

①f.**高加索沙棘**（亚种）*H. rhamnoides* subsp. *caucasia* Rousi

阿塞拜疆：山前河谷（冲积锥）及河流流域的草原地带都有沙棘，欣卡河沿岸面积最大。

格鲁吉亚：团状分布于各河流沿岸。

亚美尼亚：1953年开始在塞凡湖大面积栽培。

达乌里芯芭

俄罗斯：克拉斯诺达尔斯克，斯塔夫罗波边区河漫滩及其支流两岸，在卡巴尔达巴尔卡、北奥塞金和车臣印古什一带分布于捷列克河谷地及其支流沿岸，在达吉斯坦萨穆尔分布于近河谷地及其支流一带。

土耳其：东经32°以东黑海海岸。

保加利亚：瓦尔纳。

伊朗：西北部至厄尔布尔土石山区为止。

生于海拔（0）1000～2500（3000）m的河流沿岸及河漫滩。

①g.**喀尔巴千山沙棘**（亚种）*H. rhamnoides* subsp. *carpatica* Rousi

罗马尼亚（特兰尼西亚、多瑙河河口黑海沿岸）；**乌克兰**（敖得萨州维尔科沃城附近）；**南斯拉夫**（德拉瓦河沿岸）；**匈牙利**（德拉瓦河沿岸）；**奥地利**（阿尔卑斯山谷地）；**德国**（东南部多瑙河沿岸）和**摩尔多瓦**。

生于海拔0～380m的阿尔卑斯山谷地、多瑙河河口及其支流德拉瓦河河流沿岸及黑海海滨。

①h.**溪生沙棘**（亚种）*H. rhamnoides* subsp. *fluviatilis* Van Soest

奥地利（阿尔卑斯山地区）；**意大利**（西北部，延伸至亚平宁半岛）；**瑞士**；**法国**（阿尔卑斯山地区）和**西班牙**（比利牛斯山地区）。

生于海拔100～1900m的空旷地带、河床两岸的河谷、堤岸及谷地斜坡。

①i.**海滨沙棘**（亚种）*H. rhamnoides* subsp. *rhamnoides*

波兰；**德国**；**丹麦**；**瑞典**；**芬兰**；**俄罗斯**（塔林，加里宁格勒）及**挪威，荷兰，比利时，法国，英国，爱尔兰**等国的波罗的海、北海和挪威海海岸及河谷地带。

生于海拔0～1100m的海岸及河谷地带。

②.**柳叶沙棘***H. salicifolia* D.Don

中国：西藏（错那县、亚东县和吉隆县）。

不丹：廷布和隆戚。

尼泊尔：Kali Gandaki河谷Larjung和Lete地区，Jomsom地区。

锡金：甘托克。

印度：旁遮普阿尔莫拉，Lahaul，Spiti。

巴基斯坦：克什米尔地区印度河上游曾格拉。

生于海拔1500～3000（3700）m的高山峡谷山坡疏林中或林缘。

2. 有皮组Sect. Ⅱ. Gyantsenses Y.S.Lian

③.**棱果沙棘***H. goniocarpa* Y.S.Lian et al. ex Swenson et Bartish

中国特有种。

③a.**理塘沙棘**（亚种）*H. goniocarpa* subsp. *litangensis*（Y. S. Lian et X. L. Chen ex Swenson et Bartish）Y. S. Lian et K. Sun

四川：理塘县甲洼乡。

生于海拔3700m的沟谷阶地。

③b.**棱果沙棘**（亚种）*H. goniocarpa* subsp. *goniocarpa*

四川：松潘县，若尔盖县，红原县和炉霍县。

青海：祁连县（高大板煤窑沟阶地、小东草沟脑阶地及八宝河漫滩）。

生于海拔2700～3650m的山坡、河流沿岸、河漫滩及沟谷阶地。

④.**江孜沙棘***H. gyantsensis*（Rousi）Y.S.Lian

中国：西藏（八宿县，左贡县，林芝县，隆子县，错那县，拉萨市，江孜县，拉孜县，泽当县和亚东县）。

锡金：纳苏拉。

生于海拔2600～5000m的河流沿岸、河漫滩及沟谷阶地。

⑤.**肋果沙棘***H. neurocarpa* S.W.Liu et T.N.He

中国特有种。

⑤a.**密毛肋果沙棘**（亚种）*H. neurocarpa* subsp. *stellatopilosa* Y. S. Lian et X. L. Chen ex Swenson et Bartish

西藏：江达县，八宿县，左贡县，芒康县，类乌齐县和拉萨市。

四川：稻城县和理塘县。

青海：囊谦县、玉树县、治多县。

生于海拔3400～4400m的河流沿岸、河漫滩及河谷阶地。

⑤b.**肋果沙棘**（亚种）*H. neurocarpa* subsp. *neurocarpa*

四川：德格雀儿山以东；石渠县，炉霍县，甘孜县，红原县，阿坝县，若尔盖县和松潘县。

青海：久治县，玛沁县，河南蒙古族自治县，兴海县和祁连县。

甘肃：天祝藏族自治县，肃南裕固族自治县和山丹县。

生于海拔2900～3900m的河流沿岸、河漫滩及沟谷阶地。

⑥.**西藏沙棘***H. tibetana* Schlecht.

中国：四川（理塘县，新龙县，炉霍县，壤塘县，色达县，德格县，石渠县，马尔康县，红原县，阿坝县和若尔盖县），西藏（江达

打碗花

沙棘

县，巴青县，申扎县，改则县，日土县，双湖县，吉隆县，定日县，普兰县，班戈县，嘉黎县），青海（河南蒙古族自治县，尖扎县，同仁县，杂多县，治多县，贵南县，久治县，门源回族自治县，大同县、互助土族自治县，祁连县，湟源县，湟中县，刚察县，玛沁县，玛多县和格尔木市），甘肃（玛曲县，碌曲县，卓尼县，临潭县，夏河县，天祝藏族自治县，肃南裕固族自治县，山丹县和酒泉市）。

印度：西北部（Spiti）；**锡金**；**尼泊尔**（Jomsom）。

生于海拔2700～5300m的河滩、岸边及高山草地。

2 沙棘属植物的分布格局和分布式样

沙棘属植物各分类群的分布格局和分布式样参见图4-1、图4-2、表4-1和图4-3。

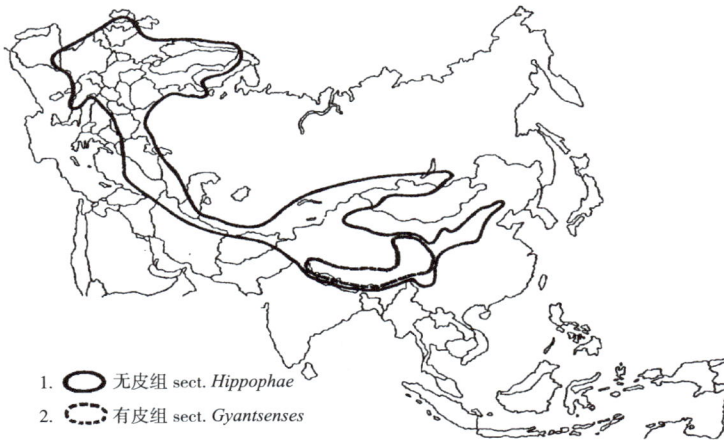

图 4-1 沙棘属两个组的分布（"1"示无皮组，"2"示有皮组）

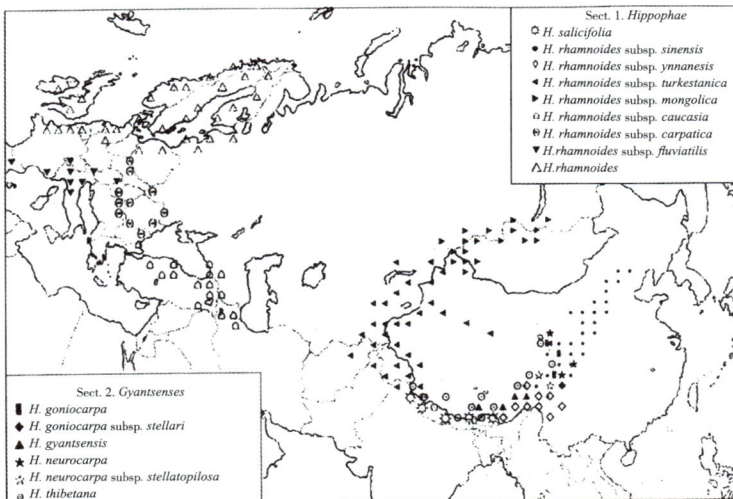

图 4-2 沙棘属植物各种（或亚种）的地理分布

表4-1　沙棘属植物各种分布的海拔、纬度和经度范围

类群名称	海拔（m）	纬度（N）	经度（E）
鼠李沙棘	0～4200	27°30'～44°20'	2°～122°02'
柳叶沙棘	2750～3700	27°～29°	77°03'～93°
棱果沙棘	2800～3700	29°40'～38°20'	100°～103°50'
江孜沙棘	2600～5000	28°～30°	86°～98°
肋果沙棘	2800～4300	29°～39°	97°～103°50'
西藏沙棘	2800～5300	28°～39°	79°～103°30'

从类群分布角度，无皮组的种类与有皮组的种类截然不同。

无皮组Sect. *Hippophae*的种类，分布地域广阔，除了柳叶沙棘分布于喜马拉推山地区以外，其余种类分东西两条散布路线向高纬度延伸。"东线"起始于东喜马拉雅地区，沿青藏高原的东部和东北部边缘地带，经川西高原、黄土高原，直达华北地区，呈西南—东北走向，植物类群包括鼠李沙棘种下的中国沙棘、云南沙棘和卧龙沙棘等3个亚种。"西线"起始于喜马拉雅山西段，沿山脉、高原或海滨向高纬度散布，这条扩散路线叉分为两支分布线。一支向北，经帕米尔、天山、阿尔泰山，再转向东北方向，经萨彦岭直达贝加尔湖以东地区，这支分布线大体呈西南—东北走向，植物类群包括鼠李沙棘种下的中亚沙棘和蒙古沙棘两个亚种。另一支是向西，经兴都库什山、伊朗高原、厄尔布尔士山脉，再向西北，经高加索、喀尔巴千山、阿尔卑斯山等山系或沿海滨扇形散布，直达两班牙、斯堪的纳维亚半岛和蒙塞耳基亚丘陵的芬兰，大体呈东南—西北走向，植物类群包括鼠李沙棘种下的高加索沙棘、喀尔巴千山沙棘、溪生沙棘和海滨沙棘等4个亚种。

有皮组Sect. *Gyantsenses*有4种2亚种，集中分布于青藏高原及边缘地区，海拔高度在（2800）3000～5300m之间，在高山河谷、高原河漫滩地或高山草甸地上常形成大片大片的沙棘灌丛。显然，它们是伴随着喜马拉雅山脉隆起和青藏高原的抬升，由中高海拔区向高海拔区及青藏高原的边缘区散布的。植物类群包括棱果沙棘、江孜沙棘、肋果沙棘、西藏沙棘以及理塘沙棘和密毛肋果沙棘等。

从分布海拔角度，无皮组的种类与有皮组的种类也截然不同。

大丁草

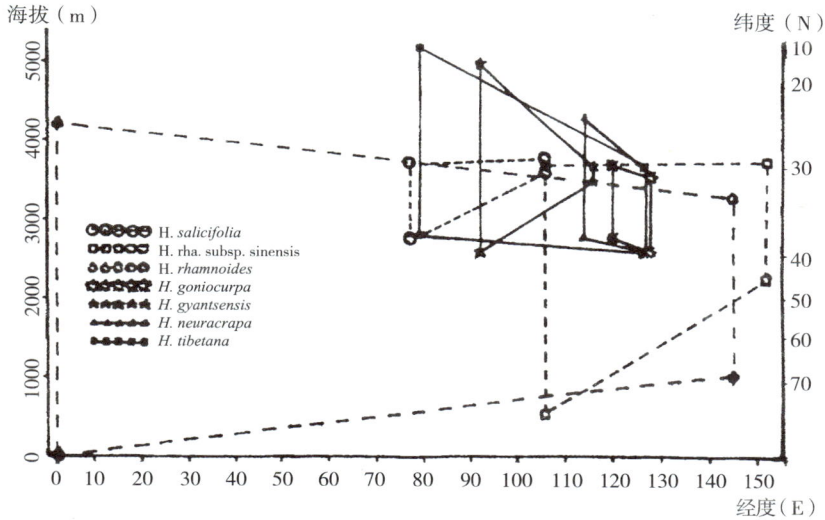

图 4-3　沙棘属植物各种的三度空间分布

　　表4-1和图4-3直接显示出无皮组主要分布于海拔3000m以下的中低海拔地区，有皮组则集中分布于3000m以上的中高海拔地区。无皮组有的种虽然其分布海拔也可高达4200m，但其主体仍然分布在海拔3000m以下的地区，而且伴随着纬度的升高其沙棘分布区的海拔也随之降低。如中国沙棘在中国西南部其分布海拔可高达3700m，而在华北分布海拔则降至550m；鼠李沙棘中分布到欧洲高纬度地区的亚种，常分布在海滨沙丘上。与低海拔地区分布无皮组的类群相对照，高海拔（2800）3000～5300m的横断山区、青藏高原及喜马拉雅地区，则集中分布着有皮组的全部类群（4种2亚种）。

　　从分布地域角度看，虽然亚欧温带都有沙棘属植物的广泛分布，但是欧洲和亚洲所分布的类群数量和种类却存在很大差异。

　　在欧洲，只有鼠李沙棘1个种内的4个亚种：高加索沙棘，分布于高加索地区；喀尔巴千山沙棘和溪生沙棘，分布于阿尔卑斯山地区；海滨沙棘，分布于波罗的海、北海海滨及大西洋挪威海岸。它们的果皮与种皮分离，种子表面有光泽，均隶属于无皮组。

　　在亚洲，沙棘属植物的类群多而分布面积大。全属6种10亚种中，亚洲分布有6种6亚种。其中柳叶沙棘分布于喜马拉雅地区；云南沙棘、密毛肋果沙棘和理塘沙棘分布于横断山地区；中国沙棘分布于横断山至西北、华北地区；卧龙沙棘分布于川西高原到成都平原的过渡地区；中亚沙棘分布于中亚地区；蒙古沙棘分布于阿尔泰至西伯利亚和蒙古；棱果沙棘、江孜沙棘和肋果沙棘分布于横断山和喜马拉雅地区；西藏沙棘则分布于青藏高原和喜马拉雅地区。

3. 沙棘属植物在中国的分布面积

中国不仅是沙棘属植物类群数量最多的国家，并且也是世界上沙棘属植物资源蕴藏量最大的国家。据统计，到20世纪90年代初期，中国沙棘林总面积已达100多万hm^2（包括人工林）。沙棘在各省（区）分布的种数及面积见表4-2。

表4-2　中国各省（区）分布的沙棘种数及分布面积

地区	云南	西藏	四川	青海	甘肃	新疆	宁夏	陕西	山西	河北	内蒙	辽宁
种数/亚种数	1/1	5/6	4/6	3/5	3/5	1/2	1/1	1/1	1/1	1/1	1/1	1/1
面积（万hm^2）	0.1	0.64	2.67	7.34	14.67	3.27	2.00	16.67	33.34	2.94	4.67	3.34

据报道，在20世纪90年代至21世纪之初，10余年内，中国沙棘属植物资源的面积又有了较大的发展，据估算总面积达150万hm^2以上，其中资源量增加较多的省份有山西、陕西、内蒙古、甘肃和辽宁等。

沙棘属植物的分布特征 [2,3]

1 沙棘属在植物区系地理上属于旧世界温带分布区类型

鸟瞰沙棘属植物在地球表面的分布，我们发现该属植物仅生长在欧亚大陆的温带和寒温带地区，特别集中分布于横断山至青藏高原及其边缘地区。虽然一些类群的分布区南界也可达北纬27°，但它们只生长在该地区的高海拔地段，从生态因子分析看，该地段仍属温带性质。另外，依据我们对沙棘属植物起源的研究，该属很有可能是起源于横断山至东喜马拉雅地区，该地区的温带性质是明显的，所以说沙棘属在植物区系地理上无疑应该隶属于旧大陆温带分布区类型。

2 沙棘属植物是森林—草原过渡带的成员

中国沙棘是沙棘属植物中分布地域最广、分布面积最大的分类群，也是沙棘属植物中的原始类群，它的分布分析无疑会有助于对沙棘属植物物种生态学特性的认识。中国沙棘与气候区带[1]之间的关系参见图4-4。

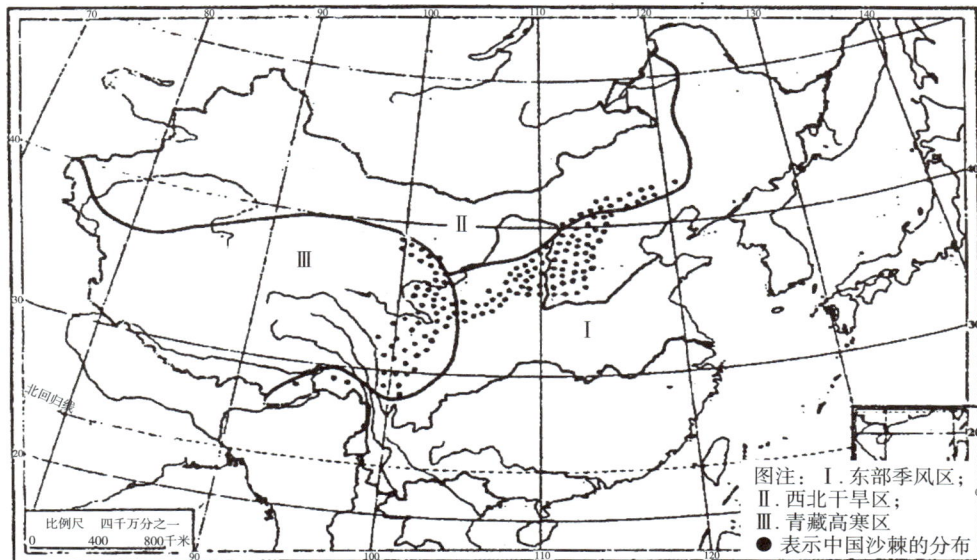

图4-4　中国沙棘的分布与气候区带之间的关系

图4-4显示，中国沙棘的分布显然受到大气候带中的水、热和光等生态因子的直接控制，与我国三大地理气候区，即东南季风区、西北荒漠区和青藏高原区的分异规律相一致，正处在我国三大植被区，即东南部湿润森林区、西北部草原荒漠区和青藏高寒植被区的过渡地带，这种分布格局明显地具有水平地带性质，表现出水平地带性规律，显示出中国沙棘是我国森林—草原过渡带的成员。

其余类群的分布与中国沙棘相类似，从植被性质看，除一些地区的沙棘林带有次生性质外，不是直接分布于森林—草原过渡地带，就是分布于山地垂直带谱中的森林—草原（草甸）过渡带。

3　横断山及其毗邻的东喜马拉雅地区是沙棘属植物的类群分布中心、类群分化中心和原始类群中心

从类群数量看，沙棘属植物以东喜马拉雅至横断山地区为核心，向北纬地区扩散，其类群数量逐渐减少。从各类群分布的海拔、纬度和经度范围（表2-1）可以看出，该属类群最富集的中心区在海拔2800～3700m、北纬28°～30°、东经90°～100°的范围内，即沙棘属植物全部类群6种10亚种中的6种6亚种都集中分布于横断山及其毗邻的喜马拉雅地区。在这里，不仅分布有该属的原始类群柳叶沙棘、中国沙棘、云南沙棘和卧龙沙棘，而且分化较晚、比较进化的有皮组的4种2亚种也全部集中在这里。这里不仅是沙棘属植物的类群分布中心、类群分化中心

73

和原始类群中心，而且还可能是沙棘属植物的起源中心。

4 各类群分布的地理替代现象明显[2]

类群分布的地理替代不仅显示了各分类群之间的亲缘关系，而且对于充分理解各类群的起源及分布区的形成规律都是十分重要的。沙棘属各类群的地理替代主要表现在组间的垂直替代以及种间和亚种间的水平替代两个方面。

在横断山、喜马拉雅山及青藏高原地区，无皮组的种类大多数分布在海拔3000m以下的地区，最高不超过4200m；而有皮组各类群则主要分布在3000m以上的高海拔地区，最高可达5200m的高寒地带。显然，在这一地区，随着海拔的升高，有皮组替代了无皮组，表现出垂直替代现象。

沙棘属的水平地带替代现象则突出地表现在无皮组内的种和亚种之间。在种与种之间，柳叶沙棘分布于喜马拉雅地区，向东北被云南沙棘所替代，再往东北至我国西北、华北，云南沙棘又被中国沙棘所替代。在分布于中亚至欧洲的鼠李沙棘中，中亚沙棘往东北被蒙古沙棘替代，往西北又被高加索沙棘、喀尔巴千山沙棘、溪生沙棘和海滨沙棘依次替代。

5 团块状分布是沙棘属植物成林的重要特征

沙棘属植物不仅进行有性繁殖，而且水平生长的根状茎发达，其萌蘖能力很强，能不断地产生不定芽而行营养繁殖。因而在沙棘属植物分布区范围内，沙棘灌丛常常形成大片大片的团块状单优纯林生长在河漫滩、河谷阶地、海滨沙丘、山坡、林缘、高山草原（草甸）等处，其覆盖度常达80%左右。萌蘖的大量形成不仅能使新分化形成的类型更好地蔓延生存下来，而且还保证了沙棘种群能够不断地向新的生态环境中扩散并通过竞争而保存下来，成为先锋植物。

沙棘属植物地理分布格局的成因[2～5]

植物分布区的形成与植物类群的起源和散布以及繁殖方式密切相关，也是植物与其生存环境相互作用的结果。

1 原始类群的生态生物学特性决定着沙棘属植物分布的地域范围

沙棘属植物起源的研究[6]表明,该属植物可能起源于东喜马拉雅

大叶糙苏

至横断山地区的中高海拔地段，其原始类群是一类喜水、耐旱（大气干旱）、耐寒、喜沙壤性土的阳性落叶树种，是温带森林—草原过渡带的成员。这一属性就从根本上限定了该属植物分布区的形成格局。低光照、高气温或过低的降水量（<350mm）等都会成为沙棘属植物分布的限制因子。如中国沙棘在其分布的东南缘地区，当森林破坏后，沙棘可侵入生长，但当森林恢复、光照不足时，沙棘便迅速衰退；在其分布的西北缘地区，当降水量<350mm时，沙棘的分布就受到限制，它只能沿河流或山地延伸到降水量小于350mm的地段。

2 喜马拉雅山的抬升和青藏高原的隆起，给沙棘属植物的分布和演化带来巨大影响[3～5]

首先，伴随着喜马拉雅山体的抬升和青藏高原的隆起，横断山、天山、阿尔泰山、帕米尔等山脉进一步隆升并相互衔接，为沙棘属植物的生长发育特别是为迁移扩散提供了有利条件，形成了向高纬度地区迁移扩散的通道。所以，直到现在沙棘属植物依然比较集中地分布在山区。其次，伴随着喜马拉雅山体的抬升和青藏高原的隆起，古地中海面积逐渐缩小，大陆面积扩大；使亚洲中心地区逐渐旱化，内陆大陆性气候加强，青藏高原东西两侧生态气候条件出现差异，其东侧由于降水等生态条件较好，植物类群更多地保留了原始状态的性状；而西侧由于适应亚洲中心区更旱化的生境条件，形成了能抗大气干旱的地上部分的旱生结构，但同时又保留了许多固有的生理生态特性，沙棘根部解剖构造的两重性特征充分地论证了这一点。再次，伴随着喜马拉雅山体的抬升和青藏高原的隆起，高山区气候更趋寒冷，严寒对沙棘属植物胁迫所带来的结果是沙棘属中较原始的"无皮组"植物发生变异，树体变矮，叶片更加狭窄，花芽简化，种皮与果皮贴合等，进而形成了新的类群，"有皮组"出现。有皮组植物伴随着喜马拉雅和青藏高原的继续隆升向高海拔地区扩散，又分化出了不同的种类，这当然又与此地的山势险峻、河流切割、沟谷纵横、气候多变等复杂的环境条件密切相关。

3 雌雄异株授粉和兼性营养繁殖，使沙棘属植物的分布独具特色

雌雄异株授粉和兼性营养繁殖这一特性，既保证了沙棘属植物的遗传多样性，也提高了沙棘属植物对严酷生态环境的耐性限度，一旦有少数植株在新的环境条件中生长发育，它就能迅速繁殖蔓延，形成大片大片的沙棘灌丛，但另一方面过高的繁育指数和过密的植物群丛，又会使它走向反面，从而失去原有的领地。这大概也是沙棘属植物在其分布区范围内，特别是在生态条件严酷的地段，总是呈现不连续密丛分布式样的原因。

参考文献

[1] 李世奎，等. 中国农业气候资源和农业气候区划[M]. 北京：科学出版社，1988.

[2] 廉永善，陈学林. 沙棘的生态地理分布及其植物地理学意义[J]. 植物分类学报，1992，30（4）：349–355.

[3] 陈学林，廉永善. 沙棘属植物的分布格局及其成因[J]. 西北植物学报，1994，14（6）：105–110.

[4] 李吉均，文世宣，张青松，等. 青藏高原隆起的时代、幅度和形式的探讨[J]. 中国科学，1979，6:608–616.

[5] 中国科学院青藏高原综合科学考察队. 青藏高原隆起的时代、幅度和形式问题[M]. 北京：科学出版社，1981.

[6] 廉永善，陈学林. 沙棘属植物起源的研究[J]. 甘肃科学学报，1991，3（2）：13–23.

（崔治家　李守汉　廉永善）

大叶龙胆

沙棘

第五章

沙棘的历史传说与其在民族医药中的应用

"铮然铁骨傲寒风，雄姿挺立高原生。采撷阳光蕴琼浆，晶莹剔透酿金黄。多情最是经霜后，果实燃尽深秋红。与生俱来醇厚意，莽原红果奉心香[1]"。大约在4000万年前，地球上出现了一种神奇的植物，能够在残酷的气候环境中顽强地生存繁衍至今，它就是有"高原圣果"之称的沙棘。

沙棘的生态价值显著。历经千万年沧桑岁月的洗礼，抗逆性极强，具有耐旱、抗风沙的特点，可以在干旱贫瘠、盐碱化土地上生存，被中国政府称为"改善生态环境先锋树种"，用以治理水土流失和改善生态环境。

沙棘素有"天然维生素宝库"、"神果奇树"等美称，具有极高医疗、保健和经济价值。目前，人们已经从沙棘果实和茎叶中分离出200多种化合物[2]，大部分化合物具有很重要的药理活性，如治疗心血管系统疾病、治疗胃肠道疾病、抗肿瘤、肝保护作用、抗氧化等。各类沙棘产品不断涌现，主要包括沙棘油、沙棘果汁、沙棘醋、沙棘酒、沙棘果粉、沙棘化妆品、沙棘喷雾治疗口腔溃疡制剂、沙棘治疗烫伤剂、沙棘内服药品等。

沙棘的历史传说

沙棘被誉为"21世纪最有希望的保健品和医药品"，迄今为止，在自然界中还未能找到另一种可与沙棘媲美的植物。在人类对沙棘的漫长探索认识过程中，更是出现了许多关于沙棘的美丽传说。

1 "使马闪闪发光的树"

早在古希腊时期，崇尚武力的斯巴达人骁勇善战，在一次战争中，斯巴达人打了胜仗，然而他们的60多匹战马却受了重伤。勇敢的斯巴达人因为对马有着特殊的情感，因而他们不忍心杀死马，只好把受伤而无法救治的马匹放逐野外，任其自生自灭。然而令他们惊讶的是，过了不久，这些垂死的战马非但没有死去，反而个个健硕有力，毛色鲜亮，浑身闪烁着熠熠光辉。诧异的斯巴达人发现，这些马是被丢弃在了一片沙棘林中，它们依靠沙棘的果和叶存活了下来。斯巴达人由此知道了沙棘的营养和药用价值，并赋予它一个浪漫的拉丁文名字"*Hippophae*"，意思是"使马闪闪发光的树"。

2 孔明妙用"棘果"解除蜀军疲劳

诸葛亮（181年～234年），字孔明，号卧龙，徐州琅琊阳都（今

灯心蓋缀

沙棘

山东临沂市沂南县）人，三国时期蜀汉丞相，杰出的政治家、军事家。蜀国刘备在诸葛孔明的辅佐下，与孙权、曹操形成三国鼎立之势，这就是著名的三国时期。据史书记载，诸葛孔明率领蜀军南征北战，在一次远征中，遇到了不小的麻烦。由于蜀道山路崎岖，极难行走，长时间的艰苦跋涉，军队上下人困马乏，体力不支，神机妙算的诸葛孔明也是无计可施。无奈之际，一些士兵不得不以荒山野岭中采摘的"棘果"充饥解渴。但令人感到意外的是，吃了"棘果"的那些士兵很快恢复了体力，消除了疲劳。诸葛孔明发现后，立即命令蜀军将士人人服用棘果，终于渡过难关。而他们当时服用的"棘果"正是今天的沙棘果。

3 成吉思汗与"长寿果"

传说在公元1200年，成吉思汗率兵远征今天的内蒙古赤峰市，恶劣的天气条件，艰苦的战争环境，加之连日的疲惫，使很多士兵疾病缠身、食欲不振，就连战马也因过度疲劳而吃不下粮草，难以负重前行，严重的影响了部队的战斗力。成吉思汗对此也是一筹莫展，只能下令将这批战马弃于沙棘林中。然而，当他们凯旋归来，再次经过那片沙棘林时，却发现被遗弃的战马不但没有死，反而都恢复了往日的神威。将士们惊讶于这其貌不扬的沙棘竟有如此神奇功效，便立刻向成吉思汗禀报此事。于是成吉思汗下令全军将士采摘大量的沙棘果随军携带，并用沙棘的果、叶喂马。不久，士兵们的疾病痊愈，个个食欲大增，身体越来越强壮，而战马更是膘肥体壮，能跑善弛。后来，聪明的道家宗师丘处机研读唐朝医书《月王药珍》发现，沙棘具有增强体力、开胃舒肠、促进消化的作用。于是，他利用沙棘的这些特性，为成吉思汗开出了一种以沙棘为主药的药方，成吉思汗服用后，感觉神清气爽，精力充沛，便认为沙棘是"长生天"赐予的灵丹妙药，将其命名为"开胃健脾长寿果"和"圣果"，并命御医用沙棘调制成强身健体的药丸，每次征战随身携带。长期食用沙棘，使得成吉思汗年过六旬仍能弯弓射雕。

4 忽必烈长寿的秘诀

孛儿只斤·忽必烈（1215～1294年），蒙古族，成吉思汗的孙子，伟大的政治家、军事家，大蒙古国的末代可汗，元朝的开国皇帝。受成吉思汗影响，他的子孙后代常以沙棘制作食品和保健品，以抵御疾病、增强体魄，克服草原恶劣的气候环境。忽必烈正是因为经常食用"长寿果"——沙棘才活到了80岁。可以说元朝社会蒙古大军能够远征欧亚，横扫千军，建立前所未有的强大帝国，沙棘也是功不可没的。

5 清朝时"圣果"备受推崇

历史上著名的乌布通战役之后，连续作战的清兵疲惫不堪。御驾亲征的康熙

皇帝命令随行军医尽快想办法恢复士兵的体力。当时，药材极度匮乏，一位出生于当地的军医想到当地人平时经常食用沙棘浆果以增强体力、抵御寒冷，于是冒险试验，把沙棘果挤出的汁放入兵士们的饮用水中，供士兵们饮用。数日后，清兵的体力神奇般地恢复了，那位当地军医也受到了康熙帝的嘉奖。

清高宗乾隆年间，国家物富民丰，国力强大，四海皆顺。乾隆皇帝更是七下江南，一路体恤民情，考察官员，励精图治，不敢懈怠。时日一久，乾隆便渐感体力下降，经常疲倦，龙体欠安。各方人士纷纷献计献策，其中一位是藏传佛教大师章嘉若沛多杰。他看到乾隆皇帝因为国事日渐憔悴，就传授了一套密宗灌顶秘诀和养身之道给乾隆，还将藏传秘方制成的丹丸给乾隆每天服用。丹丸中有一味主药称为"圣果"，是从西藏冰川之地取得。皇帝服用了此药，果然神清气爽，迅速恢复了精力和体力。这种"圣果"就是青藏高原上的植物——沙棘。乾隆惊讶于此味丹药的神奇效果，将藏传佛教大师章嘉若沛多杰尊为密宗上师和国师。

6 "达日布"助力西藏解放

在1949年中华人民共和国成立后，西藏的和平解放，实现祖国统一是当时迫切需要解决的问题。西藏地处青藏高原，平均海拔在4000m以上，素有"世界屋脊"之称。如果人体突然暴露于高海拔低氧环境后，非常容易产生各种病理性反应，常见的症状有头痛、失眠、食欲减退、疲倦、呼吸困难等。20世纪50年代初期，人民解放军进军西藏，十几万进藏大军因缺氧而产生严重高原反应，生命危在旦夕。危急之际，当地的藏族向导采来一些名叫"达日布"的神果，让患病的战士食用，几天之后奇迹发生了，战士的高原反应得到迅速缓解，而这种野生的神果正是沙棘果。

7 褐马鸡重拾美丽

在河北西北部小五台山、山西西北部宁武县管涔山国家森林公园，有一种中国特有的鸟类，国家一级野生动物——褐马鸡。褐马鸡披着一身蓝褐相间的羽毛，姿态华贵，特别是尾羽末端黑而具金属紫蓝色光泽，非常漂亮。为取其尾羽装饰武将的帽盔而猎杀褐马鸡的行为，在中国封建王朝的历史上屡见不鲜。

到了近代，用褐马鸡的羽毛制成的装饰品，在欧洲市场上可以卖

滴紫筒草

沙棘

出高昂的价格，这就使它成为乱捕滥猎的对象。由于人为的滥捕滥猎，褐马鸡一度濒临灭绝，直到中国颁布了《野生动物保护法》，大规模猎杀褐马鸡的现象才被遏止。为了更好的保护和发展褐马鸡这一稀有珍贵资源，在我国吕梁山、河北蔚县小五台国有林场建立了专门的褐马鸡自然保护区，并开展人工饲养。

然而在人工饲养的过程中，褐马鸡却出现了尾羽脱落，毛色暗淡无光的现象，这一问题很长时间未能解决。经科研人员细心研究发现，褐马鸡重要的栖息地是沙棘混交林，褐马鸡在野生状态下离不开沙棘果，特别是到了大雪封山的严冬，沙棘果更是它们的主要食物。正是由于长期吃食沙棘叶和果实，才使它们有如此美丽的羽毛。于是饲养员开始给褐马鸡喂沙棘果渣和沙棘叶，几个月后，这种丛林中的珍禽重新变得漂亮起来了。

8 沙棘食品上太空

太空中所有的物品都处于失重状态，变得可以随处飞扬，好像空气一样。这样，宇航员就不能像在地球上那样随时取食，轻松嚼咽了。因此，太空食品必须具有进食量少、发热量高、营养极其丰富、进食方便等特点。由于沙棘具有众多营养和药用价值，于是被前苏联专家开发成宇航食品。令人意外的是，沙棘食品不仅营养丰富，还能帮助宇航员克服失重反应。1981年3月，前苏联的宇航员费拉基米尔·柯伐来诺克和皮克托尔·卡茨诺哈从飞船轨道上发回消息：服用沙棘制剂，可以极大的增强他们适应失重状态的能力。

沙棘在中华民族医药中的应用

中国有着悠久的沙棘药用历史，也是世界上最早记载沙棘药用价值的国家。从古至今，沙棘一直是藏族、蒙族、维族、汉族的习用药，用于治疗多种疾病。西部少数民族更视沙棘为包治百病的灵丹妙药。1977年原卫生部首次将沙棘正式列入《中国药典》，并相继公布沙棘为药食两用植物。此后，各版《中国药典》对沙棘均有收录。

1 沙棘在藏医药中的应用

沙棘在藏药中的应用已有1300多年历史。公元8世纪上半叶，现存最早的藏医典籍《月王药诊》(又名《医药月帝》)问世，第112章药物的性味功效中记载："沙棘增强体阳，开胃舒胸，饮食爽口，容易消化，过量则消肌伤目、伤齿、面部肿胀。"公元8世纪下半叶，藏医学家宇妥·元丹贡布历经近20年，写成藏医学巨著《四部医典》(又名《医方四续》、《居悉》)，共4卷177章，其中有30章记载了沙棘具有祛痰、利肺、养胃、活血、化瘀的药理功效；60余处记载了沙棘健脾养胃、

化瘀止血的作用；并收录了用沙棘制成的汤、散、丸、膏、酥、灰、酒等7种制剂、84种沙棘的配方[3]。

在此之后，沙棘的药用理论随着《四部医典》被历代藏医名家补充、校正、注释，使其日臻完善。从公元1279～1642年，藏医药的开发进入了南北学派争鸣的新发展时期，南派中最有影响的舒卡·洛追杰布编著的《祖先口述》是对《四部医典》的重要注释本，有较大影响，至今仍为后代学习《四部医典》的重要著述。在书中下册的第211节中记述："沙棘利肺咳、活血化瘀、消痰湿；果实犹如豆，色黄味极酸，制膏剂入药。"

公元1642～1840年，五世达赖执政后，藏医药的发展进入了鼎盛时期，当时著名藏医药学家德斯·桑杰嘉措将各种简、繁版本《四部医典》汇集校刊、注释，于1687年编著了目前通行的布达拉宫版《四部医典》，并同时编著了《（四部医典）蓝琉璃》。这部书至今仍为全藏标准注释本，是我国藏医药人员必读的经典著作。书中认为：沙棘性味酸微甘，可以大补元气，增进食欲，流通气血，增强体质，清除"龙"、"培根"、"赤巴"等疾病。同一时期，另一位著名药学家帝玛尔·丹增彭措所著的《晶珠本草》也于1735年完成，并在1840年出版。《晶珠本草》对历代一百三十多部藏医本草类书籍进行了博览、核实，并逐一引用收录，是我国著名的古代本草著作。书中有很多关于沙棘的记录及引用，如下部中写道："沙棘果除肺瘤、化血、治培根病"，并引用《气味铁鬘》中的记录"沙棘果锐轻，治培根病入肺喉"；引用《如意树》中的记载"沙棘能消除消化不良及肝病"；引用《自然》一书："沙棘果及果皮除肺病有效……"等诸多记载。

进入当代，由西藏藏医历算研究所所长、班禅大师的御医嘎玛群陪著成《甘露本草明镜》一书介绍："果实成熟季节采集，抛弃硬核，收集果汁部分制膏，性味酸，温而干燥，兼含油性。主治肺病，消除黏痰，改善血液黏稠，促进循环，治妇女癥瘕积聚，是炮炙水银黄金必备之品。"[4]

2014年，由宋民宪、钟跃民、杨明等众多民族医药研究人员共同编制《民族药成方制剂》，收载了《中华人民共和国药典》、《新药转正标注》、《国家药品标准》和其他药品标准收载的民族药品，其中藏药篇就记载了含沙棘处方制剂共14种。沙棘的藏药处方见表5-1。

地构叶

沙棘

表5-1 含沙棘的藏药处方摘录

处方名称	处方组成	功能主治	用法与用量	出处
沙棘四味散	沙棘果、石灰华、芭蕉子、小豆蔻	龙是诱发一切疾病的主要原因。龙侵入肺脏时，要用沙棘四味散加诃子、芒果核，兹香药也诱发一切疾病的龙是指诱发一切疾病的主要病因		《四部医典》第三部密诀本、第二章龙病治法
沙棘药膏	沙棘果、肉蔻、小豆蔻、苹果、甘草、诃子、铁落、蜂蜜	配合火灸脊椎第五节和药眼穴，用于治疗肺浮肿症。肺浮肿症是指咳嗽多，眼皮与足背浮肿		《四部医典》第三部密诀本、第三十五章肺病治法
茵陈蒿八味方	茵陈蒿、沙棘果、竹黄、红花、木香、甘草、檀香、苍耳	用于治疗肺热塞症。肺热塞症主要是指痰、尿呈现热象，胸背发胀、痰有咸味，多泡沫、带血色，秋季病情加重，劳累和温性滋养物危害较大		《四部医典》第三部密诀本、第三十五章肺病治法
沙棘五味秘诀方	沙棘、兰石草根、天然碱、紫胶、响铜	肺脓肿清肝火，口干渴症状，可用沙棘五味秘诀方向外引出脓液	—	《四部医典》第三部密诀本、第三十五章肺病治法
沙棘方	沙棘、海螺灰、蛇肉、硇砂、离娄	血型胃病，药用竹黄、沙棘方内服，再短刺脉针刺病放血治。血型胃病主要是指胃部遇寒、热型疼痛的症状		《四部医典》第三部密诀本、第三十九章胃病治法
沙棘丸剂	沙棘、海螺灰、蛇肉、离娄、蔗糖、童便制成丸剂	脾脏绞痛，下泄施治是上策，药用此沙棘丸剂用以下泄		《四部医典》第三部密诀本、第四十九章脏腑绞痛症治法
沙棘浸膏	将沙棘放入陶瓷器内，将果肉捣烂，去核，过滤，共计熬膏	主治肺病，培根型血痞块		《四部医典》第四部后续本、第九章浸膏剂
七味玄明粉散	玄明粉、石榴、荜茇、阿魏、生姜、沙棘果、光明盐各等份，与白糖配伍，制成散剂	治疗肛门疼痛，污物状如泡沫黏液带有响声之腹泻		《蓝琉璃》
根盐灰方	不含碱的盐（色青味甘者佳）两棒、黄牛奶1升、秃鹫肉捌指节之的一块等配伍，脱去水分，如同酥酪，放入新陶器中，器口密封，不要胃烟，用草皮火煅成，再加沙棘果、荜麦、红糖等	治疗未消化症，培根痞块症、铁锈症，破除瘀血		《蓝琉璃》
沙棘果膏	沙棘果熟透去核，取计依制成膏	治疗肺病，培根病，破除瘀血		《蓝琉璃》
二十六味通经散（胶囊）	降香49mg、沙棘膏49mg、诃子49mg、毛诃子25mg、余甘子49mg、藏茜草39mg、紫草39mg、鬼箭羽木香49mg、红花膏（制）34mg、藏紫草49mg、寒水石34mg、鬼臼鸡儿74mg、未石9.9mg、硼砂49mg、羚羊角20mg、山矾叶25mg、麝香30mg、兔耳草34mg、甘青兰39mg、假楼斗菜39mg、冬葵果39mg、小伞虎耳草39mg、巴夏嘎39mg、束花报春25mg、火硝20mg（每克含药量）	止血散瘀，调经活血。用于"木布"病，胃肠溃疡出血，肝血增盛，月经不调，闭经，经血逆行，血瘀癥瘕、血瘀腹痛、胸背疼痛等	一次2g，一日2次	《民族药成方制剂》藏药篇

SHA JI

沙棘

地瓜儿苗

续表

处方名称	处方组成	功能主治	用法与用量	出处
二十五味肺病散	檀香38mg，悬钩木75mg，石灰华50mg，红花35mg，山柰25mg，兔耳草75mg，沙棘膏35mg，巴夏嘎35mg，葡萄35mg，獐牙菜35mg，榜嘎35mg，甘草75mg，白花龙胆38mg，诃子65mg，肉果草50mg，毛诃子40mg，天竺芥25mg，余甘子65mg，藏木香35mg，铁棒锤（根、叶）40mg，宽筋藤（根）30mg，牛黄1.5mg，力嘎都30mg（每克含药量）	清热消炎，宣肺化痰，止咳平喘。用于肺邪病引起的咳嗽不止，呼吸急促、肺热、发热，鼻塞、胸胁疼痛，咯血，倦怠等	一次1g，一日2～3次	《民族药成方制剂》藏药篇
二十五味鬼臼丸	鬼臼67mg，藏茜草34mg，石榴47mg，矮紫草54mg，肉豆蔻27mg，巴夏嘎40mg，光明盐13mg，硇砂13mg，榜嘎34mg，藏木香67mg，诃子67mg，熊胆1.3mg，胡椒20mg，喜马拉雅紫茉莉54mg，余甘子54mg，花蛇肉（去毒）27mg，山柰34mg，火硝23mg，降香50mg，沙棘膏34mg，朱砂13mg，肉豆蔻13mg，枸杞34mg，紫草茸34mg，芫荽果34mg（每克含药量）	祛风镇痛，调经血。用于妇女血症，风症，子宫虫病，下肢关节痛，小腹、肝、胆，上体疼痛，心烦血虚，月经不调	一次1～2丸（每丸重1g），一日2次	《民族药成方制剂》藏药篇
二十五味寒水石散	寒水石（制）328mg，木瓜33mg，天竺黄33mg，巴夏嘎33mg，豆蔻16mg，绿绒蒿33mg，诃子49mg，肉豆蔻16mg，藏木香33mg，红花33mg，石榴子16mg，木香33mg，芫荽果16mg，余甘子49mg，獐牙菜16mg，草果16mg，光明盐（制）16mg，渣驯膏33mg，丁香16mg，毛诃子49mg，沙棘果膏33mg，干姜16mg，肉桂16mg，木香马兜铃33mg（每克含药量）	清胃热，健胃消食。用于灰色，木布病，胃炎，胃溃疡根，	一次1.6g，一日3次	《民族药成方制剂》藏药篇
二十五味孤胆肺病散	牛黄0.35mg，檀香35mg，天竺黄87mg，红花52mg，獐牙菜52mg，巴夏嘎52mg，兔耳草52mg，榜嘎52mg，木香35mg，宽筋藤35mg，诃子（去核）35mg，毛诃子（去核）35mg，余甘子35mg，干姜17mg，沙棘膏35mg，葡萄35mg，甘草35mg，力嘎都35mg，龙胆花35mg，肉果草35mg，卵瓣蚕缀52mg，孤肺（干）87mg，香草芹35mg，铁棒锤（幼苗）8.7mg（每克含药量）	清肺热，止咳平喘，化痰，消炎。用于肺病，热邪着于肺咳嗽难止，呼吸急促，痰多，上体热面沉重，肺热痛，肺无瘀血等	一次1.3g，一日2～3次	《民族药成方制剂》藏药篇
二十五味鹿角丸	水牛角17mg，麝羊角（制）17mg，鹿角23mg，丁香23mg，肉豆蔻17mg，白豆蔻45mg，天竺黄57mg，红花45mg，木香45mg，乳香28mg，决明子28mg，降香57mg，檀香57mg，诃子57mg，毛诃子91mg，余甘子57mg，绿绒蒿68mg，黄葵子28mg，香草芹28mg，力夏嘎45mg，沙棘膏880mg，牛黄5.7mg（每克含药量）	养肺，去腐，排脓。用于诸陈旧肺病，肺脓疡，咳嗽，气喘，咯脓血，肺结核，结核性胸膜炎等	一次4～5丸（每丸重0.3g），一日2～3次	《民族药成方制剂》藏药篇
二十五味余甘子散	余甘子55mg，巴夏嘎37mg，芫荽兰37mg，甘青青37mg，兔耳草37mg，绿绒蒿30mg，黄葵子11mg，渣驯膏26mg，紫草茸37mg，红花48mg，藏茜草44mg，木香马兜30mg，铃22mg，石酢37mg，藏茜草55mg，力嘎都22mg，小伞虎耳草30mg，诃子55mg，波叶瓜子18mg，木香30mg，藏木香37mg，悬钩木55mg，宽筋藤55mg，毛诃子55mg，沙棘膏55mg，牛黄7.4mg（每克含药量）	凉血降压。用于高血压病，血病和扩散伤热引起的胸背疼痛，胃肠溃疡出血，吐酸，肝胆疼痛，各种木布症	一次1.2g，一日2～3次	《民族药成方制剂》藏药篇

处方名称	处方组成	功能主治	用法与用量	出处
二十五味天竺黄散	天竺黄110mg, 红花28mg, 木香马兜铃28mg, 草果16mg, 豆蔻22mg, 肉豆蔻28mg, 丁香22mg, 甘草55mg, 葡萄28mg, 檀香28mg, 降香44mg, 诃子44mg, 毛诃子44mg, 余甘子(去核)55mg, 香草芹28mg, 木香44mg, 丛服55mg, 力嘎都44mg, 兔耳草44mg, 卵瓣蚤缀55mg, 肉果草83mg, 沙棘膏28mg, 角蒿44mg, 牛尾蒿28mg, 牛黄8.3mg (每克含药量)	解热消炎, 止咳平喘, 排脓。用于肺热病, 肺脓疡, 重感冒迁延不愈, 胸胁痛, 久咳咯血等。主治胸腔的热症	一次1.2g, 一日3次。	《民族药成方制剂》藏药篇
二十一味寒水石散	寒水石(奶制)15mg, 石榴90mg, 诃子90mg, 止泻木24mg, 巴夏嘎48mg, 荜茇24mg, 豆蔻24mg, 波棱瓜子24mg, 藏木香60mg, 榜嘎48mg, 宽筋藤48mg, 连座虎耳草48mg, 甘青兰60mg, 木香60mg, 渣驯膏48mg, 余甘子78mg, 牛黄1.2mg, 绿绒蒿60mg, 沙棘膏48mg, 降香24mg (每克含药量)	制酸, 止痛。用于培根木布引起的呕吐酸水, 胃部刺痛, 大便干燥	一次2～3g, 一日3次	《民族药成方制剂》藏药篇
诃子吉祥丸	诃子106mg, 藏木香42mg, 木香64mg, 渣驯膏64mg, 益母草170mg, 鬼臼106mg, 脂盘42mg, 硼砂42mg, 冷蒿42mg, 牛黄6.4mg, 丁香21mg, 红花64mg, 朱砂11mg, 虫草42mg, 熊胆6.4mg, 沙棘膏64mg (每克含药量)	清热, 抑风。用于龙盛上行引起的身体沉重, 出汗, 胃肠胀鸣, 神志不清, 谵语, 寒热相搏引起的头痛, 四肢及腰背疼痛	一次2～3丸(每丸重0.5g), 一日3次	《民族药成方制剂》藏药篇
回生甘露丸	石灰华87mg, 红花58mg, 檀香29mg, 甘草58mg, 葡萄46mg, 蔓缓58mg, 甘青兰58mg, 香草芹子29mg, 肉桂46mg, 木香46mg, 沙棘果58mg, 肉草果174mg, 力嘎都58mg, 兔耳草58mg, 短穗兔耳草75mg, 牛黄2.3mg (每克含药量)	滋阴养肺, 制菌排脓。用于肺脓肿, 肺结核, 体虚气喘, 新旧肺病等	一次1～2丸(每10丸重2.5g), 一日1～2次	《民族药成方制剂》藏药篇
石榴普安散	石榴子154mg, 肉桂58mg, 荜茇58mg, 豆蔻58mg, 荜茇38mg, 红花38mg, 甘青兰38mg, 兔耳草19mg, 冀首草19mg, 獐牙菜38mg, 沙棘膏38mg, 芒果核19mg, 蒲木香19mg, 大托叶云实19mg, 荜茇果19mg, 寒水石19mg, 金腰子19mg, 干姜77mg, 渣驯膏77mg, 胡椒58mg (每克含药量)	益胃火, 除痰湿, 温肾。用于培根甲布, 木布病, 胃火, 衰弱, 消化不良, 腰部冷痛, 小便不利, 妇女血病等	一次1.2g, 一日2次	《民族药成方制剂》藏药篇
十一味寒水石散	寒水石214mg, 甘青兰71mg, 红花143mg, 沙棘膏71mg, 木瓜71mg, 石榴71mg, 巴夏嘎71mg, 荜茇71mg, 木香71mg, 渣驯膏71mg (每克含药量)	镇痛, 制酸。用于培根木布, 胃痉挛	一次3g, 一日2次	《民族药成方制剂》藏药篇
藏降脂胶囊	藏锦鸡儿39mg, 余甘子31mg, 短管兔耳草24mg, 印度獐牙菜24mg, 紫檀香24mg, 诃子24mg, 沙棘膏24mg, 塞北紫堇24mg, 甘青兰24mg, 干姜16mg (每粒含药量)	通道血脉, 行气凉血。用于血热所引起的高脂血症	口服, 一次5粒, 一日2次	《民族药成方制剂》藏药篇

2 沙棘在蒙医药中的应用

对沙棘药用开发具有重要作用的另一个民族就是蒙古族。公元13世纪，成吉思汗帅大军远征西藏，藏医药学便传入蒙古。

饮膳太医忽思慧在元朝天历三年（公元1320年）的《饮膳正要》中记载："赤赤哈纳（沙棘）不以多少水浸取汁，用银石器内熬成膏服用即生津止渴治嗽"以及用沙棘酒来治疗体虚、跌打扭伤等。伊喜巴拉珠尔在18世纪下半叶撰写的《认药白晶鉴》是一部系统介绍蒙药材名称、形态、质量以及性、味、功能、功效等基本理论的蒙药学专著。书中对沙棘性状、功效有详细记述："大尔卜为具有二种刺的白色拉巴兴的种子，具黄色，似大豆，味酸涩，刺舌。其膏具有祛肺脓肿，活血，祛巴达干之功效；其茎精具有活血，祛热，止刺痛之功效；其灰具有祛肠刺痛之功效。"在19世纪的两部蒙医药著作《无误蒙药鉴》和《蒙医药选编》也都有关于沙棘的记载。著名的蒙医学家占布拉道尔吉用藏文撰写的《无误蒙药鉴》称沙棘"树高约两层房，叶背白色，细长，果实黄色，似皮囊，味酸，串舌。"蒙医学家罗布桑却配勒编著的《蒙医药选编》中写道"沙棘祛痰，化血，抑巴达干。"

中华人民共和国成立以后，蒙医药的研究越来越受到人们的重视。陆续出版的《蒙医传统验方》、《蒙医药方汇编》、《内蒙古蒙成药标准》、《内蒙古蒙药制剂规范》等著作对沙棘都有详尽的记述。如《内蒙古蒙药制剂规范》中就记载了16个含有沙棘的蒙药处方，其中有5个处方中沙棘是作为主药使用。

2013年，布和巴特尔、奥·乌力吉参阅古今蒙医药文献，认真考证与核对，将蒙药材的使用经验和常用制剂处方的临床应用相结合，精心编著了《传统蒙药与方剂》。该著作涵盖了当今常用的蒙药与方剂的绝大部分内容，在深度和广度上超过了以往的蒙药方剂文献。书中记载："沙棘，蒙文名：齐齐日干，为胡颓子科植物沙棘*Hippophae rhamnoides* L.的干燥成熟果实。秋末、冬季果实成熟后剪取果枝，采下果实，晒干或烘干。味酸，涩，性温，效燥、腻、固。止咳，祛痰，稀释血液，抑巴达干宝日。主治咳嗽，痰多，气喘，肺痨，肺脓疡，肺脉痞，妇女血瘀症，血痞，闭经，宝日病，食积不消。"沙棘蒙药方剂摘录如下。

（1）沙棘精，载于《内蒙古蒙成药标准》（1984年）。沙棘汁约

地黄

460g，白糖650g，水适量，取鲜沙棘果730g，研磨取液约460g，静置沉淀，澄清液滤过，滤汁待用；药渣加两倍量乙醇，反复沉淀，滤过两次，然后滤液收回乙醇；取白糖制成单糖浆与上述滤液合并，加入防腐剂适量，并用水稀释至100ml，即得。本品为棕红色黏稠液体，味酸、甘、微涩，久贮稍有沉淀。比重为1.24～1.28。①取本品5ml，加硝酸银试液0.5ml，在暗处放置10min，渐生成银白灰黑色沉淀。②取本品用毛细管滴于滤纸上，吹干，点加1%三氯化铝乙醇液，置紫外灯下观察显亮绿色荧光，或点加5%碳酸钠溶液，显鲜黄色荧光。pH应为2.5～4.0。功能止咳祛痰，消食化滞，活血散瘀。用于咳嗽痰多，慢性支气管炎，胸满，消化不良，胃痛，跌打瘀肿，经闭。口服，每次10～15ml，每日3次。每瓶装250g。

（2）沏其日甘一罕达，载于《内蒙古蒙成药标准》（1984年）。沙棘1000g，秋末初冬，采集胡颓子科植物沙棘的干燥成熟果实，选净，除去杂质，置于锅内浸煮2～3h，过滤，取液。在剩渣上重加水浸煮，类此浸煮2～3次，将滤液合并，再煎煮蒸发水分，至膏状即得（避免炭化）。每瓶装50g。性状黏稠，金黄色和紫黑色膏剂，味酸、甘。功能润肺止咳，化痰，活血。用于慢性支气管炎，咳嗽痰多，消化不良，血瘀。每次1.5～3g，每日1～3次，白开水冲服或加入配方使用。

更多蒙药沙棘处方见表5-2。

表5-2　含沙棘的蒙药处方摘录

处方名称	处方组成	功能主治	用法与用法	出处
壮西二十五味散	寒水石（制）30g，竹黄、红花、地格达、五灵脂、蓝盆花、盈麦，诃子，栀子、川楝子，干姜、肉豆蔻、山柰，果，豆蔻，丁香、木香、土木香、光明盐、山柰、沙棘果各5g。以上25味药物共研细末，制成散剂	清聚合症，制巴达干宝日。主治宝日症，灰巴巴达干症	每日1～3次，每次1～5～3g，白开水送服	《兰塔布》
壮西二十一味散	寒水石（制）、石榴、沙棘、五灵脂各50g，柿子（或酸梨干）、紫檀香、木香各40g，白草乌（或麦冬），诃子各35g，豆蔻、草麦、木鳖子（制）各25g，蓝盆花、地格达（或扁蕾）各25g，芫荽果、芫荽青兰、土木香各20g，连翘（或止泻子）、香青兰。以上21味药物共研细末15g。以上21味药物共研细末	愈聚合宝日，止吐。主治吐酸水，胸部灼热，肝胃区及胸背疼痛，关节痛，血，希日性胃病，宝日扩散，宝日隐伏，宝日相讧及转移、陈旧等	每日1～2次，每次1.5～3g。白开水送服	《兰塔布》
宝日红花七味散	红花、竹黄、牛黄、柿子、石榴、芫荽果、沙棘各等量。以上七味药物，除牛黄另研细末外，制成散剂	制宝日。主治巴达干宝日热	每日1～3次，每次3～5g 开水加冰糖送服	《蒙医药汇编》
牛黄十三散	红花、木鳖子（制）各25g，瞿麦、牛黄各20g，川木通、地格达各10g，蓝盆花、五灵脂、沙棘、土木香、香青兰，芫荽果各5g，柿子25g，以上13味药物，除牛黄另研细末外，其余12味药物共研细末，加入牛黄末，混匀，制成散剂	清血热。主治肝宝日盛血热，肝损伤，肝盛血，肝热	每日1～3次，每次1.5～3g。白开水送服	《蒙医金匮》

处方名称	处方组成	功能主治	用法与用量	出处
对治七味散	石榴50g，柿子（或酸梨干），兑荬果、沙棘、土木香、蓝盆花、荜茇各25g。以上7味药物共研细末，制成散剂	调元，清宝日热。主治胃巴达干、肠希日、大肠希日，肝血四种症聚合而引起的胃、肝区疼痛，胸背连痛，恶心、口涩、吐血、便秘，饭前、饭后约痛，胸部约热等	每日1～2次、每次1.5～3g。白开水送服。该方可根据病情分别加味对治（亦称加味对治散）。即调元加诃子，肺热加红花、竹黄，学希日热加地格达、瞿麦，热盛加檀香、牛黄，白山、苦参、希日偏盛者加添炭，寒热盛者加地格达、肉豆蔻，希日偏盛者加兑荬果、木鳖子，巴达干偏盛者加协日乌素加胡椒，协日乌素偏盛者加素三药	《新迪克方》
兑荬果七味散	兑荬果、土木香、沙棘、木香、五灵脂、光明盐、黑冰片各等量。以上七味药物研细末，制成散剂	制宝日。主治宝日偏盛、隐伏、瘀结，渗透各种宝日病症	每日1～3次、每次3～5g。开水加冰糖送服	《蒙医药汇编》
宝日石榴八味散	石榴、肉桂、豆蔻、荜茇、兑荬果、土木香、柿子各等量。以上8种药物共研细末，制成散剂	温胃，制巴达干宝日。主治巴达干宝日诸症	每日1～3次、每次1.5～3g。白开水送服	《诊断明医典》
壮西三味散	寒水石（制）50g，照白山16g，沙棘25g。以上三味药物研细末，制成散剂	清巴达干宝日。主治剑突部约恶热，吐酸水，肝脏宝日引起的恶心	每日1～3次、每次1～2g。冰糖水送服	《蒙医药汇编》
宝日沙棘四味散	沙棘15g，光明盐10g，土木香、兑荬果各5g。以上四味药物研细末，制成散剂	制宝日。主治宝日瘀结	每日1～3次、每次3～5g。温开水送服	《蒙医药汇编》
宝日万年灰六味散	万年灰（制），石榴、柿子或酸梨干，土木香，兑荬果，沙棘各等量。以上6种药物共研细末，制成散剂	清宝日热。主治宝日热偏盛，相讧，瘀结，隐伏等	每日1～3次、每次3～5g。用铁胃汤送服	《蒙医药汇编》
黑冰片十一味散	黑冰片、贝齿灰、沙棘、麦冬（或麦冬）10g，白草乌（或麦冬），连翘、玫瑰花各15g，硼砂（制）、拳参、川木通、熊胆、胡黄连各5g。以上11种药物，除熊胆另研细末外，其余10味药物共研细末，加熊胆末，混匀，制成散剂	清血，希日热，破痞。主治脏器新、旧希日性痞、子宫血痞、胃希日病	每日1～2次、每次1.5～3g。白开水送服	《兰塔布》

续表

处方名称	处方组成	功能主治	用法与用量	出处
痞症总剂	大青盐（煅）1份，黄矾（制）2份，黑矾（制）3份，寒水石（酒制）4份，贝齿灰5份，碱花6份，沙棘7份，木香8份，火硝9份，诃子10份。以上10种药共研细末，制成散剂	破痞。主治诸痞症	每日1～2次，每次1.5～3g。白开水送服	《蒙医金匮》
煅盐散	大青盐（煅）52.5g，黄矾（制）50g，45g，寒水石（酒制）40g，贝齿灰35g，芒硝30g，沙棘20g，木香15g，火硝10g，诃子5g。以上11味药物共研细末，制成散剂	破痞。主治各种痞肿	每日1～2次，每次1.5～3g。白开水送服	《蒙医金匮》
大黄六味散	大黄25g，碱花30g，沙棘、山奈各15g，火硝、木香各10g。以上6味药物共研细末，制成散剂	解凝破痞。主治闭经，妇女血症、血症，因妇女赫依引起的腰胯酸痛等	每日1～2次，每次1.5～3g。白开水送服	《珊瑚验方》
沙棘十七味散	沙棘25g，大黄，石榴、诃子、干姜各20g，五灵脂10g，光明盐、硇砂、天花粉（或紫茉莉根）、芒硝、寒水石（制）、海金沙、硼砂（制）、红花、赤爬子、滑石各5g。以上十七味药物共研细末，制成散剂	活血化瘀，通经。主治胃、肾、肝等脏腑之瘀血症，闭经，胎衣不下等	每日1～2次，每次1.5～3g。白开水送服	《蒙医金匮》
枸杞子七味散	枸杞子17.5g，沙棘、木香、山奈、肉桂、硼砂（制）、朴硝各25g。以上7味药物共研细末，制成散剂	活血化瘀，破凝。主治妇女瘀血症，闭经，血痔等	每日1～2次，每次1.5～3g。白开水送服	《观者之喜》
贝齿六味散	紫贝齿（制）6625g，朴硝（制）2650g，沙棘、木香、山奈各1325g。以上6味药物共研细末，制成散剂	破血痞。主治子宫血痞，经闭	每日1～2次，每次1.5～3g。白开水送服	《内蒙古蒙药制剂规范》

地榆

沙棘

处方名称	处方组成	功能主治	用法与用量	出处
沙棘四味散	沙棘50g, 山楂30g, 木香, 火硝(制)各20g。以上4味药物共研细末, 制成散剂	活血, 散瘀, 止痛。主治胃寒症, 腹痛, 腰疼痛	每日1~2次, 每次1.5~3g。白开水送服	《内蒙古蒙药制剂规范》
紫茉莉根七味散	天花粉(紫茉莉根)30g, 火硝25g, 沙棘, 大黄各15g, 蛇肉10g, 山柰, 碱花各5g。以上7味药物共研细末, 制成散剂	破血痞。主治妇女血瘀症, 血痞, 闭经等	每日1~2次, 每次1.5~3g。白开水送服	《蒙医金匮》
壮西十一味散	寒水石(制)25g, 蛇肉8.5g, 沙棘, 大黄, 碱花、光明盐, 诃子各15g, 土木香 水牛角(炒), 木香各10g。以上11味药物, 除水牛角另研细末, 其余10味药物共研细末, 加水牛角末, 混匀, 制成散剂	改善子宫收缩, 止刺痛。主治胎盘滞留, 血瘀症, 月经淋漓, 胸, 肝, 胃, 腰部刺痛, 产后腰痛	每日1~2次, 每次1.5~3g。白开水送服	《至高要方》
大黄十一味散	大黄25g, 寒水石(制)20g, 诃子15g, 土木香, 干姜各10g, 碱花, 沙棘, 硇砂、螃蟹, 赤爬子各5g, 乌梢蛇10g。以上11味药物共研细末, 制成散剂	缩宫, 止痛。主治子宫脱垂, 胎盘滞留, 膀胱酸痛, 尿频, 腰腿痛	每日1次, 每次1.5~3g。白开水送服	《蒙医药方汇编》
三子十七味散	芒硝核(或磠碤), 大托叶云实(石莲子), 蒲桃(连子), 诃子, 羚羊角(制), 沙棘, 茜草各15g, 赤爬子, 天花粉(紫茉莉角)各25g, 紫草茸, 枇杷叶、肉桂, 甘草, 橡子各10g, 苦参, 荜茇, 芒硝各5g。以上17味药物, 除羚羊角另研细末, 其余16味药物共研细末, 加羚羊角末, 混匀, 制成散剂	调经, 止痛。主治女性头痛, 子宫寒症, 膀胱, 下三焦结症, 痛, 腰膀痛, 血瘀结症	每日1~3次, 每次3~5g。温开水送服	《观者之喜》
沙棘五味散	沙棘30g, 木香25g, 白葡萄干20g, 甘草15g, 栀子10g。以上5味药物共研细末, 加白糖20g, 混匀, 制成散剂	清瘀旧型, 潜伏型肺热, 止咳。祛痰。主治感冒咳嗽, 慢性支气管炎, 肺脓肿, 咳痰不利	每日1~2次, 每次1.5~3g。用山羊奶, 三红汤或白开水送服	《蒙医金匮》
巴亚格七味散	川芎135g, 北沙参, 甘草, 沙棘各90g, 白葡萄干108g, 竹黄, 麦冬各45g。以上7味药物共研细末, 制成散剂	清热, 润肺, 止咳, 化痰。主治肺热, 咳嗽, 气喘, 气管炎, 百日咳	每日2~3次, 每次1.5~3g。白开水送服	《内蒙古蒙药制剂规范》

SHA JI

沙棘

东方蓼

续表

处方名称	处方组成	功能主治	用法与用证	出处
沙棘膏	沙棘适量。取沙棘，除去杂质，置于锅内加清水，煎煮2~3小时，过滤，取滤，按前法煎煮取滤液，重复2~3次；将滤液合并，再煎煮，蒸发水分至膏	润肺止咳，化痰，活血。主治慢性支气管炎，咳嗽多痰，食积不消，血瘀证	每日1~3次，每次3~5g。温开水送服。多配方用	《内蒙古蒙成药标准》
葡萄口服液	甘草3200g，石膏，木香各2400g，沙棘2900g，白葡萄干4000g，香附2300g，石榴2000g，肉桂1200g，红花1200g，栀子1000g。以上10味药物，得挥发油取发油10小时，白葡萄干、沙棘，石榴3味药物煎煮1小时，滤过，滤液备用。所有药渣与剩余的4味药物共同煎煮3次，每次1小时，合并滤液，浓缩至比重为1.2（40℃）。静沉，滤过，回收乙醇至无味，加入挥发油，调整总体液量为20000ml，放凉，静置12小时，滤过，调pH为6即可	清肺，止咳，化痰，定喘。主治肺橡依热，感冒咳嗽，支气管炎	每日2~3次，每次10~20ml	《内蒙古蒙药制剂规范》
给喜古纳丸	土木香41mg，干姜41mg，诃子62mg，寒水石（制）83mg，沙棘21mg，大黄103mg，碱花21mg，白砂21mg，方海21mg，赤爬子21mg，乌梢蛇21mg（每克含药量）	暖宫，益气。用于子宫脱垂，小腹坠痛，胎盘滞留，大便秘结	口服，一次1丸（每丸重6g），一日1~2次	《民族药成方制剂》蒙药篇
冠心七味散	丹参230mg，檀香26mg，降香51mg，山柰38mg，肉豆蔻77mg，广枣77mg，沙棘77mg（每克含药量）	活血化瘀，强心止痛。用于冠心病，心绞痛，心烦心悸	口服，一次3~4片（每片重0.3g），一日2次	《民族药成方制剂》蒙药篇

处方名称	处方组成	功能主治	用法与用量	出处
寒水石二十一味散	寒水石（凉制）78mg，石榴78mg，五灵脂78mg，砂仁（制）39mg，荜茇地丁39mg，紫花地丁39mg，木鳖子（制）39mg，牛黄23mg，香青兰23mg，木香23mg，连翘23mg，土木香23mg，兔耳草31mg，蓝盆花31mg，瞿麦31mg，酸梨干62mg，木香62mg，降香62mg，麦冬54mg，诃子54mg（每克含药量）	祛宝日病。用于宝日病、初、中期暖气吞酸、胸背作痛、瘀、血热陷胃	口服，一次1.5~3g，一日1~2次	《民族药成方制剂》蒙药篇
活血六味散	沙棘143mg，碱花286mg，木香95mg，大黄238mg，山柰143mg，芒硝（制）95mg（每克含药量）	活血，化瘀，调经。用于血瘀，闭经，小腹疼痛	口服。一次1.5~3g，一日1~2次。	《民族药成方制剂》蒙药篇
吉祥安神丸	益母草161mg，沙棘101mg，赤爬子101mg，诃子101mg，五灵脂62mg，红花62mg，木香62mg，山柰62mg，刺柏叶62mg，土木香41mg，鹿茸41mg，小白蒿41mg，丁香21mg，朱砂10mg，牛黄12mg，冬虫夏草21mg，牛胆粉12mg，硼砂（微炒）21mg（每克含药量）	调经活血，补气安神。用于月经不调，产后发热，心神不安，头昏头痛，腰膝无力，四肢浮肿，乳腺肿胀	口服，一次11~15丸（每丸重0.8g或2g），一日1~2次。	《民族药成方制剂》蒙药篇
桔梗八味散	桔梗167mg，沙棘167mg，紫草83mg，拳参83mg，绵马贯众83mg，甘草83mg，枇杷叶83mg，顶顽葡萄83mg（每克含药量）	清热，止咳，化痰。用于肺热，咳嗽，多痰、感冒，预防小儿麻疹	口服，一次4~6片（每片重0.25g），一日3次。	《民族药成方制剂》蒙药篇
利肝和胃丸	寒水石（凉制）82mg，石榴33mg，益智33mg，荜茇33mg，土木香24mg，兔耳草24mg，香青兰16mg，蓝盆花16mg，酸梨干24mg，诃子24mg，连翘16mg，沙棘16mg，栀子16mg，麦冬16mg，降香16mg，地丁16mg，木香16mg，牛黄0.82mg，地丁16mg，五灵脂24mg，木鳖子（制）16mg（蜜丸每克含药量）	舒肝健胃，制酸消胀。用于肝胃气滞，痞闷不舒，嗳隔反胃，恶心吐酸，消化不良等症	口服，一次1丸（蜜丸，每丸重9g）或一次15丸（水丸，每10丸重2g）	《民族药成方制剂》蒙药篇

续表

处方名称	处方组成	功能主治	用法与用量	出处
羚羊角二十五味散	水牛角浓缩粉22mg，石膏11mg，檀香22mg，红花22mg，拳参22mg，川楝子22mg，草决明22mg，诃子22mg，苘麻子22mg，栀子22mg，草果19mg，菊花19mg，紫檀香19mg，枳壳19mg，丁香19mg，益智3.7mg，沙棘22mg，白巨胜19mg，肉豆蔻19mg，青皮19mg，瞿麦11mg，羚羊角（制）3.7mg，鹿茸11mg，木香11mg，牛黄3.7mg（大蜜丸每克含药量）	清热化痰，止咳定喘。用于肺虚咳嗽，咳痰脓疡，胸闷气短，阴虚盗汗，肺痨	口服，一次1丸（蜜丸，每丸重10g），或一次20丸（水丸，每10丸中2g）	《民族药成方制剂》蒙药篇
檀香清肺二十味丸	降香122mg，红花122mg，木香81mg，沙棘81mg，紫草41mg，胡黄连41mg，丹参41mg，枫香脂41mg，白葡萄41mg，诃子41mg，茵陈41mg，甘草41mg，玫瑰花20mg，牛胆粉2mg，石膏41mg，栀子41mg，拳参41mg，桔梗41mg，檀香41mg（每克含药量）	清肺止咳，用于肺热咳嗽，痰中带血，胸痛。	口服，一次10~15丸（2g/10丸），或一次20~25丸（1.25g/10丸），一日1~2次	《民族药成方制剂》蒙药篇

东风菜

沙棘

3 沙棘在维医药中的应用

维吾尔族也很早就开始利用沙棘果来治疗疾病。阿吉再努勒·艾塔尔在14世纪编著的维吾尔药学专著《拜地依药书》中有这样的记载："沙棘果，是一种树的果实；原植物高6～20尺，枝上有粗壮棘刺；叶长椭圆，近革质，叶面有黏性斑点，核果密集在序轴上，果实球形、椭圆形或卵圆形，呈黄色、橘黄色至红色，可以食用，多产寒冷地区；沙棘维药名吉汗，别名欧来依克、都尔，疗口腔溃疡、肠道溃疡，止泻止痢等。"《中华民族药志》也有维吾尔族用沙棘果治疗口舌生疮、发烧、烧伤等病症的记载。

沙棘维药方剂摘录如下。

《拜地依药书中》记载：沙棘果浸泡在适量水中，用温火煎至剩下2/3时，加适量砂糖，再用温火煎成黏糖浆即可。功能清胃增食，降逆止吐，止泻止痢，通利小便，凉血降压，平喘定心。主治胃热纳差，恶心呕吐，腹泻痢疾，小便不利，高血压病，气喘心悸。内服，每次30～50ml，每日2次。

4 沙棘在中医药中的应用

沙棘在中医中的应用较少，只在少数医学著作如《本草纲目》中能找到沙棘的记载。在中国古代各民族的医学著作中，汉族的《本草纲目》、藏族的《晶珠本草》、蒙古族的《蒙药正典》都是非常重要的医学典著[5]。《本草纲目》的作者，明代著名中医药学家李时珍（1518～1593），也对沙棘有较高的评价，他认为沙棘"实，气味酸、温、无毒，主治久痢不瘥及心腹胀满黄瘦，下寸白虫，单捣为末，酒调一钱匕服之甚效。盐、醋藏者，食之生津液，醒酒止渴。"

鉴于沙棘显著的药用价值，1977年原卫生部首次将沙棘正式列入《中国药典》，并收录于《食药共用的中药材名单》中。在《中国药典》2015年版一部中记载，沙棘具有健脾消食，止咳祛痰，活血散瘀的药理功效[6]。

参考文献

[1] 张敏. 山地阳光：沙棘文化品牌的缔造者[N]. 山西经济日报，2011-06-20001.

[2] 李励志. 林果之宝——沙棘[J]. 生态文化，2012，（2）：30-31.

[3] 刘勇，廉永善，王颖莉，等. 沙棘的研究开发评述及其重要意义[J]. 中国中药杂志，2014，09：1547-1552.

[4] 嘉曲顿珠. 沙棘在藏医药中的应用[J]. 沙棘，1996，（1）：35-37.

[5] 王宏昊，孙欣，花圣卓，等. 我国沙棘药用历史记载及药品开发现状[J]. 国际沙棘研究与开发，2012，04：25-28.

[6] 国家药典委员会. 中华人民共和国药典2015年版一部[S]. 北京：中国医药科技出版社，2015，184-185.

（苏琨）

多德草

沙棘

第六章

沙棘中的化学成分

构成植物体内的物质除水分、糖类、蛋白质类、脂肪类等必要物质外，还包括其次生代谢产物（如黄酮、萜类、生物碱、甾体、木质素、矿物质等）。这些物质对人类及各种生物都具有生理促进作用，因此命名为植物活性成分。

沙棘中含有的植物活性成分，种类多达200种，这些物质包含了人体所必需但又不能自身合成的氨基酸、维生素、微量元素、多酚、黄酮等；还有一些其他对身体有益的鞣质、脂肪酸、生物碱、酯类、甾醇类、五环三萜、挥发性单萜等活性物质。

维生素

维生素又名维他命，通俗来讲，即维持生命的物质，是人和动物维持正常生理功能所必须从食物中获得的一类微量有机物质，在人体生长、代谢、发育过程中发挥着重要的作用。维生素与碳水化合物、脂肪、蛋白质不同，在自然界中仅占极少比例，既不参与构成人体细胞，也不为人体提供能量。如果维生素在机体内不能合成或合成量不足，难以满足机体的自身需要，就必须通过外界获得。一旦体内缺乏维生素就会引发相应的维生素缺乏症，损害人体健康。

沙棘是世界上迄今所发现的富含维生素最多的珍贵植物，被誉为"天然的维生素宝库"和"绿色黄金"。沙棘中富含维生素C、维生素E、维生素A、维生素B_1、维生素B_2、维生素B_{12}、维生素K、维生素P、维生素F等。

1 维生素C

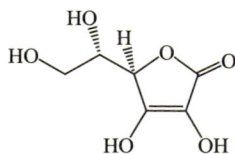

维生素C

1907年，维生素C被挪威化学家霍尔斯特在柠檬汁中发现；1934年人们获得维生素C纯品；现在维生素C已经可以人工合成。维生素C是一种水溶性物质，可以治疗坏血病，又因其本身具有酸性，因此被称为抗坏血酸。维生素C是最不稳定的一种维生素，容易被氧化而生成脱氢坏血酸，脱氢坏血酸虽然仍具有维生素C的作用，但由于它易

多叶棘豆

沙棘

被氧化，因此在植物贮藏或加工过程中往往被破坏，微量的铜、铁离子可加快破坏的速度。

植物及绝大多数动物均可在自身体内合成维生素C。但是人、灵长类及豚鼠因为体内缺乏将L-古洛酸转变成为维生素C的酶类，不能合成维生素C，故必须从食物中摄取。如果摄取不足导致维生素C缺乏，就会引发坏血病，出现出血、牙齿松动、伤口不易愈合、易骨折等症状。维生素C还与胶原的正常合成、体内酪氨酸代谢及铁的吸收有直接关系。维生素C也能帮助人体完成氧化还原反应，从而使脑力好转，智力提高。服大剂量维生素C对预防感冒和抗癌也有一定作用。

维生素C是沙棘浆果中主要含有的维生素，含量大约为400mg/100g（海滨沙棘）至2500mg/100g（中国沙棘）。沙棘浆果中维生素C含量远高于草莓、猕猴桃、橘子、西红柿、胡萝卜、山楂等物质。在生长的各个时期，沙棘的根、茎、叶和果实中都含有一定量的维生素C，其中果实中含量最高，其次是叶、嫩茎和根。沙棘不同成熟期维生素C的含量也有明显不同：近熟期，沙棘果实中维生素C含量最高；成熟期，含量较低；过熟期，成倍地下降，含量最低。其规律是，沙棘果实中维生素C含量随着果实成熟度的增加而减少。沙棘果实不仅维生素C含量高，而且较为稳定。在60℃下，用沙棘汁与其他几种常见果汁比较，96h内柑橘汁维生素C损失100%，柠檬汁损失94.5%，而沙棘汁损失却很少。这主要与沙棘果汁的低pH和沙棘果汁中的维生素E含量有关，而与其含有的有机酸种类关系不大。同时，沙棘果汁中所含有的糖类、黄酮类、还原性氨基酸对维生素C也具有一定的保护作用。在工业生产沙棘果汁时，浆果的处理技术过程会使维生素C损失5%～11%。实验结果表明，冻藏温度和时间对维生素C含量也有较大影响，沙棘果汁冷藏（6℃）7天后，约11%～12%的维生素C会发生降解，因此相较于沙棘果实，沙棘果汁中的维生素C含量更容易损失[1~16]。

沙棘中维生素C含量的测定一般有荧光法、碘量法、2,6-二氯靛酚滴定法、2,4-二硝基苯肼法和Fe（Ⅱ）-邻菲罗啉-BPR法等，但这些方法操作复杂。现在人们多采用反相高效液相色谱法测定维生素C含量，测定条件以0.01mol/L磷酸氢二铵缓冲液为流动相，检测波长210nm；也有以 0.1% $H_2C_2O_4$ 为流动相，检测波长254nm为测定条件，方法更为简便、准确、快速[17,18]。

2 维生素 A

1913年美国台维斯等4位科学家研究发现，鱼肝油可以治愈干眼病，并从鱼肝油中提纯出一种黄色黏稠液体，1920年英国科学家曼俄特将其正式命名为维生素A。维生素A可以维持一切黏膜及上皮组织的正常生长发育，同时又是合成视网膜视紫质的重要组成部分。如果缺乏维生素A，视网膜视紫质的合成不足，就容易患"夜盲症"，也会使许多腺体，如泪腺、唾液腺、汗腺、胃腺等的分泌功能下降，促使正常的表皮细胞过度角化；还会使皮肤表面形成许多棘状丘疹，变得粗糙；使呼吸道、消化器官、泌尿生殖器官的黏膜以及眼角膜和结膜的抵抗力减弱，从而发生一系列的连续病变。

维生素A又称视黄醇（其醛衍生物视黄醛），是一个具有酯环的不饱和一元醇，维生素A包括维生素A_1、A_2两种。视黄醇可由植物来源的β-胡萝卜素合成，在体内β-胡萝卜素-15,15′-双氧酶（双加氧酶）催化下，可将β-胡萝卜素转变为两分子的视黄醛（ratinal），视黄醛在视黄醛还原酶的作用下还原为视黄醇。故β-胡萝卜素也称为维生素A原。

维生素A在沙棘中的含量也非常丰富。具有维生素A原活性的类胡萝卜素有β-胡萝卜素、γ-胡萝卜素、β-玉米黄素、隐黄素、叶黄素等，其中活性最强的维生素A原是β-胡萝卜素。β-胡萝卜素、玉米黄素和β-隐黄素占主要组成部分，占沙棘果实中18种类胡萝卜素的48%，这些也是沙棘浆果呈现亮丽橙色的主要色素。此外，80%的油状类胡萝卜素为β-胡萝卜素的环氧衍生物[19]。

类胡萝卜素的总含量受极端变化的影响，即使在同一自然群体和亚种中差异可高达10倍。沙棘浆果中类胡萝卜素含量为10～1200mg/kg，β-胡萝卜素为2～170mg/kg，占总类胡萝卜素的15%～55%。一些俄罗斯品种所占比例为16%～44%。在沙棘成熟期间，类胡萝卜素组分有逐步增加的趋势，可提高到1.6～6.5倍，β-胡萝卜素、β-玉米黄素和β-隐黄素均以2～3倍增加。在其他高类胡萝卜素水果中，随着水果成熟，普遍伴随着类胡萝卜素合成的增加。即使在生长期间沙棘浆果也可大量吸收水分，从而使类胡萝卜素的浓度越来越高，这种趋势一直持续到沙棘浆果完全成熟。基因型在某些程度上会影响类胡萝卜素的含量、种类构成及整个组分中维生素A的比例[20, 21]。

不同方法、不同部位得到的沙棘油、类胡萝卜素的含量也存在差异。压榨籽油、浸出籽油和果油中的类胡萝卜素含量变化范围在0.2070～21.07mg/kg，平均值为6.350mg/kg。其中，果油中的类胡萝卜素含量最高，为21.07mg/kg，其次是压榨籽油和浸出籽油，含量为

多枝怪柳

沙棘

2.050～2.068mg/kg，类胡萝卜素含量极低的沙棘油为脱色籽油[22, 23]。

类胡萝卜素的含量测定一般采用紫外分光光度法，检测波长为445nm；也可采用反相高效液相色谱法，流动相为丙酮-水（75:25，95:5，100:0）梯度洗脱，或乙腈-甲醇/正己烷/二氯甲烷（1:1:1）线性梯度洗脱（95:5，80:20，66:34，58:42，95:5），检测波长450nm[22, 23]。

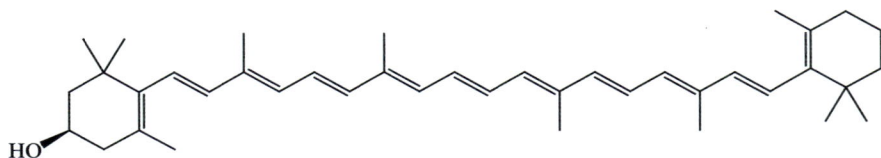
β-隐黄素

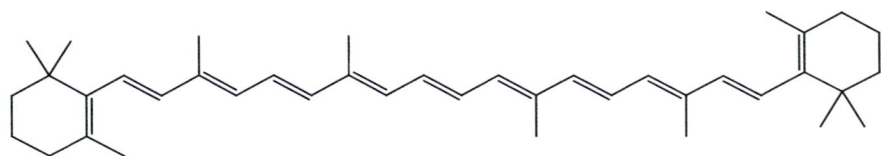
β-胡萝卜素

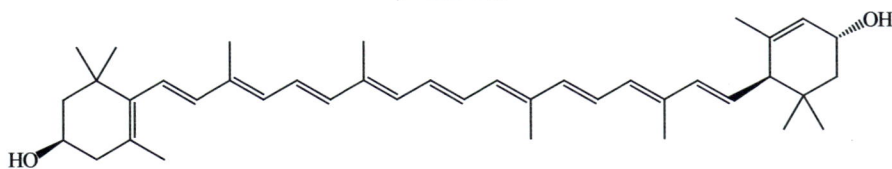
叶黄素

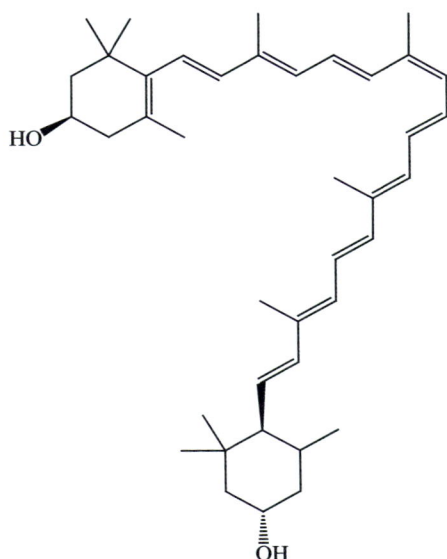
β-玉米黄素

3 维生素E

维生素E是在1922年由美国化学家伊万斯在麦芽油中发现并提取出来的，到20世纪40年代已可以人工合成。维生素E是所有具有α-生育酚活性的生育酚和生育三烯酚及其衍生物的总称，又名生育酚。它是一种脂溶性维生素，主要存在于蔬菜、豆类之中，在麦胚油中含量最丰富。天然存在的维生素E有8种，均为苯骈二氢吡喃的衍生物，根据其化学结构可分为生育酚及生育三烯酚两类，每类又因为甲基的数目和位置不同，分为α、β、γ和δ四种。维生素E是动物生育所必需的，缺乏维生素E，雄鼠睾丸会退化，不能形成正常的精子；雌鼠的胚胎及胎盘会萎缩进而被吸收，造成流产。动物缺乏维生素E还可能发生肌肉萎缩、贫血、脑软化及其他神经退化性病变。维生素E的各种功能可能都与其抗氧化作用有关。人体有些疾病的症状与动物缺乏维生素E的症状相似。肠道吸收脂类不全时，易发生维生素E缺乏症。维生素E以α-生育酚生理活性最高，β及γ-生育酚和α-生育三烯酚的生理活性仅为α-生育酚的40%、8%和20%。

沙棘种子和整个浆果中生育酚类和生育三烯酚类化合物的总含量分别为84～318和56～140mg /kg，浆果中维生素E浓度最高可达到160mg/ 100g，其中α、β、γ、δ-生育酚占沙棘种子中生育酚类和生育三烯酚类化合物总量的93%～98%，而浆果中α-生育酚仅占76%～89%。中国沙棘果肉中生育酚类和生育三烯酚类化合物的含量要比俄罗斯沙棘、蒙古沙棘两个亚种高出2～3倍，中国沙棘含量为120mg/kg，而俄罗斯沙棘为40mg/kg，蒙古沙棘仅为50mg/kg。显然，沙棘亚种中国沙棘新鲜完整的浆果是生育酚类和生育三烯酚类化合物最好的来源。沙棘油中的维生素E含量要远远高于小麦胚芽油、红花油、玉米油和大豆油，其含量是玉米油的9倍，大豆油的35倍。在沙棘成熟早期，α-生育酚含量较高，在随后的阶段，δ-生育酚含量会逐渐增加[7, 8, 11, 24-31]。

沙棘中α-生育酚含量测定早期采用皂化法，目前采用高效液相色谱法，可在流动相为甲醇-水（95:5），流速为1.0ml/min，检测波长为290nm条件下进行测定[32]。

鹅绒委陵菜

沙棘

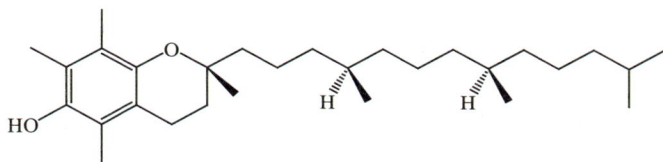

α-生育酚

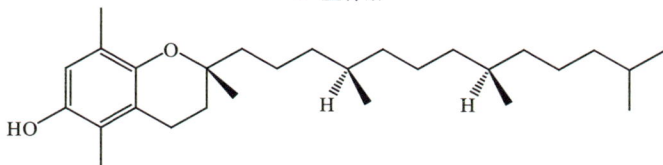

β-生育酚

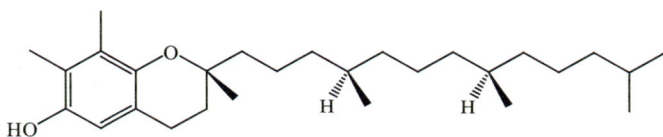

γ-生育酚

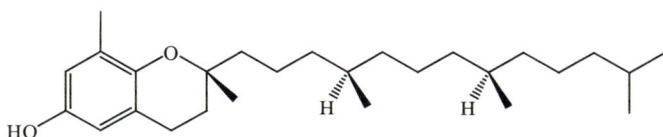

δ-生育酚

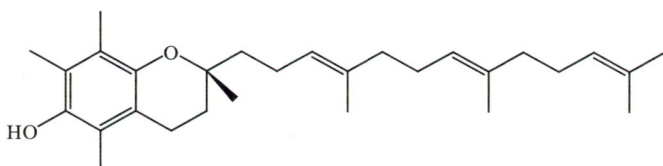

α-生育三烯酚

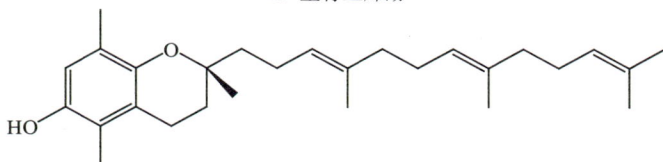

β-生育三烯酚

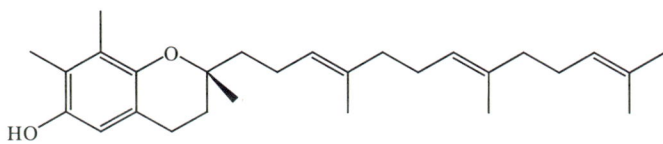

γ-生育三烯酚

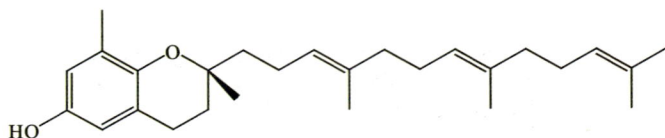

δ-生育三烯酚

4 维生素F

1917年德国化学家从月见草（夜来香）油中首次分离出油酸、亚油酸，此外，还分离出一种尚未发现的脂肪酸。这种脂肪酸的化学结构与亚油酸相似，亚油酸是十八碳二烯酸，而这种脂肪酸为十八碳三烯酸，后被命名为γ-亚麻酸（GLA）。由于亚麻酸在体内不能合成，又是体内不可缺少的不饱和脂肪酸，因此称之为维生素F。维生素F降低胆固醇的作用是亚油酸的163倍，是现今已知天然药物中降低胆固醇最为有效的药物。一般食品中不含维生素F，但亚油酸在许多食品中含量丰富，特别是植物油中含量较多，亚油酸经脱氢酶作用转化为维生素F，进而合成前列腺素。

维生素F多集中在沙棘籽油中，果汁和果肉提取到的沙棘油中含量极少；从沙棘籽油中分离出的总脂肪酸中约86%为不饱和脂肪酸，其中大部分为必需脂肪酸，此外，亚油酸占35%，亚麻酸占26%，比例为1.5：1[33]。维生素F结构上属于脂肪酸类化合物，相关内容将在本章脂类部分再做详细说明。

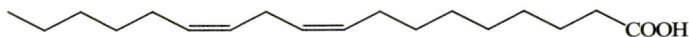

亚油酸

亚麻酸

5 维生素B、维生素K

B族维生素有12种以上，均为水溶性维生素，在体内滞留的时间只有数小时，必须每天补充。B族维生素是所有人体组织必不可少的营养素，是食物释放能量的关键，在体内以辅酶的形式参与糖、蛋白质和脂肪的代谢。

沙棘中B族维生素主要为维生素B$_1$、B$_2$，含量较少，新鲜浆果中

二裂叶委陵菜

沙棘

的含量分别为0.03mg/100g和0.1mg/100g，且沙棘果在相同温度条件下贮存，随着贮存时间的延长，维生素B_1、B_2含量会逐渐降低。贮存温度条件对B族维生素影响较大，$-24 \sim -18$ ℃相比$0 \sim 4$℃的贮存条件，维生素B_1、B_2的损失较小。相同时间下，随着温度的升高，沙棘果中维生素B_1、B_2的含量整体呈现整体下降趋势[34]。

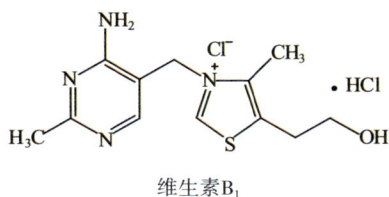

维生素B_1

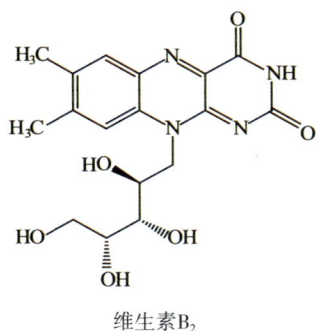

维生素B_2

维生素K是具有叶绿醌生物活性的一类物质，于1929年首次由丹麦化学家达姆从动物肝和麻子油中发现。维生素K有K_1、K_2、K_3、K_4等几种形式，其中K_1、K_2是天然存在的脂溶性维生素，能够防止新生婴儿出血疾病、预防内出血及痔疮、减少生理期大量出血、促进血液正常凝固的作用，绿色蔬菜中含量较高。

沙棘浆果中维生素K_1的含量为21%～86%（湿重），具体含量的高低主要受存储时间和温度的影响。在果汁工业生产过程中，浆果处理的工艺流程会使果汁产品中维生素K_1损失36%～54%。果汁浓缩的处理步骤，会导致维生素K_1完全损耗[35, 36]。

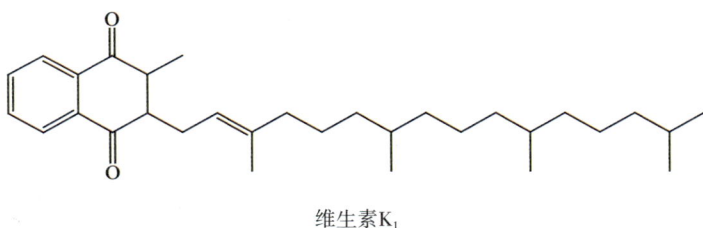

维生素K_1

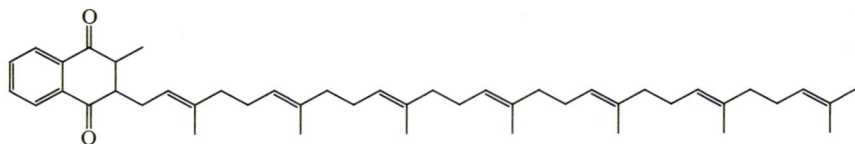

维生素K₂

黄酮类化合物

　　黄酮类化合物泛指两个具有酚羟基的苯环（A环与B环）通过中央三碳原子相互连结而成的一系列化合物，其基本母核为2-苯基色原酮。黄酮类化合物结构中常连接有酚羟基、甲氧基、甲基、异戊烯基等官能团。此外，它还常与糖结合成苷。根据中央三碳链的氧化程度、B环连接位置（2-位或3-位）以及三碳链是否构成环状等特点，可将主要的天然黄酮类化合物分类：黄酮类（flavones）、黄酮醇（flavono）、二氢黄酮类（flavonones）、二氢黄酮醇类（flavanonol）、花色素类（anthocyanidins）、黄烷-3，4二醇类（flavan-3,4-diols）、双苯吡酮类（xanthones）、查耳酮（chalcones）和双黄酮类（biflavonoids）等十五种。黄酮类化合物分布广泛，具有多种生物活性，如心血管系统活性、抗菌及抗病毒活性、抗肿瘤活性、抗氧化自由基活性、抗炎、镇痛活性、保肝活性、降压、降血脂、抗衰老、提高机体免疫力、泻下、镇咳、祛痰、解痉及抗变态等药理活性。

　　沙棘中富含黄酮类成分，现已从沙棘植物中分离出49个黄酮类化合物，通过水解反应及ESI-MS、UV、HPLC–DAD–ESI-MS、^{1}H-NMR、^{13}C-NMR方法进行鉴定，发现沙棘中包含6个黄酮苷元、8个黄酮单糖苷、6个黄酮芸香糖苷、11个黄酮–3,7–二糖苷、8个黄酮三糖苷、8个酰化黄酮糖苷类和2个黄烷-3-醇类。其中大多数化合物以异鼠李素、山奈酚和槲皮素为苷元，在C-3、C-7糖元位置表现出不同的取代类型，主要是葡萄糖、芸香糖、槐糖、鼠李糖、半乳糖[37, 38]，部分黄酮化合物结构如下。

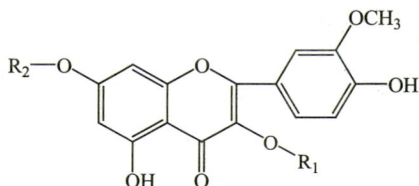

北五味子

沙棘

名称	R$_1$	R$_2$
异鼠李素	H	H
异鼠李素7-O-鼠李糖苷	H	Rah
异鼠李素3-O-芸香苷	Rut	H
异鼠李素3-O-葡萄糖苷	Glu	H
异鼠李素3-O-芸香糖苷-7-O-鼠李糖苷	Rut	Rah
异鼠李素3-O-葡萄糖苷-7-O-鼠李糖苷	Glu	Rah
异鼠李素3-O-槐糖苷-7-O-鼠李糖苷	Sop	Rah

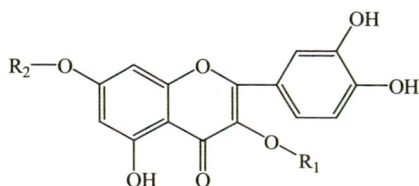

名称	R$_1$	R$_2$
槲皮素	H	H
槲皮素3-O-芸香苷	Rut	H
槲皮素3-O-葡萄糖苷	Glu	H
槲皮素7-O-鼠李糖苷	H	Rah
槲皮素3-O-葡萄糖-7-O-鼠李糖苷	Glu	Rah
槲皮素-3-O-半乳糖苷（金丝桃苷）	Gal	H

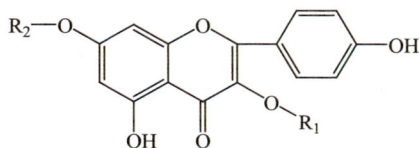

名称	R$_1$	R$_2$
山奈酚	H	H
山奈酚-3-O-鼠李糖苷	Rah	H
山奈酚-3-O-芸香糖苷	Rut	H
山奈酚3-O-槐糖-7-O-鼠李糖苷	Sop	Rah

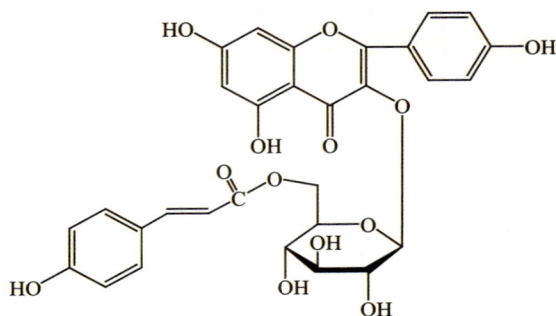

山奈酚香豆酰基葡萄吡喃糖苷

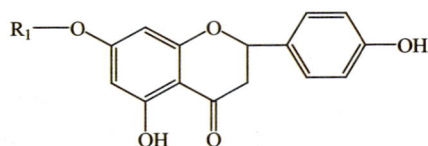

名称	R$_1$
柚皮素	H
柚皮素–7–O–鼠李糖–葡萄糖苷	–Glu–Rah

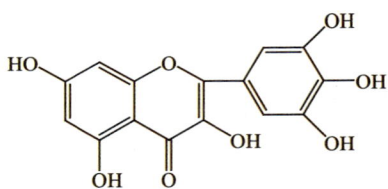

杨梅素

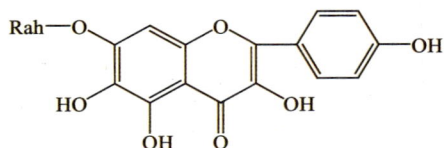

5,7,4′-三羟基黄酮醇-7-O-鼠李糖苷

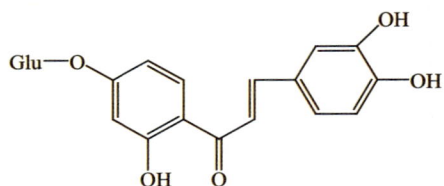

3,4,2′-三羟基查耳酮-4′-O-葡萄糖苷

翻白草

沙棘

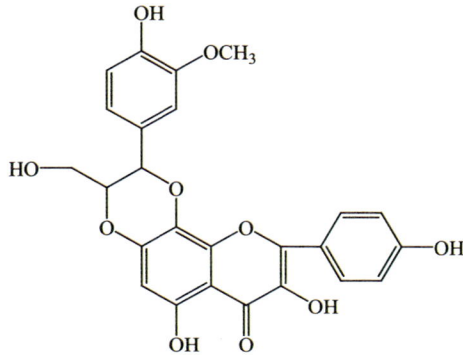

5,4'-二羟基-3″-羟甲基-2″-（4‴-羟基-3‴-甲氧基苯基）-1,4-二氧六环［5,6,7,8］黄酮醇

沙棘果实中，黄酮含量为1500～3000mg/kg，沙棘各部位黄酮种类及组成、比例，因产地、品种、采摘时间而异，但主要存在于沙棘果实和沙棘叶中。其中果实中的黄酮种类多于叶，但沙棘叶中黄酮含量高于果实[39]。

付桂香等采用分光光度法对不同种沙棘叶中总黄酮含量进行了测定与比较，其中中国沙棘和江孜沙棘总黄酮含量最高，分别为0.7392%和0.7814%；西藏沙棘为0.5879%；肋果沙棘为0.4628%；中亚沙棘为0.4653%。沙棘（采收于瑞士）总黄酮含量最少为0.3210%[40]。祁生贵等采用RP-HPLC法测定西藏沙棘和中国沙棘枝条中黄酮苷含量，结果表明西藏沙棘和中国沙棘枝条中黄酮苷含量也存在差异，含量分别为0.151%和0.134%，其中西藏沙棘枝条中黄酮苷含量较高，这可能与两种沙棘不同种的差异有关，也可能由于其生长在较高海拔的地区，白天光合作用强，夜间呼吸作用弱，因而使其次生代谢产物蓄积产生差异[41]。

谢久祥等采用分光光度法测定青海沙棘不同部位的总黄酮含量，其中根、茎和叶中总黄酮含量分别为5.12、11.37和95.87mg/g，叶中总黄酮含量远高于根和茎。茎、叶、果实中槲皮素的含量分别为0.276、2.11、0.574mg/g，异鼠李素的含量为0.463、1.60、0.729mg/g[42]。孙斌等采用HPLC法测定沙棘籽渣中黄酮苷元含量，沙棘籽渣中槲皮素、山柰素、异鼠李素的含量分别为18.58、122.50、27.64mg/100g[43]。

Jeppsson等人的研究表明，对于不同成熟阶段的沙棘浆果，其山柰酚、槲皮素的含量也有所不同。在成熟过程中，槲皮素含量下降而山柰酚含量增加。"Otradnaja"品种槲皮素含量减少比较明显，含量为0.028～0.014g/kg，而"Prozratnaja"和"Gibrid Pertjik"品种中山柰酚含量增加，含量为0.012～0.016g/kg[12]。不同时间采收的中国沙棘，叶中总黄酮（以异鼠李素计算）的含量9月份最低，10月份最高[40]。

目前，主要根据测定槲皮素、山柰素、异鼠李素三种黄酮苷元含量来衡量沙棘中黄酮化合物含量。测定方法以高效液相色谱法最为常用，同时测定三种苷元时，用甲醇-乙腈–0.4%磷酸水为流动相进行梯度洗脱，也有以甲醇–0.4%磷酸溶液（60:40）为流动相，检测波长360nm；测定异鼠李素可以用甲醇-醋酸缓冲液（pH=4.86）（52:48）为流动相，检测波长370nm条件下进行测定[41, 44, 45]。

多酚类化合物

多酚类化合物是指化学结构中含有多个酚羟基的一组化学物质统称。多酚类化合物具有较强的抗氧化作用，在整个植物界，含有多酚或酚类化合物及其衍生物达6500种以上，它们都是植物代谢过程中次生副产物，存在于许多普通水果、蔬菜中，是人们每天从食物中摄取数量最多的抗氧化物质。多酚类化合物除具有良好抗氧化功能外，还具有强化血管壁、促进肠胃消化、降血脂、增强人体免疫力、防动脉硬化血栓形成及利尿、降血压、抑制细菌与癌细胞生长等作用。

多酚可分为两大类：一类是多酚单体，即非聚合物，包括各种黄酮类化合物（黄酮、异黄酮、黄酮醇、黄烷酮、黄烷醇、黄烷酮醇、花色素苷、查耳酮等）、绿原酸类、没食子酸和鞣花酸，也包括一些连接有糖苷基复合类多酚化合物；另一类则是由单体聚合而成的低聚体或多聚体，统称单宁类物质，包括缩合型单宁（如原花青素）和水解型单宁（如没食子单宁和鞣花单宁）等。

多酚类化合物大量存在于沙棘的叶子中，含量达12%，而沙棘果实中多酚类化合物种类较少。目前，已从沙棘叶中分离鉴定出三种结构类型，并且为可水解单宁化合物，即没食子单宁（gallotannins）、鞣花单宁（ellagitannins）和没食子鞣花单宁（galloellagitannins），共有13个可水解单宁，即沙棘素A（hippophaenins A）、沙棘素B（hippophaenins B）、1,2,6–三没食子酰葡萄糖（1,2,6–trigalloylglucose）、英国栎鞣花酸（pedunculagin）、木麻黄亭碱（casuaricitin）、木麻黄素（strictinin）、特里马素（tellimagrandin Ⅰ）、异小木麻黄素（isostrictinin）、木麻黄鞣亭（casuarinin）、旌节花素（stachyurin）、栗木鞣花素（castalagin）、栎木鞣花素（vescalagin）和hyporhamnin[46-53]。其中沙棘素A（hippophaenins A）、沙棘素B（hippophaenins B）和Hyporhamnin（6-*O*-galloyl–1,3–*O*-

hexahydroxydiphenoyl-β-D-glucose）是从沙棘叶中分离得到新型的鞣花丹宁[51~53]。从沙棘叶中分离出来一些可水解单宁的结构如下。

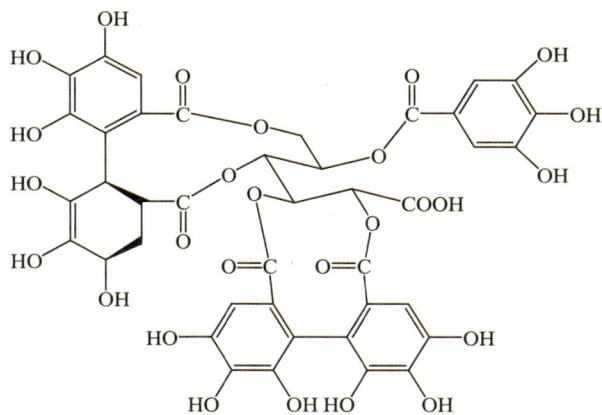

沙棘素A（hippophaenin A）

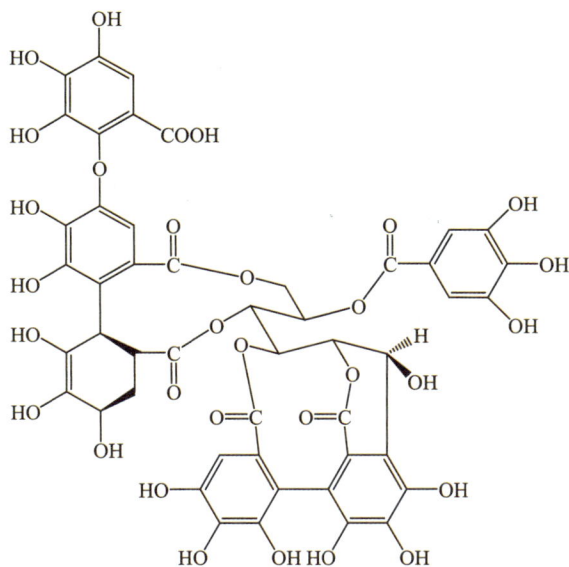

沙棘素B（hippophaenin B）

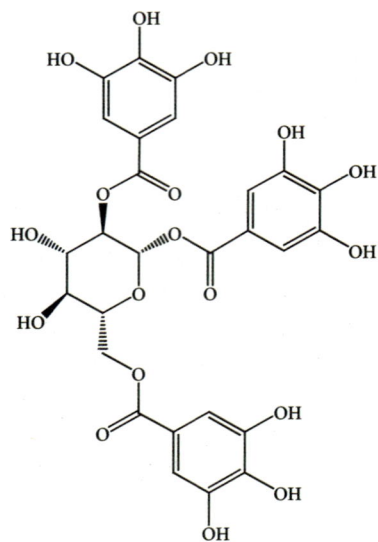

1,2,6–三没食子酰葡萄糖（1,2,6–trigalloylglucose）

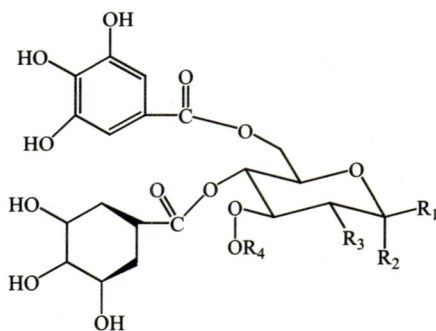

名称	R_1	R_2	R_3	R_4
英国栎鞣花酸 pedunculagin	H	OH	HHDP	
木麻黄亭碱 casuaricitin	OG	H	HHDP	
木麻黄素 strictinin	OG	H	H	H
特里马素 tellimagrandin I	H	OH	G	G

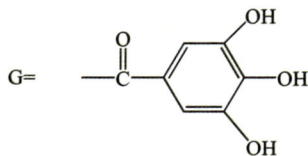

沙棘

防风

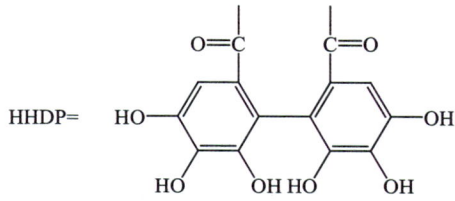

HHDP=

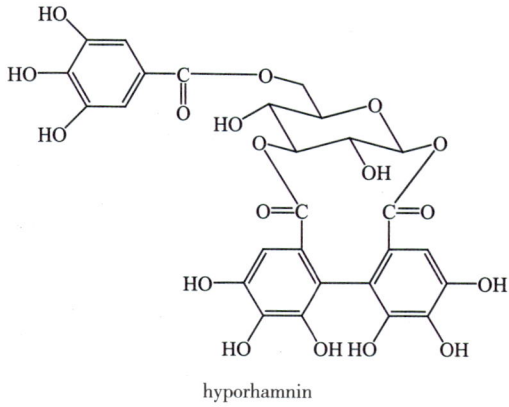

hyporhamnin

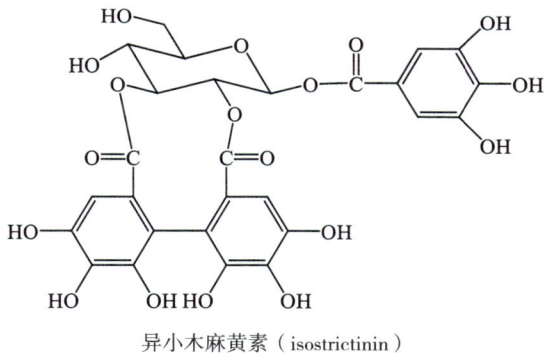

异小木麻黄素（isostrictinin）

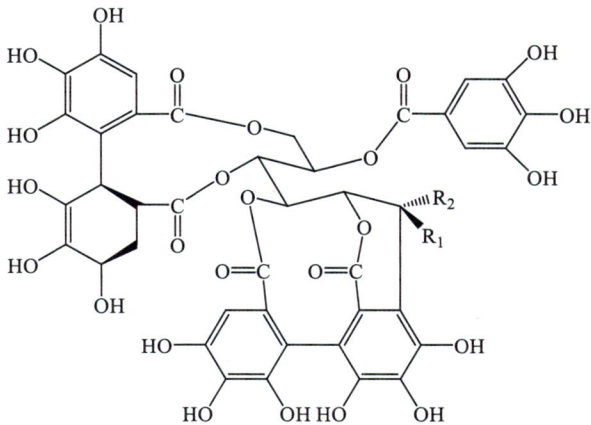

名称	R₁	R₂
木麻黄鞣亭 casuarinin	OH	H
旌节花素 stachyurin	H	OH

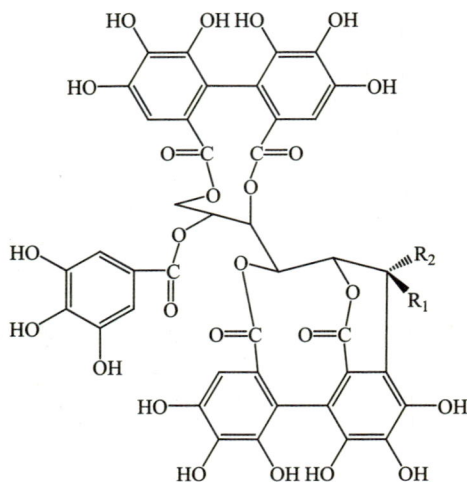

名称	R₁	R₂
粟木鞣花素 castalagin	OH	H
栎木鞣花素 vescalagin	H	OH

    沙棘叶中多酚类化合物总含量为7.62～12.42mg没食子酸当量/100g，而在绿茶中，茶多酚含量为14.32～21.02mg没食子酸当量/100g[54]。沙棘中多酚化合物的34.3%～39.4%为单宁类成分，而且单宁含量的高低主要取决于沙棘的不同生长阶段。Sheichenko等人研究发现，8年生和5年生的沙棘植物中单宁含量的波动不太明显，占多酚类化合物的23.84%～29.29%；单宁含量与沙棘嫩枝的长度有关，短枝（7cm）中单宁含量占多酚类化合物的27.1%～31.1%；中等长度（14cm）含量为25.04%～30.65%；长枝（21cm）含量为23.62%～28.35%。此外，单宁含量也与采收期、植物茎叶质量比、枝的年龄有关。研究还发现沙棘（干重）中单宁在7月初含量最高[52]。

    单体多酚主要有黄烷醇衍生物（儿茶素、表儿茶素、表没食子儿茶素没食子酸酯）、棉籽酚和酚酸化合物[46~53, 55~57]。沙棘浆果、叶子中已经鉴定存在一些酚酸化合物，如没食子酸、β-香豆酸、芥子酸、鞣

沙棘

飞廉

花酸、绿原酸、原儿茶酸、龙胆酸、β-羟基苯甲酸、丁香酸、香草酸、水杨酸、肉桂酸、咖啡酸和阿魏酸[56~57]。Arimboor等人利用RP-HPLC法测定沙棘中酚酸含量，果浆总酚酸含量为1068mg/kg，其中58.8%为酚苷，游离酚酸和酚酸酯类分别占沙棘果浆总量的20.0%和21.2%；种仁中总酚酸含量为5741mg/kg，高于果浆和种皮。在沙棘浆果和叶子中，没食子酸是主要游离和结合形式的酚酸[57]。

沙棘中缩合型单宁原花青素是由不同数量的儿茶素或表儿茶素结合而成。低聚物占原花青素的84%；占沙棘果渣提取物中抗氧化成分的75%，低聚原花青素的聚合度在6~9之间[58, 59]。

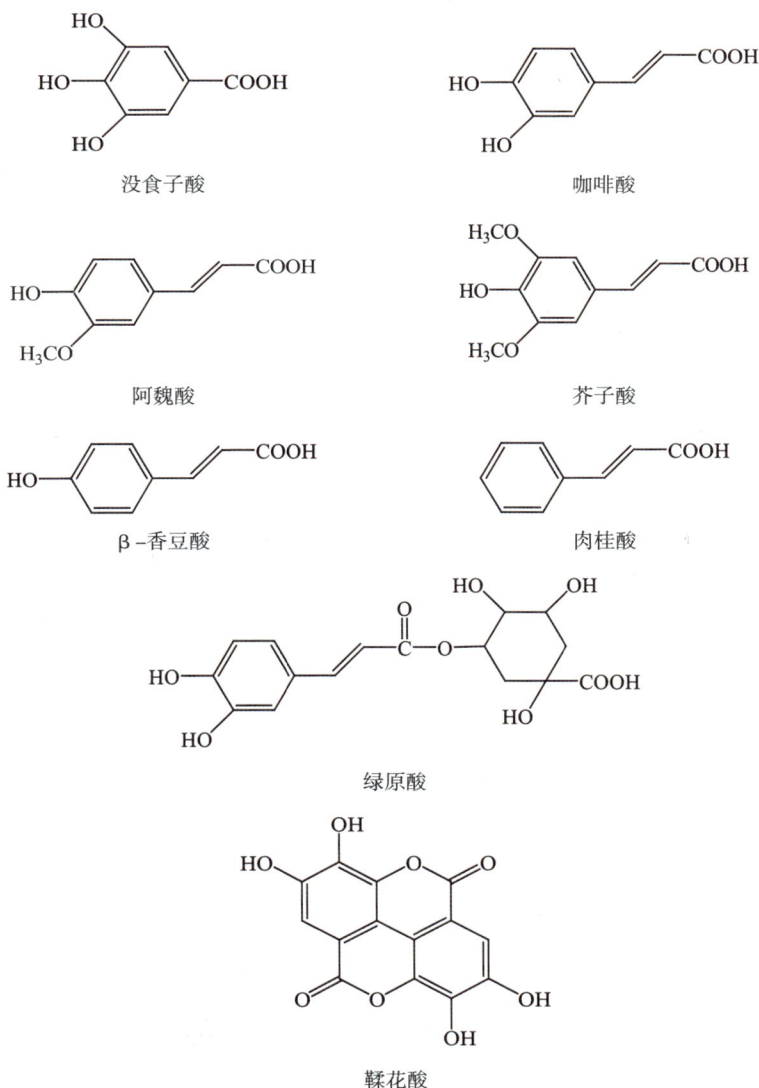

没食子酸

咖啡酸

阿魏酸

芥子酸

β-香豆酸

肉桂酸

绿原酸

鞣花酸

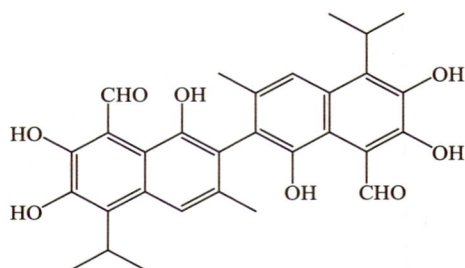

棉籽酚

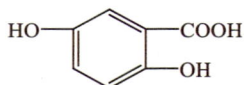

龙胆酸

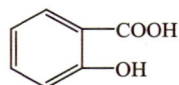

水杨酸

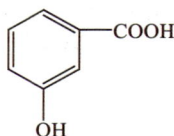

β-羟基苯甲酸

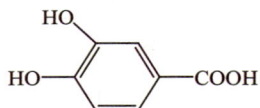

原儿茶酸

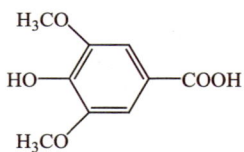

丁香酸

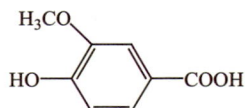

香草酸

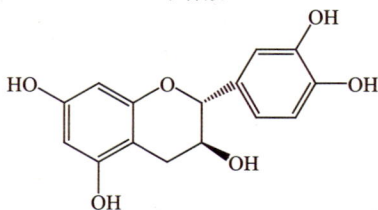

儿茶素

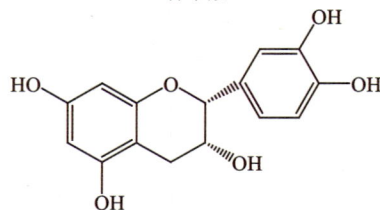

表儿茶素

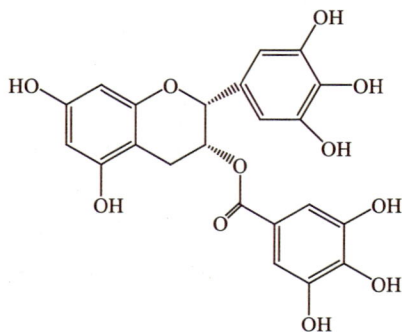

表没食子儿茶素没食子酸酯

附地菜

沙棘

脂类

脂类是由脂肪酸和醇作用生成的酯及其衍生物的统称，一般不溶于水而溶于乙醚、三氯甲烷、苯等脂溶性溶剂的化合物。脂类包括油脂（三酰甘油）和类脂（磷脂、蜡、萜类、甾类）。脂类是机体内的一类有机大分子物质，它包括的物质很多，其化学结构有很大差异，生理功能各不相同，如储存能量、构成生物膜的骨架、信号传递、激活酶系统、糖基载体、激素、维生素和色素的前体、生长因子、抗氧化剂、参与信号识别和免疫等作用。

1 脂肪酸和油脂

脂肪酸（fatty acid），是指一端含有一个羧基的长的脂肪族碳氢链有机物，脂肪酸是由碳、氢、氧三种元素组成，是油脂、类脂的主要成分。直链饱和脂肪酸的通式是$C_nH_{(2n+1)}COOH$，自然界约有40多种不同的脂肪酸，其中能为人体吸收、利用的只有偶数碳原子的脂肪酸。脂肪酸根据碳氢链是否饱和又可分为三类：饱和脂肪酸，碳氢上没有不饱和键；单不饱和脂肪酸，其碳氢链有一个不饱和键；多不饱和脂肪，其碳氢链有二个或二个以上不饱和键。非必需脂肪酸是机体可以自行合成，不必依靠食物供应的脂肪酸，它包括饱和脂肪酸和一些单不饱和脂肪酸；必需脂肪酸为人体健康和生命所必需，但机体不能自己合成，必须依赖食物供应，属于ω–3族和ω–6族多不饱和脂肪酸。必需脂肪酸不仅为营养所必需，而且与儿童生长发育和成长健康有关，更有降血脂、防治冠心病等治疗作用，对智力发育、记忆等生理功能有一定影响。

油脂分布十分广泛，各种植物的种子、动物的组织和器官中都存有一定数量，是甘油的3个羟基和3个脂肪酸分子脱水缩合后形成的酯，是动、植物细胞贮存脂类化合物的主要形式。三酰甘油有许多不同的类型，它们之间的差别在于所含的脂肪酸不同，以及脂肪酸在甘油分子内所占的位置排列不同。天然的绝大多数是混合的三酰甘油，即含有两种或3种不同的脂肪酸的三酰甘油。当肌肉活动所需能源——肝糖接尽时，脂肪组织会分解油脂成为游离脂肪酸来充当能源使用。植物种子的贮脂为胚芽发育提供能量。动物皮下脂肪有保暖作用，防止机体热量散失，植物叶片表面的脂和蜡也有保护性能。

目前，沙棘果油、籽油中分离鉴定出的脂肪酸主要有十烷酸（C10:0）、十二烷酸（C12:0）、肉豆蔻酸（C14:0）、十五烷酸（C15:0）、棕榈酸（C16:0）、十七烷酸（C17:0）、硬脂酸（C18:0）、花生酸（C20:0）、二十二烷酸（C22:0）、二十四烷酸（C24:0）、棕榈油酸（C16:1）、顺式–10–十七烯酸（C17:1）、油酸（C18:1）、亚油酸（C18:2）、亚麻酸（C18:3）、（9Z, 11E）－13－羟基－9,11－十八碳二烯酸、（10E, 12E）- 9－羟基－10, 12－十八碳二烯酸、顺－11－二十碳烯酸（20:1）、顺式－11, 14－二十碳二烯酸（20:2）、花生四烯酸（20:4）、顺二十二碳－13－烯酸、1,3－二辛酰－2－亚麻酸甘油酯。三酰甘油分子内脂肪酸的位置分布存在一定规则。沙棘种籽油中分离得到的三酰甘油结构中，甘油结构2位碳上主要结合不饱和脂肪酸[60~62]。

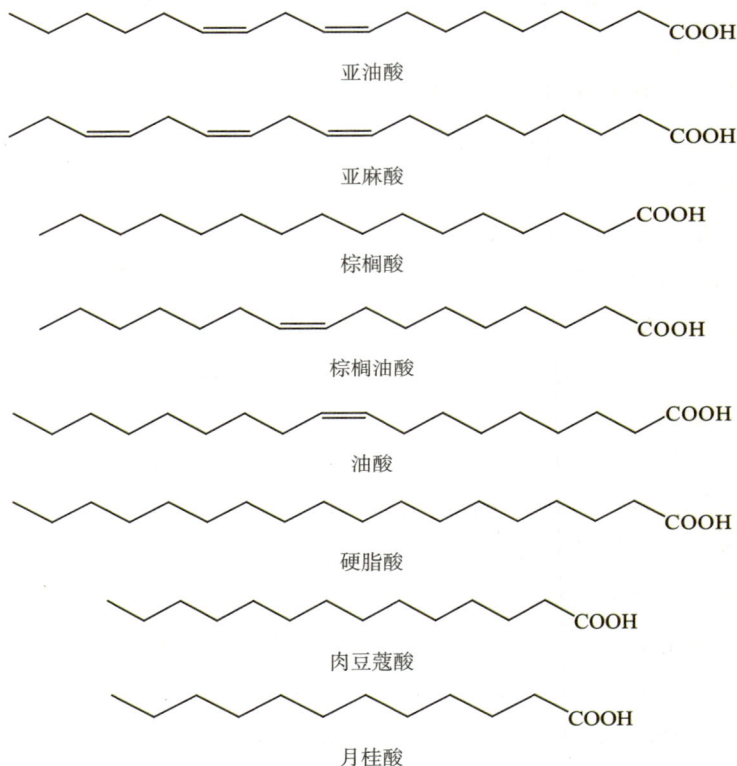

亚油酸

亚麻酸

棕榈酸

棕榈油酸

油酸

硬脂酸

肉豆蔻酸

月桂酸

　　沙棘果肉中总油脂的含量在1.5%～8.6%之间，而种子油中是9.8%～19.5%。在果肉与种子中，油脂中的主要成分是不饱和脂肪酸，大约占总油脂含量的85%，如李娟等人测定商品沙棘籽油中不饱和脂肪酸含量接近总脂肪酸的90%[63]。Singh等人研究四种沙棘亚种果实和种子中脂肪酸成分时发现，种子中不饱和脂肪酸亚油酸和亚麻酸占较大比例，亚油酸的含量为3.7%～39.8%，α-亚麻酸的含量为0.3%～25.4%，高于果肉中的含量（分别是6.4%～15.0%和0.6%～1.3%），另一种主要的不饱和脂肪酸是油酸，含量为

14.8%~27.4%，主要的饱和脂肪酸是棕榈酸，含量为8.8%~29.3%，而硬脂酸的含量较低为2.8%~5.8%；在果肉油脂中，主要的不饱和脂肪酸是棕榈油酸（46.4%~37.1%）、亚油酸（6.4%~15.0%）和油酸（4.0%~6.9%），主要的饱和脂肪酸为棕榈酸（9.1%~28.1%）[64]。棕榈油酸结构中乙烯键的位置可通过化学分析方法确定，利用红外光谱法确定双键为顺式结构，顺式-9-十六烯酸。棕榈油酸含量高是果肉油脂的显著特征，这种罕见的脂肪酸是皮下脂肪的一个组成成分，可以支撑细胞组织和促进伤口愈合[65]。卢慧星等人的研究表明，沙棘叶片中的饱和脂肪酸中，棕榈酸的含量最高，肉豆蔻酸次之，月桂酸的含量最低；不饱和脂肪酸中，亚麻酸的含量最高，可达62.69%，亚油酸的含量次之，油酸含量略低于亚油酸。亚油酸含量在生长季节内呈递降趋势，亚麻酸含量在7月达到最大累积，随后急剧降低，脂肪酸的这种动态变化可能与物质代谢中心转移、脂肪酸合成代谢以及果实成熟期有关[66]。

测定沙棘油中脂肪酸组分及含量，目前大多采用氢氧化钾-甲醇碱溶液催化法甲酯化，气相色谱法或气相色谱-质谱联用，并用峰面积归一化法同时测定各种脂肪酸的相对含量，或对其中某种脂肪酸进行定量检测[67]。

2 类脂

类脂主要是指在结构或性质上与油脂相似的天然化合物。它们在动植物界中分布较广，种类也较多，主要包括蜡、磷脂、萜类和甾族化合物等。这些物质对于生物体维持正常的新陈代谢和生殖过程起着重要的调节作用。同时也是生物膜的重要组成成分，构成疏水性的屏障，分隔细胞水溶性成分及将细胞划分为细胞器/核等小的区室，保证细胞内同时进行多种代谢活动而互不干扰，并维持细胞正常结构与功能等。

2.1 磷脂、蜡

沙棘种子中磷脂含量为0.2%~0.5%，其中磷脂酰肌醇占8.9%，卵磷脂26.7%，磷脂酰丝氨酸5.8%，磷脂酰乙醇胺5.8%[68, 69]。蜡（C20-C26脂肪醇酯）主要存在于沙棘果皮和种子中[62]。

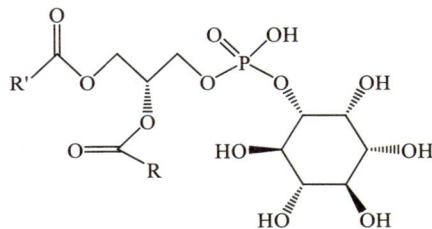

磷脂酰肌醇

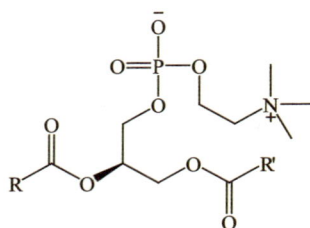

卵磷脂

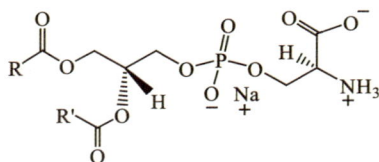

磷脂酰丝氨酸

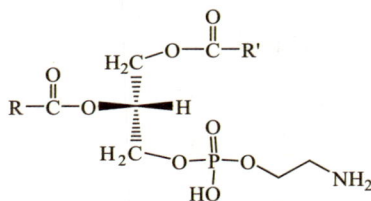

磷脂酰乙醇胺

2.2 甾醇、甾醇苷、酰化甾醇苷

　　沙棘果肉提取物中非皂化部分中的甾醇主要是β-谷甾醇、菜油甾醇、24-亚甲基环阿屯烷醇、顿叶醇、柠黄醇、24-乙基-胆甾-7-烯-3β-醇、环阿屯烷醇[70]。从脱脂种子中分离鉴定出的酰化甾醇葡萄糖苷，是由棕榈酸、硬脂酸、油酸、亚油酸、亚麻酸、二十碳烯酸等脂肪酸与β-谷甾醇-β-D-葡萄糖苷酯化的产物[71]。

　　二氧化碳萃取物中，β-谷甾醇最大浓度为0.5%[72]。种子、新鲜果浆/皮、整个浆果中总甾醇含量分别为1200～1800mg/kg、240～400mg/kg和340～520mg/kg，而β-谷甾醇分别占种子、果浆/皮中甾醇类化合物含量的57%～76%和61%～83%，甾醇含量和组成在不用亚种间及不用采集地点变化较小。不同的采集期对种子、果浆/皮中甾醇水平影响较大[73]。

荙葱

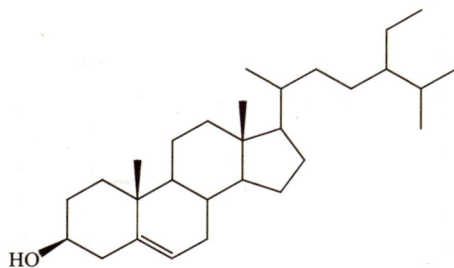

β-谷甾醇

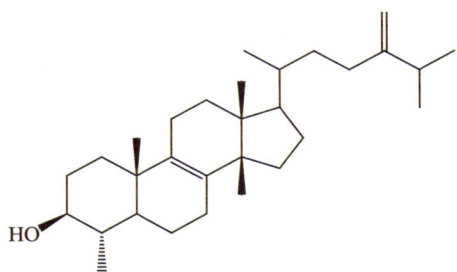

钝叶醇

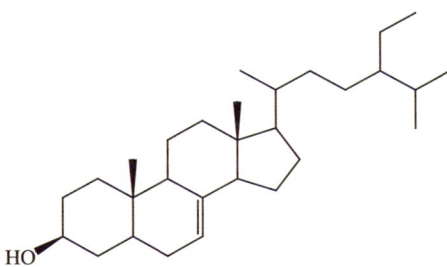

24-乙基-胆甾-7-烯-3β-醇

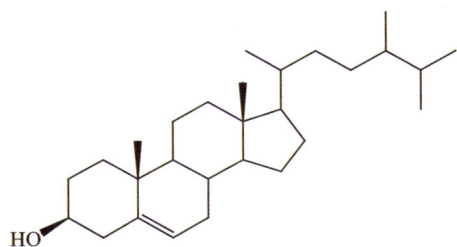

菜油甾醇

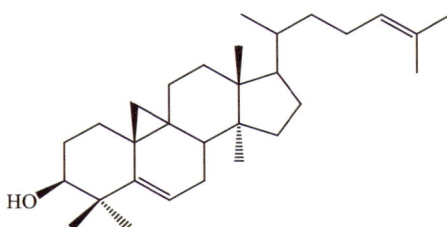

环阿屯烷醇

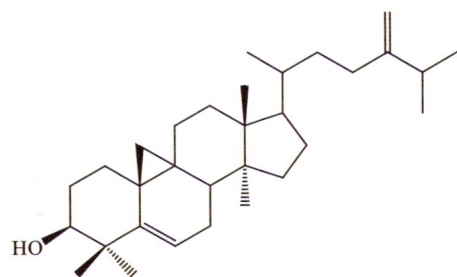

24-亚甲基环阿屯烷醇

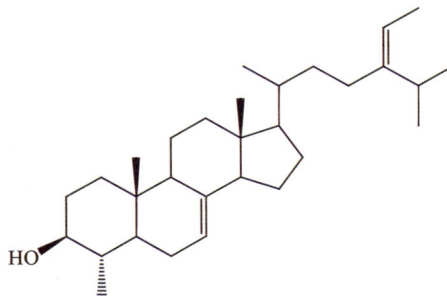

柠黄醇

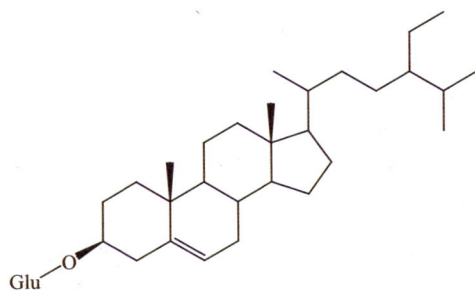

β-谷甾醇-β-D-葡萄糖苷

2.3 五环三萜

沙棘果肉提取物中非皂化部分五环三萜有α-香树脂素、β-香树脂素、高根二醇、熊果醇[70]。Glazunova等人从沙棘果实的油中分离得到一个新的环阿屯烷萜类化合物[74]。Kukina等人从沙棘叶中分离得到山楂酸和2-β-羟基熊果酸[75]。沙棘中第一个发现的五环三萜烯类化合物是熊果酸[76]。此外，沙棘中分离得到的五环三萜化合物还有乌索醛、齐敦果醛、齐敦果酸、28-去甲乌素-12,18（17）-二烯-3β-醇、28-去甲齐敦果-12,18（17）-二烯-3β-醇、羽扇豆醇、白桦脂酸。

王丽聪采用高效液相方法测定沙棘果皮中熊果酸和齐墩果酸的平均含量为1.187mg/g 和0.352mg/g[77]。卫罡等人研究表明，沙棘不同部位熊果酸和齐墩果酸含量存在差异，沙棘叶、沙棘茎、沙棘果实中齐敦果酸含量分别为0.081％、0.021％、0.071％，熊果酸含量分别为0.221％、0.071％、0.219％[78]。

沙棘中五环三萜类化合物的含量测定主要是测定三萜酸（熊果酸和齐敦果酸），多采用高效液相色谱法，流动相可用乙腈-甲醇-水-醋酸铵（65:20:15:0.5）或甲醇-0.2％磷酸溶液（87:13）或甲醇-乙腈-水-冰醋酸（72:13:15:0.4），检测波长为210nm；流速0.6～1.0ml/min，柱温30℃[77~79]。

狗尾草

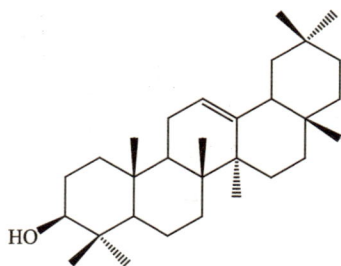

β-香树脂素

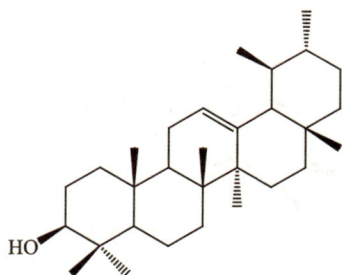

α-香树脂素

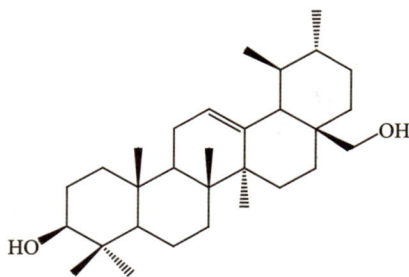

熊果醇

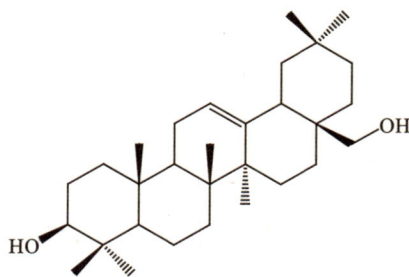

高根二醇

沙棘

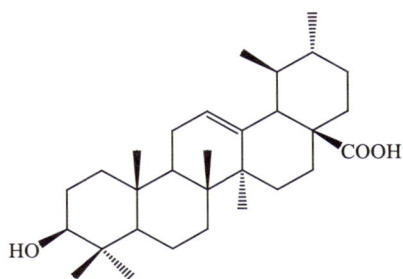

熊果酸

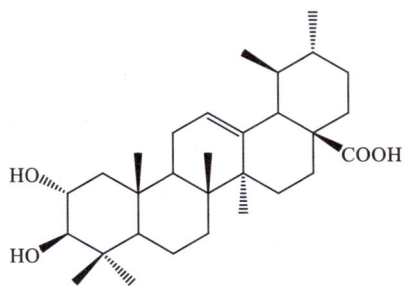

2-羟基-熊果酸

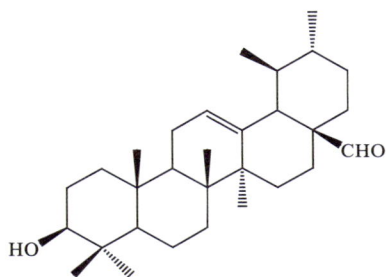

乌索醛

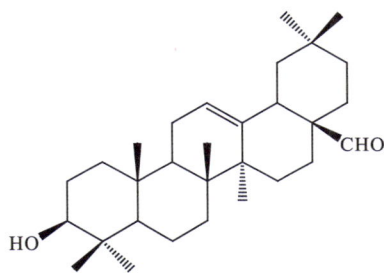

齐敦果醛

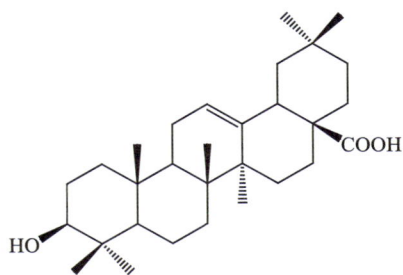

齐敦果酸

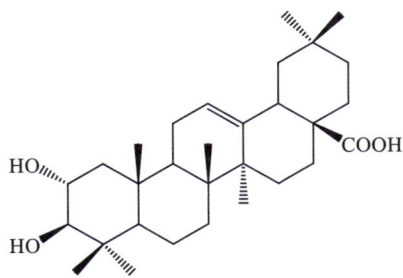

山楂酸

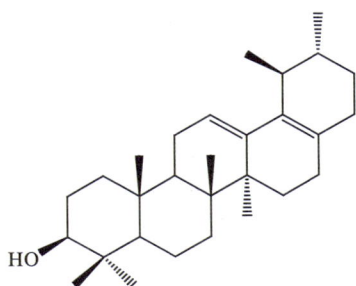

28-去甲乌素-12,18（17）-二烯-3β-醇

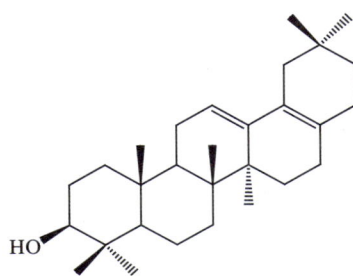

28-去甲齐敦果-12,18（17）-二烯-3β-醇

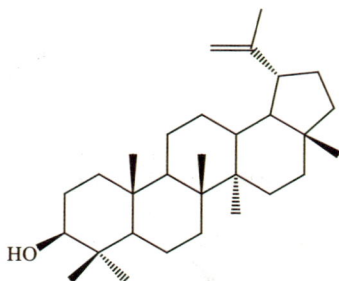

羽扇豆醇

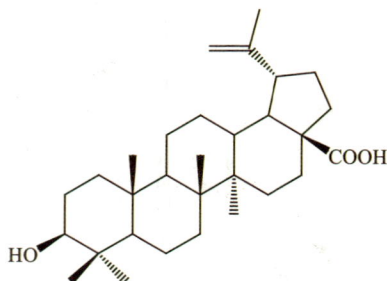

白桦脂酸

其他化合物

1 有机酸

有机酸类是分子结构中含有羧基（—COOH）的化合物，在植物的叶、根、特别是果实中广泛分布。常见植物中的有机酸有：脂肪族的一元、二元、多元羧酸，也有芳香族有机酸。除少数以游离状态存在外，一般都与钾、钠、钙等结合成盐，有些与生物碱类结合成盐。脂肪酸多与甘油结合成酯或与高级醇结合成蜡。有的有机酸是挥发油与树脂的组成成分。沙棘中含有的酚酸、脂肪酸已在前面说明，这里只介绍简单脂肪族羧酸。

沙棘浆果中有机酸含量为3.5%～4.49%，主要是苹果酸和琥珀酸[80]。陆敏等人利用HPLC法测定沙棘汁中草酸、苹果酸、维生素C（抗坏血酸）、柠檬酸、酒石酸、丁二酸、乳酸含量，其中苹果酸含量最高，为1305.3mg/L，草酸、柠檬酸其次，维生素C含量较少[81]。

测定有机酸含量可采用高效液相色谱法，测定条件为以0.05mol/L KH_2PO_4溶液（用20%磷酸调节pH为2.70）作为流动相，流速0.6ml/min，柱温30℃、紫外检测波长210nm[81]。

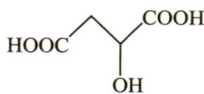

苹果酸

COOH
|
COOH

草酸

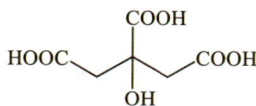

柠檬酸

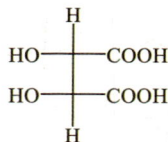

酒石酸

光叶苦荬菜

沙棘

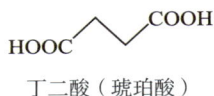

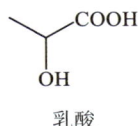

丁二酸（琥珀酸）

乳酸

2 挥发油

挥发油是存在于植物中的一类具有芳香气味、可随水蒸气蒸馏出来而又与水不相混溶的挥发性油状成分的总称。挥发油为混合物，其组分较为复杂。主要通过水蒸气蒸馏法和压榨法制取。挥发油成分中以萜类成分多见，另外，尚含有小分子脂肪族化合物和小分子芳香族化合物。

Hirvi等人利用气-质联用技术从沙棘果实中分离出60种挥发性化合物。沙棘果实的香气主要来自一些脂肪酸酯类，如脂肪酸乙酯、脂肪酸3-甲基丁基酯、脂肪酸顺-3-己烯-1-基酯。其中主要的化合物是己酸乙酯、丁酸3-甲基丁酯、3-丁酸甲酯、3-甲基丁酸、己酸3-甲基丁酯、苯甲酸3-甲基丁酯、辛酸3-甲基丁酯[82]。

余竞光等人研究发现，中国沙棘中含有0.0175%芳香挥发油，GC和GC-MS检测鉴定出82个化合物。混合物包括烷烃、烯烃、芳烃、醛类、缩醛、酮类、酯类、萜类化合物和相当多的游离脂肪酸（高达30%）。中国沙棘挥发油的特点是含大量的脂肪醛及少量缩醛。所含缩醛为1,1-二乙氧基正壬烷（正壬醛二乙基缩醛）和1,1-二乙氧基正十四烷（肉豆蔻醛缩醛），其中肉豆蔻醛缩醛是一种新的天然有机化合物[83]。

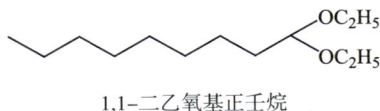

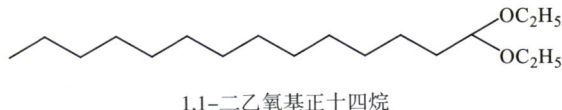

1,1-二乙氧基正壬烷

1,1-二乙氧基正十四烷

3 糖、肌醇和多糖

糖类物质是多羟基（2个或以上）的醛类或酮类化合物，水解后能变成以上两者之一的有机化合物。按组成结构单元分为单糖、双糖、寡糖和多糖（10个以上单糖）。糖是人体所必需的一种营养素，人体吸收之后马上转化为碳水化合物，为人体提供能量，某些多糖还具有特殊的生物活性。

沙棘浆果乙醇不溶性物质大约占新鲜浆果的4.70%，由9.25%果胶、34.8%蛋白质和34.8％的总多糖组成，分成水溶性和水不溶性两部分。水溶性部分中的单糖主要为葡萄糖、半乳糖、木糖，存在少量阿拉伯糖、鼠李糖和甘露糖，水溶性部分中的半乳糖酸含量最高[84]。王桂云等人从沙棘果实中分离出一个水溶性多糖组分JS1，由阿拉伯糖、木糖、半乳糖、葡萄糖组成，摩尔比为1:6:12:4，糖苷键构型为β型[85]。刘春兰等人从沙棘叶中分离得到的水溶性多糖SJ21，由木糖、阿拉伯糖、甘露糖、葡萄糖、半乳糖组成，摩尔比为1.0:2.1:2.9:5.3:3.7，是中性杂多糖，糖苷键构型为β型；水溶性多糖SJ22单糖组成为木糖、阿拉伯糖、葡萄糖、半乳糖、半乳糖酸，可清除超氧化物自由基和羟基自由基[86, 87]。田晓艳等人分离得到水溶性多糖HRPIa，由木糖、甘露糖、葡萄糖组成，其摩尔比为1:1.06:1.13。对多糖HRPIa在400～4000cm⁻¹范围内的红外光谱分析表明，键型为α和β-型糖苷键[88]。

　　沙棘浆果，特别是中国沙棘，含有许多水溶性化合物，主要是环醇衍生物。其中一个分离纯化后鉴定为（－）–2–O–甲基–L–手性肌醇（L–白坚木醇）。此外，甲基肌醇、手性肌醇、肌醇也痕量存在[89]。

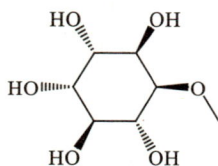

（－）–2–O–甲基–L–手性肌醇　　　　　　　肌醇

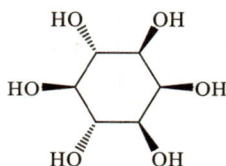

4　氨基酸

　　氨基酸（amino acid）是构成蛋白质的基本单位，赋予蛋白质特定的分子结构形态，使其分子具有生化活性。氨基酸广义上是指既含有一个碱性氨基又含有一个酸性羧基的有机化合物。但一般的氨基酸，则是指构成蛋白质的结构单位。在生物界中，构成天然蛋白质的氨基酸称为α-氨基酸，其氨基直接连接在α-碳原子上。在自然界中共有300多种氨基酸，其中α-氨基酸只有21种。

　　沙棘中富含蛋白质和游离氨基酸。沙棘果实共有18种氨基酸[90, 91]。秦莉等人研究发现，沙棘枝叶不同部位共含有17种氨基酸，其中7种为人体必需氨基酸（苏氨酸、赖氨酸、缬氨酸、甲硫氨酸、异亮氨酸、亮氨酸、苯丙氨酸），10种非必需氨基酸（天冬氨酸、丝氨酸、谷氨

沙棘

桧

酸、脯氨酸、甘氨酸、丙氨酸、半胱氨酸、组氨酸、酪氨酸、精氨酸）。不同部位氨基酸的含量不同，大小顺序依次为：叶>枝叶混合>小枝>中枝>大杆；品种间总氨基酸的含量及所包括的必需氨基酸含量差异比较明显。小果沙棘叶总氨基酸含量为159.61mg/g，枝叶混合为92.27mg/g，而雄性沙棘叶为117.48mg/g，枝叶混合为91.00mg/g；小果沙棘叶、枝叶混合中所含必需氨基酸分别为60.80mg/g、34.14mg/g，而雄性沙棘叶、枝叶混合中必需氨基酸分别为43.86mg/g、32.57mg/g[92]。

5 生物碱类

生物碱（alkaloid）一般指植物中的含氮有机化合物（蛋白质、肽、氨基酸及维生素B₁除外）。生物碱大多具有生物活性，往往是很多药用植物的活性成分。

Gill等人用色谱法鉴定出沙棘中含有两个生物碱，即哈尔满碱和骆驼蓬碱[93]。徐德平等人从沙棘籽粕乙醇溶液中分离到三个生物碱，经^{1}H-NMR、^{13}C-NMR、EI-MS测定，分别为5,11-二羟色胺、5-羟色胺和Shepherdine。利用体外培养乳鼠心肌细胞，建立心肌缺血/再灌注损伤模型,发现3个化合物对乳鼠心肌细胞缺血/再灌注（I/R）损伤有较好的保护作用[94]。

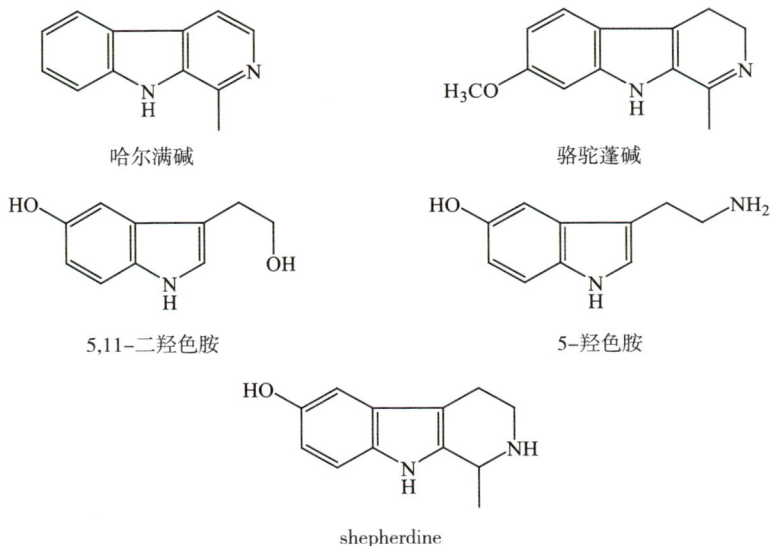

哈尔满碱

骆驼蓬碱

5,11-二羟色胺

5-羟色胺

shepherdine

6 化学元素和微量元素

微量元素是指生物营养所必需，但每日只需痕量的无机元素。在自然界存在的90多种元素中，微量元素约有30种。世界卫生组织公布的被认为人体所必需的微量元素有14种，即铁、碘、锌、锰、钴、铜、钼、硒、铬，镍、锡、硅、氟和钒。微量元素占人体总质量的0.03％左右，这些微量元素在体内的含量虽小，但在生命活动过程中的作用是十分重要的。微量元素通过与蛋白质及其他有机基团结合，形成了酶、激素、维生素等生物大分子，发挥着重要的生理生化功能。如铁存在于血红蛋白与肌红蛋白之中；谷胱甘肽过氧化物酶分子中含有4个硒原子；锌不仅是碳酸酚酶、DNA聚合酶、RNA聚合酶等几十种酶的必需成分，而且同近百种酶的活性有关；锰作为离子性较强的微量元素则是有效的激活剂，可催化金属活化酶；碘是甲状腺激素的生物合成所必需的元素。

在沙棘果汁中至少有24种化学元素[95, 96]。在浆果或果汁中钾元素是所有元素中富含量最多的（140~360ppm）[97]。14种必需的微量元素中，沙棘中就含有11个，其中铁、锌、锰、铜含量最高[95]。

元素测定时样品可经微波消解处理，采用电感耦合等离子体质谱法测定[98]；也可以采用胶束增敏分光光度法测定铝的含量[99]；还可以采用硝酸-高氯酸微波消解后，在铁氰化钾-盐酸体系中，选用最佳氢化物发生原子荧光法测定硒的含量[100]。

参考文献

[1] Gutzeit D, Baleanu G, Winterhalter P, et al. Vitamin C content in sea buckthorn berries（Hippophae rhamnoides L. ssp. rhamnoides）and related products：A kinetic study on storage stability and the determination of processing effects[J]. Journal of food science, 2008, 73（9）：C615–C620.

[2] Gutzeit D, Winterhalter P, Jerz G. Nutritional assessment of processing effects on major and trace element content in sea buckthorn juice（Hippophaë rhamnoides L. ssp. rhamnoides）[J]. Journal of food science, 2008, 73（6）：H97–H102.

[3] Plekhanova MN. Sea-buckthorn[M]. Moscow：Agromizdat, 1988：780.

[4] Yao Y, Tigerstedt P M A, Joy P. Variation of vitamin C concentration and character correlation between and within natural sea buckthorn（Hippophae rhamnoides L.）populations[J]. Acta Agriculturae Scandinavica B-Plant Soil Sciences, 1992, 42（1）：12–17.

[5] Yang F, Quan J, Zhang TY, et al. Multidimensional counter-current chromatographic system and its application[J]. Journal of Chromatography A, 1998, 803（1）：298–301.

[6] Yao Y, Tigerstedt PMA. Genetic diversity in Hippophae L. and its use in plant breeding[J]. Euphytica, 1994, 77（1–2）：165–169.

[7] Kallio H, Yang B, Peippo P, et al. Triacylglycerols, Glycerophospholipids, Tocopherols, and Tocotrienols in Berries and Seeds of Two Subspecies（ssp.

旱麦瓶草

沙棘

sinensis andmongolica）of Sea Buckthorn（Hippophae rhamnoides）[J]. Agric Food Chem, 2002, 50（10）: 3004–3009.

[8] Kallio H, Yang B, Peippo P. Effects of different origins and harvesting time on vitamin Ctocopherols, and tocotrienols in sea buckthorn（Hippophae rhamnoides）berries[J]. Journal of Agricultural and Food Chemistry, 2002, 50（21）: 6136–6142.

[9] Haranovich IM. Ascorbic-acid content in leaves and fruit of the sea buckthorn Hippophaerhamnoides[J]. Vyestsi Akad Navuk BSSR Syer Biyal Navuk, 1981, 5: 10–14.

[10] Malena TV, Lykova RV, Chigireva EA. Content of biologically active compounds in common sea-buckthorn Hippophae rhamnoides fruits in its natural populations in issyk-kul oblast Kirgiz-SSR USSR[J]. Khim-Farm ZH, 1984, 18（10）: 1226–1228.

[11] Bernath J, Foldesi D. Sea-buckthorn（Hippophae rhamnoides L.）: A promising new medicinal and food crop[J]. Journal of Herbs, Spices & Medicinal Plants, 1992, 1（1–2）: 27–35.

[12] Jeppsson N, Gao X Q. Changes in the contents of kaempherol, quercetin and L-ascorbic acid in sea buckthorn berries during maturation[J]. Agricultural and Food Science, 2008, 9（1）: 17–22.

[13] 赵国林, 王毅民, 朱滨. 沙棘各器官在生长期中维生素C含量的动态变化[J]. 中国野生植物, 1989, 1: 37–40.

[14] 孙西昌, 杨慧凡, 朱宝琴, 等. 沙棘果实中维生素C含量变化的研究[J]. 生态学杂志, 1987, 8（5）: 54–55.

[15] 都凤华, 田兰英. 沙棘汁中维生素C稳定性的研究[J]. 食品工业科技, 2006, 27（1）: 81–83.

[16] 张国琳, 张锋伦, 胡星麟, 等. 大果沙棘功能性成分测定[J]. 中国野生植物资源, 2013, 32（6）: 31–34.

[17] 李金梅, 许辉, 杨秋林, 等. 高效液相色谱法测定内蒙古土默特旗沙棘果中维生素C含量[J]. 光谱实验室, 2008, 25（6）: 1265–1268.

[18] 张红梅, 温中平, 田俊学. 高效液相色谱法测定沙棘中维生素C的含量[J]. 国际沙棘研究与开发, 2004, 2（3）: 21–23.

[19] Zhmyrko TG, Goncharova NP, Gigienova EI, et al. Group composition ofneutral lipids in the oil of Hippophae rhamnoides fruits. Khim Prir Soedin（Tashk）, 1984, 3: 300–305.

[20] Yang B, Kallio HP. Composition and physiological effects of sea buckthorn（Hippophae）lipids[J]. Trends in Food Science & Technology, 2002, 13（5）: 160–167.

[21] Gao X, Ohlander M, Jeppsson N, et al. Changes in antioxidant effects and their relationship to phytonutrients in fruits of sea buckthorn（Hippophae rhamnoides L.）during maturation[J]. Journal of Agricultural and Food Chemistry, 2000, 48（5）: 1485–1490.

[22] 徐响, 刘光敏, 王琦, 等. 反相HPLC法测定沙棘全果油中类胡萝卜素[J]. 食品工业科技, 2007, 12: 206–207.

[23] 杨万政, 曹秀君, 李金淑, 等. 紫外分光光度法测定沙棘油中总类胡萝卜素方法改进[J]. 中央民族大学学报（自然科学版）, 2009, 18（3）: 5–8.

[24] Dalgatov DD, Muratchaeva PM, Magomedmirzaev MM. Correlations between some characters of

the fruit of Hippophae rhamnoides and the contents of fatty oil and tocopherol in the fruit[J]. Rastitresur, 1985, 21（3）：283–288.

[25] Zhang PX, Ding L, Mao L, et al. Anti-tumor effects of fruit juice and seed oil of Hippophae rhamnoides and their influences on immune function[C]. Proceedings of International Symposium on Sea-buckthorn（H. rhamnoides L.）, 1989：373–381.

[26] Eliseev IP. Evolutionary genetic aspects in assessment of achievements and perspectives of sea-buckthorn selection in the USSR[C]. Proceedings of Internatonal Symposium on Seabuckthorn（H. rhamnoides L.）, 1989：184–193.

[27] Lagazidze DS, Murav'eva DA, Bostoganashvili VS. Content of pharmacologically active substances in the fattyoil of the fruit pulp of sea buckthorn Hippophae rhamnoides growing in the georgina-SSR USSR[J]. Khim-Farm ZH, 1984, 18（6）：713–717.

[28] 黄亦琦，肖玉燕. 山西沙棘维生素E含量的比较研究[J]. 中国中药杂志，1991, 16（9）：530–532.

[29] 黄亦琦，肖玉燕. 沙棘油中α-生育酚及其异构体的HPLC法分析研究[J].中草药，1994, 25（3）：130–131.

[30] Fu Q, Yang QY, Yang GD, et al. Analysis of alpha-tocopherol contents in sea-buckthorn oil by reversed phase-high performance liquid chromatography[J]. Journal of xi'an Medical University, 1993, 14：181–183.

[31] Agrawala P K, Adhikari J S. Modulation of radiation-induced cytotoxicity in U 87cells by RH–3（a preparation of Hippophae rhamnoides）[J]. Indian Journal of Medical Research, 2009, 130（5）：542.

[32] 姚倩，刘碧崇，费洪新，等. HPLC测定沙棘油中的α-生育酚[J]. 华西药学杂志，2009, 24（3）：314–315.

[33] Undina S, Morar R, Neamtu G, et al. Phytochemical research on Hippophaë rhamnoides L. (Sea Buckthorn). Fatty acid contents in certain morphological types of sea buckthorn[J]. Bul. Inst. Agron. Cluj-Napoca Ser Zooteh Med Vet, 1989, 43：41–44.

[34] 王长文，马洪波，杨晶晶. 不同贮存条件对沙棘果中维生素B_1、B_2及VC含量的影响[J].吉林医药学院学报，2013, 34（1）：22–23.

[35] Gutzeit D, Baleanu G, Winterhalter P, et al. Determination of processing effects and of storage stability on vitamin K1（Phylloquinone）in Sea buckthorn berries （Hippophaë rhamnoides L. ssp. rhamnoides）and related products[J]. Journal of food science,2007, 72（9）：C491–C497.

[36] Gutzeit D, Winterhalter P, Jerz G. Application of preparative high-speed counter-current chromatography/electrospray ionization mass spectrometry for a fast screening and fractionation of polyphenols[J]. Journal of Chromatography A, 2007, 1172（1）：40–46.

红花

沙棘

[37] Vahid B G, Mustafa G, Ali Y. *Hippophae rhamnoides* L.: chromatographic methods to determine chemical composition,use in traditional medicine and pharmacological effects [J]. Journal of Chromatogr B, 2004, 812（1–2）：291.

[38] Chen C, Xu X M, Chen Y, et al. Identification, quantification and antioxidant activity of aocylated flavonol glycosides from sea buckthorn（*Hippophae rhamnoides* ssp. sinensis）[J]. Food Chemistry, 2013, 141（3）：1573–1579.

[39] 戴宝合. 野生植物资源学[M]. 北京：农业出版社，1988：60.

[40] 付桂香，冯瑞芝，肖培根. 不同种及不同采收时间沙棘叶中总黄酮的含量测定与比较[J]. 中国中药杂志，1997，22（3）：147–148.

[41] 祁生贵，李莉. RP-HPLC法测定中国沙棘和西藏沙棘枝条中黄酮苷含量[J]. 青海大学学报（自然科学版），2011，29（2）：58–61.

[42] 谢久祥，林恭华，都玉蓉，等. 青海沙棘不同部位总黄酮含量比较研究[J]. 天然产物研究与开发，2012，24：45–48，77.

[43] 孙斌，瞿伟菁，张晓玲，等. 高效液相色谱法测定沙棘籽渣中黄酮苷元含量[J]. 中国药学杂志，2005，40（2）：139–141.

[44] 郁长治，郑永刚，吴旭东，等. RP-HPLC法测定沙棘叶中黄酮苷的含量[J]. 中国当代医药，2012，19（11）：51–54.

[45] 袁本香，熊伟，张瑞仙. HPLC法测定宁夏沙棘果实中异鼠李素的含量[J]. 科协论坛，2007，（8）：462.

[46] Mukhamed'yarova MM, Chumbalov TK. Polyphenols of Hippophae rhamnoides[J]. Chem Nat Compd（Engl Transl）. 1980, 15（6）：759.

[47] Novruzov EN, Ismailov NM, Mamedov SS. Phenol compounds in Hippophae rhamnoides leaves[J]. Azerbaijan SSR USSR Rastit. Resur. 1983, 19（3）：354–356.

[48] Kukina TP, Demenkova LI, Raldugin VA, Maksimov BI, Chizhov OS, Veselovskii VV, Molseenkov AM. Polyprenols and dolichols from sea buckthorn leaves[J]. Sib Khim ZH., 1991, 6：89–93.

[49] Dembinska-Migas W. Phenolic aids in the plants from family elaeagnaceae[J]. Herba Pol., 1988, 34（3）：115–122.

[50] Dembinska-Migas W, Krauze M. Polyphenolic compounds in leaves of plants of Elaeagnaceae Part 1[J]. Analysis of tannin compounds. Herba Pol., 1989, 35：9–15.

[51] Yoshida T, Tanakan K, Chen X-M, Okuda T. Tannins from Hippophae rhamnoides[J]. Phytochemistry, 1991, 30（2）：663–666.

[52] Sheichenko OP, Sheichenko VI, Fadeeva II, Zolotarev BM, Tolkachev ON（1987）Tannins from Hippophae rhamnoides L[J]. Khim Prir Soedin（Tashk）, 1987, 6：902–907.

[53] Fadeeva II, Sheichenko OP, Tolkachev ON, Sheichenko VI, Semenova TS, Shipulina LD, Vichkanova SA, Simonova IY. The method of isolation of 6–O–galloyl–1–3–O–hexahydroxydiphenoyl-beta-D-glucose[P]. USSR Patent SU 1439107A1, 1988, 1–8.

[54] Anesini C, Ferraro GE, Filip R. Total polyphenol content and antioxidant capacity of commercially available tea（Camellia sinensis）in Argentina[J]. J Agric Food Chem., 2008, 56（19）：9225–9229.

[55] Zhang JW, Wang Y, Xu LM, Ma XL, Sun YX, Jiang WP. Determination of gossypol in Hippophae rhamnoides L seed oil[J]. Jilin Daxue Ziran Kexue Xuebao, 1996, 3: 105–106.

[56] Dembinska-Migas W. Phenolic aids in the plants from family elaeagnaceae[J]. Herba Pol., 1988, 34（3）: 115–122.

[57] Arimboor R, Kumar KS, Arumughan C. Simultaneous estimation of phenolic acids in sea buckthorn（Hippophae ¨ rhamnoides）using RP-HPLC with DAD[J]. J Pharm Biomed Anal., 2008, 47（1）: 31–38.

[58] Rosch D, Krumbein A, Mu ¨ gge C, Kroh LW. Structural investigations of flavonol glycosides from sea buckthorn（Hippophae ¨ rhamnoides）pomace by NMR spectroscopy and HPLC-ESI-MS（n）[J]. J Agric Food Chem. 2004, 52（13）: 4039–4046.

[59] Rosch D, Mugge C, Fogliano V, Kroh LW. Antioxidant oligomeric proanthocyanidins from sea buckthorn（Hippophae rhamnoides）Pomace[J]. J Agric Food Chem., 2004, 52（22）: 6712–6718.

[60] 古锐, 张艺, 赖先荣, 等. GC-MS分析沙棘果油脂肪酸组成及其亚油酸含量测定[J]. 成都中医药大学学报, 2005, 28（4）: 49–52.

[61]Ozerina OV, Bereznaya GA, Eliseev IP, Vereshagin AG. Composition and structure of tryacylglycerols from Hyppophae rhamnoides seeds[J]. Khim Prir Soedin（Tashk）., 1987, 1: 52–57.

[62] Mironov VA, Vasil'ev GS, Matrosov VS, Filippova TM, Zamurenko VA, Mishchenko VV, Marionovskii VG, Kas'yanenko II, Maksimova LM[J]. Physiologically active alcohols form sea buckthorn fruit. Khim-Farm ZH., 1983, 17（10）: 1242–1247.

[63] 李娟, 周震. 超临界二氧化碳萃取沙棘籽油的化学成分分析[J]. 中国药学杂志, 1996, 31（1）: 19–20.

[64] Singh V, Kr. Gupta R, Tandon S等. 几种沙棘果实与种子中脂肪酸成分分析[J]. 国际沙棘研究与开发, 2004, 2（3）: 1–8.

[65] Swaroop A, Sinha AK, Chawla R, Arora R, Sharma RK, Kumar JK. Isolation and characterization of 1,3–dicapryloyl–2–linoleoylglycerol: a novel triglyceride from berries of Hippophae rhamnoides[J]. Chem Pharm Bull., 2005, 53（8）: 1021–1024.

[66] 卢慧星, 高阳, 王金祥, 等. 7个沙棘品种不同生长期叶片脂肪酸含量分析[J]. 林业科技, 2009, 34（4）: 14–17.

[67] 杜然, 张海燕, 黄炜. 藏药沙棘超临界CO_2萃取挥发性组分的GC-MS分析[J]. 时珍国医国药, 2007, 18（7）: 1660–1661.

[68] Isamukhamedov ASH, Akramov ST. Phospholipids of the seeds of Hippophae rhamnoides[J]. Chem Nat Compd（Engl Transl）., 1983, 18（3）: 365–366.

红葵

[69] Lagazidze DS, Murav'eva DA, Bostoganashvili VS. Content of pharmacologically active substances in the fattyoil of the fruit pulp of sea buckthorn Hippophae rhamnoides growing in the georgina-SSR USSR[J]. Khim-Farm ZH., 1984, 18（6）: 713–717.

[70] Salenko VL, Sidel'nikova VN, Troshkov ML, et al. Chemical study of Hippophae rhamnoides main components of the nonsaponified part of fruit pulp extract[J]. Khim Prir Soedin（Tashk）, 1982, 3: 328–332.

[71] Jiang Z, Li G, Jiang H, et al. Isolation identification of active components of Hippophae rhamnoides L. seed against gastric ulcers[J]. J Med Coll PLA, 1998, 3: 87–89.

[72] Sajfrtova M, Lickova I, Wimmerova M,et al. β-Sitosterol: Supercritical carbon dioxide extraction from sea buckthorn（Hippophae rhamnoides L.）seeds[J]. International journal of molecular sciences, 2010, 11（4）: 1842–1850.

[73] Yang B, Karlsson RM, Oksman PH, et al. Phytosterols in sea buckthorn（Hippophae rhamnoides L.）berries: identification and effects of different origins and harvesting times[J]. Journal of Agricultural and Food Chemistry, 2001, 49（11）: 5620–5629.

[74] Glazunova EM, Mukhtarova ES, Zakharov KS, et al. New cycloartane terpenoid from the oil of sea buckthorn fruit[J]. Chemistry of Natural Compounds, 1994, 30（2）: 271–272.

[75] Kukina TP, Raldugin VA. Maslinic and 2-α-hydroxyursolic acids from sea buckthorn leaves[J]. Sib Khim ZH., 1992, 2: 92–93.

[76] Novruzov EN, Aslanov SM, Imanova AA,et al. Ursolic acid from hippophae-rhamnoides[J]. Khimiya Prirodnykh Soedinenii, 1979（6）: 868.

[77] 王丽聪. 高效液相测定沙棘果皮中熊果酸和齐墩果酸的含量[J]. 河北化工, 32（2）: 64–65.

[78] 卫罡, 侯霄. HPLC法测定沙棘叶、果实、枝条中齐墩果酸和熊果酸的含量[J]. 国际沙棘研究与开发, 2013, 11（4）: 1–3.

[79] 胡兰, 热娜·卡斯木. HPLC法测定中国沙棘果实（去籽）齐墩果酸含量[J]. 新疆中医药, 2009, 27（2）: 75–76.

[80] 高俊德, 乔太生. 醋柳果Hippophae Rhamnoidees L中有机酸分析[J]. 食品科学, 71（11）: 39–41.

[81] 陆敏, 张绍岩, 张文娜. 高效液相色谱法测定沙棘汁中7种有机酸[J]. 分析检测食品科学, 2012, 33（14）: 235.

[82] Hirvi T, Honkanen E. The aroma of the fruit of sea buckthorn Hippophae rhamnoides[J]. Z Lebensm Unters Forsch. 1984, 179（5）: 387–388.

[83] 余竞光, 丛浦珠, 谭沛, 等. 沙棘果实挥发油化学成分研究[J]. 药学学报, 23（6）: 456–459.

[84] Dongowski G. Investigation on polysaccharide, pectinand dietary fiber fractions of buckthornton berries[J]. Zeitschrift Fur Lebensmittel-Untersuchung Und-Forschung, 1996, 203（3）: 302–308.

[85] 王桂云, 梁忠岩, 张丽萍, 等. 沙棘果水溶多糖JS1的分离鉴定[J]. 中国药学杂志, 34（4）: 229–231.

[86] 刘春兰, 刘海青, 邓义红, 等. 沙棘叶水溶性多糖SJ21的分离纯化及组成分析[J]. 中央民

族大学学报（自然科学版），2006，15（1）：22-29.

[87] 刘春兰，刘海青，邓义红，等. 沙棘叶水溶性多糖的分离纯化及体外清除自由基活性研究[J]. 中药材，29（2）：151-154.

[88] 田晓艳，刘延吉，祝寰宇，等. 沙棘多糖HRP Ia纯化及鉴定[J]. 食品与生物技术学报，2010，29（1）：23-26.

[89] Kallio H, Lassila M, Jarvenpaa E, et al. Inositols and methylinositols in sea buckthorn（Hippophae rhamnoides）berries[J]. Journal of Chromatography B, 2009, 877（14）: 1426-1432.

[90] Zhang PX, Ding L, Mao L, et al. Anti-tumor effects of fruit juice and seed oil of Hippophae rhamnoides and their influences on immune function[C]. Proceedings of International Symposium on Sea-buckthorn（H. rhamnoides L.），1989: 373-381.

[91] Zhang W, Yan J, Duo J, et al. Preliminary study of biochemical constituents of sea-buckthorn berries growing in Shanxi Province and their changing trend[C]. Proceedings of International Symposium on Sea-buckthorn（H. rhamnoides L.），1989: 96-105.

[92] 秦莉，程文杰，潘晓亮. 沙棘枝叶不同部位氨基酸含量的测定与分析[J]. 家畜生态学报，2013，34（6）：53-57.

[93] Gill S, Raszeja W. Chromatographic analysis of harman alkaloid derivatives in some plant raw materials[J]. Rozpr Wydz 3: Nauk Mat-Przyr, Gdansk Tow Nauk, 1973, 8: 137-143.

[94] 胡长鹰，徐德平. 沙棘籽粕生物碱的提取分离及对乳鼠心肌细胞损伤的保护作用[J]. 食品科学，2010，31（9）：234-237.

[95] Beveridge T, Li TSC, Oomah BD, et al. Sea buckthorn products: manufacture and composition[J]. Journal of agricultural and food chemistry, 1999, 47（9）: 3480-3488.

[96] Wolf D, Wegert F. Experience gained in the cultivation, harvesting and utilization of sea-buckthorn. In: Cultivation and utilization of wild fruit crops[M]. Braunschweig: Bernhard Thalacker, 1993: 23-29.

[97] Sabir SM, Maqsood H, Hayat I, et al. Elemental and nutritional analysis of sea buckthorn（Hippophae rhamnoides ssp. turkestanica）Berries of Pakistani origin[J]. Journal of Medicinal Food, 2005, 8（4）: 518-522.

[98] 张荣. ICP-MS法测定沙棘籽油中13种微量元素[J]. 国际沙棘研究与开发，2014，12（1）：10-13.

[99] 赵二劳，郭青枝，张燕. 胶束增敏分光光度法测定沙棘叶中铝[J]. 中国卫生检验杂志，2008，18（3）：438-439.

[100] 于辉，罗晓冰，杜鑫. 氢化物-发生原子荧光法测定沙棘果中硒含量[J]. 检验医学与临床，2013，10（14）：1874-1875.

胡枝子

（赵冬冬）

第七章

沙棘主要成分的药理活性
与临床应用

我国是世界上沙棘医用记载最早的国家，也是利用沙棘最多的国家。早在公元8世纪藏医名著《月王药诊》和《四部医典》就有用沙棘果治疗肺部疾病、肺脓肿、热性"培根"病、"木布"病、胃病的记载。《中药大辞典》中所记载的沙棘果的药性是："性温，味酸涩，入肺、胃、大肠、小肠经"，且具有活血散瘀、化痰宽胸、补脾健胃、生津止渴、清热止泻等功效。1985年版和1990年版《中国药典》、卫生部部颁标准（藏药第1册）均收载了沙棘果或沙棘膏。近几十年来国内外专家研究发现，沙棘的果实、种子、叶、皮等部分中含有丰富的营养、药用成分，具有消炎、杀菌、止痛和促进组织再生等多方面的功效。本章将从沙棘的药理活性与临床应用介绍沙棘的药效。

沙棘的药理活性

1 对心血管系统及代谢性疾病的作用

沙棘提取物对缺血性心血管病、冠心病、心绞痛、心肌梗死、心律失常、心肌缺血缺氧、心力衰竭等病症有较好的防治作用[1]。

1.1 抗心肌缺血、缺氧

沙棘黄酮（TFH）能改善心肌供血，增进心脏功能，还可治疗心绞痛，且有效率达94%[2]。王立群等[3]的实验证明：沙棘黄酮在不同程度上，可以改善离体大鼠心脏缺血后心功能及各指标，主要表现在能明显降低缺血后左室收缩压峰值（LVPSP）、心室内压变压最大速率下降的程度，并且通过比较发现，沙棘黄酮明显优于银杏总黄酮（TFG）。云甜甜[4]以氯沙坦作为对照，从分子、蛋白水平观察金属蛋白酶-9（MMP-9）、金属蛋白酶抑制物-1（TIMP-1）、MMP-9／TIMP-1、B细胞淋巴瘤/白血病-2（Bcl-2）、拮抗促凋亡基因（Bax）、Bcl-2／Bax在缺血-再灌注心肌组织中的变化，结合组织结构的改变，对比研究沙棘黄酮在缺血-再灌注损伤（MIRI）中的保护作用，进而探讨其作用机制。这项研究结果表明：沙棘黄酮对再灌注损伤心肌具有保护作用，其作用机制可能与抑制缺血-再灌注心肌中MMP-9表达，促进TIMP-1表达，促进MMP-9/TIMP-1恢复平衡；抑制缺血-再灌注心肌中Bax表达，促进Bcl-2表达，Bcl-2/Bax表达增强有关。吴英等[5]研究沙棘黄酮对大鼠心肌再灌注损伤的保护作用，结果证明：静脉注射沙棘黄酮，可明显增强心衰犬的心脏泵功能和心肌收缩性

槲寄生

沙棘

能，并可明显改善心肌舒张性能。吴秀瑛等[6]发现沙棘全成分（内蒙古蒙药厂用赤峰产新鲜沙棘果实制取的干燥粉剂）及其总黄酮可使离体大鼠心脏心率减慢，心肌收缩力减弱。沙棘全成分能明显延长麻醉大鼠ECGP–R间期，并使其心率明显减慢，这对急性心肌缺血所导致的心率减弱也有显著的对抗作用。沙棘黄酮能增加受试小鼠的心肌营养血流量，改善心肌微循环，降低心肌氧耗，能对抗垂体后叶素所致的急性缺血性心肌损伤[7]。Liu Z R等[8]在蛋白质组的水平上研究沙棘总黄酮抗心肌缺血的机制。利用表面增强激光解吸离子化（SEIDI）蛋白芯片技术检测黄酮治疗组与0.9%氯化钠对照组之间差异表达的蛋白。沙棘黄酮治疗组和对照组之间有6个峰存在显著差异，其中治疗组中只有1个上调，其他均下调。沙棘黄酮预防心肌缺血是通过调节不同蛋白的表达实现的。

李路平等[9]研究沙棘提取物对麻醉开胸犬血流动力学的影响，将24只犬随机分为4组，沙棘按4、16mg/kg 2个剂量静脉滴注给药；阳性对照药舒血宁注射液组静脉滴注2.3mg/kg；模型组静脉滴注生理盐水，记录给予沙棘提取物后犬血流动力学各参数。结果与模型组比较，沙棘4、16mg/kg组犬的心输出量（CO）、心肌血流量（MBF）、心脏指数（CI）、心搏指数（SI）增加（$P<0.05$），总外周阻力、冠脉阻力降低（$P<0.05$）。说明沙棘提取物具有明显改善麻醉开胸犬血流动力学的作用。

赵晓梅[10]研究沙棘全成分及总黄酮对动物耐缺氧疲劳的影响。结果表明，5%中华沙棘油灌胃1ml/d对大剂量V–D3所致大鼠心肌损伤有明显保护作用。沙棘浓缩果汁和沙棘籽油有抗心肌缺氧作用，可延长小鼠存活时间，对心肌缺血也有一定的保护作用。沙棘全成分62.08mg/kg和103.47mg/kg腹腔注射，均能显著提高小鼠耐缺氧能力，表现为小鼠存活时间显著延长，耗氧速度和残余氧量与对照组相比有显著差异。而31.04mg/kg静脉给药对大鼠急性心肌缺血有明显的保护作用，可使垂体后叶素所致的ST–T改变的第二相未出现明显的ST段下移和T波低平等现象，但从第7min开始恢复至给药前的正常水平，又可完全对抗因心肌缺血而发生的心律失常，使第二时相的心律失常发生率由对照组的100%降为零。

1.2 改善心肌细胞功能

王正荣等[11]通过研究沙棘黄酮对牵张所致心衰心肌细胞的收缩力学和钙离子转运的影响，证明沙棘黄酮有增加心肌细胞收缩力的作用，并且这种作用具有量–效关系，而与细胞内钙离子转运未显示出量–效关系。从而推断在小剂量范围内，沙棘黄酮是一种不依赖钙离子内转运而增加心肌细胞收缩力，从而有效改善心衰的中药。肖准等[12]研究发现，沙棘黄酮可通过抑制核转录因子NF–κB信号传递系统的激活，引起细胞内相关分子表达调控机制的改变，并抑制NF-κB的作用与沙棘黄酮的浓度存在依赖关系。NF-κB是细胞核内重要核转录因子，NF-κB的激活与抑制同心血管疾病的发生、发展和逆转有关[13]。因此从分子药理水平可以证实：沙棘黄酮对高血压及慢性心力衰竭等疾病造成的心肌肥大具有治疗作用。沙棘黄酮也可使培养大鼠心肌细胞动作电位时程（APD）缩短及4相除极斜率降低[14]。

1.3 抗心律失常

沙棘全成分及沙棘黄酮可使离体大鼠心脏心率明显减慢，前者对麻醉大鼠ECGP-R间期和心率具有明显延长和减慢作用，对急性心肌缺血所致心率减慢也有显著对抗作用，并呈良好的量效和时效反应关系[6]。后者对离体大鼠心脏可显著延长缺氧性心律失常出现时间，提高室颤阈值，延缓房室传导；轻度延长离体豚鼠左房功能不应期，明显对抗乌头碱诱发离体豚鼠右房节律失常的作用[15]。提示两者的负性肌力、负性频率和负性传导作用类似于钙拮抗剂。沙棘全成分的以上作用均明显强于沙棘黄酮，这可能与沙棘全成分中含有大量维生素、有机酸、氨基酸等活性成分有关。沙棘黄酮（TFH）对心血管壁的协调作用是通过V-C渗入实现的。现认为沙棘黄酮对离体血管平滑肌有一定的作用，且明显对抗培养心肌细胞团自发性搏动节律失常，还可使培养乳鼠心肌细胞搏动频率显著降低，搏动幅度下降，并可使异常自发搏动节律转为有规律的搏动，这些作用都表明沙棘黄酮可能具有钙拮抗作用[16]。

于晓江等[17]通过研究沙棘黄酮对豚鼠心室肌电活动的影响，发现沙棘黄酮可抑制哇巴因诱发的心室肌正常振荡后电位，降低哇巴因诱发的心室肌自发放电活动频率，使心室乳头状肌动作电位复极50%的时程（APD_{50}）缩短，同时还观察到在沙棘黄酮作用下乳头状肌收缩力下降，这些现象表明沙棘黄酮有抗心律失常作用，其作用机制主要与影响细胞膜Ca^{2+}、K^+转运有关。沙棘黄酮还可使细胞搏动频率显著降低，搏动幅度下降，APD_{50}和APD_{90}缩短、4相去极化斜率下降。此外，还观察到沙棘黄酮可使异常自发搏动节律转变为有规律的搏动，这与沙棘黄酮可以抑制心室肌组织腺苷酸环化酶（AC）活性，从而降低离体大鼠心肌缺血和未缺血组织环腺苷酸（cAMP）水平有关。王秉文等[18]用5μg/ml的沙棘叶乙酸乙酯提取物作用于离体豚鼠心脏，离体豚鼠左心

贝加尔唐松草

沙棘

房肌收缩力加强，抑制肾上腺素诱发的自律性，延长功能不应期。

1.4 调血脂，抗血栓形成

高脂血症是诱发动脉硬化、冠心病的重要因素。沙棘黄酮可明显降低大鼠高切变率下的血液黏度和血浆黏度，改善血液流变性和血流动力，抑制动静脉环路血栓的形成和发展[19]。于云等[20]主要探讨沙棘叶提取物对实验性高脂血症大鼠调脂的作用，研究结果表明，沙棘叶提取物可调节血脂、控制体重，可用于预防和治疗高脂血症。贾东舒[21]在研究沙棘米醋对实验性高脂血症大鼠的降血脂作用时发现，沙棘米醋不仅可调节血脂，还可明显升高血中磷脂，从而促进脂质代谢。王云彩等[22]在研究沙棘黄酮和山楂总黄酮及其混合液对大鼠高血脂的作用时发现，沙棘黄酮能明显降低高血脂大鼠血清三酰甘油（TG）和血清胆固醇（TC），并升高胆固醇在高密度脂蛋白（HDL-C）中的比例，与山楂总黄酮合用能发挥协同降低血脂和调节血脂作用。杨琦等[23]给高脂血症大鼠喂饲沙棘果汁及硒强化沙棘果汁，观察其对大鼠机体脂质代谢及脂质过氧化作用的影响，结果表明沙棘果汁及硒强化沙棘果汁能有效地降低高脂大鼠血清胆固醇（TC）水平，提高HDL-C水平，并能抑制其体内脂质过氧化作用。何志茂等[24]研究沙棘心血康口服液的作用，结果显示沙棘能降低高血脂大鼠的血清TC、低密度脂蛋白（LDL-C）含量以及降低高血脂鹌鹑血清TC、TG、HDL-C、LDL-C含量，并且可以提高高血脂大鼠和鹌鹑的HDL/TC比值。仇士杰等[25]研究沙棘油降脂作用，实验结果表明，沙棘油具有明显降低外源性高脂实验大鼠血清总胆固醇的作用，与高脂对照组相比，第4周末血清总胆固醇的下降率为68%；沙棘油也能提高大鼠血清HDL-C，给药组与高脂对照组的HDL-C/TC值相差显著；沙棘油还可使肝脏中的脂质含量有所升高。王宇等[26]首次从亚细胞水平证实沙棘与维生素E相似，对高脂血清损伤平滑肌细胞具有保护作用，可降低细胞内脂质过氧化物含量，减轻细胞膜的损伤，保护细胞健康生长并促进其增生。

沙棘黄酮与阿司匹林具有相似的抑制血栓形成的作用[27]。沙棘黄酮可促进前列腺素I2（PGI2）的生成，抑制血栓素A2（TXA2）的生成，提高大鼠血浆PGI2/TXA2的比值，并且这一作用显著强于阿司匹林组。提示沙棘黄酮既能降低血液中脂质的含量，又能通过增加PGI2的分泌而改善PGI2与TXA2之间的动态平衡，有可能取代副作用多的阿司匹林而用于防治血栓形成[28]。Pang X等[29]从沙棘籽中提取的黄酮能够显著抑制血压升高、高胰岛素血症，这与慢性蔗糖喂养的高血压大鼠血脂有显著异常。此外，沙棘籽提取的黄酮［150mg/（kg·d）的剂量］可以增加循环血血管紧张素Ⅱ水平，作用类似于血管紧张素Ⅱ受体拮抗剂，这提示

沙棘可能在非糖尿病高胰岛素血症的心血管疾病方面存在潜在用途。Chen L等[30]发现，沙棘提取物5-甲基槲皮素的功效与脂肪细胞脂联素mRNA表达的时间和浓度有关系，上调脂联素的表达对代谢性疾病有益，包括2型糖尿病、高脂血症等。沙棘还有其他药用价值，当茶饮用时，有益于血管功能的调节，同时也有利于调节代谢并发症[31]。

王谦[32]研究并比较了沙棘籽渣黄酮中的5种主要化合物杨梅素、异鼠李素、槲皮素、芦丁和山柰酚对脂代谢的调节作用，并深入探究其作用机制。这项研究表明在诱导3T3-L1成纤维干细胞分化为成熟脂肪细胞的过程中，使用上述5种黄酮单体干预前脂肪细胞分化，其中杨梅素、槲皮素、山柰酚和异鼠李素都对3T3-L1前脂肪细胞的分化具有显著抑制作用，且抑制效果逐渐增强；只有另一种黄酮单体芦丁对前脂肪细胞分化无明显影响。异鼠李素、山柰酚、槲皮素和杨梅素均是通过下调过氧化物酶体增殖物激活受体-γ（PPAR-γ）和CCAAT/增强子结合蛋白α（C/EBPα）的表达达到抑制前脂肪细胞分化的效果，且在此过程中，四种黄酮单体均对丝裂原活化蛋白激酶（MAPK）信号通路具有不同程度的抑制作用。将3T3-L1成纤维干细胞诱导为成熟的脂肪细胞后，研究不同的黄酮单体对脂肪分解过程的影响及可能的作用机制，结果表明：杨梅素、山柰酚和异鼠李素能显著促进脂肪分解，且促进效果依次增强；芦丁对脂肪分解表现出抑制作用；槲皮素则不影响脂肪分解。进一步的研究表明，杨梅素促进脂肪细胞的脂肪分解是通过激活细胞外调节蛋白激酶（ERK）信号通路、下调脂滴包被蛋白A（perilipin A）的表达实现的；山柰酚则是通过上调脂肪甘油三酯脂肪酶（ATGL）、激素敏感脂肪酶（HSL）和脂蛋白脂肪酶（LPL）的表达、抑制AKT的磷酸化达到促进脂肪细胞的脂肪分解作用，而异鼠李素则是通过激活ERK信号通路、抑制AKT信号通路、促进ATGL和LPL的表达联合发挥作用来促进脂肪分解的。对芦丁抑制脂解活性的机制研究发现，芦丁可通过下调脂酶HSL和LPL的表达，抑制3T3-L1成熟脂肪细胞的脂肪分解。采用高脂饮食诱导的肥胖小鼠模型，探究山柰酚对肥胖小鼠脂代谢的调节作用，结果显示长期的高脂饮食会引发小鼠脂代谢紊乱，产生高脂血症。高脂饮食能显著提升小鼠血清TG、TC以及LDL-C的含量，降低HDL-C在TC中的比例，给予山柰酚之后，能显著降低高脂饮食小鼠异常升

沙棘

蒙古蒲公英

高的血清TG、TC以及HDL-C含量，提高HDL-C在TC中所占的比例。同时，山奈酚还能有效减少肝脏中TG的累积，表现出对高脂饮食小鼠血糖的调节作用。上述结果显示，山奈酚可明显改善由高脂饮食引发的血脂紊乱，并能干预脂肪肝的形成。综上所述，沙棘籽渣黄酮中五种主要黄酮单体，在3T3-L1脂肪细胞的脂代谢过程中都发挥了一定的调节作用。山奈酚在肥胖小鼠模型上，还显示出明显的调节血脂和肝脂紊乱的作用。

1.5 降血糖

沙棘黄酮能有效控制糖尿病大鼠的血糖水平，纠正其物质代谢紊乱。沙棘黄酮能极显著地降低链脲佐菌素（STZ）糖尿病大鼠的血糖、果糖胺、血脂水平，对高浓度葡萄糖、果糖以及乙二醛引起的蛋白质非酶糖基化反应具有显著抑制作用。此外，沙棘黄酮还可抑制糖异生[33]。Zhang W等[34]发现沙棘种子的水提取物（AESS）残渣对于正常小鼠和糖尿病大鼠均有降血糖、降血脂及抗氧化性能。提取物可显著降低糖尿病大鼠血清葡萄糖、三酰甘油和一氧化氮水平，同时可升高血清中超氧化物歧化酶和谷胱甘肽的水平。沙棘种子水提取物可预防由高血脂和氧化应激诱发的糖尿病并发症。

2 对免疫系统的作用

沙棘提取物中的总黄酮等生物活性物质，对免疫系统的多环节都具有不同程度的调节能力，可清除体内的自由基，调节体液免疫应答和细胞免疫应答，从而提高机体的免疫力[35]。

沙棘黄酮能增加小鼠血清溶菌酶和豚鼠补体的含量，促进小鼠腹腔巨噬细胞对鸡红细胞的吞噬能力；增加血液T细胞比例和脾特异玫瑰花形细胞（SRFC）。同时可使刀豆蛋白（ConA）激活淋巴细胞活性增强，并明显保护环磷酰胺所致的抗绵羊红细胞（SRBC）溶血素生成减少，拮抗环磷酰胺引起的SRFC减少，在低浓度时促进淋巴细胞转化。所以对于特异性或是非特异性的免疫，沙棘黄酮都具有增强作用[36]。曹少谦等[37]研究了沙棘籽原花青素对小鼠体内免疫调节作用。研究表明，沙棘籽原花青素能显著提高小鼠（雌，雄）的碳廓清能力，增强小鼠T淋巴细胞活性，促进溶血素的形成，各剂量组对小鼠（雌，雄）的脾和胸腺均无明显影响。因此，沙棘籽原花青素能显著提高小鼠免疫力，同时还不会影响小鼠的免疫器官。屈长青等[38]研究沙棘叶水提物对小鼠非特异免疫功能的影响，发现沙棘叶水提物具有活血、抗凝血的功能，同时能够提高小鼠的免疫能力。表现为延长小鼠的出血和凝血时间，增加小鼠体内的白细胞指数、小鼠胸腺指数和脾指数，增强小鼠巨噬细胞吞噬功能。

于文会[39]等通过研究沙棘对大鼠的免疫功能影响，发现沙棘组与对照组相比，沙棘组的大鼠胸腺、脾脏重量指数提高，白细胞数增多，巨噬细胞吞噬活性增强，红细胞受体花环形成率提高；红细胞免疫复合物花环形成率降低，T淋巴细胞转化率提高，血清溶血素含量和溶血空斑数增加。S Geetha等[40]证明了沙棘的抗氧化和免疫调节功能。Cr元素能使细胞产生细胞毒素从而加快细胞凋亡，使细胞中的自由基含量增多，还原性的谷胱甘肽含量降低，显著降低了淋巴细胞的增殖能力。当加入沙棘果叶的乙醇提取物时可以抑制由Cr元素引发的自由基的产生、细胞凋亡、DNA断裂等现象，同时使细胞的抗氧化能力恢复到正常水平。除此之外，沙棘果叶乙醇提取物还能抑制由Cr元素引发的抑制淋巴细胞增殖现象，保护细胞的能力，这些作用主要是因为它的抗氧化能力所导致的。杨蒙[41]通过分析大鼠胸腺基因表达谱，评价沙棘对大鼠胸腺基因表达谱的影响。结果表明：与空白对照组比较，服用沙棘组出现15条表达差异基因，其中上调基因11条，下调基因4条，这些基因涉及免疫细胞因子、细胞凋亡的调控。可见沙棘影响了胸腺基因的一系列表达，这些基因的表达可能为从分子水平探讨沙棘促使T细胞生长提供基础。

李丽芬等[42]研究发现沙棘粉能增强小鼠巨噬细胞的吞噬能力，吞噬百分率明显高于对照组（$P<0.01$），促进了体液免疫应答，样品半数溶血值比对照组提高35%，还可以促进淋巴细胞转化，并降低血清胆固醇含量。王玉珍等[43]研究蒙药沙棘对小鼠免疫功能的影响，发现沙棘油和沙棘汁（HRJ）均可明显增强小鼠体液和细胞免疫功能，表现为增加免疫器官质量、溶菌酶含量；提高血清半数溶血值、抗体效价和再次抗原刺激抗体效价；增强巨噬细胞吞噬功能、升高淋巴细胞、ANAE（+）细胞百分率；增强2,4-二硝基氯苯所致小鼠迟发性皮肤超敏反应能力。综上所述，沙棘油和沙棘汁（HRJ）均可提高大鼠补体和抗体水平。哈斯格日乐等[44]研究发现沙棘油能明显增强小鼠腹腔巨噬细胞化学发光强度，也能够增强小鼠腹腔巨噬细胞溶酶体酸性磷酸酶、非特异性酯酶活性，这表明沙棘油具有增强巨噬细胞功能的作用。席小平等[45]用保健饮品（主要成分为沙棘原汁和乳酸菌培养液）给小鼠连续灌胃20d，在人使用量的1倍、10倍、30倍剂量组均能明显增强小鼠迟发型变态反应及增加外周血T淋巴细胞ANAE阳

沙棘

花楸

性率，并可提高小鼠巨噬细胞吞噬功能和脾脏抗体生成细胞数，提高机体的免疫力。邹元生等[46]研究沙棘果油对小鼠免疫调节，通过对各剂量组与溶剂对照组比较，小鼠体重、淋巴器官/体重比值差异均无显著性。高剂量组提高了ConA诱导的小鼠脾淋巴细胞增殖能力，增强了二硝基甲苯诱导的小鼠迟发型变态反应，升高了小鼠血清溶血素的含量，加强了小鼠腹腔巨噬细胞吞噬鸡红细胞的能力，同时还增强了抗体生成细胞的能力。这表明沙棘果油能显著提高小鼠免疫力，同时不会影响小鼠的免疫器官，且无负面影响。韩春卉等[47]研究沙棘油对小鼠NK细胞活性、单核–巨噬细胞吞噬功能的影响。灌胃给予小鼠（1g/kg；0.33g/kg），沙棘油可明显增强小鼠NK细胞活性（$P<0.01$），1g/kg组能显著提高小鼠的单核–巨噬细胞吞噬功能（$P<0.01$）。

3 对消化系统疾病的作用

沙棘中含有大量氨基酸、有机酸及酚类化合物,可以刺激胃液分泌，因而沙棘具有健脾养胃、消食化滞、疏肝理气的功效，对于消化不良、腹胀痛、胃炎、胃及十二指肠溃疡、肠炎、慢性便秘等均有很好的疗效[48]。

3.1 保肝作用

沙棘油可抑制小鼠肝脏的共轭二烯的增多和中毒因子造成的溶血现象；防止肝细胞P450减少和肝脏中总蛋白、水溶性蛋白的减少；还可以防止由乙醇和四氯化碳（CCl_4）引起细胞间质和微粒体、肝脏蛋白质的减少；并可以对抗由CCl_4引起的肝细胞的新陈代谢、糖合成、糖原凝固、蛋白质合成等障碍[37]。徐美虹等[49]研究沙棘籽油对CCl_4引起的大鼠化学性肝损伤的保护作用，发现沙棘籽油0.5g/kg体重剂量时对CCl_4造成的肝损伤具有明显保护作用。张颖等[50]研究泰山沙棘果对CCl_4所致小鼠实验性肝损伤的保护作用，结果显示沙棘果醇提物和水提物对小鼠肝损伤的保护作用较为显著。刘超等[51]对比沙棘籽油和果汁油对肝损伤小鼠的影响，表明沙棘籽油和果油均有抵抗小鼠肝损伤的作用，且存在量–效关系，沙棘籽油作用略优于沙棘果油。徐美虹等[52]研究沙棘籽油对乙醇引起的大鼠急性肝损伤的保护作用，发现沙棘籽油为0.3g/kg体重时，对乙醇造成的急性肝损伤具有明显保护作用。王家骏等[53]研究沙棘油对急性染汞致大鼠肝、肾毒性的作用机制，发现沙棘油能促进汞从肾脏排出，对汞致肝、肾毒性有一定保护作用。

3.2 对胃肠道的作用

沙棘油富含维生素E、胡萝卜素、类胡萝卜素、β–谷甾醇、不饱和脂肪酸等，这些物质通过抑制胃蛋白酶的活性和降低游离酸，可促进机体新陈代谢，有利于损伤的组织恢复及溃疡的愈合[54]。沙棘油对多种实验性胃溃疡如幽门结扎

型、应激型和利血平型胃溃疡均有明显的预防和治疗作用，主要表现为溃疡发生率降低，发生指数减少，胃液分泌下降。前苏联学者曾报道，沙棘油可加速胃溃疡和损伤的愈合，降低胃黏膜脂质过氧化物并提高中性氨基酸的浓度，可作为治疗胃溃疡的药物。沙棘果油对慢性胃溃疡作用最好，沙棘籽油也有类似效果[55]。江京俐等[56]采用不同的实验性胃溃疡模型探讨沙棘籽油的药理作用，结果发现在组胺刺激引起的高分泌状态下，沙棘籽油可明显降低胃液量和游离酸量以及胃蛋白酶活性。这表明沙棘籽油具有明显地抑制实验性胃溃疡的作用，而这种作用主要是通过抑制胃蛋白酶的活性和降低游离酸实现的。康天济等[57]探索沙棘叶对小鼠胃排空和家兔离体肠管的影响，结果显示沙棘叶水提取液低、中、高剂量组均可明显加快小鼠胃排空的速率，酚红的吸收度及残留率与正常组比较明显减少，差异显著（$P<0.01$）。沙棘叶水提取液低、中、高剂量组还可增强家兔离体十二指肠收缩强度，与正常组比较，差异显著（$P<0.01$）。这表明沙棘叶水提取液具有较好的促进小鼠胃排空和增强家兔离体十二指肠收缩强度作用。姚文环等[58]研究沙棘籽油对实验性急性胃黏膜损伤的作用，用游标卡尺测定胃黏膜损伤的程度，沙棘籽油中、高剂量组胃黏膜损伤面积显著小于对照组（1%羧甲基纤维素钠），沙棘籽油对无水乙醇引起的急性胃黏膜损伤有一定的辅助保护作用，可能是通过刺激近端小肠释放多种胃肠激素的综合作用来保护胃黏膜的损伤。

4 抗氧化及延缓衰老作用

沙棘具有较强的抗脂质过氧化、清除自由基作用。Upadhyay等[59]在研究沙棘叶水提取物和醇提取物的抗氧化性、细胞保护及抑菌作用时，发现两种提取物均有抗过氧化功效，并且对次黄嘌呤-黄嘌呤氧化酶诱导损伤的BHK-21细胞有保护作用。Narayanan等[60]同样发现沙棘叶醇提取物具有抗氧化作用，在缺氧实验中观察到醇提取物可以引起C-6神经胶质瘤细胞的氧化应激，醇提取物预处理细胞与对照细胞相比，能够明显抑制细胞毒性、活性氧的产生。此外，醇提取物还能防止线粒体缺氧损伤并恢复其完整性。焦岩等[61]研究发现大果沙棘与蓝莓、蓝靛果以及山葡萄3种浆果提取物对小鼠具有显著的协同抗衰老作用。各复合制剂均能显著提高衰老小鼠血液及组织中超氧化物歧化酶（SOD）和谷胱甘肽过氧化物酶（GSH-Px）的活性，降低

花唐松草

沙棘

丙二醛（MDA）含量。采用沙棘提取物给Wistar老龄鼠灌胃，观察到实验组老龄鼠脑组织脂褐素含量及血清中脂质过氧化物水平明显低于老龄鼠对照组[62]。岳文明[63]从氢原子转移和单电子转移两种途径的方法来评价沙棘的抗氧化活性，结果证明沙棘的抗氧化活性非常强。氢原子转移实验中随着沙棘果汁浓度的增大，抗氧化能力不断增强，当浓度达到10%时，抗氧化能力即达到89.6%。单电子转移过程实验中，自由基清除率随浓度的增加不断增大，当浓度达到10%，自由基清除率能达到92.5%。Gupta R等[64]探讨沙棘水提取物对小鼠体内砷诱导的氧化应激作用。将小鼠饮用水中添加砷（25×10^{-6}），3个月后给予沙棘水提取物（500mg/kg），连续10d，处死动物，测定血液和组织的氧化应激和各种生化指标，结果发现δ-氨基乙酰丙酸脱水酶活性受到抑制，从而保护和恢复了血砷还原型谷胱甘肽水平。虽然水提取物不能螯合细胞内的砷，但降低了血液中砷的浓度，从而能够抑制砷诱导的氧化应激。

沙棘籽渣黄酮（FSH）和沙棘果渣黄酮（FFH）能显著的抑制大鼠心、肝、肾组织匀浆自发性MDA的生成或H_2O_2诱导的肝组织脂质过氧化，并明显的抑制H_2O_2诱导的红细胞溶血，FSH和FFH能清除—OH而抗脂质过氧化，也是NO的良好清除剂[65]。不同浓度的沙棘黄酮对PMA刺激多形核白细胞产生的活性氧自由基、黄嘌呤/黄嘌呤氧化酶系统生成的活性氧自由基、光照射核黄素产生的活性氧自由基具有清除作用，且沙棘黄酮对活性氧自由基清除作用明显强于维生素E[66]。樊金玲等[67]研究了沙棘籽黄酮类化合物原花色素对氧化的抑制和促进作用。沙棘籽原花色素显著抑制2,2'-盐酸脒基丙烷（AAPH）诱导的卵磷脂脂质体氧化，抑制效果强于葡萄籽原花青素，抑制作用与清除水溶性过氧自由基和脂过氧物自由基有关。低浓度沙棘籽原花色素促进Cu^{2+}催化的卵磷脂脂质体氧化，高浓度则抑制Cu^{2+}催化的卵磷脂脂质体氧化。

刘超等[68]实验发现沙棘籽油能明显拮抗D-半乳糖的氧化损伤，在实验设置的剂量范围内较高剂量组的效果更为显著，且对雄性小鼠的药效优于雌性。王茂广[69]发现沙棘籽蛋白酶解物是一种优良的天然抗氧化剂。沙棘籽蛋白酶解物具有较强的还原能力，对光照核黄素产生的超氧阴离子自由基、羟自由基和DPPH自由基均有较强的清除作用，同时还对抗脂质过氧化的活性和羟基自由基引起DNA损伤的保护作用。

5 抗肿瘤作用

沙棘提取物对多种肿瘤细胞DNA合成能力都有抑制作用，并且能够增强非特异性免疫功能。沙棘可能成为继肿瘤外科手术、化疗、放疗之后的生物学反应调节疗法的一种新兴有效药物。罗昕[70]利用不同浓度沙棘提取液与人慢性髓样性白血病细胞（K562）、人急性粒细胞白血病细胞（HL-60）、小鼠T淋巴瘤细胞（YAC-1）肿瘤细胞体外培养24h，测定肿瘤细胞DNA合成能力及脱氧尿嘧啶核酸（UdR）释放率。实验结果表明沙棘提取液对HL-60、YAC-1细胞DNA合成有抑制作用；对K562细胞DNA中UdR有释放作用，能明显抑制血液肿瘤细胞生长。焦岩等[71]研究表明大果沙棘果渣黄酮在浓度20~200mg/L时对结肠癌细胞HT29有明显的抑制作用，且作用72h最大抑制率为81.28%；单细胞凝胶电泳显示大果沙棘果渣黄酮作用细胞48h后可见明显的彗星状拖尾，由此可见大果沙棘果渣黄酮可抑制HT29细胞的生长，并对其DNA有致损作用。

韩春卉等[72]研究发现沙棘油具有抑制小鼠S180肿瘤的作用，能够明显增强小鼠NK细胞活性，显著提高小鼠的单核-巨噬细胞吞噬功能。给予小鼠1g/kg的沙棘油30d（接种肿瘤细胞前后均给予受试物），可对荷瘤小鼠S180肿瘤的生长有抑制作用（$P<0.05$），在0.33g/kg、1g/kg剂量组可明显增强小鼠NK细胞活性（$P<0.01$），1g/kg剂量组能显著提高小鼠的单核-巨噬细胞吞噬功能（$P<0.01$）。陈世虎等[73]探讨沙棘油静脉乳对化疗药物环磷酰胺（cyclophosphamide，CTX）抗S180小鼠的增效减毒作用。沙棘油静脉乳联合CTX各剂量组，肿瘤生长明显低于荷瘤对照组（$P<0.05$），沙棘油静脉乳+CTX组肿瘤生长低于CTX组（$P<0.05$）。与荷瘤对照组相比，CTX组骨髓有核细胞数、WBC、胸腺指数、脾指数明显下降；与CTX组相比，沙棘油静脉乳中、高剂量组联合CTX组可使骨髓有核细胞数、外周血白细胞数、脾指数明显升高（$P<0.05$）。沙棘油静脉乳20ml/kg的吞噬系数明显高于正常对照组（$P<0.05$），而且能够显著提高正常小鼠的碳粒廓清能力。这表明沙棘油静脉乳对化疗药物CTX抗S180小鼠具有增效减毒的作用，并能明显提高非特异性免疫功能。

6 对呼吸系统疾病的治疗作用

沙棘有祛痰、止咳、平喘的作用，可用于防治急慢性气管炎的咳喘等呼吸道症状。包桂兰等[74]采用小鼠氨水引咳实验、豚鼠离体气管条实验、抗炎实验及急性毒性实验，对五味沙棘散的止咳、平喘、抗炎作用及毒性方面进行实验研究。结果发现五味沙棘散可明显延长氨

沙棘

槐

水所致小鼠的引咳潜伏期、减少咳嗽次数，对组胺引起的豚鼠离体气管条收缩能较好地抑制，还可改善慢性支气管炎性病变，并且急性毒性实验未观察到明显毒性反应。

7 抗辐射损伤作用

沙棘是我国原卫生部第一批确认的药食同源的功能植物，其提取物及其果、叶、皮中富含维生素C、维生素E、β-胡萝卜素、原花青素、槲皮素、多糖等多种生物活性物质，都具有抗辐射损伤作用。沙棘籽油对放射性损伤（^{60}Co-γ射线和深部X射线）有明显的保护作用，有保护和恢复造血器官功能的作用，是对抗急、慢性放射性损伤，减少放射性元素对人体组织造成损伤的理想制剂[36]。李振海等[75]研究沙棘对辐射损伤大鼠免疫功能及清除自由基酶活力的影响。将30只Wistar大鼠分为对照组、辐射组、沙棘组，给药2周后，除正常组其余组用X射线照射，剂量33Gy，结果沙棘茎枝水煎剂具有提高机体免疫系统功能、抗自由基作用，即具有扶正固本、抗辐射、抗衰老作用。张文禄等[76]研究沙棘果油对小鼠急性放射性皮炎和肿瘤患者放射治疗所引起的急性放射性皮炎、黏膜炎症等都有较好的疗效。Mizina等[77]在X射线照射大鼠前、后分别给予沙棘果提取物，结果动物的平均寿命延长，血液中皮质甾类的含量升高，体外试验中发现，沙棘果提取物可以使离体肾上腺的重量增加，肾上腺皮质活性正常化，能很好的响应促肾上腺皮质激素的调节，所以沙棘果提取物可通过调节激素含量对抗辐射损伤。Goel HC等[78, 79]研究了沙棘制剂（Rh-3）对小鼠全身照射致死率的影响以及Rh-3对辐射诱导的小鼠骨髓细胞微核率的保护作用。Rh-3可以使射线照射的小鼠存活率达到82%，对照组存活率为0，检测血清学指标发现Rh-3抗辐射作具有呈剂量依赖性。应用单细胞凝胶电泳实验，发现Rh-3抑制了辐射和化学氧化剂介导的DNA损伤。通过改变解链温度测定了Rh-3与小牛胸腺DNA结合的能力，脱氧核糖降解与过氧化氢诱导的DNA断链与Rh-3呈剂量依赖性[80~82]。在生殖方面，经Rh-3处理，可以提高辐射后精原细胞的增殖和存活率，减少精子变异[83]。Prakash H[84]研究沙棘乙醇提取物抗辐射的作用，全身照射30min前给予提取物30mg/kg，巨噬细胞活菌数显著增加，脾细胞数明显增加。将腹腔巨噬细胞体外培养，用^{60}Co-γ射线2Gy照射，照射前给予沙棘乙醇提取物的巨噬细胞生成的亚硝酸盐含量比对照组少。结果揭示了沙棘乙醇提取物可以刺激免疫活性，从而起到防辐射效果。

冷兴志等[85]研究发现β-胡萝卜素能明显提高辐照后小鼠存活率，改善辐照后胸腺、脾指数，增加辐照后脾淋巴细胞转化率。同时还能明显降低肝组织中过氧化脂质（LPO）含量，升高血中总—SH（—SH是某些还原型酶的活性基团）含量。

这表明β-胡萝卜素能加快机体清除照后产生的自由基，从而防止自由基的过氧化损伤。傅春玲等[86]以30mg/kg体重的维生素C给小鼠连续灌胃10d后，再以5.0Gy γ射线照射，可使小鼠30d存活率和平均存活时间明显延长，进一步从整体水平证实了维生素C对γ射线具有较好的防护作用。邓伟国等[87]以脾淋巴细胞电泳率（SL-EPM）为指标，探讨维生素E对脾淋巴细胞膜辐射损伤的防护作用。结果表明：小鼠经过含维生素E的饲料饲喂6周，维生素E对4.8Gy X射线照射所引起的SL-EPM修饰产生明显的辐射防护效应，全身照射实验与体外照射实验的结果是一致的。维生素E能增强GSH-Px活性，恢复SOD活性，阻断脂质过氧化链锁反应，从而阻止自由基过氧化损伤，降低DNA损伤，减轻辐射损伤作用[88]。刘静等[89]将原花青素制成的原花青素缓释片给予^{60}Co全身照射的小鼠，结果发现，原花青素缓释片能明显改善^{60}Co-γ射线照射引起的小鼠外周血白细胞、红细胞、血小板等指标的减少，并能显著提高股骨骨髓有核细胞数，对造血机能的损伤有明显的保护作用，同时减少小鼠精子形态畸变率。原花青素抗辐射损伤的机制是因为原花青素含有多电子的羟基部分，使它拥有较强的抗氧化、清除自由基能力以及改善人体微循环和心血管功能的多重功效。赵雪英等[90]观测了^{60}Co-γ射线照射人外周血淋巴细胞增殖及小鼠骨髓DNA和脾过氧化脂（LPO）含量，结果表明，槲皮素可提高人外周血淋巴细胞的辐射抗性，增加受照小鼠骨髓DNA含量，降低脾LPO量，这说明槲皮素具有一定的抗辐射作用，并提示槲皮素的辐射防护作用可能与其清除自由基有关。

8 对炎症的作用

Upadhyay NK[91]和Wang ZY[92]用CO_2或乙醇从沙棘籽或浆果中得到的提取物作用于动物烧伤模型创面。沙棘籽油局部应用或联合应用7~10天显著增加大鼠实验性烧伤创面的愈合过程，表现为上皮化较为密集，发生早，造粒组织分化快。王养正等[93]为观察沙棘果油及沙棘籽油局部外用对大鼠皮肤烫伤及烧伤的影响，将SD大鼠随机分为6组，即阴性对照组、沙棘果油高、低剂量组，沙棘籽油高、低剂量组及阳性对照组。用80℃热水造成大鼠背部皮肤Ⅱ度烫伤模型及用乙醇燃烧造成大鼠背部皮肤Ⅱ度烧伤模型，观察烫伤及烧伤的局部症状及创面愈合时间，测定皮肤烧伤组织中DNA、RNA、羟脯氨酸及胶原

黄柏

沙棘

含量。实验结果表明，与阴性对照组比较，沙棘果油组及沙棘籽油组均能使烫伤及烧伤的局部红、肿症状明显减轻，创面分泌物减少，烫伤及烧伤的创面愈合时间均明显缩短，沙棘果油与沙棘籽油的作用显著，皮肤烧伤组织中DNA、RNA、羟脯氨酸及胶原含量均无明显变化。车锡平等[94]用热水造成大白鼠皮肤烫伤模型、NaOH造成大鼠皮肤化学烧伤模型以及剪去部分皮肤造成大鼠皮肤创伤模型进行试验，将沙棘籽油或沙棘果油每天分别涂皮肤烫伤、烧伤、创伤面，可以发现对伤面愈合有明显促进作用，但对伤面感染无明显防治作用。

Nikulin AA等[95]证明沙棘油对兔眼化学烧伤的治疗作用主要体现在营养障碍和再上皮化阶段。沙棘籽油脂肪乳（Seabuckthorn seed oil fat emulsion,SOFE）是一种新型的配比合理的天然绿色长链脂肪乳剂。SOFE对慢性烧伤大鼠有较稳定的静脉营养支持作用，并对其良性转归具有积极影响。SOFE可以提供烧伤后高热量消耗所需要的热能，替代蛋白质的分解；可以调节机体代谢状态，逆转烧伤后高代谢，降低高代谢造成的负氮平衡，缓解体重下降；可以增强烧伤后大鼠的免疫力，抑制炎性因子肿瘤坏死因子–α（TNF–α）、白细胞介素–1（IL–1）、脂多糖（LPS）等的过度分泌，防止炎症反应失控，提高动物存活率；可以提高抗过氧化物生成的SOD活力，减轻机体过氧化反应过度造成的组织损伤；还对肠道组织有显著的保护作用，能够提高烧伤后急剧下降的肠小肠二胺氧化酶活力，从而抑制因肠道损伤而引起的全身代谢性和免疫性改变[96]。

取冻干的沙棘叶水提取物连续外用7天，每日2次，提取物的有效浓度为5%（W/W），并以银磺胺嘧啶软膏处理作为对照，结果发现大鼠用沙棘治疗组比对照组伤口愈合要快。沙棘的局部应用，能够增加胶原蛋白的合成和稳定，增加羟脯氨酸、氨基己糖含量，并上调胶原蛋白Ⅲ型，促进血管再生[97]。此外，在沙棘烧伤创面肉芽组织中，可以发现内源酶和非酶抗氧化剂含量增加，脂质过氧化水平降低。

Suleyman H[98]发现沙棘果油对大鼠应激性溃疡的预防和治疗作用，32只造模成功的应激性溃疡大鼠被分为4组，分别给予沙棘果油（1ml/kg）、奥美拉唑（洛赛克，20mg/kg）、法莫替丁（30mg/kg）和等容积的生理盐水，给药后24h处死大鼠，并取出胃记录溃疡数量及面积。沙棘果油组比其他组的效果好。同样Suleyman H研究了沙棘提取物对乙醇所致大鼠胃损伤的作用及对胃组织谷胱甘肽水平的影响，与褪黑素和奥美拉唑（洛赛克）相比，沙棘提取物的效果好[99]。实验证实沙棘种子中β–谷甾醇–β–D–糖苷是抗溃疡的主要成分。沙棘籽油在2.5ml/kg和β–谷甾醇–β–D–糖苷在12mg/kg剂量时对醋酸引起的大鼠和小鼠慢性胃溃疡

均有显著的保护作用[100]。α–谷甾醇–α–D–糖苷及其苷元都具有抗慢性乙酸型胃溃疡的活性，其作用与联合西咪替丁的相当。苷元的效果似乎比糖苷的效果好，糖苷对冷导致的溃疡作用明显[101, 102]。

9 对抗逆的作用

Son等[103]发现沙棘油可以提高耐寒性。宋志宏等[104]低温下大鼠口服沙棘油或维生素E后，用放免法测定血及肝组织中环核苷酸含量的变化，结果发现单纯低温组环核苷酸含量持续增高，低温同时给沙棘油或维生素E组环核苷酸含量与常温对照组比较，没有明显变化。沙棘油通过对低温下大鼠体内环核苷酸代谢的影响，促进机体对寒冷的适应，其作用优于同等剂量的维生素E。许多文献报道了从沙棘叶、皮、根及嫩枝中提取的极性水溶性化合物可以提高适应性。例如，沙棘果中黄酮和沙棘叶乙醇提取物能显著降低由硫芥导致的大鼠死亡率和体重的损失，这与恢复血液中氧化应激标志物的水平有关[105]。Krylova等[106]发现沙棘皮和芽提取物抑制了应激引起的神经内分泌系统的变化（促肾上腺皮质激素，胰岛素，尿素，葡萄糖水平）。Saggu等[107, 108]发现提高适应性同样体现在抗寒冷和缺氧（通常用在动物模型中），这可以抑制大鼠肌肉、肝脏和血中的有氧代谢和磷酸戊糖途径。沙棘叶的水冻干提取物单次和重复给药，可以防止因应激导致的大鼠血液、肝脏、肌糖原中关键代谢调节酶活性的降低（血液中柠檬酸合酶、己糖激酶和葡萄糖–6–磷酸脱氢酶）。这些结果表明，无论在应激时还是应激后，用沙棘处理均能将无氧代谢转变为有氧代谢。

10 对造血系统的作用

沙棘具有促进造血的作用，可用于治疗造血功能障碍，如再生障碍性贫血、原发性血小板减少性紫癜、白细胞减少症等。

10.1 沙棘对红细胞的作用

吴英[109]用邻苯三酚制备兔老化红细胞模型时给予沙棘黄酮，发现其可明显抑制红细胞膜的老化。李守汉[110]研究沙棘油对运动大鼠红细胞抗氧化作用，发现沙棘油能明显保护红细胞的DNA氧化损伤。陈运贤等[111]发现用沙棘油对DBA/2雄性小鼠灌胃后的外周血三系均较灌胃前升高，尤以红细胞数升高较明显。沙棘中含有大量的天然抗氧化剂，可抑制氧化物对红细胞的损伤作用，推迟红细胞的氧化、老化，同时沙棘含丰富的维生素类、叶酸、氨基酸及微量元素，可补充

黄花蒿

沙棘

红细胞生长所需营养[112, 113]。

10.2 沙棘对白细胞的作用

白细胞包括：粒细胞（中性粒细胞，嗜酸性粒细胞，嗜碱性粒细胞）、单核细胞、淋巴细胞。通过环磷酰胺100mg/kg的剂量腹腔注射复制白细胞减少症模型小鼠，高剂量沙棘汁组提升白细胞的作用最强，发挥作用的时间也比较早，并能恢复至正常小鼠白细胞水平。沙棘汁中、高剂量提升白细胞的作用均强于碳酸锂，即便应用低剂量，在治疗一段时间后，也能起到与碳酸锂同等的效果[114]。用造血干细胞培养法，在培养体系完全相同的条件下，对人和大鼠的骨髓分别进行粒系祖细胞（CFU–C）的体外培养观察。实验证明，无论大鼠还是人体骨髓的粒系祖细胞培养，2%浓度的沙棘果原汁均有促进粒系造血祖细胞生长的作用，细胞集落的生长较对照组增加1倍，且细胞生长的光亮度、细胞形态均正常。沙棘促进粒细胞生长的机制可能是：沙棘具有钙离子拮抗剂的作用，能够扩张血管，改善微循环，促进造血微环境的形成，这些都有利于造血细胞生长增殖和分化；沙棘的维生素E含量居于水果之冠，其必需氨基酸、维生素C及维生素A的含量都很高，也有助于粒细胞的生长[115]。

10.3 沙棘对血小板及凝血功能的作用

白音夫等[116]将沙棘枝乙醇提取物静脉给药，能降低大鼠血清黏度；静脉及口服给药，能显著延长小鼠凝血时间；体外给药，能显著延长家兔血浆复钙和凝血酶原时间。许青媛等[117]将20%沙棘油、2.5ml/kg及5%阿拉伯胶溶液分别给家兔灌胃，前后2h分别取血测定，结果表明，沙棘油组出血、凝血时间延长，血浆凝血酶原时间、Ⅴ因子及凝血酶原消耗时间均有不同程度的延长。相同的方法测试家兔的纤溶系统，沙棘油可使血浆蛋白以外的纤维蛋白成分凝固，使血浆纤维蛋白含量明显减少，而凝血酶时间变化不明显。结果提示沙棘油可能有促纤溶作用。沙棘油参与内源性凝血系统，具有抗凝血和促纤溶作用，能使实验性血栓形成延迟，因此沙棘油具有预防血栓形成的作用。

10.4 沙棘对造血功能障碍的作用

Zhamanbaeva[118]研究了沙棘叶乙醇提取物对急性髓性白血病HL60细胞株分化的作用，提取物浓度（100g/ml）表现出对HL60细胞的细胞毒作用，但不会影响细胞的分化，还可激活维生素D代谢，在抑制细胞增殖的同时，S期细胞数增加而G1期细胞数减少。沙棘叶乙醇提取物对急性髓系白血病细胞增殖的抑制作用可以通过活化S期，减缓细胞周期，诱导细胞凋亡。陈运贤等[111]发现用沙棘油对DBA/2雄性小鼠灌胃后的外周血三系均较灌胃前升高，尤以红细胞数升高较明显，但

血小板及白细胞数的升高则无统计学差异。郭武印等[119]通过观察BACB/C小鼠经60Co射线一次全身照射后外周血象、骨髓象、骨髓、肝脾的病理改变及死亡曲线，建立了急性造血功能停滞的动物模型，并探讨了沙棘油治疗急性造血功能停滞的机制，实验结果提示，沙棘油可作为治疗造血功能障碍的有效药物之一，无毒副作用。通过腹腔注射FU 225mg/（kg·d），制作造血功能障碍小鼠动物模型（SCID），SCID小鼠灌服沙棘油后红细胞及白细胞数均较灌胃前有明显升高，小鼠红细胞值高于G-CSF组和生理盐水组，但血小板数无明显变化。组织病理学检查，沙棘组和G-CSF组的骨髓增生活跃，三系造血均较正常，小鼠白细胞数明显高于生理盐水组，肝细胞仅呈散在点状坏死。生理盐水组骨髓造血面积减少，有大面积骨髓坏死，各系造血细胞呈退行性变[120]。Chen Y等[121]研究沙棘油对化疗后骨髓造血功能重建的作用。通过腹腔注射FU建立骨髓造血功能障碍动物模型，灌胃给予沙棘油，计数血细胞。结果表明，给药组红细胞数明显增多，病死率下降。由此可知，沙棘油可以提高红系造血，刺激化疗后造血功能恢复。

沙棘促进骨髓造血功能重建的可能机制是：①沙棘油可改善骨髓造血微环境，有利于造血干细胞生长、增殖和分化。②沙棘具有抗氧化剂的作用，可保护骨髓基质细胞如内皮细胞、网状细胞。基质细胞是造血重建的重要影响因素，可促进造血干细胞的黏附及造血调节因子的释放，沙棘减轻了基质细胞的损害，使造血因子释放，促进造血干细胞与基质细胞的紧密接触，从而促进造血重建。③沙棘富含多种促进细胞生长、分裂的营养成分，如番茄红素、维生素E等，有助于干细胞的增殖分化。④沙棘油含有的丰富的抗氧化剂可减少化疗对造血干细胞的破坏，加快造血干细胞的修复，促进化疗后造血功能重建[122]。

11 抗病毒活性

沙棘叶提取物具有抗病毒的活性，在前苏联就已开发制成药（Hiporamin）[123]，1998俄罗斯联邦将其注册为非处方抗病毒药物[124]。人们已经发现，Hiporamin的有效成分对流感病毒、腺病毒、副粘病毒、单纯疱疹病毒、水痘-带状疱疹（天花，带状疱疹）、巨细胞病毒和呼吸道合胞病毒都有抑制作用。其作用机制与病毒神经氨酸酶相关。Hiporamin通过抑制病毒神经氨酸酶，改变病毒的合成，从而

黄芩

沙棘

影响病毒的复制。此外，Hiporamin刺激免疫系统，可以提高患者血液中干扰素水平。Hiporamin可以抑制革兰阳性和革兰阴性细菌、结核分枝杆菌和真菌的生长[125]。据报道，沙棘叶提取物能够降低TNF-α，增加IFN-γ和登革感染血源性巨噬细胞的活力。登革热（DF）病毒感染的范围可以从自限性疾病到一个更严重的疾病——出血性登革热/登革休克综合征（DHF/DSS），实验结果表明，对于登革热的治疗没有特效治疗方案，沙棘叶提取物具有显著的抗登革病毒活性及治疗登革热的潜力[126]。

沙棘的临床应用

沙棘在临床上可预防和治疗冠心病、心绞痛、动脉硬化等心脑血管疾病；对慢性浅表性胃炎、萎缩性胃炎、胃溃疡、十二指肠溃疡、口腔溃疡等疾病疗效确切；对烧伤、烫伤及宫颈糜烂也有显著疗效。沙棘系列产品的问世，将给心脑血管疾病、胃肠疾病、烧烫伤等疾病的患者带来福音。

1 治疗心血管及代谢性疾病

沙棘具有降低血液黏度、软化血管、改善血液循环、降低低密度脂蛋白、胆固醇和甘油三酯的作用，从而能够加强心肌收缩、降低心肌耗氧量、提高心肌供血量的能力，并能有效降低胆固醇，临床上对于治疗心血管疾病及代谢性疾病疗效显著。

1.1 治疗高脂血症和高黏血症

Johansson等[127]以12名健康人为研究对象，给予超临界CO2萃取的沙棘果油，他们的磷脂脂肪酸、血脂、血糖并无改善，但由腺苷-磷酸诱导的血小板聚集明显减少，这表明沙棘可能对心血管疾病的血液凝结有一定作用。Eccleston等[128]研究沙棘汁的抗氧化作用，并观察沙棘汁对血脂、氧化低密度脂蛋白、血小板聚集和血浆可溶性细胞黏附蛋白浓度的作用，服用沙棘汁的志愿者血浆总胆固醇、低密度脂蛋白胆固醇或血浆细胞间黏附分子1（ICAM-1）水平没有显著的变化，但高密度脂蛋白胆固醇的浓度增加了17%，这就可以降低冠心病的患病风险。Feng等[129]观察了沙棘黄酮对正常人心脏功能和血流动力学的影响。42名健康志愿者被随机分为2组，观察组22名，对照组20名，在服用沙棘黄酮和安慰剂前，测定、记录心脏指标和血流动力学指标，然后观察组口服10mg沙棘黄酮，对照组给予等剂量的安慰剂，2h后以相同的方法测定指标。结果显示，沙棘黄酮可以增强正常人的心肌收缩力和泵功能，降低总外周血管阻力，增加血管弹性。忻伟钧等[130]比较了沙棘黄酮与丹参治疗高脂、高黏血液病人的疗效。治疗组35例用沙棘黄酮，对

照组34例用丹参。治疗组血胆固醇（TC）、三酰甘油（TG）、载脂蛋白B_{100}（Apo B_{100}）、血浆凝血因子Ⅰ、血液黏度、血小板聚集率和血栓指数均较治疗前有显著（$P<0.05$）或极显著（$P<0.01$）下降，可见沙棘黄酮疗效优于丹参。苏琳等[132]报道了沙棘"欣之安口服液"对血脂的调节作用，实验表明，以沙棘为君药的"神兴牌沙棘欣之安口服液"能显著降低血清胆固醇（TC）、三酰甘油（TG）（$P<0.05$），明显升高高密度脂蛋白（HDL-C）（$P<0.01$），有效治疗高脂血症。

Zhang等[132]观察了沙棘黄酮治疗88例高血压患者的疗效，对照组服用硝苯地平，治疗8周后，测定患者运动后的心率、血压和血浆儿茶酚胺等指标。结果表明，硝苯地平治疗的高血压患者，运动后心率显著增加，血压和血浆儿茶酚胺浓度显著升高，而沙棘黄酮治疗组运动后这些指标升高不明显。

1.2 治疗冠心病心绞痛

王学敏等[133]报道，用沙棘黄酮治疗冠心病36例，口服沙棘黄酮片，每日3次，每次10mg，6周为一疗程。患者试验期间停服硝酸甘油、钙离子拮抗剂等药物。治疗有效率为91%。36例患者心电图均有ST-T改变，总有效率为55%。结果表明，沙棘黄酮片具有扩张冠状动脉血管，增加冠脉营养性血流量的效应。

李淑莲等[134]报道，用沙棘黄酮治疗冠心病心绞痛患者75例，55例口服沙棘黄酮片，每日3次，每次10mg，4周为一疗程。对照组20例口服消心痛，一日3次，每次10mg。治疗组有效率力72.63%。心电图完全恢复者10例，改善30例。对照组20例，显著改善2例；心电图或症状有改善12例，两组比较有显著性差异（$P<0.05$），沙棘黄酮片疗效优于消心痛。沙棘黄酮具有扩张冠状动脉、改善冠脉循环和心肌缺血的作用，对少数病例还可起到减慢心率的效果，从而减少心肌耗氧。

1.3 治疗慢性缺血性心脑血管病

王家良等[135]用沙棘黄酮对40例缺血性心脏病患者进行疗效观察，采用自身疗效前后对照法，结果证明对心绞痛的有效率达94%，能较好地改善心肌供血状态，有效率为85%，与降压药合用似有协同作用，未见毒副反应，服药后食欲增加，消化功能改善。李成文[136]等报道，采用沙棘黄酮治疗缺血性心脏病患者50例，病人在观察前均

灰叶铁线莲

沙棘

有心绞痛、胸憋、心悸、气短等症状，治疗后大部分症状消失和有不同程度的改善，症状改善时间在2周左右，总有效率为91.8%。心电图异常45例，总有效率为51%。

杜绍兴等[137]采用沙棘黄酮片对一组84例慢性缺血性心脑血管病患者进行治疗，84例中除13例治疗前后无症状改变外，其余都有好转，总有效率为74.2%。

2 对呼吸系统疾病的治疗作用

沙棘在传统医学理论中就有止咳平喘、利肺化痰的作用，对慢性咽炎、支气管炎、咽喉肿痛、哮喘、咳嗽多痰等呼吸道系统疾病均有很好的作用，可用于防治急慢性气管炎、咳喘等呼吸道疾病。刘新等[138]用沙棘冲剂治疗急慢性支气管炎，观察组100例口服沙棘冲剂，对照组30例口服广州志城制药厂生产的祛痰止咳冲剂。治疗期间，两组均停用与治疗本病有关的中西药物。结果表明，两组都有很好的疗效，且疗效相近。其总有效率为96%，显效率为80%，沙棘冲剂对改善咳、痰、喘主症有较好的作用。张瑞明等[139]以五味沙棘含片、五味沙棘散与先锋Ⅳ胶囊进行随机复合对照临床试验，共治疗慢性支气管炎急性发作期患者220例，其中治疗组（五味沙棘含片+先锋Ⅳ胶囊）60例，对照组1（五味沙棘散+先锋Ⅳ胶囊）60例，对照组2（先锋Ⅳ胶囊）60例，开放治疗组（五味沙棘含片）40例。研究结果表明：治疗组和开放治疗组止咳化痰，清热平喘的效果均明显优于对照组1和2（$P<0.05$）。提示五味沙棘含片有较好的清热化痰、止咳平喘作用，未见不良反应。孟柯等[140]观察了蒙药"复方沙棘口服液"的止咳、祛痰的临床疗效，急性气管、支气管炎160例，按双盲法随机分为治疗组130例（使用复方沙棘口服液），对照组30例（使用蛇胆川贝口服液）。治疗组第3天时治愈率为5.39%；第5天时治愈率为80.77%；第7天时治愈率达到100%。3天时咳痰症状消失率为63.33%；5天时达到97.77%；1周内咳痰症状完全消失。对照组7天时治愈率才达到33.33%。

陈光远等[141]评价五味沙棘含片治疗急性咽炎的疗效与安全性，将120例急性咽炎患者随机分为治疗组60例（五味沙棘含片）和对照组60例（草珊瑚含片），五味沙棘含片治疗急性咽炎疗效优于草珊瑚含片（$P<0.05$），未发现不良反应。

Hiporamin具有抗病毒及预防作用，在免疫抑制疗法中也有作用。Hiporamin抗病毒疗效与安全性已进入临床试验阶段，一期已对48名健康志愿者进行了研究，二期临床试验有149例，84例为无并发症的流感，65例急性右心室心肌梗死（ARVI）并伴有细菌感染的急性扁桃体炎。发病初的1~2天，Hiporamin对发热和扁桃体炎症效果显著[142, 143]。Larmo P[144]研究沙棘果是否可以降低患感冒风险，对254名健康志愿者采用双盲法随机临床试验，实验组每天食用冰冻的沙棘果28g，对照组给予

安慰剂，结果表明沙棘果在降低患感冒风险方面无明显作用。

3 对妇科疾病的治疗

临床研究表明沙棘治愈慢性宫颈炎、阴道炎、宫颈糜烂等常见妇科疾病具有独特疗效。陈素兰等[145]应用复方沙棘籽油栓治疗97例宫颈糜烂患者，总有效率为96.91%，轻、中、重度宫颈糜烂的总有效率分别为100.0%、93.9%和96.4%，复方沙棘籽油栓治疗宫颈糜烂疗效确切。周英惠等[146]探讨复方沙棘籽油栓联合微波治疗重度宫颈糜烂的疗效，将115例重度宫颈糜烂的患者随机分为两组，观察组60例在微波治疗前后应用复方沙棘油栓，对照组55例采用单纯微波治疗，结果发现观察组术后阴道排液量、阴道出血时间、创面愈合时间均少于对照组，这表明复方沙棘籽油栓配合微波照射是一种有效治疗宫颈糜烂的方法。陈作珍[147]探讨高频电波刀电圈切除（LEEP）术配合复方沙棘籽油栓治疗宫颈上皮内瘤样变（CIN）的临床价值。将100例随机分组，观察组52例采用LEEP术配合复方沙棘籽油栓治疗，对照组48例采用单纯LEEP术治疗。观察组术后出血量、出血时间、排液时间、创面治愈时间显著少于对照组，2组愈合率、术后并发症发生率无差异。术后随访6个月，对照组有2例发现异常，1例再次行LEEP手术，1例出现宫颈管狭窄。LEEP刀配合复方沙棘籽油栓治疗CIN可以防止创面感染，减少阴道出血量和阴道排液时间，缩短疗程，促进愈合，无不良反应，是LEEP治疗宫颈病变术后理想的辅助治疗药物。

冷雪梅[148]探讨复方沙棘籽油栓治疗宫颈衣原体、支原体感染的疗效，对56例宫颈沙眼衣原体（CT）、解脲支原体（UU）感染患者使用复方沙棘籽油栓治疗，对照组使用奥平栓。两组临床疗效分别为75.0%和88.9%，统计学上无明显差异。吴文伶等[149]临床观察发现采用左氧氟沙星联合复方沙棘子油栓治疗宫颈衣原体感染，治疗总有效率为90%，使用安全，疗程短，见效快，无毒副反应。

Larmo PS[150]观察口服沙棘油对116名绝经后妇女阴道干涩症状、瘙痒或烧灼的作用。对照给予安慰剂，采用随机双盲法，治疗3个月，妇科医生通过测定阴道pH和水分含量计算阴道健康指数。与安慰剂组相比，沙棘油治疗组阴道上皮的完整性更好，改善阴道健康指数。沙棘油对阴道干涩症状、瘙痒或烧灼有作用，有望替代雌激素治疗阴道萎缩。孙淑梅等[151]研究复方沙棘籽油栓对老年性阴道炎治

肾叶橐吾

沙棘

疗的效果，治疗组200例使用复方沙棘籽油栓，对照组200例采用甲硝唑阴道泡腾片，停药2～3d进行随访，治疗组120例痊愈，有效75例，无效5例，对照组有50例痊愈，有效40例，无效110例。治疗组的效果明显优于对照组。

4 对消化道疾病的治疗作用

我国民间早已用沙棘治疗消化系统疾病，包括胃及十二指肠溃疡、胃炎、消化不良等疾病。现代医学研究发现，沙棘对醋酸法和慢性利血平法所致胃溃疡有良好的促进愈合作用，能有效地保护胃黏膜及抑制胃酸分泌，同时具有抗炎生肌、促进溃疡愈合的作用。

4.1 治疗胃和十二指肠溃疡

研究表明，沙棘油软胶囊在酸性条件下极易水解，口服沙棘油软胶囊治疗116例胃和十二指肠溃疡患者，通过内镜检查发现比常规治疗的时间缩短，效果显著，有效率93.7%[152, 153]。

4.2 治疗反流性食管炎

李玺等[154]报道，用沙棘籽油治疗反流性食管炎，对照组及治疗组分别30例，两组治疗前一般情况具有可比性。治疗组口服沙棘油口服液，对照组用滞胃痛冲剂。治疗28d后复查胃镜。治疗组有效率为92%，对照组为70%。张莲芳[155]报道，采用药用沙棘籽油治疗反流性食管炎40例，饭前半小时口服沙棘籽油，每次3～5ml，每日3次，晚睡前加服1次，4周一疗程。总有效率92.5%。治疗期间检查肝功能、肾功能及血常规、血小板、尿常规均未见异常。

4.3 治疗消化不良

刘素坚[156]报道，用沙棘颗粒治疗功能性消化不良患者36例，患者治疗前停用其他药物，饭后温开水冲服一袋沙棘颗粒，每袋15g，3次/日，4周为一疗程。32例患者服药3d有效。全部患者未出现副作用。

张钦等[157]观察了沙棘干乳剂对新生儿腹胀的临床治疗效果。随机选取山东省苍山县人民医院2008年3月至2010年3月的新生儿腹胀患儿102例，观察组51例采取常规治疗的基础上加以沙棘干乳剂配合治疗，对照组的51例患儿则仅给予常规治疗。1个疗程后观察组腹胀症状缓解较对照组快，且治愈率明显提高，说明沙棘干乳剂对于缓解新生儿腹胀有明显疗效且安全。刘洋[158]观察了沙棘干乳剂治疗小儿厌食症临床疗效，治疗组有效率95%，对照组有效率78%。沙棘干乳剂对肠易激综合征也有治疗作用，且无毒副反应。Xiao M等[159]探讨了沙棘对功能性消化不良儿童血清中与消化相关因子的影响及胃肠蠕动情况。120例功能性消化不良患者随机分为三组：Ⅰ组（沙棘组），Ⅱ组（治疗组），Ⅲ组（沙棘+多潘立酮），治疗8

周，分别测定治疗前和治疗后血浆瘦素（LP）和神经肽Y（NPY），行胃排空超声检测餐后30、60、90和120min胃窦残留率。发现治疗后Ⅰ和Ⅲ组患儿血浆LP和NPY水平均明显高于Ⅱ组的，Ⅰ和Ⅲ组餐后胃窦残留比Ⅱ组少。研究表明，沙棘可增加功能性消化不良儿童血清中与消化相关因子的水平，促进胃排空，有利于儿童的成长和发展。

桑吉群佩等[160]观察了自2011年10月至2012年2月，68例老年性便秘运用归丹沙棘胶囊治疗效果，治疗4周后，治疗组每周排便次数明显增加，排便状况积分明显减少，粪便性状积分明显减少，与治疗前、对照组比较差异显著。

5 对肝病的治疗

药理研究证明沙棘对实验性肝损伤的丙谷转氨酶和谷草转氨酶的升高均有明显抑制作用，并能对抗肝丙二醛含量的升高，保护肝细胞膜。临床用沙棘制剂治疗急慢性肝炎，疗效显著。

胡世昭等[161]报道，用沙棘冲剂治疗小儿急性黄疸型肝炎120例，对照组40例。治疗组以口服沙棘冲剂为主，同时服用维生素B$_1$、酵母，如有明显食欲不振，静脉滴注10%葡萄糖500ml加肌肝0.2g。对照组口服维生素B$_1$、齐墩果酸片等，静脉滴注药物同上。两组治疗后乏力、恶心、黄疸、肝区叩痛均有好转，肝脏肿大消退，肝功能恢复正常。治疗组临床症状消退时间、肝区疼痛消退时间和胆红素、ALT、肝肿大恢复正常的天数均少于对照组。

黄德龙等[162]报道，应用单磷酸阿糖腺苷（Ara-AMP）联合沙棘冲剂治疗慢性乙型肝炎36例，对照组31例。结果表明，治疗组HBsAg和HBeAg阴转率分别为16.67%和66.67%，高于对照组的3.23%和19.35%，差异显著（$P<0.01$）。此方法远期疗效也较好，半年后治疗组HBsAg反跳率（11.76%）低于对照组（83.33%），差异显著（$P<0.01$）。这项研究证明沙棘冲剂除有免疫调节作用外，还可有效减少Ara-AMP的毒副作用。

李迎春等[163]观察中药沙棘治疗非酒精性脂肪肝的临床疗效和安全性。将86例非酒精性脂肪肝患者随机分为治疗组44例和对照组42例，两组均在控制饮食和坚持体育锻炼的基础上治疗，治疗组口服沙棘胶囊，连服90d；对照组口服淀粉胶囊。治疗组总胆固醇、三酰甘油、高密度脂蛋白胆固醇、低密度脂蛋白胆固醇、丙氨酸氨基转移

角蒿

沙棘

酶、透明质酸、肝脾CT比值改善情况均优于对照组，而血糖、血尿素氮、血肌酐2组无显著性差异。表明沙棘胶囊可改善非酒精性脂肪肝患者的血脂，ALT和肝脾CT比值水平，且不会导致肾功能和血糖代谢异常。

Gao ZL[164]研究沙棘抗肝纤维化的疗效，将50例肝硬化患者随机分为两组：治疗组（30例）口服沙棘提取物，对照组（20例）服用复合维生素B片。研究表明，治疗组血清中细胞因子IL-6、TNF-α、粘连蛋白和IV型胶原蛋白水平明显高于对照组。沙棘治疗后，血清中LN，HA，III和IV型胶原及总胆汁酸（TBA）水平与对照组治疗前后相比显著降低，沙棘明显缩短了转氨酶恢复正常的时间。沙棘有望成为预防和治疗肝纤维化的药物。

6 对烧伤、烫伤及皮肤疾病的治疗作用

沙棘油是珍贵的药用油，在临床上作为一种治疗烧伤创面及皮肤疾病的外用药，疗效显著。沙棘中还含有丰富的维生素，它对胶原合成和上皮再生可以起到良好的作用，并能促进局部结缔组织的修复，加速创面上皮的修复过程。

6.1 对烧伤、烫伤的治疗作用

赵义生[165]用沙棘籽油对32例烧烫伤病人进行临床治疗，将沙棘籽油灭菌药液涂于清创后的创面上，烤灯烤创面，每日3~4次，使沙棘籽油在创面上形成一层薄膜。I度或浅I度烧伤，涂药3次可消除疼痛，48h内消肿，4~5d创面愈合，不留瘢痕，皮肤表面初为粉红色，继之转为正常肤色。深I度烧伤涂药4~5次可完全止痛，6~7d创面愈合，不留瘢痕，肤色初为粉红色，继之正常。王志远[166]用沙棘油对151例烧伤创面进行临床治疗，将沙棘油纱布作为内层敷料贴缚于创面，然后以无菌纱布覆盖包扎，隔日更换1次直至创面愈合；对照组用凡士林油治疗。结果显示，沙棘油具有减少创面渗出、缓解疼痛、促进上皮和肉芽组织生长、加速创面愈合作用。

6.2 对皮肤溃疡的治疗作用

李学锋[167]用沙棘油联合夫西地酸软膏治疗33例皮肤溃疡患者，沙棘油湿敷皮损处，2次/日，湿敷间歇给予夫西地酸软膏外涂。通过记录用药后3、5、7、14d靶皮损与患者主观症状的改善情况进行疗效与安全性评价，治愈率为66.67%，有效率为87.88%。所有患者在观察期间均未出现不良反应。陈桂馥[168]观察沙棘油外敷结合精心护理治疗压疮的疗效，治疗组12例在精心护理同时配以沙棘油外敷，对照组12例仅精心护理，治疗3个疗程（3周），治疗组有效率91.6%，对照组有效率75%。结果表明，沙棘油外敷结合精心护理治疗压疮效果好、疗效快，可防止压疮的进一步恶化，减少败血症的发生，降低死亡率。

7 治疗鼓膜穿孔

鼓膜外伤一般由直接或间接性外伤引起，常因爆震、掌击耳部等空气压力剧变时产生。鼓膜多呈不规则裂孔形，对于中、小型穿孔常规保守治疗是定期观察，禁止外耳道进水，以防中耳感染，所需时间长且疗效欠佳。在临床上，沙棘油治疗外伤性鼓膜穿孔疗效显著。沙棘油黏度较大，表面张力能使穿孔边缘的瓣膜对接与合拢，同时其富含的多种营养活性物质，能促进鼓膜上皮层及其他两层细胞的代谢过程，有利于鼓膜全层增生愈合。蒋源[169]用沙棘油治疗外伤性鼓膜穿孔35例及2例清创缝合术后伤口不愈者，经沙棘油换药后取得良好效果，2例清创缝合术后伤口未愈者，经沙棘油换药1周后愈合。安江霞[170]用沙棘油局部贴敷治疗外伤性鼓膜穿孔和慢性单纯性中耳炎遗留干性鼓膜穿孔患者，随访1年，治疗结果满意。沙棘油不仅治疗外伤性鼓膜穿孔有效且对慢性中耳炎遗留干性鼓膜穿孔同样有效，同等面积的鼓膜穿孔，外伤组愈合速度和愈合率均高于中耳炎组。沙棘油可以扩张血管促进鼓膜表面上皮细胞沿棉片向中心移行生长，最后封闭穿孔。

沙棘作为一种古老的野生植物，自古以来就被人类所利用。通过大量的药理实验和临床疗效证明沙棘是珍贵的药食两用植物资源。沙棘在临床上对烧伤、烫伤及宫颈糜烂有显著疗效；对慢性浅表性胃炎、萎缩性胃炎、胃溃疡、十二指肠溃疡、口腔溃疡、久病体弱、老年性体弱等疗效确切；预防和治疗冠心病、心绞痛、动脉硬化等心脑血管疾病；沙棘系列产品的问世，是21世纪胃肠疾病、心脑血管疾病、肿瘤癌症、烧烫伤等患者的福音，沙棘产品是疗效显著的纯天然绿色保健品。

沙棘的根、叶、花、果、籽均具有很高的营养和药用价值，特别是果实含有人体不能合成的多种维生素、享有"世界植物之奇"、"维生素宝库"之称号。我国的沙棘资源丰富，沙棘系列药物的开发有很重要的意义。

北京石韦

沙棘

参考文献

[1] Eccleston C, Baoru Y, Tahvonen R, et al. Effects of an antioxidant–rich juice（sea buckthorn）on risk factors for coronary heart disease in humans[J]. The Journal of nutritional biochemistry, 2002, 13（6）：346–354.

[2] Suryakumar G, Gupta A. Medicinal and therapeutic potential of Sea buckthorn（Hippophae rhamnoides L.）[J]. Journal of ethnopharmacology, 2011, 138（2）：268–278.

[3] 王立群，郑金生. 沙棘总黄酮（TFH）与银杏总黄酮（TFG）心血管药效学的对比研究[J]. 中国煤炭工业医学杂志，2002，5（12）：205–1207.

[4] 云甜甜. 醋柳黄酮对大鼠心肌缺血–再灌注损伤保护作用研究[D]. 山东：山东大学，2010.

[5] 吴英，王毅，王秉文，等. 沙棘总黄酮对急性心衰犬心功能和血流动力学的影响[J]. 中国中药杂志，1997，22（7）：429.

[6] 吴秀瑛，王燕昆，李红芳，等. 沙棘全成分和沙棘总黄酮对大鼠心脏功能的影响[J]. 中国药业，1999,8（10）：18–20.

[7] Liu Y, Lian Y S, Wang Y L, et al. [Review of research and development and significant effect of Hippophae rhamnoides][J].China journal of Chinese materia medica,2014,39（9）:1547–1552.

[8] Liu Z R, Zhang Q, Yang Y M, et al. [Changes of proteomic spectra of total flavones of Hippophae rhamnoides on myocardial protection][J].China journal of Chinese materia medica,2008,33（9）:1060–1063.

[9] 李路平，岳海涛，吕铭洋，等. 沙棘提取物对麻醉开胸犬血流动力学的影响[J]. 中草药，2010：41（7）：1153–1156.

[10] 赵晓梅. 沙棘全成分及总黄酮对动物耐缺氧疲劳的影响[J]. 内蒙古药学，1991，10（3/4）：3–4.

[11] 王正荣，王玲，尹华虎，等. 沙棘总黄酮对牵张所致心衰心肌细胞的收缩力学和钙离子转运的影响[J]. 航天医学与医学工程，2000,13（1）：6–9.

[12] 肖准，彭文珍，朱彬，等. 沙棘总黄酮改善心肌肥大的分子药理机制[J].四川大学学报（医学版），2003，34（2）：283.

[13] Hernandez–Presa MA, Bustos C, Ortego M, et al. ACE inhibitor quinapril reduces the arterial expression of NF–κB–dependent proinflammatory factors but not of collagen I in a rabbit model of atherosclerosis[J].The American journal of pathology, 1998, 153（6）:1825–1837.

[14] 吴捷，于晓江，马欣，等. 沙棘总黄酮对豚鼠心室乳头状肌和培养大鼠心肌细胞的电生理作用[J]. 中国药理学报，1994，15（4）：339–343.

[15] 刘凤鸣. 沙棘总黄酮对离体心脏的抗心律失常作用[J]. 中国药理学通报，1989，5（1）：44.

[16] 雷鸣鸣，沈异，周建全，等. 沙棘的药用成分及其对心血管系统影响的研究进展[J]. 四川中医，2004，22（9）：27.

[17] 于晓江，吴捷，藏伟进. 沙棘总黄酮对豚鼠心室肌电活动的影响[J]. 西安医科大学学报，1992,13（4）：343–345.

[18] 王秉文，冯养正，张慧敏等. 沙棘叶乙酸乙酯提取物对离体豚鼠心房肌的作用[J]. 西北药

学杂志，1992，7（4）：18-20.

[19] 邹元生，苏琳，张敬晶. 沙棘健康产品在逆转人类亚健康状态中的作用[J]. 沙棘，2006,19（1）：27-30.

[20] 于云，曲树明，何跃生. 沙棘叶提取物的调血脂作用[J]. 中草药，2002,33（9）：824.

[21] 贾冬舒. 沙棘米醋对高血脂动物模型降低血脂的研究[J]. 吉林农业大学学报，2002,24（6）:72.

[22] 王云彩，袁秉祥，李生正. 沙棘总黄酮和山楂总黄酮及其混合液对大鼠高血脂的作用[J]. 中国药理学通报，1992，8（2）85.

[23] 杨琦，李秀花，张喜忠，等. 沙棘果汁及硒强化沙棘果汁对高脂血症大鼠脂质及脂质过氧化作用的影响[J]. 中国公共卫生，1996，12（3）：114-118.

[24] 何志茂，马欣. 沙棘心血康口服液对高血脂动物血脂的影响[J]. 陕西中医学院学报，1999，22（6）：38-43.

[25] 仇士杰，黄德才，江贞仪. 沙棘油的化学及降脂作用的实验研究[J]. 中草药，1986，17（5）：46.

[26] 王宇，卢咏方，刘小青. 沙棘对高血脂血清培养平滑肌细胞的保护作用[J]. 中国中药杂志，1992，17（10）：624-626.

[27] 程嘉艺，汤晴，杨金玲，等. 沙棘总黄酮不同给药途径对血栓形成的影响[J]. 中成药，2006，28（2）：262-264.

[28] 贾秉.沙棘总黄酮对大鼠血栓形成的研究[J].中医药学刊，2001,19:258.

[29] Pang X, Zhao J, Zhang W,et al.Antihypertensive effect of total flavones extracted from seed residues of *Hippophae rhamnoides* L. in sucrose-fed rats[J]. Journal of Ethnopharmacology, 2008, 117（2）：325-331.

[30] Chen L, He T, Han Y,et al.Pentamethylquercetin improves adiponectin expression in differentiated 3 T3-L1 cells via a mechanism that implicates PPARg together with TNF-α and IL-6[J].Molecules, 2011,16（7）:5754-5768.

[31] Pantsi WG, Marnewick JL, Esterhuyse AJ,et al. Rooibos offers cardiac protection against ischaemiareperfusion in the isolated perfused rat heart[J]. Phytomedicine,2011,18（14）:1220-1228.

[32] 王谦. 沙棘籽渣中五种黄酮类化合物对脂代谢的调控及机理探究[D]. 上海：华东师范大学，2014.

[33] 曹群华，瞿伟菁，牛伟，等. 沙棘黄酮对链脲佐菌素致糖尿病大鼠降糖作用[J]. 营养学报，2005，27（2）：151-154.

[34] Zhang W,Zhao J,Wang J,et al. Hypoglycemic effect of aqueous extract of seabuckthorn（Hippophae rhamnoides L.）seed residues in streptozotocininduced diabetic rats[J].Phytotherapy Research, 2010, 24（2）：228-232.

[35] Mishra KP,Chanda S, Karan D,et al. Effect of Seabuckthorn（Hippophae rhamnoides）flavone on immune system: an in-vitro approach[J].Phytotherapy

Research, 2008, 22（11）：1490-1495.

[36] 包文芳，李锐，张群林. 沙棘属植物药理作用研究进展[J]. 沙棘，2007，20（4）：27-30.

[37] 曹少谦，徐晓云，潘思轶. 沙棘籽原花青素对小鼠免疫功能调节作用的影响[J]. 食品科学，2005，26（6）：229-232.

[38] 屈长青，丁计银，王新鲁，等. 沙棘叶水提物对小鼠非特异免疫功能的影响及抗凝血作用[J]. 中国老年学杂志，2013，33：2562-2563.

[39] 于文会，张春燕，柏慧敏，等. 沙棘对大鼠免疫功能的影响[J]. 中国兽医杂志，2009，45（3）：11-12.

[40] S. Geetha,M S Ram,V. Singh. Anti-oxidant and immunomodulatory properties of seabuckthorn（Hippophaerhamnoides）-an in vitro study[J].Journal of Ethnopharmacology,2002,79（3）:373-378.

[41] 杨蒙. 沙棘对大鼠胸腺基因表达谱的影响[J]. 现代农业科技，2010，4：335-336.

[42] 李丽芬，石相兰，白建平，等. 沙棘粉对免疫功能及胆固醇的影响[J]. 西北药学，1994，9（5）：209-211.

[43] 王玉珍，侯惠英，任建梅. 蒙药沙棘对小鼠免疫功能的影响[J]. 内蒙古医药杂志，1993，13（2）：8-10.

[44] 哈斯格日乐，吴岩. 沙棘油对小鼠腹腔巨噬细胞功能的影响[J]. 内蒙古医学院学报，1993，15（1）：30-32.

[45] 席小平，郭琳，边林秀，等. 益力淇对小鼠免疫功能的影响[J]. 现代预防医学，2000，27（1）：130-133.

[46] 邹元生，聂勇，李新兰. 沙棘果油对小鼠免疫调节的实验研究[J]. 国际沙棘研究与开发，2011，9（4）：1-6.

[47] 韩春卉，李燕俊，张靖，等. 沙棘油抗肿瘤作用及对小鼠NK和单核-巨噬细胞活性的影响[J]. 中国热带医学，2010，10（5）：571-572.

[48] Xing J,Yang B,Dong Y,et al.Effects of sea buckthorn（hippophae rhamnoides L.）seed and pulp oils on experimental models of gastric ulcer in rats[J].Fitoterapia,2002,73（7）:644-650.

[49] 徐美虹，王娜，张亮，等. 沙棘籽油对四氯化碳肝损伤的保护作用研究[J]. 中国预防医学杂志，2010，11（5）：513-516.

[50] 张颖，张立木，李同德，等. 泰山沙棘果对四氯化碳致小鼠肝损伤的保护作用[J]. 中国医院药学杂志，2010，30（6）：464-465.

[51] 刘超，徐靖，叶存奇，等. 沙棘籽油和果油对小鼠实验性肝损伤的保护作用及对比研究[J]. 中国中药杂志，2006，13：1100-1102.

[52] 徐美虹，王娜，张葳芮，等. 沙棘籽油对急性酒精性肝损伤的保护作用研究[J]. 中国民族民间医药，2009，18（20）：18-19.

[53] 王家骏，喻道军，刘艳，等. 沙棘油对汞致急性肝、肾损伤的保护作用[J]. 环境与职业医学，2011，28（2）：109-111.

[54] 车锡平，霍海如，康军，等. 沙棘果油对小白鼠的镇痛作用及对大白鼠实验性胃溃疡的影响[J]. 沙棘，2001，14（1）：34-37.

[55] 邢建峰，董亚琳，王秉文，等. 果肉油对大鼠胃液分泌的影响及抗胃溃疡作用[J]. 中国药

房，2003，14（8）：461.

[56] 江京俐，周远鹏，王春仁，等．沙棘籽油抗实验性胃溃疡和作用机制的研究[J]．中药新药与临床药理，2000，11（1）：25-29.

[57] 康天济，王一，戴临风，等．沙棘叶对小鼠胃排空和家兔离体肠管运动影响的实验研究[J]．中医药信息，2012，29（3）：111-112.

[58] 姚文环，颜燕，杨非．沙棘籽油对实验性急性胃黏膜损伤的作用[J]．预防医学论坛，2006，6：690-691.

[59] Upadhyay NK, Kumar MS, Gupta A.Antioxidant, cytoprotective and antibacterial effects of sea buckthorn（Hippophae rhamnoides L.）leaves[J].Food and Chemical Toxicology, 2010, 48（12）: 3443-3448.

[60] Narayanan S, Ruma D, Gitika B,et al.Antioxidant activities of seabuckthorn（Hippophae rhamnoides）during hypoxia induced oxidative stress in glial cells[J]. Molecular and Cellular Biochemistry, 2005, 278（1-2）: 9-14.

[61] 焦岩，常影，王振宇．大果沙棘与3种野生浆果协同抗衰老作用研究[J]．食品科技，2012，37（7）：49-52.

[62] 侯永冲，潘雨利，冷艳华．沙棘果提取物对Wistar老龄鼠抗衰老作用的实验研究[J]．中国医药导刊，2008，10（7）：1073-1074.

[63] 岳文明，王昌涛．沙棘抗氧化性的初步研究[C]．中国食品科学技术学会第六届年会暨第五届东西方食品业高层论坛论文摘要集.

[64] Gupta R, Flora SJ.Therapeutic value of *Hippophae rhamnoides* L. against subchronic arsenic toxicity in mice[J]. Journal of Medicinal Food, 2005, 8（3）: 353-361.

[65] 曹群华，瞿伟菁，黄晓，等．沙棘籽渣和果渣中黄酮抗脂质过氧化、清除自由基作用[J]．中成药，2003，25（8）：671-6721.

[66] 句海松，李洁，赵宝路，等．沙棘总黄酮对活性氧自由基的清除作用[J]．中国药理学通报，1990，6（2）：94-97.

[67] 樊金玲，辛莉，武涛，等．棘籽原花色素对卵磷脂脂质体氧化的抑制和促进作用[J]．食品研究与开发，2007，2（7）：64-67.

[68] 刘超，徐婧，叶存奇，等．沙棘籽油对雌雄亚急性衰老小鼠氧化还原物质影响的参数分析[J]．中国临床康复，2006，10（23）：133-135.

[69] 王茂广．沙棘籽蛋白酶解物抗氧化作用初探[J]．中国粮油学报，2014，4：9-13.

[70] 罗昕．中药沙棘提取液对血液肿瘤细胞杀伤作用研究[J]．中国实用医药，2008，20：103-104.

[71] 焦岩，常影，王振宇．大果沙棘果渣黄酮对HT29肿瘤细胞活性抑制及DNA损伤作用研究[J]．食品工业科技，2011，4：362-364.

[72] 韩春卉，李燕俊，张靖，等．沙棘油抗肿瘤作用及对小鼠NK和单核-巨噬细胞活性的影响[J]．中国热带医学，2010，10（5）：59-60.

[73] 陈世虎，惠爱武，罗娟，等．沙棘油静脉乳联合环磷酰胺抗肿瘤实验研究[J]

沙棘
地肤

. 中国医院药学杂志，2011，31（1）：8-10.

[74] 包桂兰，杜智敏，赵中华，等. 五味沙棘散对慢性支气管炎动物模型的作用及急性毒性的研究[J]. 现代中西医结合杂志，2009，18（5）：482-486.

[75] 李振海. 沙棘对辐射损伤大鼠免疫功能及清除自由基酶活力的影响[J]. 佳木斯医学院学报，1996，19（4）：30-32.

[76] 张文禄. 沙棘油治疗急性放射性皮炎的实验观察和临床应用的初步结果[J]. 沙棘，1988，1（1）：27-30.

[77] Mizina TY, Sitnikova SG, et al. Antiradiation activity of juice concentrate from Hippophae rhamnoides L fruits[J]. Rastitel'nye Resursy,1999,35:85-92.

[78] Goel HC, Prasad J, Singh S,et al.Radioprotection by a herbalpreparation of Hippophae rhamnoides, RH-3, against whole body lethal irradiation in mice[J].Phytomedicine, 2002,9（1）:15-25.

[79] Goel HC, Kumar IP, Samanta N, et al. Induction of DNA-protein cross-links by Hippophae rhamnoides: implications in radioprotection and cytotoxicity[J].Molecular and cellular biochemistry, 2003, 245（1-2）: 57-67.

[80] Agrawala PK, Goel HC. Protective effect of RH-3 with special reference to radiation induced micronuclei in mouse bone marrow[J]. Indian journal of experimental biology, 2002, 40（5）: 525-530.

[81] Goel HC, Salin CA, Prakash H.Protection of jejunal crypts by RH-3（a preparation of Hippophae rhamnoides）against lethal whole body gamma irradiation[J].Phytotherapy Research, 2003, 17（3）: 222-226.

[82] Kumar IP, Namita S, Goel HC.Modulation of chromatin organization by RH-3, a preparation of Hippophae rhamnoides, a possible role in radioprotection[J].Molecular and cellular biochemistry, 2002, 238（1-2）: 1-9.

[83] Shukla SK, Chaudhary P, Kumar IP,et al.Protection from radiation-induced mitochondrial and genomic DNA damage by an extract of Hippophae rhamnoides[J].Environmental and molecular mutagenesis, 2006, 47（9）: 647-656.

[84] Prakash H, Bala M, Ali A,et al.Modification of gamma radiation induced response of peritoneal macrophages and splenocytes by Hippophae rhamnoides（RH-3）in mice[J]. Journal of pharmacy and pharmacology, 2005, 57（8）: 1065-1072.

[85] 冷兴志，王晓梅，苏世杰. β-胡萝卜素的辐射防护作用其机制的探讨[J]. 中国辐射卫生，1994，3（3）：178-179.

[86] 傅春玲，江伟威，张萍，等. 维生素C抗辐射损伤作用[J]. 苏州医学院学报，2000，20（9）：793-795.

[87] 邓伟国，隋志仁. 维生素E对脾淋巴细胞膜辐射损伤的作用[J]. 营养学报，1992，14（1）：44-46.

[88] Palozza P, Krinsky N. β-carotene and α-tocopherolase synergistic antiosidants[J]. Arch Biophys, 1992, 297（5）:184.

[89] 刘静，刘梅，李燕思，等. 原花青素缓释片对辐射损伤小鼠的保护作用研究[J]. 解放军医

学报，2010，26（5）：406-407.

[90] 赵雪英，顾振纶，苏燎原. 槲皮素抗辐射损伤作用的初步研究[J]. 苏州医学院学报，1998，18（12）：1233-1234.

[91] Upadhyay NK, Kumar R, Siddiqui MS, et al. Mechanism of wound-healing activity of Hippophae rhamnoides L. leaf extract in experimental burns[J]. Evid Based Complement Alternat Med eCAM 200, Page 1 of 9. doi: 10.1093/ecam/nep189 Accessed 15 Jan 2011 http://ecam.oxfordjournals.org

[92] Wang ZY, Luo XL, He CP .Management of burn wounds with Hippophae rhamnoides oil[J]. Journal of Southern Medical University, 2006, 26（1）：124-125.

[93] 王养正，林晓茵，冯志强，等. 沙棘果油及沙棘籽油对大鼠皮肤烫伤、烧伤的影响[J].沙棘，2007，20（4）：34-36.

[94] 车锡平，郭峰，关晓红，等. 沙棘籽油和果油对动物皮肤烫伤、烧伤、创伤的治疗作用[J]. 沙棘，1999，12（4）：34-37.

[95] Nikulin AA, lakusheva EN, Zakharova NM. A comparative pharmacological evaluation of sea buckthorn, rose and plantain oils in experimental eye burns[J]. Eksp Klin Farmakol,1992,55（4）:64-66.

[96] 鞠学鹏. 沙棘籽油脂肪乳对营养缺乏和烧伤动物的静脉营养支持作用及其机制探讨[D].北京：中国医科大学，2009.

[97] Suleyman H, Demirezer LO, Buyukokuroglu ME, et al. Antiulcerogenic effect of Hippophae rhamnoides L[J].Phytotherapy Research, 2001, 15（7）：625-627.

[98] Suleyman H, Buyukokuroglu ME, Koruk M, et al. The effects of Hippophae rhamnoides L. extract on ethanol-induced gastric lesion and gastric tissue glutathione level in rats: a comparative study with melatonin and omeprazole[J]. Indian Journal of Pharmacology, 2001, 33（2）：77-81.

[99] Jiang Z, Li G, Jiang H,et al. Isolation and identification of active components of Hippophae rhamnoides L. seed against gastric ulcer[J]. J Med Coll PLA, 1988,3（1）:87-89.

[100] 肖蓉，温莉萍. 沙棘油抗胃溃疡活性成份分离及其在各产地油中的含量[J]. 华西药学杂志，1996，11：90-91.

[101] Xiao M,Yang Z,Jiu M,et al.The antigastroulcerative activity of beta-sitosterolbeta-D-glucoside and its aglycone in rats[J].Journal of West China University of Medical Sciences,1992,23（1）:98-101.

[102] Son Z, Zhang T, Gao Y.Protective effects of sea buckthorn oil on experimental cold injury[J].Journal of Hebei Medical University, 1996, 18（4）：206-208.

[103] 宋志宏，葛鑫，傅墨林. 沙棘油和维生素E对大鼠抗寒冷作用影响的比较[J]. 蚌埠医学院学报，1997，6：11-12.

[104] Vijayaraghavan R, Gautam A, Kumar O,et al.Protective effect of ethanolic and water extracts of sea buckthorn（Hippophae rhamnoides L.）against the toxic

沙棘

红纹马先蒿

effects of mustard gas[J]. Indian Journal of Experimental Biology,2006,44（10）:821–831.

[105] Krylova SG, Konovalova ON, Zueva EP.Common sea buckthorn bark and sprout extract improves the stress–disturbed hormonal–metabolic organism state in rats[J].Eksperimental'naia I Klinicheskaia Farmakologiia, 2000, 63（4）: 70–73.

[106] Saggu S, Kumar R.Possible mechanism of adaptogenic activity of seabuckthorn（Hippophae rhamnoides）during exposure to cold, hypoxia and restraint（C–H–R）stress induced hypothermia and post stress recovery in rats[J].Food and Chemical Toxicology, 2007, 45（12）: 2426–2433.

[107] Saggu S, Kumar R.Effect of seabuckthorn（Hippophae rhamnoides）leaf aqueous and ethanol extracts on avoidance learning during stressful endurance performance of rats: a dose dependent study[J]. Phytotherapy Research, 2008, 22（9）: 1183–1187.

[108] 吴英. 沙棘总黄酮对兔老化红细胞膜的影响[J]. 中药药理与临床，1997，13（2）：24.

[109] 李守汉. 沙棘油对运动大鼠部分组织及红细胞抗氧化作用的实验研究[D]. 兰州：西北师范大学，2004.

[110] 陈运贤，钟雪云，刘天浩，等. 沙棘油重建造血功能的试验研究[J]. 中药材，2003，26（8）：573–574.

[111] 胡振玉. 沙棘油治疗造血功能障碍动物实验临床研究[J]. 宁复医学杂志，1994，16（6）：343.

[112] 孙志新，葛志红，赵英. 沙棘对造血细胞的作用[J]. 青海医药杂志，1991，4（4）：125–127.

[113] 葛志红. 沙棘汁对低白细胞模型小鼠白细胞和骨髓造血功能的调节作用[J]. 中国病理生理杂志，2006，22（4）：826–829.

[114] 刘天浩. 沙棘对血液系统的作用[J]. 中药材，2001．2（8）：611.

[115] 白音夫，孙雷，顾凯. 沙棘枝提取物对大鼠实验性高血脂和血栓形成的影响[J]. 中国中药杂志，1992，17（1）：48–52.

[116] 许青嫒，陈春梅. 沙棘油对实验性血栓形成及凝血系统的影响[J]. 天然产物研究与开发，1991，3（9）：70–71.

[117] Zhamanbaeva GT1, Murzakhmetova MK, Tuleukhanov ST,et al. Antitumor Activity of Ethanol Extract from Hippophae Rhamnoides L. Leaves towards Human Acute Myeloid Leukemia Cells In Vitro[J].Bulletin of Experimental Biology and Medicine, 2014, 158（2）: 252–255.

[118] 郭武印，胡振玉，王小平，等. 沙棘油对小鼠急性造血功能停滞的影响[J]. 沙棘，2007，20（4）:37–40.

[119] 吴胜望. 沙棘籽油治疗血液病及造血系统疾病疗效的初步观察[J]. 沙棘，1995，8（1）：38.

[120] Chen Y, Zhong X, Liu T,et al.The study on the effects of the oil from Hippophae rhamnoides in hematopoiesis[J]. Journal of Chinese Medicinal Materials, 2003, 26（8）: 572–575.

[121] 王栋范. 沙棘油对肾阳虚、肾阴虚证型再生再障性贫血骨髓造血调节作用的研究[D].广东：广州中医药大学，2007.

[122] Fadeeva II, Sheichenko OP, Tolkachev ON,et al. The method of isolation of 6–O–galloyl–1–3–O–hexahydroxydiphenoyl–beta–D–glucose. USSR Patent SU 1439107 A1,1988, pp 1–8.

[123] Hiporamin, Sea buckthorn leaves extract. Pharmacopeial article FSP 42–0171295302. The

Ministry of Health of Russian Federation, The State Register of Drugs, RF Ministry of Healthand Medical Industry Moscow, 2002: pp 1–7. http://grls.rosminzdrav.ru/GRLS.aspx, http://www.drugreg.ru/Soft/SoftCliphar.asp,http://www.piluli.ru/product/Giporamin,http://www.sanddorn.net/abstracts/SHEICHENKO.htm,http://www.sanddorn.net/abstracts/shipulina_1.htm,http://www.vidal.ru/poisk_preparatov/hiporhamin.htm,http://www.wiki-meds.ru/lekarstvennie-preparati/giporamin-10061.htm, http://www.rlsnet.ru/tn_index_id_10513.htm

[124] Zamkovaya EA.Hyporamine as an agent for prophylaxis of acute virus infections of the respiratory tract[J].Rus Med J , 2003,11（4）:170–174.

[125] Jain M, Ganju L, Katiyal A, et al. Effect of Hippophae rhamnoides leaf extract against Dengue virus infection in human blood-derived macrophages[J]. Phytomedicine, 2008, 15（10）:793–799.

[126] Johansson AK, Korte H, Yang B,et al.Sea buckthorn berry oil inhibits platelet aggregation[J]. The Journal of nutritional biochemistry, 2000, 11（10）: 491–495.

[127] Eccleston C,Baoru Y,Tahvonen R,et al.Effects of an antioxidant-rich juice（sea buckthorn）on risk factors for coronary heart disease in humans[J].The Journal of Nutritional Biochemistry, 2002, 13（6）: 346–354.

[128] Feng Y, Li Y, Liao Z. The effects of total flavones of Hippophae rhamnoides L. on cardiac function and hemodynamics of normal subjects[J]. Seabuckthorn Hippophae, 2006, 1: 010.

[129] 忻伟钧，陈萍，华福元等. 醋柳黄酮治疗高脂血症和高粘血症[J]. 新药与临床，1997，16（1）：17–181.

[130] 苏琳、孙荣军、王岳、等. 神兴牌沙棘欣之安口服液调节血脂作用实验研究[J]. 沙棘，2001，15（1）：311.

[131] Zhang X, Zhang M, Gao Z,et al. Effect of total flavones of Hippophae hamnoides L. on sympathetic activity in hypertension[J].Journal of West China University of Medical Sciences, 2001,32（4）:547–550.

[132] 王学敏，李尔慧，薛吉沛. 醋柳黄酮治疗冠心病心绞痛36例疗效观察[J]. 北京医学，1994，16（6）：369–3701.

[133] 李淑莲，张继阁. 醋柳黄酮治疗冠心病心绞痛临床观察[J]. 北京医学，1994，16（6）3731.

[134] 王家良. 醋柳总黄酮治疗缺血性心脏病的疗效观察[J]. 四川医学院学报，1982，13（1）：6–11.

[135] 李成文，李秀，朝克图. 醋柳黄酮治疗缺血性心脏病50例临床分析[J]. 北京医学，1994，16（6）：3741.

[136] 杜绍兴，徐南图，沙立人、等. 醋柳黄酮（沙棘酮）对慢性缺血性心血管病的疗效观察[J].北京医学，1994，16（6）：3711.

火绒草

沙棘

[137] Hildebert Wagner, Gudrun Ulrich–Merzenich.Evidence and Rational Based Research on Chinese Drugs[M].Springer Science & Business Media, 2013.

[138] 刘新，李朝平，崔庆荣，等．沙棘冲剂治疗急、慢性支气管炎疗效观察[J]．甘肃中医学院学报，1998，15（1）：23–25．

[139] 张瑞明，陈光远，常静，等．五味沙棘含片治疗慢性支气管炎急性发作期患者的临床研究[J]．华西医学，2000，15（1）：59–60．

[140] 孟柯，贺喜格达来，布仁其劳，等．复方沙棘口服液的临床与实验研究[J]．中国民族医药杂志，2004，4（2）：6–8．

[141] 陈光远，张瑞明，常静，等．五味沙棘含片治疗急性咽炎的随机对照临床研究[J]．华西医学，2002，17（3）：295–296．

[142] Zamkovaya EA.Hyporamine as an agent for prophylaxis of acute virus infections of the respiratory tract[J]. Rus Med J,2003,11（4）:170–174.

[143] Gagnier JJ, Boon H, Rochon P, et al. Reporting randomized,controlled trials of herbal interventions: an elaborated CONSORT statement[J].Annals of Internal Medicine, 2006, 144（5）: 364–367.

[144] Larmo P, Alin J, Salminen E, et al. Effects of sea buckthorn berries on infections and inflammation: a double–blind randomized, placebo–controlled trial[J].European Journal of Clinical Nutrition, 2008, 62（9）: 1123–1130.

[145] 陈素兰，廖静．复方沙棘籽油栓治疗宫颈糜烂97例临床观察[J]．临床合理用药，2010，3（12）：64–65．

[146] 周英惠．复方沙棘籽油栓联合微波治疗重度宫颈糜烂的临床观察[J]．广西中医学院学报，2010，13（3）：33–34．

[149] 陈作珍，蒙金华．LEEP刀配合沙棘籽油栓治疗宫颈上皮内瘤样变临床观察[J]．临床合理用药，2011，4（7B）：100–101．

[148] 冷雪梅．复方沙棘籽油栓治疗宫颈支原体、衣原体感染56例[J]．齐齐哈尔医学院学报，2008，29（6）：683–684．

[149] 吴文伶，赵淑云，程丽梅．左氧氟沙星联合复方沙棘籽油栓治疗沙眼衣原体宫颈炎临床观察[J]．现代中西医结合杂志，2010，19（20）：2541–2542．

[150] Larmo PS, Yang B, Hyssälä J,et al.Effects of sea buckthorn oil intake on vaginal atrophy in postmenopausal women: a randomized, double–blind, placebo–controlled study[J]. Maturitas, 2014,79（3）:316–321.

[151] 孙淑梅，李建文，张爱华．复方沙棘籽油栓治疗阴道炎200例临床观察[J]．西北药学杂志，2003，18（4）：176–177．

[152] 邱根全，乔翔．沙棘油胶丸治疗消化性溃疡30例临床简报[J]．沙棘，1997，10（4）：39–41．

[153] Nikitin VA, Chistiakov AA, Bugaeva VI.Therapeutic endoscopy in combined therapy of gastroduodenal ulcers[J]. Khirurgiia（Mosk）,1989,（4）:33–35.

[154] 李玺，王进海，乔成林，等．沙棘油口服液治疗返流性食管炎100例[J]．陕西中医，

1996，17（6）：252.

[155] 张莲芳. 沙棘籽油治疗返流性食管炎40例[J]. 陕西中医，1995，16（7）：294.

[156] 刘素坚. 沙棘颗粒冲剂治疗功能性消化不良临床观察[J]. 河北医学，2001，10（7）：915.

[157] 张钦，张冰. 沙棘干乳剂治疗新生儿腹胀的临床疗效[J]. 中医中药，2012，10（15）：606-607.

[158] 刘洋. 沙棘干乳剂治疗小儿厌食症临床疗效观察[J]. 实用医学杂志，2012，28（10）：1598.

[159] Xiao M, Qiu X, Yue D, et al. Influence of hippophae rhamnoides on two appetite factors, gastric emptying and metabolic parameters, in children with functional dyspepsia[J]. Hell J Nucl Med. 2013,16（1）:38-43.

[160] 桑吉群佩，赵献超，赵正平. 归丹沙棘胶囊治疗68例老年性便秘的临床观察[J]. 中西医结合研究，2012，4（6）：310-311.

[161] 胡世昭，冯日官. 沙棘冲剂治疗小儿急性黄疸型肝炎120例[J]. 中西医结合肝病杂志，1995，5（1）：40.

[162] 黄德龙，常湘震，田有坦，等. 单磷酸阿糖腺苷联合沙棘冲剂治疗慢性乙型肝炎36例[J]. 实用医学杂志，1995，11（1）：4-6.

[163] 李迎春，高泽立，张成. 中药沙棘治疗非酒精性脂肪肝的临床研究[J]. 现代中西医结合杂志，2012，21（14）：1485-1486.

[164] Gao ZL, Gu XH, Cheng FT,et al.Effect of sea buckthorn on liver fibrosis: a clinical study[J].World journal of Gastroenterology, 2003, 9（7）: 1615-1617.

[165] 赵义生. 沙棘籽油治疗烧烫伤32例临床初报[J]. 沙棘，1994，7（3）：36-37.

[166] 王志远，罗小林，何彩萍. 沙棘油治疗烧伤创面的临床观察[J]. 南方医科大学学报，2006，26（1）：124-125.

[167] 李学锋. 沙棘油联合夫西地酸软膏治疗皮肤溃疡临床观察[J]. 中国现代医生，2008，46（36）：80-81.

[168] 陈桂馥. 沙棘油外敷结合精心护理治疗压疮的临床观察[J]. 实用中医内科杂志，2011，25（3）：103-104.

[169] 蒋源. 沙棘油治疗外伤性鼓膜穿孔35例临床观察[J]. 医学研究通讯，1999，28（2）：46.

[170] 安江霞. 沙棘油治疗鼓膜穿孔的临床观察[J]. 吉林医学，2013，34（11）：2073-2074.

（王艳芳）

平车前

第八章

沙棘中活性成分的提取工艺

沙棘含有多种活性成分，包括维生素、黄酮、有机酸、氨基酸、多糖、蛋白质、鞣质、微量元素等，是饮料、食品、化妆品、医药的重要原料。从沙棘中提取得到的沙棘油，更是多种生命活性物质的浓缩剂，在现代医学中有广泛的用途，对提高人体免疫力，治疗胃病、溃疡、便秘、心脑血管疾病、烫伤和癌症等都具有显著作用[1]。而沙棘中除含有活性成分外，还含有大量的辅助成分和无效成分，合理的提取工艺应能够最大程度保留沙棘中的活性成分和辅助成分，同时尽量减少无效成分。本章内容以沙棘的活性成分作为对象，介绍了这些活性成分的不同提取工艺的提取原理、仪器设备、工艺流程、应用范围、优缺点以及提取工艺的最佳条件等。

沙棘油的提取工艺

沙棘油是从沙棘中提取的油脂，来自果肉的称为沙棘果油，来自种籽的称为沙棘籽油，果实榨汁后剩余果皮与果肉的油称为沙棘渣油。沙棘油含有大量活性成分，主要有维生素、三萜、甾醇、脂肪酸、黄酮、酚类、氨基酸以及30多种微量元素，还含有酯、醚、醛、酮、烯烃和其他杂环化合物，同时还有C16～C34的直链烷烃[2]。

沙棘油对烧伤、溃疡等疾病有特殊疗效，因其具有的抗辐射、抗衰老、调节人体免疫力、缓解动脉硬化等功能，使其广泛应用于医药、保健食品、美容化妆品等领域。正是由于沙棘油有如此广泛的应用，因此在国内的需求量从2007年的960吨急增到2009年的2410吨，增长了2.5倍，而在国内利用超临界CO_2萃取的沙棘油实际年产量不足300吨，产量远远不能满足其需求量[3]。

目前沙棘油的传统提取方法多采用澄清法、压榨法、扩散法、溶剂法、水酶复合法和离心法等，下面我们对以上六种沙棘油提取方法进行介绍。

1 澄清法

1.1 工艺原理

澄清法是对沙棘原果汁或沙棘生果酱利用静置沉淀的原理获得沙棘果油的一种方法。

1.2 仪器设备

澄清法是比较传统的沙棘油获取方法，没有复杂的仪器设备，一

荠菜

沙棘

般只需要能够盛放沙棘原果汁或沙棘生果酱的容器和撇取沙棘油的器具即可。

1.3 工艺流程

将沙棘果粉碎制成沙棘生果酱或榨出沙棘原果汁，将其存放到一个容器中一段时间后，其液面上就会浮起一层油，把这层油收集起来，就可获得沙棘油，这种方法就是所谓的生果酱澄清滤油法和原汁澄清滤油法。

1.4 应用范围

澄清法主要用于家庭或小作坊生产，工业化的大生产一般不使用这种方法。

1.5 优缺点

澄清法优点：一种简单的、作坊式的生产方法。

澄清法的缺点：出油率非常低，仅为沙棘果含油量的10%～15%，且油质不够好。

1.6 工艺优化

为了提高出油率，原苏联学者们在澄清法的基础上，研究出了多种分离沙棘油的方法[4]，并申请了多项专利。

1.6.1 沙棘原汁加热澄清滤油法

1983年前苏联学者伊瓦申在《如何从沙棘汁中分离果肉》一书提到沙棘原汁加热澄清滤油法，该法是把榨出的沙棘原汁加热，沙棘油的胶态微团就会受到破坏，从而增加沙棘油被吸附的能力，这时遇到弥散在原汁中的果肉微粒就会附在上面，被油包围起来的果肉微粒很容易就能浮到液面。该方法在澄清法基础上加入了加热步骤，加热以后将原汁静置2小时后，就能实现70%的澄清率。

1.6.2 沙棘原汁加水加糖加酶发酵滤油法

1978年前苏联学者萨夫金把沙棘果榨汁以后，给果渣按比例加入热水再压榨一次，然后把两次榨出的果汁合在一起，加入白糖、酒酵母或葡萄酒，搅拌均匀后，发酵一段时间，这时液面上就会浮起一层油，把浮油倾滤，用双层纱布过滤即可得纯沙棘油，本法的出油率为沙棘果含油量的100%。其工艺流程如图8-1所示。

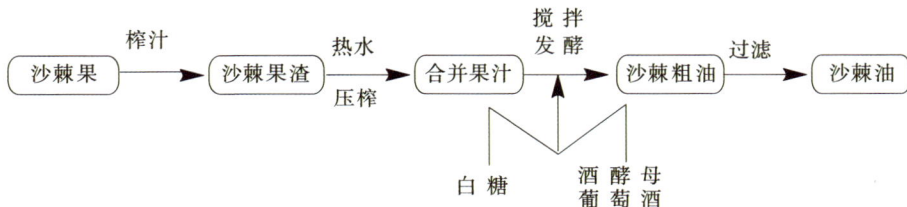

图 8-1　沙棘原汁加水加糖加酶发酵滤油法工艺流程

1.6.3 沙棘原汁加水加糖加沸石澄清滤油法

将沙棘原汁用水按比例稀释后，加入白糖加热，再加入沸石，加热产生的小气泡在上升过程中便把沙棘油带到液面，把它们分离后用双层纱布过滤，即可得到纯沙棘油。其工艺流程如图8-2所示。

沙棘原汁 →(加水稀释) 加入白糖 → 加入沸石 → 油水分层 →(过滤) 纯沙棘油

图 8-2 沙棘原汁加水加糖加沸石澄清滤油法工艺流程

1.6.4 沙棘原汁离心分离提油法

前苏联学者科舍廖夫在《沙棘果实的加工工艺》一书提到沙棘原汁离心分离提油法。由于自然澄清法在实际运用中需要大量的容器和生产面积，而这种方法在生产中明显具有优势。离心分离原理借助于离心力，使比重不同的物质分离。由于离心机等设备可以产生相当高的角速度，使离心力远大于重力，于是溶液中的悬浮物便易于沉淀析出；又由于比重不同的物质所受到的离心力不同，从而沉降速度不同，能使比重不同的物质达到分离。沙棘原汁离心分离提油法是利用离心机所产生的离心力将比重不同的沙棘原汁和沙棘油分开，沙棘油离心后会浮于沙棘原汁上层，可以将其取出过滤得到纯沙棘油。而沙棘原汁控温酶解离心工艺[5]是沙棘原汁离心分离提油法的改进方法，该方法加入了控温酶解技术，与原方法的离心分离同时使用，大大提高了沙棘油的提取率。其工艺流程如图8-3所示。

沙棘原汁 → 控温酶解 → 调节温度 → 离心分离 → 沙棘清汁
酶溶液 → 控温酶解
离心分离 → 沙棘果毛油

图 8-3 沙棘原汁控温酶解离心工艺流程

1.6.5 沙棘原汁电解澄清滤油法

沙棘原汁电解澄清滤油法的原理是电极板产生的小气泡被弥散的沙棘果肉微粒吸附后，同时把这些微粒一起带到液面，根据试验，电解沙棘原汁的澄清率为70%～75%，而且在电解之后，原汁中的转换糖、干物质、丹宁、色素类物质和胺态氮均未发生变化。其工艺原理如图8-4所示。

茜草

174

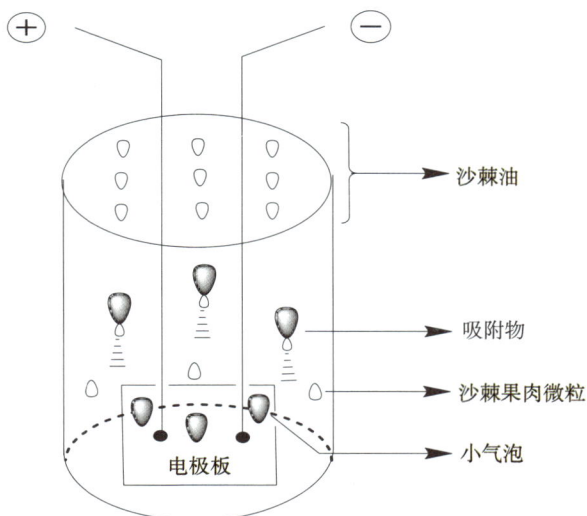

图 8-4　沙棘原汁电解澄清滤油法原理图

1.6.6 沙棘果肉加热静置滤油法

沙棘果肉加热静置滤油法是把沙棘果肉搅拌加热静置，其表面就会逐渐浮起一层游离沙棘油，这层油的下面是油和果肉的混合层，再下面是清汁，最下面是不含油的杂质，上面的游离沙棘油可以手工撇取或倾滤，第二层中的沙棘油可用多次加热水的方法使其与沙棘果肉分离，这一方法的总出油率为55%～70%。其工艺原理如图8-5所示。

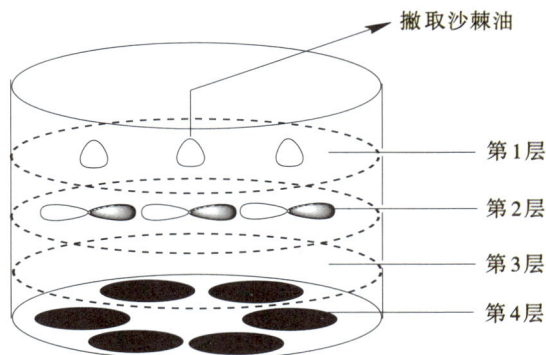

图 8-5　沙棘果肉加热静置滤油法原理图

第1层沙棘油；第2层沙棘油和沙棘果肉；第3层清汁；第4层不含油杂质

1.6.7 沙棘碎果两次加酶发酵压榨离心提油法

粉碎的沙棘果中添加纤维素酶并调整溶液的pH，发酵4小时，加入果胶酶和

泡沫吸收复合剂，再发酵4小时，然后压榨发酵后的果汁，榨出的汁液通过离心分离即可得到沙棘油。果实发酵处理后，出汁率能提高6%～16%，原汁的出油率也会提高。其工艺流程如图8-6所示。

图 8-6　沙棘果油提取工艺

　　除上述7种澄清法的改进方法外，还有湿果渣加水加热澄清滤油法和鲜果直接离心提油法，在这里我们就不一一赘述了。

2 压榨法

2.1 工艺原理

压榨法是借助机械压力将沙棘中的油脂压榨出来的方法。

2.2 仪器设备

主要采用的设备是清理筛，包括回转筛、振动筛和固定筛等，其中最适用的是平面回动筛、粉碎机、榨油机等。

2.3 工艺流程

压榨法获取沙棘种子油的工艺流程一般为：种子——清理——破碎——压榨。清理时将杂质筛出，使用前要根据沙棘种子的粒度，选择筛孔大小适当的筛面。一般沙棘种子经清理后的含杂率不应超过2%。压榨法提取沙棘油主要取决于种子的含油率、压榨压力大小和压榨次数，一般可获得4%～6%的沙棘籽油，而一般采用的压榨次数为2～3次。沙棘籽压榨法的工艺流程[5]如图8-7所示。

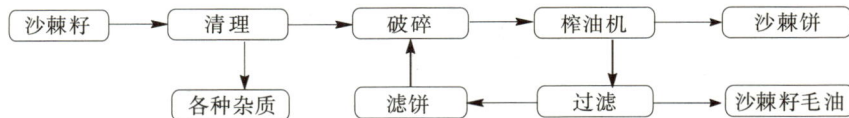

图 8-7　沙棘籽压榨法的工艺流程

2.4 应用范围

这种方法不易于推广，常用作浸出法的前处理工序使用，除这一作用外，压榨法主要用于少量提取沙棘种子油和全果油。由于压榨法受场地等其他因素的影响小，因此比较适合小型企业或个体生产。

2.5 优缺点

压榨法取油的最大优点是设备投资低、操作简便安全，油脂清亮、无溶剂残留。缺点是由于沙棘籽本身低含油量原料，因此采用压榨法取油获得率仅为50%左右，出油率较低，原料浪费较大，且提取的油脂中生物活性物质含量低，影响沙棘油的疗效，因而降低了油的使用价值，这种方法既浪费资源，经济效益又低。

3 扩散法

扩散法是前苏联药典记载的生产工艺，人们习惯上称它为药典法或"卡赞采夫法"（这是以其发明者冠名的）[6]。

3.1 工艺原理

扩散法的原理是采用其他植物油借助温度、油脂互溶及油对类脂物的溶解性来提取沙棘油及其中的有效成分。

3.2 仪器设备

扩散法提取沙棘油的主要设备是扩散釜，又称卡赞采夫罐。

3.3 工艺流程

把除杂后的沙棘果榨汁，将沙棘原汁澄清滤油，果渣干燥粉碎，装入用管路封闭联结的扩散釜中，通入预热的葵花油，逐个处理扩散釜中的果渣干粉。处理一定次数后，分别出料换装新的干渣粉，扩散釜组合中联有22个卡赞采夫罐（扩散釜），这是根据原料含油量和工艺要求计算出来的。从扩散釜组合末端流出的溶剂油中，已含有70%的沙棘油。经过滤后与原汁澄清滤出的沙棘油合在一起，便是符合药典（前苏联）标准的成品沙棘油。从扩散釜中依处理顺序依批次流出的溶剂中沙棘油的含量依次递减，凡不符合标准的仍返回到新的扩散循环中去。沙棘果扩散法提取工艺流程如图8-8所示。

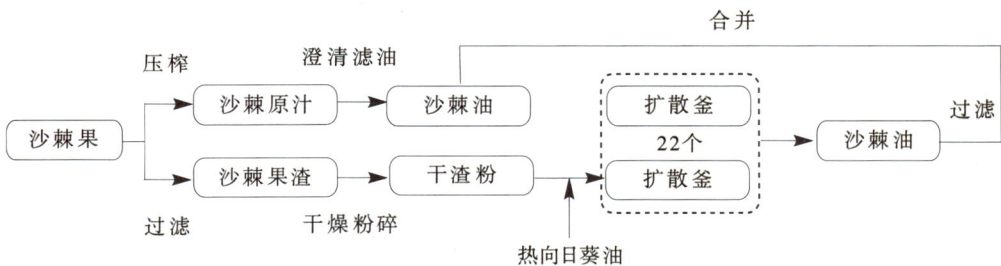

图 8-8　沙棘果扩散法提取工艺

3.4 应用范围

扩散法是前苏联于1957年公布的第一个提取沙棘油的专利，这种方法也是前苏联生产沙棘油的主导工艺。

3.5 优缺点

扩散法的优点是操作简便，萃取效率高，可达98%，并且避免了使用有机溶剂萃取法时有机溶剂残留对沙棘油质量的影响，也不需要物料与溶剂的分离，安全可靠；缺点是使用了22个扩散釜，工艺流程复杂，造价昂贵，成本高，持续时间长，增加了生物活性物质的损耗；加之扩散工艺中没有搅拌程序，对胡萝卜素的提取不够充分，并且由于另一种植物油的掺入影响了沙棘油的纯度。

3.6 工艺优化

多年来研究人员一直在不断完善扩散法的提取工艺，目前扩散法已有四种新工艺获得了专利[4]。

3.6.1 沙棘鲜果加植物油扩散循环匀质离心提取法

1983年前苏联学者阿尔泰米谢夫在扩散法的基础上发明了沙棘鲜果加植物油扩散循环匀质离心提取法，这种方法是把新鲜的沙棘果和预热到一定温度的植物油按比例混合后，匀质一段时间，然后将混合液进行离心分离，分离出的油溶液再与一批新的沙棘果混合匀质，重复上述工序，直到分离出的油溶液符合药典（前苏联）标准为止，这一方法的出油率为80%~90%。其工艺流程如图8-9所示。

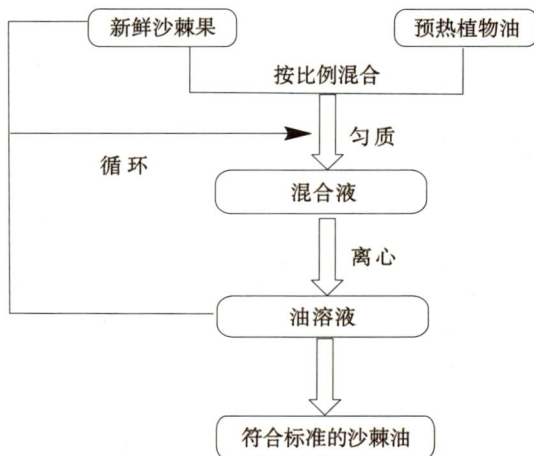

图 8-9　沙棘鲜果加植物油扩散循环匀质离心提取法工艺流程

沙棘

三花龙胆

3.6.2 沙棘果渣加植物油粉碎压榨提油法

1984年前苏联学者鲁戈夫斯基等发明了沙棘果渣加植物油粉碎压榨提油法，该方法是给沙棘果渣按比例加入植物油，同时进行粉碎和搅拌，然后通过压榨分离即可得到符合药典（前苏联）标准的植物油。本法的关键在于搅拌速度、时间、原料与植物油的混合比例。其工艺流程如图8-10所示。

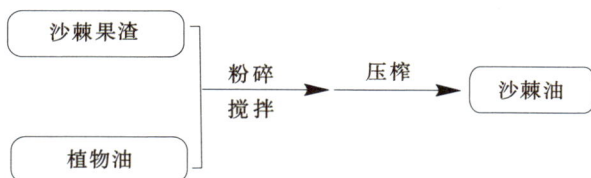

图8-10　沙棘果渣加植物油粉碎压榨提油法工艺流程

3.6.3 沙棘果渣冷冻粉碎蒸汽干燥加植物油扩散提油法

沙棘果渣冷冻粉碎蒸汽干燥加植物油扩散提油法是1973年前苏联发明的一项专利，该方法是把果渣冷冻后粉碎，用蒸汽干燥，同时把种子用热气流吹出，然后提取沙棘油。其工艺流程如图8-11所示。

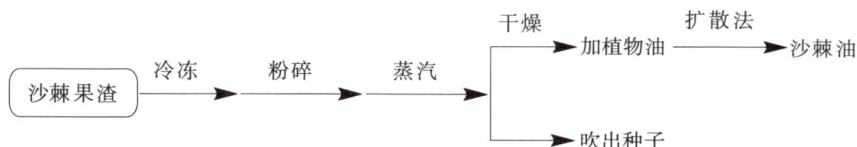

图8-11　沙棘果渣冷冻粉碎蒸汽干燥加植物油扩散提油法工艺流程

3.6.4 沙棘果渣加植物油扩散粉碎循环压滤提油法

1983年前苏联学者科舍廖夫等发明了沙棘果渣加植物油扩散粉碎循环压滤提油法，该法是给混合罐中注入植物油或是已经富集过沙棘油但未达到标准的油溶液，然后在罐中搅拌器工作的情况下，用加料器不断地加入干果渣，同时开动作为粉碎机使用的循环离心泵，加完料之后再循环一段时间，改变离心泵的出料方向，把混合液泵入过滤提取器中，在一定的温度和压力下进行梯度压滤，滤液按批收集到相应的贮液罐中，再按次序与新的原料循环，符合沙棘油标准的滤液即可退出循环，本法的出油率为57.5%。

以上四种方法均在扩散法的基础上做出了改进，但仍有不足。如沙棘鲜果加植物油循环匀质离心提油法，可以省去原料干燥工序、减少生物活性物质损失、缩短提取时间、简化工艺流程、提高产品质量，但还会混入其他油，影响沙棘油

的纯度。另一种方法，沙棘果渣冷冻粉碎蒸汽干燥提油法，虽不需掺入其他油，不会影响油的纯度，但需增加冷冻和热处理工序，则提取沙棘油的成本提高。

4 萃取法（浸出法）

4.1 工艺原理

萃取法是20世纪50年代后广泛兴起的一种制油方法，该方法最大优点是借助一种能与料胚中的脂质以任何比例互溶的溶剂，将料胚中的油脂最大限度地提取出来。前苏联学者在研制萃取法生产沙棘油的过程中，使用过正己烷、石油醚、乙酸乙酯、乙醇、氟利昂、氯乙烯、二氯甲烷、二氟二氯甲烷、三氯甲烷、二氯乙烷和二氧化碳。

4.2 仪器设备

目前由于沙棘油生产规模一般较小，因此会根据要求设计制造选用的浸出设备，主要组成部分有浸出罐、混合油暂存罐、长管蒸发器、真空脱溶器、水分器、真空系统、冷却系统、溶剂油贮罐等。根据工艺和设备可分为有单釜式和多釜式（即连续生产）。

4.3 工艺流程

浸出法工艺流程是先将沙棘原料放入浸出罐浸泡，使油脂溶解在溶剂中形成混合油，然后用离心机高速脱粕分离，用真空抽滤机使混合油与溶剂分离制成半成品的毛油，毛油循环过滤，最后制成沙棘油，灌装。其工艺流程如图8-12所示。

沙棘籽油的6号溶剂萃取法是将沙棘籽清理去杂后粉碎，以工业正己烷浸提沙棘油及生物活性脂溶物。然后借助各种方法利用正己烷沸点低这一特点，将溶剂沙棘油混合物中的溶剂脱除，获得沙棘油。其工艺流程如图8-13所示。

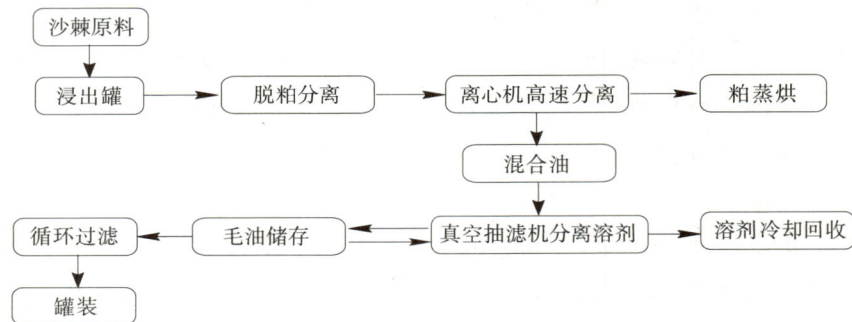

沙棘

三脉叶马兰

图 8-12　浸出法工艺流程

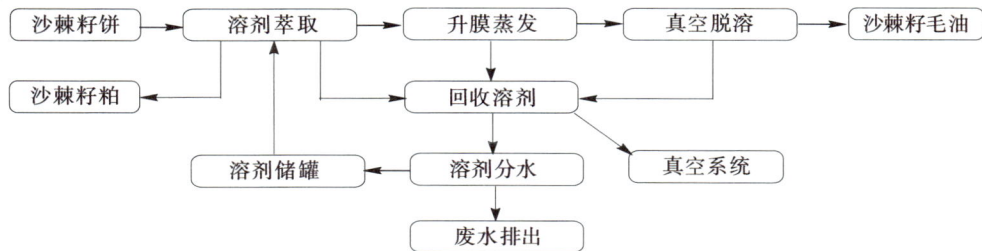

图 8-13　沙棘籽油的 6 号溶剂萃取法工艺流程

4.4 应用范围

目前世界范围内普遍使用的是6号溶剂萃取法或称工业正己烷法。它可用来提取沙棘种籽油、果渣油、全果油、干果油及叶油等，采用的原料有碎果、湿果渣、干果渣、干果肉、嫩枝叶和种子等，其产品有单纯提沙棘油的，也有分别提取丹宁和蛋白质等副产品的。

4.5 优缺点

萃取法是目前广为应用的方法。其优点是投资不大，成本较低，操作比较容易掌握，油品得率高，出油率可达90%以上，油中的生物活性物质含量高，有利于提高其药效，处理量大，经精制后可达到药用沙棘油的标准。萃取法的缺点是残留的有机溶剂难以彻底脱除，在萃取有效物质的同时，也会萃取一些无用物质如树脂，油的颜色较深，影响外观。目前通过采用"改进的沙棘油专用6号溶剂萃取法"已能较好地解决这一问题，但采用有机溶剂（如6号溶剂正己烷等）具有易燃、易爆的危险，因此厂房设计、施工、操作均需按有关防火防爆规范进行，增加了制备难度。

4.6 工艺优化

获得专利的萃取工艺有4种，分别是沙棘鲜果粉碎滤籽二氯甲烷萃取法，沙棘果渣、种子、果肉分别提油二氯乙烷萃取法，沙棘干果渣正己烷萃取法，沙棘干果渣二氧化碳萃取法。生产中使用最多的是正己烷和氟里昂。

正是由于萃取法在沙棘油提取方面的广泛使用，国内外许多学者才不断地研究采用萃取法提取沙棘油的工艺优化参数，他们多以沙棘油的提取率为目标，在单因素试验的基础上，选用各种提取溶剂，选取料液比、原料粒度、提取时间、提取温度等因素，用正交试验或均匀实验优化沙棘油的提取工艺，其对萃取法提取沙棘油的提取工艺优化结果如表8-1所示。另外学者孟春玲[7]研究了沙棘籽油超声波辅助溶剂浸提工艺，通过单因素试验考察了影响提取效果的工艺参数，包括溶剂的种类、超声波提取时间、超声波功率、超声波频率、料液比、物料细度、提取次数等，并用响应面分析的方法优化提取工艺，最终确定优化的工艺条件是：提取溶剂为石油醚，提取时间17min，超声波功率800W，料液比为1：9（g/ml），物料细度是40目，提取次数为2次，油脂得率高达9.27％。

表8-1　正交试验或均匀实验优化沙棘油的提取工艺影响因素

材料	提取溶剂	物料粒度（目）	温度（℃）	时间（h）	料液比	提取率（％）	参考文献
沙棘果	正正烷	40	65	0.75	1:7	20.80	[8]
沙棘籽	石油醚（60~90）	60~80	85	8	1:10	12.56	[9]
沙棘果	正庚烷	—	—	8/2次	1:4	9.55	[10]
沙棘籽	正己烷-丙酮（6:4）	35	44	1.84	1:14	13.79	[11]
沙棘籽	正己烷	20~40	75~80	8	1:6	15.37	[12]
沙棘籽	正己烷	16~40	55	6/3次	1:6	8.90	[13]

综上所述，在萃取法提取沙棘油时，多采用极性较小的有机溶剂如正己烷，而物料的粉碎粒度以40目为宜，提取温度主要是根据所选用的提取溶剂的沸点来确定，料液比1:5～1:10较好，提取时间最好在2h以上，以确保提取完全，并可以使用超声辅助提取等方法来提高沙棘油的提取效率。

5 酶法

5.1 工艺原理

中药的有效成分多存在于植物细胞的细胞质中，在中药提取过程中，溶剂需要克服来自细胞壁及细胞间质的传质阻力。细胞壁是由纤维素、半纤维素、果胶质等物质构成的致密结构，选用合适的酶（如纤维素酶、半纤维素酶、果胶酶）对中药材进行预处理，能分解构成细胞壁的纤维素、半纤维素及果胶，从而破坏细胞壁的结构，产生局部的坍塌、溶解、疏松，减少溶剂提取时来自细胞壁和细胞间质的阻力，加快有效成分溶出细胞的速率，提高提取效率，缩短提取时间。

5.2 仪器设备

酶法提取沙棘油仪器设备简单，主要用到的有粉碎机、振荡器、离心机、pH计。

5.3 工艺流程

沙棘油的提取经常会采用水酶复合法。沙棘果油水酶复合法提取工艺流程如图8-14所示。

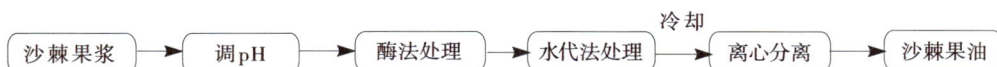

图 8-14　沙棘果油水酶复合法提取工艺流程

5.4 应用范围

在我国，对于酶法提取沙棘油的研究还规模较小，停留在对简单工艺条件的探索上，因此今后仍需加大研究和开发力度，尤其是在酶成分与中药成分可能产生的相互作用、如何去除中药里的残留酶等方面。

5.5 优缺点

酶法的优点是专一性高，条件温和，常温常压，不需要耐高温高压的设备，催化速率高。酶反应的局限性在于酶很脆弱，容易失活；酶一般来说较贵；由于酶的专一性高，因而适用性小；应用酶法提取植物油，需使用产量大、价格低的酶种。目前这种方法多采用纤维素酶、半纤维素酶、果胶酶及其复合酶，主要是降解油料的细胞壁及离析油的复合体，但加工成本偏高。

5.6 工艺优化

对油料进行适当的预处理，以水为溶剂，通过浸泡、水磨、调节pH等条件，使油料蛋白充分进入水相，并利用蛋白酶达到酶解提油的目的，这样还可以降低植物油的提取成本。沙棘油的提取也经常会采用水酶复合法。沙棘油酶法提取工艺参数优化结果见表8-2。

表8-2　沙棘油酶法提取工艺参数优化

材料	酶用量（％）		温度（℃）	时间（h）	pH	料液比	提取率（％）	油得率(%)	参考文献
沙棘果	果胶酶0.50	胃蛋白酶0.15	55	6	—		82.16~97.17	4.95	[14]
沙棘果	—		63		3.3	1:1.1	89.40	—	[15]
沙棘果	果胶酶0.30		55/70	4/2	3.0	1:1	91	—	[16]

如今，用酶来对中药里的有效成分进行提取，能够极大的提高有效成分的提取率，而且还能够为后续的提取液的精制奠定基础。但是需要掌握酶反应的条

件，选择合适的酶、适宜的酶用量等，如果应用不合理，就不会得到原有的成分。

6 离心法

6.1 工艺原理

离心法是通过利用离心力来分离沙棘原果汁，从而获得沙棘果油的一个工艺过程。沙棘果汁是一种汁、油、固体物三相组成的非均一系物料，其中汁为含各种营养成分水溶液的沙棘汁，油为沙棘果（肉）油，固体物为沙棘果肉及碎果皮等杂物。沙棘原果汁中这三种物质比重不同，但差别不大，这三相在一定回转半径和转速条件下所产生的离心力就是推动力，从而实现分离。

6.2 仪器设备

主要使用的是碟式离心机。

6.3 工艺流程

为了能更好地把沙棘果油从沙棘原果汁中分离出来，必须首先把其中的固体物质去除。固体物质主要有泥土、果肉、果皮等，其相对密度是不同的。首先选用不同的转速离心分离，去除泥土、果肉等固体；然后用离心机进行果油的分离。这样处理后，沙棘原果汁中的残油应小于0.1%，整个过程应该是连续的。

6.4 应用范围

沙棘果油的离心制备法主要针对沙棘原汁，借助油与水的比重差在离心机中使油水分离。

6.5 优缺点

该法的优点是流程简单、操作容易，获得的沙棘油新鲜，投资规模中等，同时该工艺也是制备沙棘鲜汁所必需的脱脂工序。

6.6 工艺优化

离心法提取沙棘油改进工艺有沙棘原汁离心分离提油法（见1.6.4）和沙棘碎果两次加酶发酵压滤离心提油法。从沙棘中提取沙棘油的方法主要有以上的六种，但各有其优缺点，也各有其适用范围。如压榨法，出油率较低，为50%～70%，但油能够保持天然产物特色，因此多作为浸出法的前处理工序使用。又如有机溶剂萃取法，工艺简单，生产费用低，保证充分地从含油原料中提出油脂，得油率高，药效成分含量高，油脂质量高，可制成各种浓度和用途的药

沙棘

沙棘

用油。还有，油脂渗透扩散法，工艺过程包括榨汁、烘干、多次浸提，虽得油的有效成分含量很难提高，药效也受限制，但可以避免有机溶剂残留对油质量的影响，安全可靠。各种沙棘有效成分提取技术应用范围和主要优缺点如表8-3。目前国内沙棘制油工艺繁多，各种方法由于工艺及工艺参数不同，各具优缺点，要根据自身情况，合理选择。

表8-3　各种沙棘有效成分提取技术应用范围和主要优缺点[5]

提取方法	应用对象	投资规模	操作和费用	渣中残油	油的品质	适用对象
离心法	沙棘原汁	一般	操作简单费用低	<0.4	一般	沙棘清汁加工厂
液压压榨法	沙棘干果肉	低	操作简单费用低	<8.0	一般	黄酮提取工厂或小作坊
超临界CO_2萃取法	沙棘干果肉，沙棘籽和沙棘全果	高	操作复杂费用高	<2.5	好，颜色浅	大、中型沙棘油厂
超临界4号溶剂萃取法	沙棘干果肉，沙棘籽和沙棘全果	高	操作一般费用高	<2.0	好，颜色浅	大、中型沙棘油厂
压榨法	沙棘籽	低	操作简单费用低	<4.0	好，颜色较浅	小型沙棘油厂和小作坊
6号溶剂萃取法	沙棘籽和沙棘全果	一般	操作简单费用低	<0.5	好，颜色较浅	大、中型沙棘油厂

沙棘中黄酮的提取工艺

沙棘中含200多种化学成分，其中沙棘黄酮是重要的活性成分，并是如沙棘冲剂（咳乐冲剂）、沙棘干乳剂、沙棘乳胶丸、沙棘鲜浆口服液、沙棘鲜浆丸、沙棘营养口服液和沙棘黄酮口服液以及醋柳黄酮片（心达康片）中的质控指标。近年来研究证实，沙棘中的黄酮具有抗心肌缺氧缺血、抗心律失常、提高耐缺氧能力、降低血清胆固醇、抑制血小板聚集、抗溃疡、抗肿瘤、抗炎、抗过敏、抗氧化、抗衰老、抗辐射和抗菌、抗病毒及增强免疫等广泛的药理功效。临床试验证明沙棘黄酮是治疗缺血性心脏病、心绞痛、心肌缺血、慢性心功能不全、高脂血症、预防动脉粥样硬化、心肌梗死、脑血栓等疾病的纯天然药物[17]。

沙棘总黄酮的提取方法主要有水提法、有机溶剂提取法、超声波辅助提取法、微波辅助提取法和酶辅助提取法等。尽管传统溶剂提取法具有耗时耗能，消耗大量溶剂，经济与环境成本均很高等不足，但由于操作简单，人员设备要求不高，目前依然在工业生产中普遍使用，但在传统提取方法中，活性成分的纯化方法，活性成分种类以及成分的化学变化等应该成为进一步研究重点。超声波辅助提取法虽然提取效率高，提取时间短，但是超声波作用下会断开碳-碳键，产生活性较强的自由基，从而破坏活性成分，降低提取物的稳定性。微波辅助提取法具有选择性高、操作时间短、消耗溶剂量少等优点，但设备泄漏的微波辐射会给人体造成慢性损伤。下面我们对这几种常见的黄酮提取方法进行简单的介绍，为人们提供生产研究工作中合理的黄酮提取方法。

1 水提法

1.1 工艺原理

水提法就是用热水将沙棘中的黄酮等成分提取出来，然后根据沙棘中的黄酮苷在酸性水溶液中溶解度降低的特性，在水提取后的提取液中加入酸，调至最佳pH，使黄酮苷沉淀析出，同时与杂质分离，最终使产品纯度提高、产品率增加。

1.2 仪器设备

主要用到的设备有粉碎机、浸提罐、过滤装置、pH计、浓缩罐、烘箱。

1.3 工艺流程

王尚义等[18]利用如图8-15所示的提取步骤，提取沙棘叶中的总黄酮，它与现有的乙醇浸取大孔树脂精制法相比，具有生产强度大、设备投资少、操作简单、成本降低的优点，所得产品黄酮含量达8.4%，黄酮得率为1.05%。

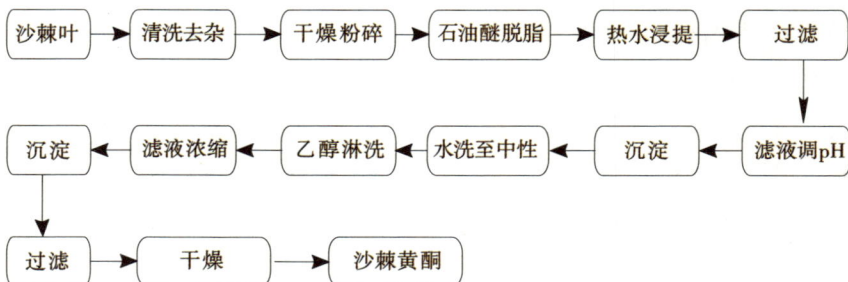

沙棘叶 → 清洗去杂 → 干燥粉碎 → 石油醚脱脂 → 热水浸提 → 过滤 → 滤液调pH → 沉淀 → 水洗至中性 → 乙醇淋洗 → 滤液浓缩 → 沉淀 → 过滤 → 干燥 → 沙棘黄酮

图 8-15 沙棘叶黄酮提取工艺流程

沙旋复花

1.4 应用范围

一般用于沙棘黄酮苷的提取，采取水提取醇沉淀和调节pH的方法去除杂质得到沙棘黄酮苷。

1.5 优缺点

沙棘总黄酮采用水浸提法具有溶剂便宜，成本低，对环境无害，工艺简单、省时、节省溶剂、保护有效成分、适合工业化生产等特点。缺点是提取率及收率比较低；由于糖类、蛋白质等水溶性杂质溶出率高，因而造成过滤及除杂质等后处理困难；同时提取时需高温，能耗较高，而黄酮为活性成分，高温会导致其失活。

1.6 工艺优化

许多学者对水浸提取法提取沙棘总黄酮的工艺进行研究，希望获得较高的提取率来指导生产，工艺参数如表8-4所示。

表8-4　沙棘黄酮水浸提取工艺优化参数

材料	提取溶剂	温度（℃）	时间（h）	料液比	次数	黄酮含量（%）	参考文献
沙棘叶	水	—	2	1:8	2	3.12	[19]
沙棘叶	水	80	2	1:12	2	—	[20]
沙棘果渣	水/40%乙醇	90	0.75	1:10/1:8	4	—	[21]
沙棘叶	水	—	2/1.5	1:10/1:8	2	0.93	[29]

2 有机溶剂提取法

2.1 工艺原理

有机溶剂提取法是从中草药中提取活性成分的方法。它是根据中草药中各种成分在溶剂中的溶解性，选用对活性成分溶解度大，且对不需要溶出成分溶解度小的溶剂，将活性成分从药材组织内溶解出来的方法。有机溶剂提取法分为一步提取法、两步提取法和混合溶剂提取法。一步提取法是用适当的有机溶剂直接浸提原料中黄酮类化合物的方法，缺点是原料中的油脂对浸提过程会产生不利影响；两步提取法是在浸提黄酮类化合物之前，对原料进行脱脂的方法，一定程度上解决了一步提取法的先天缺陷；还有人提出与两步提取法相似的混合溶剂提取法，将前者的两个步骤合二为一，同时提取出沙棘油和黄酮类化合物[22]。

2.2 仪器设备

主要仪器设备有粉碎装置，液压压榨机，乙醇储罐，软水储罐，沙棘毛油储罐，脱脂溶剂储罐，废液储罐，乙醇蒸馏装置，真空干燥系统，吸附柱等。

2.3 工艺流程

沙棘果肉黄酮的提取主要是采用脱脂、醇提和浓缩的方法，将沙棘果肉中所含的黄酮提取出来。按照醇提液中所夹带的杂质类型，该萃取液的精制通常为再脱脂，水洗脱除糖类，干燥和粉碎工序。经过该工序所制得的沙棘果肉黄酮粉含量一般在30%～50%。沙棘果肉黄酮乙醇提取工艺流程[5]如图8-16所示。

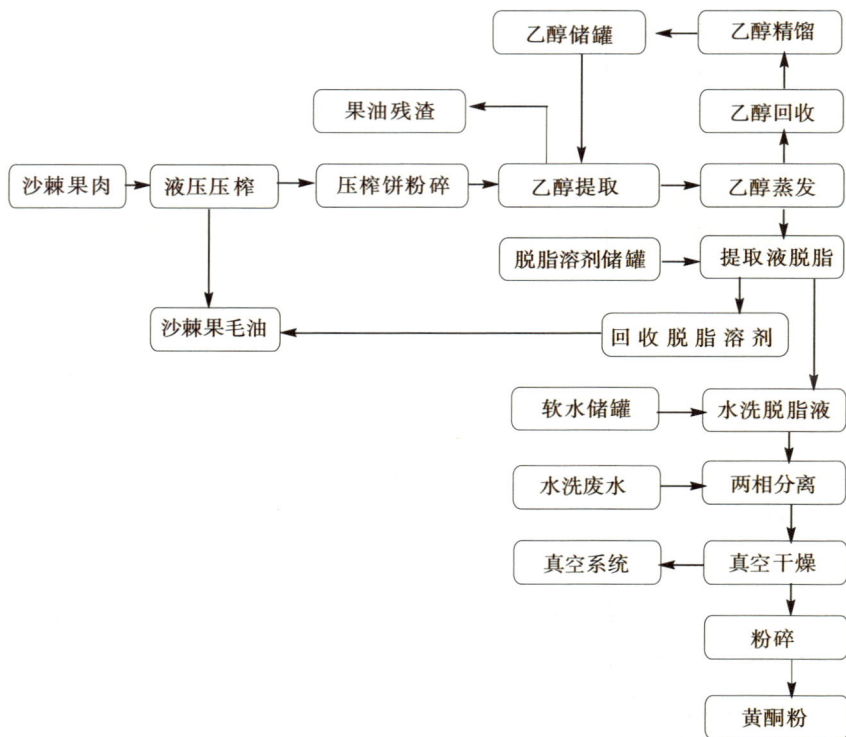

图 8-16　沙棘果肉黄酮乙醇提取工艺流程

沙棘叶黄酮的精制则按照叶黄酮的性质和所夹带的杂质类型，采用水解、中和、水洗、再醇溶、分离、浓缩、干燥和粉碎工序，提取的沙棘叶原料中，黄酮含量不可低于0.05%。经该工艺萃取所获得的沙棘叶黄酮萃取物中的黄酮含量一般不低于10%。

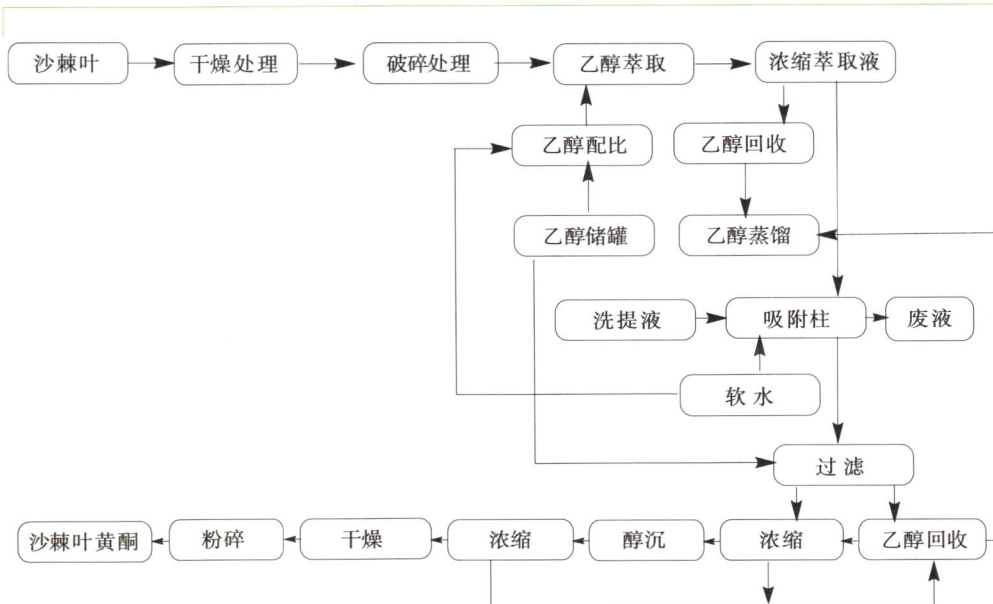

沙棘叶 → 干燥处理 → 破碎处理 → 乙醇萃取 → 浓缩萃取液

乙醇配比　乙醇回收

乙醇储罐　乙醇蒸馏

洗提液　吸附柱　废液

软水

过滤

沙棘叶黄酮 ← 粉碎 ← 干燥 ← 浓缩 ← 醇沉 ← 浓缩 ← 乙醇回收

图 8-17　沙棘叶黄酮乙醇提取工艺流程

2.4 应用范围

以沙棘果肉和沙棘叶为原料提取沙棘黄酮类成分，可以用于工业化生产，亦可生产出满足药用沙棘黄酮标准的沙棘黄酮粉原料，其中的沙棘黄酮含量最高可达50%以上。

2.5 优缺点

使用乙醇为有机溶剂提取的方法的收率高。黄酮类成分能在较低温度下溶出，保证提取过程中黄酮类化合物不会失活，而且提取出的杂质较少，减轻了后期处理和精制的压力，但乙醇提取的缺点是溶剂需要回收，回收过程中会有损耗，因此生产成本较高。

2.6 工艺优化

有机溶剂提取法是提取沙棘中黄酮类成分的常用方法之一，许多学者对该方法提取沙棘中黄酮类成分的提取工艺参数进行了优化，如表8-5。

表8-5　沙棘黄酮有机溶剂提取工艺参数优化

材料	提取溶剂	温度(℃)	时间(h)	料液比	次数	得率（%）	参考文献
沙棘果	50%乙醇	80	2/1/1	1:10/1:10/1:8	3	2.80	[23]
沙棘叶	70%乙醇	80	2	1:14	1	—	[24]
大果沙棘	70%乙醇	62	2.6	1:18	1	0.74	[25]
沙棘果	60%乙醇	70	0.5	1:15	3	0.32	[26]
沙棘果渣	60%乙醇	80	1	1:7	3	1.81	[27]
沙棘果	60%乙醇	75	1	1:8	3	2.36	[28]
沙棘叶	50%乙醇	70	2/1.5	—	2	1.26	[29]
沙棘粗粉	75%乙醇	—	0.5	1:10	3	4.26	[30]
沙棘籽/果皮渣	50%乙醇	80	2	1:40	—	—	[31]
沙棘果渣	70%乙醇	80	1	1:6	3	0.95	[32]
沙棘果泥	50%乙醇	75	2	1:45	1	1.90	[33]
沙棘果渣	80%乙醇	—	2	1:5 ~ 1:7	3	0.84	[34]
沙棘果渣	70%乙醇	80	1.67	1:25	1	—	[35]
沙棘叶	65%乙醇		2h/2h	1:10/1:8	2	0.98	[36]
沙棘果渣	65%乙醇	80	1h	1:8	3	0.53	[37]

传统溶剂提取法中前处理主要采用石油醚脱脂，提取溶剂有水、乙醇水溶液等，大多采用乙醇水溶液提取黄酮类物质。乙醇浓度在

砂茴香

沙棘

50%～80%之间，在提取中有必要考虑pH，因为碱性条件更有利于低分子量黄酮的溶解，纯化一般采用大孔吸附树脂等。

3. 超声提取法

3.1 工艺原理

超声提取法是利用超声波的空化作用、机械效应和热效应等加速胞内有效物质的释放、扩散和溶解，显著提高提取效率的一种方法。

3.2 仪器设备

主要是超声设备。

3.3 工艺流程

沙棘果渣 —溶剂→ 超声提取 → 过滤 → 浓缩 → 溶剂蒸干 → 黄酮粗品

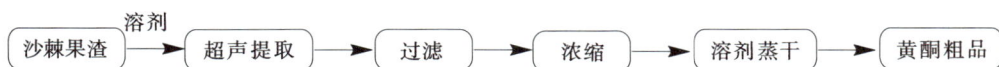

图8-18　沙棘果渣超声辅助提取工艺流程

3.4 应用范围

超声波提取法采用超声波辅助溶剂提取，声波产生高速、强烈的空化效应和搅拌作用，破坏植物药材的细胞，使溶剂渗透到药材细胞中，可以缩短提取时间、提高提取率，成为沙棘黄酮溶剂提取法的辅助提取方法。

3.5 优缺点

超声波提取具有以下优点：首先是提取效率高。超声波独具的物理特性能促使植物细胞组织破壁或变形，使中药活性成分提取更充分，提取率比传统工艺显著提高达50%～500%；其次是提取时间短。超声波强化中药提取通常在24～40分钟即可获得最佳提取率，提取时间较传统方法大大缩短2/3以上，尤其适用于处理大量药材原材料；再次是提取温度低。超声提取中药材的最佳温度在40～60℃，对遇热不稳定、易水解或氧化的药材中的有效成分具有保护作用，同时可以大大节约能耗；第四，适应性广。超声提取中药材不受成分极性、分子量大小的限制，适用于绝大多数种类中药材和各类成分的提取，在沙棘黄酮的辅助提取中尤为适用；第五，提取药液杂质少。使有效成分容易分离、纯化；第六，提取工艺运行成本低，综合经济效益显著；第七，操作简单易行，设备维护、保养方便。缺点是会产生较大的噪声。

3.6 工艺优化

超声提取具有上述的许多优点，在沙棘黄酮类成分的提取上得到了充分的应用。许多学者对其最佳提取工艺进行了考察，并将其用于实践指导生产，具体工

艺参数优化结果如表8-6所示。

表8-6　沙棘黄酮超声提取工艺参数优化

材料	提取溶剂	温度（℃）	时间（min）	料液比	次数	提取率（%）	参考文献
沙棘果渣	乙酸乙酯-乙醇（3:7）	50	30	1:10	3	0.97	[38]
沙棘叶	85%乙醇	46	25	1:25	1	1.72	[39]
沙棘果	60%乙醇	65	40	1:20	2	—	[40]
沙棘果渣	65%乙醇	78	40	1:20	1	0.48	[41]
沙棘叶	60%乙醇	40	40	1:25	3	—	[42]

4 微波提取法

4.1 工艺原理

1986年，匈牙利学者Ganzler K首先提出利用微波进行萃取的方法。在微波萃取过程中，高频电磁波穿透萃取介质，到达被萃取物料内部，微波能迅速转化为热能而使细胞内部的温度快速上升，当细胞内部的压力超过细胞的承受能力时，细胞就会破裂，有效成分即从胞内流出，并在较低的温度下溶解于萃取介质中，再通过进一步过滤分离，即可获得被萃取组分。根据物质与微波作用的特点，可把物质大致分为吸收微波、反射微波和透过微波三种物质。吸收微波的物质是可以把微波转化为热能的物质，如水、乙醇、酸、碱和盐类，这些物质吸收微波后，使自身温度升高，并使共存的其他物质一起受热；反射微波的物质是金属类物质，微波接触到这些物质时发生反射，根据一定的几何形状，这些物质可把微波传输、聚焦或限制在一定的范围内；透过微波的物质是很少吸收微波能的物质，通常是一些非极性物质，如烷烃、聚乙烯等，微波穿过这些物质时，其能量几乎没有损失。

4.2 仪器设备

主要是微波萃取装置。

山刺玫

4.3 工艺流程

```
沙棘 ──粉碎过筛──> 沙棘粉 ──烘干──> 石油醚脱脂 ──> 微波提取 ──过滤浓缩──> 沙棘总黄酮
```

图 8-19　沙棘果渣超声辅助提取工艺流程

4.4 应用范围

沙棘黄酮溶剂提取法的辅助提取方法。

4.5 优缺点

微波提取技术是天然产物提取中具有发展潜力的一种新型技术。微波是一种频率在300MHz～300GHz之间的电磁波，具有波动性、高频性、热特性和非热特性四大基本特性。样品的微波提取法有提取时间短、选择性好、回收率高、试剂用址少、污染低、可用水作萃取剂和可自动控制制样条件等优点。缺点是错误的操作或不适宜的操作条件容易造成爆炸，因此使用微波萃取要特别注意安全。

4.6 工艺优化

微波辅助提取技术在沙棘黄酮的提取上得到广泛应用，许多学者对微波辅助提取的工艺参数如提取温度、提取时间、料液比、微波功率等进行优化，如表8-7所示。

表8-7　沙棘黄酮微波辅助提取工艺参数优化

材料	提取溶剂	功率	时间（min）	料液比	pH	次数	提取率（%）	参考文献
沙棘叶	60%乙醇	火力60%	3	1:25	10	3	—	[42]
沙棘叶	95%乙醇	180W	6	1:10	9.1	1	0.45	[43]
沙棘果	75%乙醇	300W	2	1:20	—	1	3.90	[44]

5 酶辅助提取法

5.1 工艺原理

酶法提取是在传统的溶剂提取法基础上，根据植物药材细胞壁的构成，利用酶反应所具有的高度专一性等特点，选择相应的酶，将细胞壁组成成分水解或降解，使有效成分充分暴露出来溶解、混悬或胶溶于溶剂中，从而达到提取细胞内有效成分的一种新型提取方法。目前，酶法用于植物黄酮提取方面研究较多的是纤维素酶、果胶酶和复合酶。

5.2 工艺流程

沙棘叶 → 烘干 → 粉碎 → 酶解 → 醇浸提 → 取上清 → 浓缩 → 粗产品

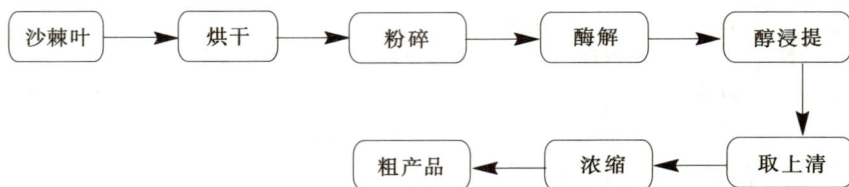

图 8-20　沙棘叶酶辅助提取工艺流程

5.3 应用范围

酶辅助提取与水提取和有机溶剂提取相结合，可以增加提取量并提高提取效率，在生产或实验条件容许的情况下可以联合使用，达到节能增效的目的。

5.4 优缺点

酶法提取具有反应特异性强、条件温和易获得、提取时间短、提取率高、绿色节能等优点，已引起广泛的关注，具有较大的应用潜力。

5.5 工艺优化

随着对酶法技术的不断研究，酶法与其他技术如超声波、超高压、微波等技术的联用，也将成为沙棘黄酮提取的研究方向。沙棘黄酮酶法辅助提取工艺参数优化结果见表8-8。

表8-8　沙棘黄酮酶法辅助提取工艺参数优化

材料	酶种类	用量	酶解温度（℃）	时间	料液比	pH	提取率（％）	参考文献
沙棘果渣	纤维素酶	0.85mg/ml	50.9	2h	1:20	5.1	0.90	[45]
沙棘果渣	纤维素酶	78.9IU/g	59.1	—	1:25.9	3.9	0.85	[46]
沙棘叶	纤维素酶	4%	40	2h	1:50	—	0.66	[47]
沙棘果渣	复合酶（纤维素酶和果胶酶）	4%	60	2h	1:30	5.0	0.80	[48]

超声波法、微波法、酶法与有机溶剂提取法结合使用，提取率明显提高，同时缩短了提取时间，简化了操作步骤，因此超声辅助提取法、微波辅助提取法和酶辅助提取法在沙棘总黄酮提取上有明显优势，这将为沙棘的开发利用提供一种更佳的方法与思路，具有较好的

山杏

沙棘

发展前景。

6 大孔吸附树脂精制

6.1 工艺原理

大孔树脂具有的吸附性是由于范德华力或产生氢键的结果，筛选性原理是由其本身多孔性结构所决定。利用大孔吸附树脂进行分离的方法设备简单，分离效果好，选择性高，能耗低，是一类具有发展前景的有效分离精制方法。

6.2 仪器设备

主要是大孔树脂吸附柱。

6.3 工艺流程

沙棘叶 → 乙醇水溶液 → 提取液 → 树脂柱 —50%~90%乙醇→ 洗脱液 → 浓缩 → 沙棘黄酮

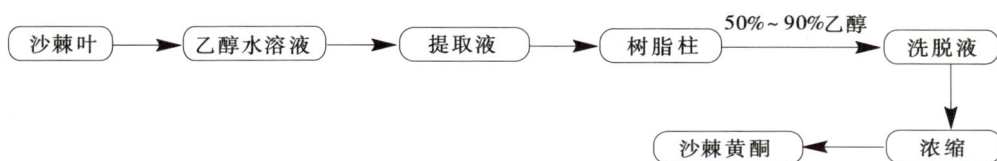

图 8-21　沙棘叶黄酮大孔树脂精制工艺流程

6.4 应用范围

大孔树脂吸附法是一种在大工业生产和实验室研究中都普遍应用的分离精制技术，在提取获得的总黄酮纯度不高时，可以用其进一步精制，获得达到各种使用要求的黄酮。

6.5 优缺点

用大孔吸附树脂精制沙棘黄酮的优点是方法比较简单、易于工业化。缺点是用中极性或者强极性的树脂，吸附力比较大，黄酮不容易洗脱下来，洗脱溶剂用量较大，洗脱率较低，每次树脂再生比较繁琐。

6.6 工艺优化

吸附树脂的吸附作用不仅同树脂的物理与化学结构有关，而且同吸附质的性质、介质的性质、操作方法等诸因素有关，而且在不同情况下，影响吸附的因素也会随之改变。

影响吸附树脂性能的因素有许多，主要有以下几个方面。

（1）吸附剂物理结构对吸附的影响：大孔吸附树脂是由单体、交联剂在致孔剂存在下，通过共聚而成或合成的大孔共聚体，再经过功能基反应来制得的。因此，大孔吸附树脂的宏观小球由许多微观小球组成，这些微观小球间存在孔穴，有利于溶液中溶质在树脂孔道中的扩散。通常在树脂具有适当的孔径可确保吸附质良好扩散的条件下，吸附树脂的比表面积愈大，吸附量愈大。孔径是吸附质扩

散的基本条件，孔径太大，浪费空间，比表面积必然较小，不利于吸附；孔径太小，尽管比表面积较大，但吸附质扩散受阻，也不利于吸附。孔容增大有利于吸附量的提高。

（2）吸附剂化学结构对吸附的影响：吸附树脂对吸附质的吸附遵循相似相溶原理。

（3）吸附质结构、缔合作用、离解作用、极化度、氢键等对吸附也有影响。其中非极性吸附质在极性介质内易被非极性吸附剂吸附，反之也成立。吸附质与吸附剂形成氢键则有利于吸附；反之吸附质若与溶剂形成氢键，则吸附质不易被吸附树脂吸附。

在选择树脂时，要求树脂具备下列特性：对被分离物质具有很强的吸附能力，即平衡吸附量大，容易洗脱下来，有较高的选择性，有一定的机械强度，再生容易，性能稳定，价廉易得等。

在大孔树脂精制沙棘黄酮方面学者刘锡建就以沙棘总黄酮的吸附量与洗脱率为指标，对七种不同的大孔树脂S-8、AB-8、X-5、NKA-9、D3520、D4006、D4020进行考察，确定了其中AB-8、X-5和S-8的吸附量较大，而这三种树脂中，以X-5的洗脱率最高。并进一步通过静态吸附和动态吸附等多方面的考察，确定X-5树脂具有很大的吸附量和较高洗脱率，用95%乙醇醇沉的预处理的综合效果最好，能有效的除去提取液中的多糖、蛋白质、鞣质等杂质。X-5树脂对黄酮吸附主要是单分子层快速吸附，上柱流速每小时2个柱体积、上柱液pH为3.0、上柱液浓度为1.20mg/ml时吸附效果最佳，且树脂可循环使用11次，吸附率和洗脱率都保持在70%以上。以上的各种优化参数为X-5树脂在沙棘总黄酮精制方面提供了可靠的依据。

学者李辰等[49]以三种黄酮苷元槲皮素、山奈酚和异鼠李素的静态吸附率/解吸附率为评价指标，考察了HPD600、YWD01G3、YWD01F、07C、AB-8这5种大孔吸附树脂对沙棘叶黄酮苷元的吸附/解吸附性能。该研究结果显示非极性树脂YWD01G3在吸附/解吸附方面显示出最佳的综合性能，对槲皮素、山奈酚、异鼠李素这三种黄酮苷元的平均吸附率和解吸附率分别为90.81%和59.51%，能够很好的运用于沙棘中槲皮素、山奈酚和异鼠李素的提取精制过程中，也可推广运用于其他植物这三种黄酮的精制。

学者刘睿等[50]针对黄酮分子的酚羟基结构特点，选择了4种结构不同的商品化树脂，考察它们对沙棘叶中黄酮类有效成分的吸附能力和吸附选择性。在此基础上优化了树脂结构设计方案，合成了具有氨基功能基，可形成氢键作用、疏水性可调变的大孔吸附树脂。刘睿等以沙棘叶粗提物为原料，考察了树脂骨架疏水性、功能基间隔臂长短等对树脂纯化效果的影响规律。研究结果表明，当吸附发生在水体系中，一定强度的疏水性作用是树脂与吸附质之间形成氢键的必要条件，对于尺寸较大的黄酮分子，氢键功能基的间隔臂长短会显著影响树脂对它的吸附能力。最后，选择了疏水性和氢键功能基间隔臂长短适宜的XM20-2树脂，对吸附和洗脱条件进行优化，将其用进一步纯化沙棘叶粗提物中的黄酮类有效成分，可将黄酮纯度从粗提物中的10.4%提高到50%以上，且树脂具有很好的重复使用性。

以上学者的研究都充分说明，只要能够选择一种适合的大孔吸附树脂，就能够通过精制提取得到沙棘黄酮，并达到使用标准，因此把大孔吸附树脂与其他提取方法联合使用可以大大提高沙棘的利用率。

7 金属络合法

7.1 工艺原理

黄酮与金属形成络合物后即形成沉淀，收集沉淀可得到黄酮与金属的络合物。

7.2 仪器设备

电热真空干燥箱，粉碎机，pH计，超声设备，离心机，磁力搅拌器，水浴锅，振荡器等。

7.3 工艺流程

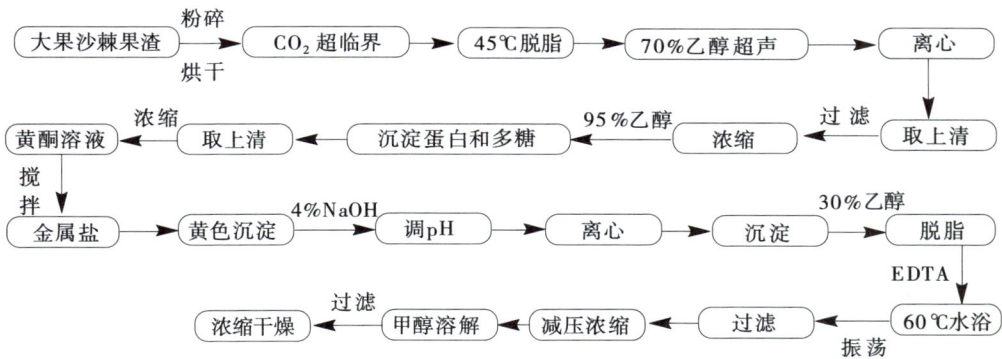

图 8-22　金属络合法提取沙棘黄酮工艺流程

7.4 应用范围

黄酮类化合物与金属络合物日益受到广泛关注，随着对黄酮与金属络合物的

合成、表征及理化性质的研究，黄酮与金属络合物也越来越被认识和应用，如槲皮素钴、槲皮素铜、槲皮素铝等[51]。但由于工艺相对复杂，适用于在实验室对黄酮类化合物提取精制。

7.5 优缺点

金属络合法可以得到黄酮的金属络合物，能够使黄酮与其他杂质分离开来，而且有研究显示络合态的黄酮比游离态的黄酮具有更强的生理活性，因此，沙棘黄酮的金属络合法具有非常广阔的应用前景。

7.6 工艺优化

学者焦岩等[52]研究了金属络合法[53]纯化大果沙棘黄酮的工艺。选择了6种不同金属，比较这6种金属与大果沙棘黄酮的络合效果，通过单因素试验优化金属络合法纯化大果沙棘黄酮的最佳工艺。确定了在这6种金属中最佳络合金属为乙酸锌，在沙棘黄酮浓度为0.20mg/ml、络合时间30min、乙酸锌溶液浓度6.9mmol/L、反应液pH为8.0、解络剂EDTA用量为1.2g/g黄酮时黄酮纯度可由粗提物的9.1%增加到52.1%，提高了近6倍。

沙棘中多糖的提取工艺

沙棘多糖是由Ara、Gal、Man和Glc组成的中性杂多糖，除具有降低血清LDL-C，降低肝脏TC和高脂饮食引起的血糖升高，降低SGOT活性，保持肝脏功能外，还对大肠埃希菌、枯草杆菌和四叠菌等具有明显的抑菌作用，对白葡萄球菌呈阴性等保健及药理学功能。关于沙棘多糖提取的相关研究，在国外鲜有报道，而国内对其研究较多，总结沙棘多糖的提取方法主要有水提取法、超声辅助提取法、微波辅助提取法和酶辅助提取法，这些方法与沙棘黄酮的提取方法有很多相同之处，最主要的区别在于提取工艺参数的选择有所差别。在国内有许多学者对沙棘多糖的不同提取方法进行比较，以沙棘多糖的提取量为目标，考察了不同提取条件对沙棘多糖提取量的影响，为更好的提取和利用沙棘多糖奠定了基础。

1 热水提取法

根据相似相溶原理，即极性强的成分易溶于极性强的溶剂，极性弱的成分易溶于极性弱的溶剂，多糖是极性大分子化合物，应选择水、醇等极性强的溶剂。而在所有溶剂中，水是典型的强极性溶剂，

肾叶橐吾

沙棘

对植物组织的穿透力强，提取效率高，在生产上使用安全，可广泛应用于各种植物多糖提取。

用水作溶剂来提取多糖，可用热水浸煮提取，也可用冷水浸提。水提取的多糖大多是中性多糖。一般植物多糖提取多数采用热水浸提法，该法所得多糖提取液可直接或离心除去不溶物，或者用高浓度乙醇沉淀提纯多糖。

```
┌────────┐  干燥   95%乙醇   ┌──────┐    ┌──────────┐  干燥   ┌──────────┐
│ 沙棘叶 │ ──────────────→  │ 脱脂 │ →  │ 热水提醇沉 │ ─────→ │ 沙棘多糖 │
└────────┘  粉碎            └──────┘    └──────────┘         └──────────┘
```

图 8-23　热水法提取沙棘叶多糖的提取工艺流程

学者刘春兰等[54]先用95%乙醇回流脱脂，然后用热水提取沙棘多糖，提取物用乙醇沉淀，确定沙棘叶水溶性多糖在温度70℃、热水提取2h、料液比为1∶8时，多糖的最大得率为24.02%。

热水提取高浓度乙醇沉淀可以除去一些水溶性杂质，如淀粉、蛋白质、黏液质、鞣质、色素、无机盐等。当乙醇浓度达到60%~70%时，除鞣质、树脂等外，其他杂质已基本上沉淀并除去。如果分2~3次加入乙醇，浓度会逐步提高，最终达到75%~80%，去除杂质的效果更好，因此在提取沙棘多糖时，热水提取高浓度乙醇沉淀是应用比较普遍的方法之一。

2　超声辅助提取法

合理利用超声的方法进行沙棘多糖提取，使溶剂快速地进入沙棘物料中，将其所含的有效成分尽可能完全地溶于溶剂之中，得到多成分混合提取液。利用超声波技术来强化沙棘多糖的提取分离过程，可有效提高提取分离率，缩短提取时间、节约成本、甚至还可以提高产品的质量和产量。

表8-9　超声辅助提取法沙棘多糖提取工艺参数优化结果

材料	温度（℃）	超声功率（W）	时间(min)	料液比	提取率（%）	参考文献
沙棘果渣	60	—	20	1:50	8.81	[55]
沙棘叶	—	700	40	1:60	7.50	[56]
大果沙棘	—	480	55	1:20	4.86	[57]
沙棘叶	—	607	42	1:52.5	7.68	[58]
沙棘叶	80	—	35	1:28	4.47	[59]

3 微波辅助提取法

微波加热是靠穿透物质，使物体内部分子产生振动和摩擦，从而实现对物体由内向外加热。在快速振动的微波电磁场中，被辐射的极性物质分子吸收电磁能，以每秒数十亿次的高速振动产生热能，使细胞内部的压力超过细胞壁膨胀所能承受的能力，促使细胞破裂，细胞内的有效成分自由流出，并在较低的温度下溶解于萃取介质中，再通过进一步的过滤和分离，即可获得所需的萃取物。

陈丽娜等[60]采用生物酶法、冻溶、微波及超声波四种方法进行对比破壁，以粗多糖提取率为考核指标，确定了最佳细胞破壁方法为微波破碎，并且确定微波破碎工艺在功率600W、破碎5分钟/次、破碎次数为2次、间歇3min的条件下，沙棘籽及果皮渣中粗多糖提取率为1.892%。

陈金娥等[61]采用响应面分析法研究微波辅助萃取沙棘叶多糖工艺，以微波功率、萃取时间、固液比和萃取次数4个变量为考察对象，认为当萃取时间为60s、微波功率600W、固液比1：60.4g/ml及萃取2次时，沙棘多糖的实际产率为14.95%。

4 酶辅助提取法

某些中药采用酶法提取时收率明显提高，具有较大的应用潜力，但酶法的最佳反应条件需要严格控制，条件微小的波动，也有可能引起酶活性的下降。故实验室或工业生产中，多采用酶法与其他技术的联合进行中药提取，这样可取长补短，发挥协同作用，提高有效成分的提取效率。

升麻

沙棘

金婷[57]在单因素试验基础上，采用正交试验得到木瓜蛋白酶的最佳提取工艺为加酶量2%、pH 5.5、提取温度45℃、提取时间20min时，多糖提取量为44.28mg/g。

酶法强化中药提取法，由于反应特异性强、条件温和易获得、提取时间短、提取率高、绿色节能等已引起广泛关注，必将成为中药开发的重要手段，具有较大的应用潜力，且随着对酶法技术的不断研究，酶法与其他技术如超声波、超高压、微波等技术的联用也将成为中药提取的另一个热点研究方向。

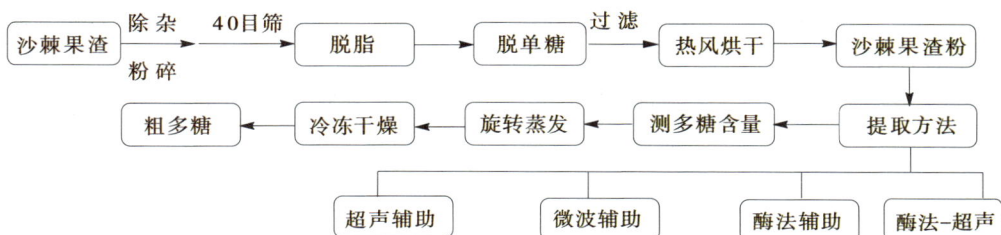

图8-24　沙棘多糖超声、微波、酶法、酶法－超声辅助提取工艺流程

综上所述，沙棘多糖的提取方法均有其各自的优势，所以有学者对热水提取法、超声辅助提取法，微波辅助提取法、酶辅助提取法等多种沙棘多糖的提取方法进行了比较。如学者杨宏志等[55]用正交设计方法分别对热水提取法、微波辅助法、超声波法、酶法、酶法-超声波协同萃取法提取沙棘果渣多糖的工艺条件进行了优化研究，五种方法的提取量分别为:102.36mg/g、19.04mg/g、88.09mg/g、65.91mg/g、81.5mg/g。而学者包怡红等[56]以沙棘叶多糖得率为指标，通过单因素及正交实验，对水提、微波辅助及超声波辅助三种提取方法进行比较，认为超声波法的最佳提取率为7.50%，高于微波法的最佳提取率7.05%，水提法的最佳提取率为6.24%。学者金婷等[57]用超声波法与酶法同时进行提取，与先进行超声波提取后进行酶法提取量进行比较，发现沙棘多糖的提取量前者为53.30mg/g，后者为54.68mg/g。比较各位学者的研究成果，综合时间、成本、提取率或提取量等各因素，以超声波法提取沙棘多糖效果较好。

沙棘中其他成分的提取工艺

1 沙棘原花青素的提取工艺

原花青素属于缩合单宁，是广泛存在于各种植物的核、皮或种籽等部位的一种多酚化合物。人们对它的研究已有五十年的历史，特别是20世纪80年代以来，全世界对原花青素的研究日益广泛和深入。由于其具有强大的抗氧化作用，而广泛应用于食品、药品和化妆品等领域。近年来又发现原花青素具有抗癌活性和保护心血管的功能，被作为防治癌症、心血管等疾病药物的有效成分。提取原花青素的方法很多，如传统地有机溶剂提取法、绿色溶剂提取法、液相萃取法、柱色谱法、固相萃取法、凝胶色谱法、微生物发酵法、高速逆流色谱法和分子烙印技术等[62]。沙棘中原花青素的提取工艺参数优化结果见表8-10。

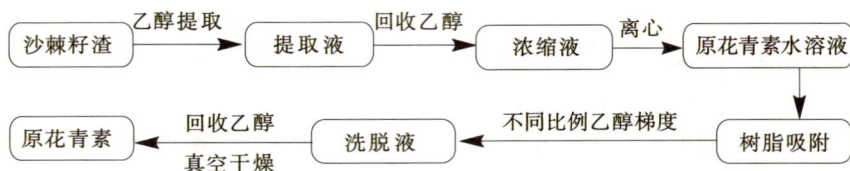

图 8-25 沙棘籽渣中原花青素提取工艺流程

表8-10 沙棘中原花青素的提取工艺参数优化结果

材料	粉碎度（目）	提取溶剂	温度(℃)	时间(h)	料液比	pH	提取率（%）	参考文献
沙棘籽	90	85%丙酮	35	14	1:4	—	13.85	[63]
沙棘籽粕	80	70%乙醇	50	4	1:12	—	27.20	[64]
沙棘籽	—	65%乙醇	21	1.5	1:10	5.1	5.84	[65]
沙棘籽渣	—	70%乙醇	45	2/2次	1:8	—	9.79	[66]

目前原花青素工业化的提取方法主要是溶剂浸提法，提取溶剂大多采用丙酮，考虑到溶剂的毒性，也有采用不同浓度乙醇为提取溶剂的。以上学者探索了沙棘原花青素的最优提取条件，为沙棘的综合开发利用提供了依据。

2 沙棘中绿原酸提取工艺

绿原酸亦称咖啡鞣酸，即3-咖啡酰奎宁酸，是重要的中药有效成分之一。绿原酸具有广泛的生物活性，具有较广泛的抗菌作用。在体内能被蛋白质灭活，具有显著增加胃肠蠕动和促进胃液分泌及利胆作用；可以止血、增高白细胞、抗病毒，具有缩短血凝及出血时间的作用；有致敏原的作用，可引起变态反应，口服后在小肠分泌液作用下，可转化成无致敏活性物质，且毒性很小。临床上用于治疗各种急性细菌性感染性疾病及放射治疗、化学治疗所致的白细胞减少症。

武宇芳等[67]在单因素试验的基础上，采用正交试验的方法，对

沙棘

篦齿蒿

水煎煮法和酶解法提取沙棘叶中绿原酸的工艺条件进行了优化。试验结果表明，水煎煮法最佳提取工艺条件为料液比1∶35（g∶ml）、煎煮时间1.0h、煎煮次数3次，该条件下，沙棘叶中绿原酸提取率为2.42%。酶解法最佳提取工艺以加5%纤维素酶的pH 4.5的酸性水为提取剂，料液比1∶15（g∶ml）、温度50℃、提取时间1.0h，该条件下绿原酸提取率为3.49%。酶解法与水煎煮法相比，绿原酸提取率提高了44.2%。

3 沙棘中多酚提取工艺

植物多酚（植物单宁）是一类广泛存在于植物体内的重要的天然产物，多年来一直用于许多传统工业领域如制革、石油开采和木材胶黏剂的生产。随着植物多酚化学的发展，其化学结构和性质已被深入揭示出来。以色列的研究人员发现多酚除了具有抗氧化作用外，在进食高脂食物的同时摄入多酚可以减轻高脂食物对人体健康的威胁。

李峰等[68]利用正交试验L9（3^4）和单因素相结合方法，研究采用超声波辅助提取技术提取沙棘叶中总多酚和总黄酮的工艺。结果表明，沙棘叶中的总多酚和总黄酮在20kHz的超声波作用频率下极易溶出，优化后的工艺条件以40%的乙醇为提取剂，在20kHz的超声波作用频率下室温萃取15min，在该条件下，沙棘叶总黄酮的提取率为5.034%，沙棘叶总多酚的提取率为10.712%。

利毛才让等[69]通过单因素实验和正交实验对沙棘果总酚酸的提取工艺进行探讨，确定其最佳提取条件为料液比1∶20（g∶ml）、提取4次、溶剂体积分数80%乙醇、提取时间为2h，此工艺沙棘果中总酚酸粗提物的得率为28.42%。

4 5-羟色胺的提取工艺

5-羟色胺最早是从血清中发现的，又名血清素，广泛存在于哺乳动物组织中，特别在大脑皮层质及神经突触内含量很高，是一种抑制性神经递质。在外周组织，5-羟色胺是一种强血管收缩剂和平滑肌收缩刺激剂；在体内，5-羟色胺可以经单胺氧化酶催化成5-羟色醛以及5-羟吲哚乙酸，随尿液排出。

卢长征等[70]利用响应面分析法对沙棘中5-羟色胺的提取工艺进行优化。以提取果汁和沙棘种籽后的沙棘果皮和枝条渣为原料，在单因素实验的基础上，选取对5-羟色胺得率影响较大的因素，利用统计软件SAS中响应面分析法Box-Behnken中心组合设计，以得率为参考指标，得出5-羟色胺最佳提取工艺参数为提取温度80.6℃、料液比1∶6、提取时间1.4h，在此条件下5-羟色胺得率为0.8712。

5 熊果酸的提取工艺

熊果酸是存在于天然植物中的一种三萜类化合物，具有镇静、抗炎、抗菌、

抗糖尿病、抗溃疡、降低血糖等多种生物学效应，因而被广泛地用作医药和化妆品原料。

鲁长征等[71]以提取果汁和沙棘籽后的沙棘果皮渣为原料，在单因素实验的基础上，选取对熊果酸浸出率影响较大的因素，利用统计软件SAS中响应面分析法Box-Behnken中心组合设计，以浸出率为参考指标，得出熊果酸最佳提取工艺参数为萃取压力22.5MPa、萃取温度40.4℃、CO_2流量23.3L/h，在此条件下熊果酸浸出率为374mg/100g。

6 蛋白提取工艺

沙棘籽是一种优质油料资源，也是一种蛋白资源，其蛋白质含量为20%～25%，必需氨基酸种类齐全，而提油后的粕中仍含有丰富的蛋白质。在食品加工和保藏过程中，蛋白质的溶解度、乳化性和水合能力等性质都会影响到它与食品体系中其他组分的相互作用。常用的沙棘蛋白提取方法为碱提酸沉法和醇提法。凌孟硕等[72]以沙棘籽粕为原料，采用碱酶两步提取沙棘籽粕蛋白，得到最佳提取工艺参数。崔淼[73]对沙棘籽粕进行预处理，分别采用醇法、碱提酸沉法和用碱性蛋白酶从碱提残渣中提取蛋白的方法。醇法提取可以得到副产物原花青素，以碱提蛋白含量和原花青素含量为指标；碱提酸沉法以碱提取率和蛋白质含量为指标；用碱性蛋白酶从碱提残渣中提取蛋白以残渣蛋白的提取率为指标，分别得到最佳工艺参数。

7 沙棘生物活性肽提取工艺

生物活性肽是蛋白质中25个天然氨基酸，以不同组成和排列方式构成的从二肽到复杂的线性、环形结构的不同肽类总称，是源于蛋白质的多功能化合物。活性肽具有多种人体代谢和生理调节功能，易消化吸收，有促进免疫、激素调节、抗菌、抗病毒、降血压、降血脂等作用，食用安全性极高，是当前国际食品界最热门的研究课题和极具发展前景的功能因子。黄鹏等[74]以沙棘粕为原料，制备生物活性肽，以多肽提取率为响应值，通过正交试验，研究最佳的酶解工艺，并探讨酶解液多肽粗提物的抗氧化及酪氨酸酶抑制率。结果表明：沙棘粕酶解制备多肽的最优条件为加酶量3%、料液比1:15、酶解反应时间1h，5mg/ml粗提物对DPPH清除率为68%，酪氨酸酶抑制率为76%。

8 水溶性膳食纤维提取工艺

膳食纤维是一种不能被人体消化的碳水化合物，分为非水溶性和

石防风

沙棘

水溶性纤维两大类。纤维素、半纤维素和木质素是3种常见的非水溶性纤维，存在于植物细胞壁中；而果胶和树胶等属于水溶性纤维，则存在于自然界的非纤维性物质中。黄鹏[75]等采用传统水提法提取沙棘水溶性膳食纤维，通过红外光谱、液相和气相色谱等分析手段初步研究了沙棘水溶性膳食纤维的结构组成。沙棘水溶性膳食纤维平均分子量为2.065×10^5，单糖组成为葡萄糖、鼠李糖、阿拉伯糖、木糖、甘露糖、半乳糖。沙棘膳食纤维提取工艺参数优化结果见表8-11。

表8-11　沙棘膳食纤维提取工艺参数优化结果

材料	方法	加酶（碱）量（功率）	温度（℃）	时间(h)	料液比	pH	得率（%）	参考文献
沙棘	水提	—	80	0.5	1:35	7.0	4.53	[75]
沙棘叶	碱水提	0.5%NaOH	50	2	1:20	—	—	[76]
沙棘叶	酶解	50μl/g纤维素酶	50	4	—	7.0	11.38	[76]
沙棘叶	脱色	3% H_2O_2	25	3	—	8.0	—	[76]
沙棘粕	水提	—	70	0.5	1:35	7.0	4.53	[77]
沙棘粕	酶解	0.9%纤维素酶	55	2	1:25	5.0	8.59	[77]
沙棘果	微波	600W	—	0.07	1:25	2.0	10.8	[78]
沙棘果	乙醇沉析	无水乙醇	85~90	2	1:1	2.0	4.75	[79]

膳食纤维的制备方法主要有以下几种：化学分离法、酶解法、膜分离法、酶-化学结合法、微生物发酵法、机械物理法等[77]。沙棘中膳食纤维的提取可以采用这些方法。下面我们介绍这些方法。

8.1 化学分离法

化学分离法是指采用化学试剂提取处理粗产品或经干燥、磨碎后的原料，制备各种膳食纤维的方法，主要有直接水提法、絮凝剂法、碱法和酸法等。水提法是提取水溶性膳食纤维最为直接、简便的方法，优点是工艺简单、成本低、污染小，乙醇可回收再利用，并可同时制得水溶性膳食纤维和不溶性膳食纤维。而碱法的应用也是比较普遍的，不断的改变碱液浓度提取，应用一些化学试剂进行辅助提取，可将水溶性膳食纤维或非水溶性膳食纤维进一步分离。酸法使用的较少，因为使用酸法制备膳食纤维的过程中，损失较大，得率不高。

8.2 酶法

要制备纯的膳食纤维必须结合酶处理，采用化学分离方法和膜分离法制备的膳食纤维还含有少量的蛋白质和淀粉，酶法在我国还是新工艺，其优点在于不需要高温、高压的水解条件，可以节约能源，操作方便。由于酶极强的专一性，酶法制备的膳食纤维具有很高的纯度，这也是酶法提取膳食纤维最主要的优点。酶法所用的酶主要包括 3 种：α-淀粉酶、蛋白酶和淀粉葡萄糖苷酶。也可通过引用纤维素酶、半纤维素酶处理和制备，得到一些有活性的成分。在膳食纤维中加入纤维素酶可增加水溶性膳食纤维的百分率，改变膳食纤维的生物活性。纤维素酶可将不溶性膳食纤维分解，生成小分子量的单糖或寡糖，从而增加了水溶性膳食纤维的得率。

8.3 膜分离法

膜分离是利用天然或人工制备的选择透过性膜，通过外界能量或化学位差为推动力，对双组分或多组分的溶质和溶剂进行分离、分级、提纯和浓缩的方法。微滤、超滤、纳滤和反渗透等膜分离技术简单、节能、高效，造价低且易于操作，可代替传统的分离技术。膜分离法能通过改变膜的分子截留量，分离低聚糖和一些小分子的酸、酶，以提取高纯度的膳食纤维或者制备不同分子量的膳食纤维。这种方法可以实现工业化大生产，将是提高不溶性膳食纤维的得率和分离水溶性膳食纤维的最有前途的方法。

8.4 酶 - 化学结合法

此法是一种混合的方法，先使用酶去除含量较多且不易除去的部分，如脂肪、淀粉、蛋白质等大分子物质，然后再使用化学试剂进一步提取，以达到较高纯度的膳食纤维。

8.5 机械物理法

其机制是通过挤压膨化和超高压均质过程中的高速撞击、高速剪切、激波振荡、空穴爆炸等作用，使较大分子量的不溶性膳食纤维如纤维素、半纤维素、木质素等大分子的糖苷键熔融或断裂，转化为水溶性聚合物，使部分不溶性膳食纤维转化为非消化性的水溶性膳食纤维。

8.6 微生物发酵法

采用微生物发酵制取膳食纤维是一种比较新颖的技术，可以将不可溶的膳食纤维通过微生物发酵产生的酶使纤维素的糖苷键断裂，产生新的还原性末端，使膳食纤维的大分子聚合度不断下降，部分转化成非消化性可溶多糖。微生物发酵法的原理是：选用适当的菌种和原料，采用发酵的技术提取膳食纤维，水洗至中性，干燥得到成品。如

蜀葵

沙棘

利用保加利亚乳杆菌和嗜热链球菌处理果皮原料生产膳食纤维就是用的这种方法。

9 沙棘中抗氧化成分提取工艺

植物中存在众多消除活性氧自由基的抗氧化类功能因子，包含黄酮、原花青素、吲哚衍生物、双硫代疏基化合物、植物激素等物质，这些化合物可抑制氧化过程和化学致癌的发生。机体有多种抗氧化防御系统，抗氧化剂主要是通过终止自由基链反应，清除自由基来保护机体的。而寻找适当的外源性抗氧化剂，清除体内自由基，对治疗疾病和保护人体健康很有益处。植物提取物的抗氧化活性成分主要有多糖类化合物、黄酮类化合物、多酚类化合物、生物碱、皂苷类、维生素等类型[80]。张滨等[81]以总抗氧化能力为评价指标，在单因素试验的基础上，利用中心组合设计和响应面分析法优化了沙棘果皮渣抗氧化成分的提取工艺。结果表明：提取温度、乙醇体积分数和酸醇比对总抗氧化能力影响显著，沙棘抗氧化成分最优提取工艺为：提取时间60min、料液比1:10（$m:V$）、提取温度90℃、乙醇体积分数68%、酸醇比1:25、提取次数为2次。

10 沙棘黄色素提取工艺

沙棘中的β-胡萝卜素、黄酮类物质是构成沙棘黄色素的主要成分，黄色素常用的提取方法包括有机溶剂提取法、酶反应法、微波辅助提取法、超声波辅助提取法、超临界流体萃取法等。李云娇等[82]研究了超声波法提取沙棘黄色素的最佳提取工艺，进行了单因素试验，探讨了超声时间、超声功率及料液比对沙棘黄色素提取率的影响。李洋等[83]在不同的微波条件下，提取沙棘中的类胡萝卜素，结果表明：类胡萝卜素的最大吸收波长为449nm，各因素对类胡萝卜素提取的影响从高到低为：功率>时间>料液比，提取级数为三级时，提取效果最好。李洋等[84]在超声波单因素试验结果基础上，进行L9（3^3）正交试验，研究了超声波法提取沙棘类胡萝卜素最佳工艺条件。沙棘黄色素提取工艺优化结果见表8-12。

表8-12　沙棘黄色素提取工艺优化结果

材料	方法	提取溶剂	功率（W）	时间	料液比	*色价值	参考文献
沙棘果	超声	丙酮	500	30min	1∶20	39.58	[82]
沙棘果	微波	丙酮	300	40s	1∶15	—	[83]
沙棘果	超声	丙酮–石油醚（2∶1）	300	20min	1∶5	96.5%提取率	[84]

*测定波长450nm下的吸光度A，色素含量采用FAO批准使用的色价法，依据下列公式计算色价值：$C=A×10/m$，式中：C—色价；A—最大吸收波长下的吸光度（$λ=450$nm）；m—试样质量（g）

沙棘黄色素常用的提取方法有：有机溶剂提取法、酶反应法、微波辅助提取法、超声波辅助提取法、超临界流体萃取法等。采用正交试验法研究超声波法和微波提取法提取沙棘黄色素是最佳方法，这些工艺为沙棘黄色素的开发和利用奠定了坚实的理论基础。

除沙棘油、沙棘黄酮、沙棘多糖外，沙棘中其他类成分的提取大多采用溶剂法、超声辅助溶剂提取法、微波辅助溶剂提取法、酶辅助溶剂提取法和超声-酶法辅助溶剂提取法等，提取工艺流程大同小异，在这里就不一一赘述了，以上方法多适用于实验室对各类成分的提取使用，在工业化生产应用中还有一定的局限性。

新技术

1 超临界流体萃取技术

超临界萃取（SFE）法是一种新的分离、提取技术，其原理是超临界流体（SCF）是处于临界温度（T_c）和临界压力（P_c）以上，介于气体和液体之间的流体。这种流体同时具有液体和气体的双重特性，扩散系数比液体大100倍，超临界流体对许多物质有很强溶解能力，气化后容易分离。可作为超临界流体的物质很多，如二氧化碳、一氧化亚氮、六氟化硫、乙炔、庚烷、氨、二氯二氟甲烷等，其中二氧化碳多被使用。超临界流体萃取（SFE）是近代化工分离中出现的

鼠掌草

高新技术，可将传统的蒸馏和有机溶剂萃取结合为一体，利用超临界CO_2优良的溶剂力，将基质与萃取物有效分离、提取和纯化，在天然产物分离中得到广泛的应用[85]。

1.1 超临界CO_2萃取法（supercritical fluid extraction，CO_2-SFE）原理

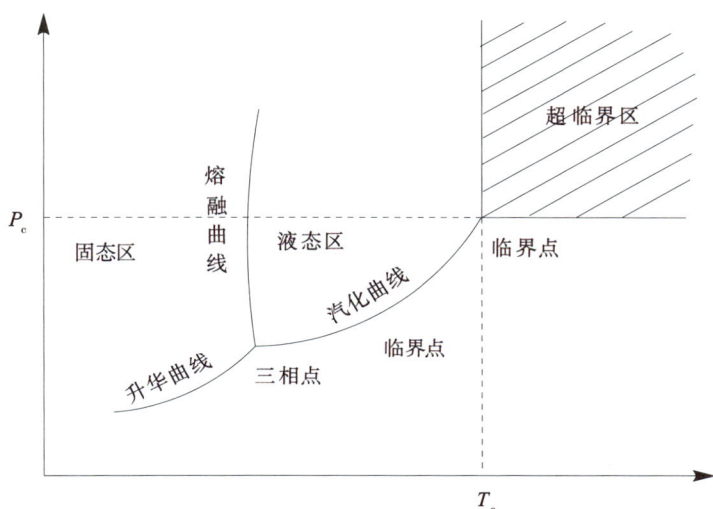

图 8-26 超临界流体原理图

超临界流体具有类似气体的较强穿透力和类似于液体的较大密度和溶解度，是良好的溶剂，可进行萃取、分离单体。超临界流体萃取分离技术是利用超临界流体的溶解能力与其本身密度的相关性，通过改变压力或温度使超临界流体的密度大幅改变从而增加起临界流体的溶解能力，此时在超临界状态下，使超临界流体与待分离的物质接触，有选择性地依次把极性大小、沸点高低和分子量大小不同的成分萃取出来。

1.2 仪器设备

目前，用于工业生产的超临界设备主要国家均有工业化装置，但价格昂贵。我国主要使用自制设备，包括萃取器、分离器、加压系统、制冷系统、CO_2回收装置、温度和压力控制装置以及自动控制系统等。

1.3 工艺流程

SFE技术基本工艺流程为：原料经除杂、粉碎或轧片等一系列预处理后装入萃取器中，系统冲入超临界流体并加压，物料在SCF作用下，可溶成分进入SCF相，流出萃取器的SCF相经减压、调温或吸附作用，可选择性地从SCF相分离出萃取物的各组分，SCF再经调温和压缩回到萃取器循环使用。SCF-CO_2萃取工艺流程

由萃取和分离两大部分组成，在特定的温度和压力下，使原料同SCF-CO_2流体充分接触，达到平衡后，再通过温度和压力的变化，使萃取物同溶剂SCF-CO_2分离，SCF-CO_2循环使用。整个工艺过程可以是连续的、半连续的或间歇的。以下为沙棘果油超临界CO_2萃取的工艺流程（图8-27）[5]。

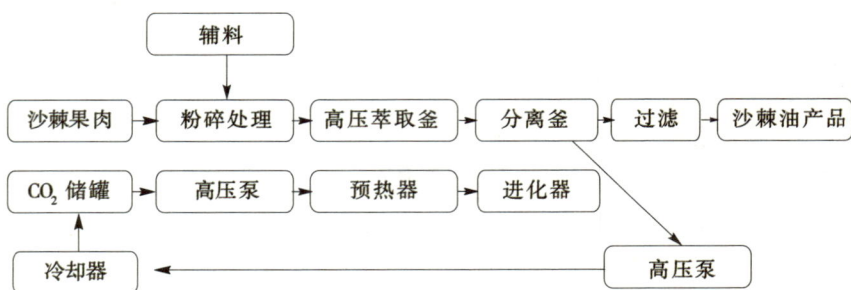

图 8-27 沙棘果油超临界 CO_2 萃取的工艺流程

从沙棘籽或沙棘果皮中萃取沙棘籽油（常温下是液体）、沙棘果皮油（常温下是固体）。沙棘籽和沙棘果皮是从榨用果汁后的沙棘果渣中分离出来的，该方法的主要技术特征是使用无毒、易得、安全、价廉的CO_2的萃取剂，在超临界状态下萃取、降压、升温分离出沙棘油，CO_2再循环使用。

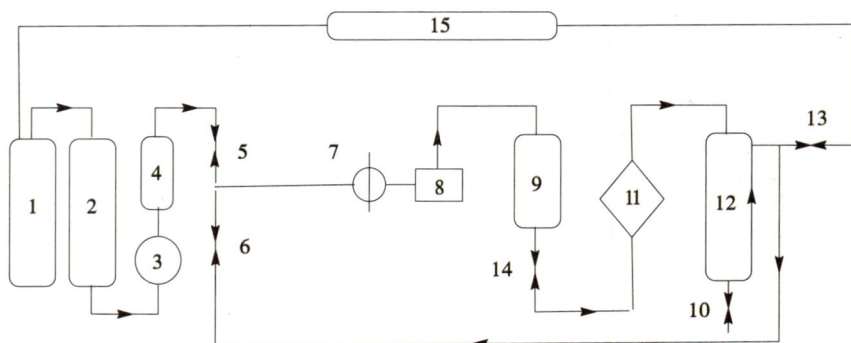

图 8-28 CO_2 超临界流体萃取工艺

1.CO_2气瓶；2.纯化瓶；3.流量计；4.高压泵；5,6,13,14.阀门；7.高压阀；8.加热器；9.萃取器；10.放油阀；11.减压阀；12.分离器；15.冷凝器

生产时将粉碎后的沙棘籽或沙棘果皮装入萃取器，用循环热水加热萃取器、分离器，使CO_2超临界流体至设定温度。储罐内的液体CO_2

水葱

沙棘

通过流量剂，经高压泵加压进入CO_2加热器，成为超临界状态下气体进入萃取器，超临界CO_2气体通过料层时，沙棘油便溶解在CO_2气体中。当压力达到一定值时，缓缓打开萃取器的出口阀门，保持萃取器压力，使溶有沙棘油的CO_2气体经加热器进入分离器。由于超临界CO_2气体溶解植物脂肪的能力随其密度的提高而增加，所以溶有沙棘油的超临界CO_2气体经降压、升温后，CO_2气体密度变小，溶解能力下降，沙棘油便分离出来，从分离器出来的CO_2气体经CO_2冷凝器变成液体CO_2流回CO_2储罐再循环使用[88]（图8-28）。

1.4 应用范围

超临界流体萃取技术主要用于非极性化合物，包括精油、芳香化合物、脂类、胡萝卜素、生物碱、维生素E的提取。SFE在食品、化妆品和制药行业均有应用[89]。由于沙棘含有多种化学成分，因此沙棘油和沙棘黄酮等都可以利用CO_2超临界萃取法进行提取。使用超临界法可生产沙棘种子油、全果油、果渣油、叶油等。CO_2超临界流体萃取法提取沙棘油是以榨汁后的沙棘果渣为原料的，利用超临界CO_2在近室温和不加任何有机溶剂的条件下，直接抽提出高质量的沙棘油，收率达8%以上，所提取到的沙棘油质量优于前面我们所提到各种提取工艺。用超临界CO_2抽提的沙棘油灰分极少，各项分析指标均达到或超过我国沙棘办规定的沙棘籽油的暂行标准。

1.5 优缺点

超临界CO_2萃取法临界温度和临界压力低（T_c=31.1℃，P_c=7.38MPa），操作条件温和，对有效成分的破坏少，因此特别适合于处理高沸点热敏性物质，如香精、香料、油脂、维生素等。CO_2可看作是与水相似的无毒、廉价的有机溶剂，在使用过程中稳定、不燃烧、安全、不污染环境，且可避免产品的氧化；CO_2的萃取物中不含硝酸盐和有害的重金属，并且无有害溶剂的残留；在超临界CO_2萃取时，被萃取的物质通过降低压力，或升高温度即可析出，不必经过反复萃取操作，所以超临界CO_2萃取流程简单。其缺点是超临界萃取技术是一项新技术，技术理论尚不成熟，还没有公认的萃取过程的热力学模型；超临界萃取的工艺技术要求较高，相关的技术人员还有待培养，经验和技术资料都有待积累；由于萃取过程在高压下进行，所以对设备以及整个管路系统的耐压性能要求较高，设计和制造大型的高压萃取设备还有一定难度，安全保障问题也十分突出；设备投资大，对固态物料不能连续处理，处理量不大，能耗高。

1.6 工艺优化

1.6.1 超临界CO_2萃取法影响因素

萃取压力是SFE最重要的参数之一，萃取温度一定时，压力增大，流体密度增大，溶剂强度增强，溶剂的溶解度就增大。对于不同物质，萃取压力有很大区别。萃取率随压力的上升而增加，但压力增至一定程度时，溶剂能力增加缓慢，且操作压力的增加会导致设备投资和操作费用的增加，也会使萃取物中杂质含量增多，通常操作中20MPa～35MPa是较为合适的压力，在规模生产的压力为25MPa甚至更低。

温度对超临界流体溶解能力的影响比较复杂，在一定压力下升高温度，被萃取物挥发性会增加，这样就增加了被萃取物在超临界气相中的浓度，从而使萃取量增大；但另一方面，温度升高，超临界流体密度会降低，使化学组分溶解度减小，从而导致萃取数量减少。在不同压力范围，温度对溶解度的影响不同，高压下，升温可使SCF溶解能力提高；相反在压力较低时，升温使SCF溶解能力急剧下降。因此，在选择萃取温度时要综合考虑这两个因素。

粒度大小可影响提取回收率，粉碎度细，可增加固体与溶剂的接触面积，破坏了物料外壳，使有效成分易于萃出，从而使萃取速度提高。不过，物料的粉碎也不能太细，粒度如过小、过细会严重堵塞筛孔，造成萃取器出口过滤网堵塞影响萃取效率。水在SCF中具有一定的溶解度，具有夹带剂的作用有利于提取，但水分过高也不适合。

CO_2流量的变化对超临界萃取有两个方面的影响：CO_2的流量太大，会造成萃取器内CO_2流速增加、停留时间缩短，与被萃取物接触时间减少，不利于萃取率的提高；但另一方面，CO_2的流量增加，可增大萃取过程的传质推动力，相应地增大传质系数，使传质速率加快，SCF与原料的接触搅拌作用相对增加，从而提高SFE的萃取能力。因此，应合理选择CO_2的流量使其达到最佳值。提取时间一般由原料含有的有效成分含量、提取压力和温度、溶剂的流量及有效成分的经济价值决定，一般也有最佳值。

天然药物中某些有效成分在SCF中的溶解度较小，通常添加第三种组分来提高溶剂的溶解能力，这种组分通常称为夹带剂。其原理是通过改变分子间的作用力，影响溶质在SCF中的溶解度和选择性。常用的夹带剂有水、甲醇、乙醇、丙酮、丙烷等。对于极性较大的溶质，在超临界CO_2中溶解较差，SFE很难萃取出来，但若加入一定的夹带剂，改变溶剂活性，在一定条件下，就可以萃取出来，而且萃取条件会更低，萃取率更高。使用适当的夹带剂不仅可以提高溶质在SCF的溶解度，还可明显降低萃取压力，大大降低了对容器材料的耐高压要求。夹带剂的种类可根据萃取组分的性质来选择，加入的量一般通过实验来确定。

1.6.2 超临界CO_2流体萃取技术工艺参数优化

银建中[86]等采用动态法，重点对沙棘油在超临界CO_2中的溶解度进行了测定。测定的压力、温度范围分别为15.0~30.0MPa、308.2~323.2K。溶解度随压力的增加而增大，当压力小于20MPa时，温度升高，溶解度下降；当压力大于20MPa时，溶解度随温度升高而增大。

高拥军[87]以95%乙醇为夹带剂，对夹带剂的作用进行了初步研究。结果表明，使用夹带剂可以提高得率，降低能耗。试验中使用夹带剂后沙棘油得率提高了1.5%左右，同时紫外分析表明沙棘籽油中含有黄酮类成分。而GC-MS分析结果则表明夹带剂的应用可以在同样条件下萃取出更多的成分。在沙棘油超临界CO_2萃取试验中采用两级分离的方法研究了脱酸效果。测定结果表明，采用两级分离后沙棘油的酸价由一级分离时的9.25mgKOH/g油降到了两级分离时的2.24mgKOH/g油，同时水分及挥发物含量会降低，而维生素E的含量明显提高。沙棘二氧化碳超临界流体技术提取工艺参数优化结果见表8-13。

表8-13　沙棘二氧化碳超临界流体技术提取工艺参数优化结果

目标物	粒度（目）	萃取压力（kPa）	萃取温度（℃）	时间（h）	CO_2流量（kg/h）	提取率（%）	参考文献
沙棘油	—	200~300	40~60	4	400	80	[88]
沙棘油		100~200	30~60	—	—	95	[90]
沙棘油	60~100	200~250	35~50		25~35	—	[91]
沙棘油	40	350	40	2.5	—		[92]
黄色素	—	250~300	35~40	3	12	—	[93]

作为一种新兴技术，超临界流体萃取技术已显示出它的优势，虽然也面临着基础研究薄弱、设备压力高、投资大等困难，但我们相信，在更系统深入的研究与开发下，这一技术将为天然药物的开发研究做出更大的贡献。尤其是将超临界流体萃取技术与各种其他提取分离技术的联合应用，将会为超临界流体萃取技术的应用提供更广阔的前景。

2　分子蒸馏技术

2.1 工艺原理

分子蒸馏是一种在高真空（0.1～10.0Pa）条件下进行的液-液分离技术。分子蒸馏技术（molecular distillation，MD）是蒸发器表面到冷凝器表面的距离小于操作压力下分子的平均自由程的一种分离技术，在一定的外界条件下，不同种类的分子由于其分子有效直径不同，其平均自由程也各不相同。轻分子的平均自由程大，重分子的平均自由程小，若在离液面小于轻分子平均自由程而大于重分子平均自由程处设置一冷凝面，使轻分子落在冷凝面上被冷凝，而重分子因达不到冷凝面回原液面，会形成一个不断逸出和冷凝的平衡过程，当此动态平衡不断的得到保持时，液液混合物就会持续不断的分离。分子蒸馏技术正是利用不同种类分子逸出液面后平均自由程不同的性质实现的[94]。

2.2 仪器设备

分子蒸馏技术用到的主要仪器设备有料液罐、分子蒸馏器、冷阱、真空泵、接收罐等。

2.3 工艺流程

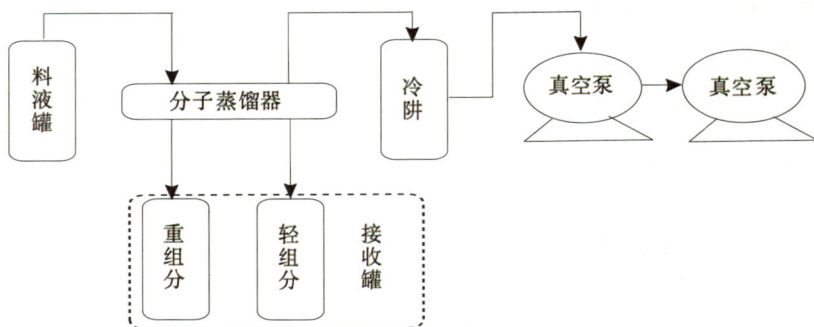

图 8-29　分子蒸馏技术工艺流程

水杨梅

沙棘

2.4 应用范围

分子蒸馏可极有效地脱除液体中的低分子物质（如有机溶剂、臭味等）和色素，因此用分子蒸馏技术纯化的沙棘籽油的色泽会变淡，亚油酸和α-亚麻酸的含量会有所提高，物理性状也会大为改善。

2.5 优缺点

分子蒸馏技术具有蒸馏温度低、真空度高、物料受热时间短、分离程度高等特点，特别适合于高沸点、热敏性和易氧化物质的分离。

2.6 工艺优化

对分子蒸馏的影响因素有：蒸馏温度、刮膜器转速、进料速度等。当加热温度低于90℃时轻组分接收罐几乎没有东西；高于200℃时物料易在分子蒸馏柱中发生化学变化，因此将分子蒸馏器温度选为100~130℃、刮膜器转速420r/min、物料速度为20~40滴/分钟，经过CO_2超临界流体萃取和分子蒸馏后，沙棘籽油中的亚油酸和α-亚麻酸的含量由64.28%提高到75.77%。

3 分子烙印技术

3.1 工艺原理

分子烙印技术（molecular imprinting technology，MIT）是20世纪末出现的一种高选择性分离技术，模仿了生物界的锁匙作用原理，使制备的材料具有极高的选择性，因而受到全球众多研究人员的重视，很快在许多相关领域如手性分离和底物选择性分离、固相萃取、化学或生物传感器、不对称催化和模拟酶等方面得到了应用[95]。

3.2 仪器设备

实验室常规反应仪器。

3.3 工艺流程

共价分子烙印技术：是在含有大量交联剂的溶液体系中，模板分子（TMP）和功能单体以非共价作用（如氢键作用、离子对相互作用等）形成主客体配合物，通过引发功能单体和交联剂的聚合反应，形成高度交联高分子刚性骨架，得到分子烙印聚合物（MIP）。当以一定方式消除功能单体和模板分子间的作用时，模板分子从MIP中流出的同时，会留下和模板分子构型类似的孔穴和相应的可作用位点。因此，MIP将对TMP及和TMP具有类似结构和官能团的物质呈现出预期的选择性和高度的识别功能[97]。

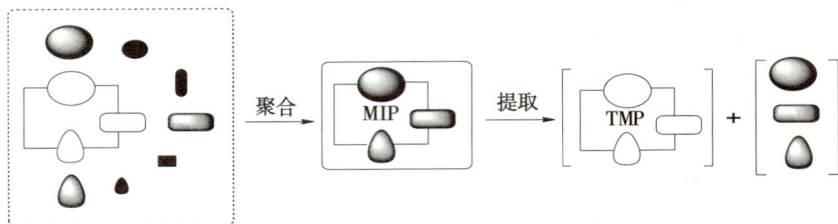

图 8-30　分子烙印技术工艺流程

3.4 应用范围

近年来，分子烙印技术在中草药有效成分分离中的应用已较为广泛，涉及到黄酮、生物碱、碳环芳香族酚酸性化合物、萜类、蒽醌、色原烷衍生物、香豆素等多种成分[96]。分子烙印技术主要应用在沙棘黄酮的提取方面，学者周力等[98]制备了以槲皮素作为模板的分子烙印聚合物，从沙棘粗提物中分离提取槲皮素和异鼠李素，效果良好。采用分子烙印技术提取沙棘总黄酮具有很高的选择性，但是这种方法成本太高，过程繁琐，现在还处于实验室摸索阶段。

3.5 优缺点

分子烙印技术在选择性分离识别中草药有效成分的应用研究中，已取得了一定的成果，但作为一种新型的分离手段，还存在一些亟待解决的问题。目前，可供选择的功能单体种类太少，远不能满足中草药体系实际应用的需要，并且大多数分子烙印技术只能在有机溶剂中进行，而中草药有效成分的分子识别系统大多需在水溶液中进行，如何在水溶液中进行应用仍是个难题。此外，分子烙印技术主要应用于小分子，而对于分子量较高的物质还有一定的困难。

3.6 工艺优化

分子烙印技术将会在以下几个方面得到进一步发展：第一，将会出现更多种类的功能单体、交联剂以及合成方法；第二，分子烙印和识别过程将从有机相转向水相，以便能够与中草药有效成分的分子识别系统相匹配；第三，分子烙印技术有望从小分子过渡到大分子、生物活体细胞甚至气体分子；第四，手性分离和固相萃取中草药有效成分领域将进入工业化阶段。随着化学、生物学、材料学和分析技术的不断进步，分子烙印技术在中草药有效成分的分离领域将发挥重要的作用[96]。

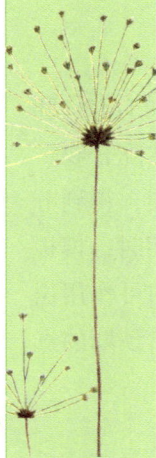

丝点地梅

沙棘

4 联用技术

超临界流体萃取技术和其他分离技术的联用按联用对象分类主要如下。

4.1 超临界流体萃取技术和分子蒸馏技术联用

天然产物中含有较多的热敏性、易氧化、易分解成分，采用传统分离方法极易引起成分的氧化、分解、聚合而受到破坏。超临界CO_2萃取技术及分子蒸馏技术的主要特点：利用真空技术将分离温度降到最低，最大限度的保证目标成分不被分解。超临界CO_2萃取技术适合从天然原料中提取所需成分；分子蒸馏技术适合于分离和提纯粗产品中的高附加值成分。这两种新技术都有各自的局限性，超临界CO_2萃取技术采用超临界状态下的CO_2作为介质，根据相似相溶原理，CO_2作为一种非极性物质对一些非极性的物质有着较好的萃取能力，但对极性物质萃取效果则不好，且对目标产物选择性较差，难以进行更精确的分离；分子蒸馏可对超临界CO_2萃取产物进行二次分离，选择分离目标产物，使其得到进一步纯化，提高产品利用价值，对超临界萃取产物进行分子蒸馏前后比较发现，产物中化学成分的种类有所减少或基本不变，但有效成分的含量明显提高。SFE-MD联用可使产品生产的全过程都保持在适宜的温度下，使生产的天然产物品质和效率达到最经济的状态，得到其他分离手段难以完成的高纯度产品[94]。

金波等[99]将超临界流体萃取和分子蒸馏技术联合运用在开发纯天然多不饱和脂肪酸功能食品——沙棘油的提取中，并提出了超临界流体萃取以及分子蒸馏结合超临界流体萃取的新工艺方法。

4.2 超临界流体萃取技术和吸附技术相结合

近年来发展起来的大孔吸附树脂分离纯化技术，是一项广泛应用于中药有效成分分离、纯化的技术，在中药有效化学成分的提取方面显示了独特作用。大孔吸附树脂与常规吸附剂如活性炭、硅胶、离子交换树脂等相比，具有显著的优点和特性，特别是在皂苷和黄酮方面的应用已实现工业化。大孔吸附树脂具有如下特点：能选择吸附，又便于溶剂的洗脱，整个过程pH不变；可以对有机物进行良好选择，在大量的无机盐存在下也无影响，并可大大减少工作流程；脱色去臭作用能力高；吸附树脂的物理与化学稳定性高，经久耐用；吸附树脂一般系小球状且直径在0.2~0.8mm之间，易于洗脱；溶剂用量少，避免了因溶剂而产生的乳化现象；吸附树脂品种繁多，可根据不同要求使用不同品种；易于再生利用，分离物杂质少。

王尚义[100]从十种大孔吸附树脂中优选出AB-8型大孔吸附树脂，将酶解后果渣用90%乙醇6倍量体积连续回流6h后，回收乙醇提取液至原体积的10%。再将回收

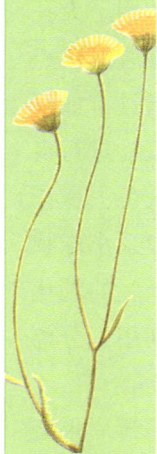

乙醇后的提取液用水混悬后过AB-8型大孔吸附树脂柱，分别用水和30%乙醇依次洗脱3h，用以除去提取液中极性较大的蛋白、糖等水溶性杂质。再用90%乙醇洗脱树脂柱10h，洗脱液回收乙醇，经过滤得沙棘黄酮。

王尚义将沙棘经CO_2超临界流体萃取脱沙棘果油技术、酶水解技术和大孔吸附树脂这三项技术用于沙棘黄酮的分离纯化。这三项关键技术的应用，使沙棘得到了综合开发利用，并且研究发现沙棘黄酮工业化生产的副产品价值高，在内蒙古宇航人高技术产业有限责任公司规模化生产中可以降低成本，真正实现了低投入、高产出的规模化生产经营模式。

孙江晓[101]等报道用乙醇水溶液提取沙棘叶，所得提取液以0.5～3BV/h（每小时0.5~3倍柱体积）的流速流过装有中极性或强极性大孔吸附树脂的树脂柱，然后用水清洗树脂柱，用50%～90%乙醇溶液以0.5~2BV（每小时0.5~2倍柱体积）的流速洗脱，浓缩洗脱液至干，得到浅棕色提取物，其沙棘总黄酮（苷）的含量为20%～40%。

除以上两种联用技术外，常用到的联用技术还有超临界流体萃取技术与溶剂萃取法联用、超临界流体萃取技术与色谱分离手段联用、超临界流体萃取技术与超滤技术相结合、超临界流体萃取技术和膜过滤技术联合、超临界流体萃取技术与浓缩、离心技术联用以及超临界流体萃取技术与生物降解法相结合。

综上所述，将超临界流体萃取技术与其他各种分离技术联用，必将大大提高其工业化的可行性，从而促进超临界流体萃取技术的应用发展。

展望

国内外市场上的沙棘提取物主要为沙棘籽油、沙棘果油、原花青素、沙棘黄酮、沙棘膳食纤维等。沙棘籽油和果油作为药品、化妆品、功能食品的中间体和原辅料，应用领域广阔、市场潜力巨大。对各种天然沙棘提取物和果汁，如沙棘汁浓缩汁、沙棘油、沙棘黄酮等的需求必将成倍增长。随着国内外对食品安全的高度关注，超临界CO_2萃取的沙棘油以其无溶残、质量稳定等优点，正在逐步替代传统

屠还阳参

沙棘

工艺生产沙棘油。因此，沙棘中各类成分提取与精制工艺的研究还在延续，无论是选择何种提取工艺，前提不仅要避免过高的经济与环境成本，同时还要有利于资源的综合利用，避免不必要的浪费，更要保持与提高产品的生物活性。忻耀年[5]将各种沙棘有效成分提取技术应用范围和主要优缺点总结见表8-3。

我国是沙棘的主产区，沙棘资源的分布与蕴藏量在世界上都是首屈一指的，因此沙棘的开发和利用前景极为广阔。今后对沙棘产品的开发研究会更加深入，并通过对沙棘的各种成分提取与精制工艺的研究，使沙棘在制药、保健食品及化妆品等方面发挥重要作用，为进行系列开发和产品研制提供坚实的基础，促使沙棘产业成为支柱性产业。

参考文献

[1] 刘洪章. 沙棘生物学与化学成分研究[D]. 吉林农业大学博士学位论文，2003.

[2] 高拥军. 沙棘油的超临界CO_2萃取与应用[D]. 南京林业大学，2004.

[3] 张东、陈保华. 我国沙棘提取行业的现状及发展分析[J]. 青海科技，2010，（5）：12-15.

[4] 武福亨，赵玉珍. 原苏联沙棘油提取工艺介绍及其对我们的启迪[J]. 沙棘，1994，（4）：34-40.

[5] 忻耀年. 沙棘主要有效生物活性物质的含量、分布和提取方法[J]. 国际沙棘研究与开发，2007，（1）：17-24.

[6] 武福亨，赵玉珍. 俄罗斯（前苏联）对沙棘油的研究与开发[J]. 国际沙棘研究与开发，2004，（2）：1-5.

[7] 孟春玲. 超声波辅助提取沙棘籽油的工艺优化研究[D]. 北京林业大学，2008.

[8] 陈恺，李瑾瑜，田志，等. 沙棘果油提取工艺的研究[J]. 农产品加工（学刊），2013，20：27-30.

[9] 闫克玉，杜紫娟. 正交试验法优化沙棘籽油的提取工艺[J]. 食品研究与开发，2010，（4）：31-34.

[10] 赖先荣，尹靖先，何毓敏，等. 均匀设计法优选沙棘全果油溶剂法提取工艺[J]. 中国实用医药，2008，27：60-62.

[11] 张丽霞，康健，吴桐. 新疆沙棘籽油提取工艺研究[J]. 食品科技，2011，（8）：196-201.

[12] 宋于洋. 沙棘油提取工艺研究[J]. 食品科学，2006，（10）：370-372.

[13] 范少敏，冯改利，王昌利，等. 沙棘籽油提取工艺研究[J]. 陕西中医学院学报，2004，（4）：49-50.

[14] 康健，顾晶晶，王继国，等. 沙棘果油的酶法提取及其脂肪酸的测定[J]. 食品科学，2011，（2）：260-262.

[15] 郭玉霞，柴庆伟，马新付. 响应面法优化沙棘果油水酶复合提取工艺[J]. 食品工业，2013，（10）：82-84.

[16] 陈松，唐年初，郭贯新，等. 水酶复合法提取沙棘果油的研究[J]. 中国油脂，2009，（4）：9-11.

[17] 高锦明，张鞍灵，李芸生，等. 沙棘黄酮化学研究的进展[J]. 沙棘，1998，（2）：34-40.

[18] 王尚义，郑玉霞，刘声普. 水浸提沙棘叶总黄酮的工艺研究[J]. 沙棘，2001，（2）：27-29.

[19] 邸多隆，刘晔玮，王勤，等. 沙棘叶总黄酮提取工艺研究[J]. 中药材，2006，（9）：979-981.

[20] 王元，王学军. 正交试验法优选沙棘叶总黄酮的提取条件[J]. 甘肃科技，2009，21：159-160.

[21] 张冬雪. 水浸提沙棘果渣总黄酮工艺研究[J]. 国际沙棘研究与开发，2008，（4）：10-13.

[22] 朱万靖，倪培德，江志炜. 沙棘资源开发与沙棘黄酮提取[J]. 中国油脂，2000，25（5）：46-48.

[23] 侯霄. 正交实验法优化沙棘黄酮的提取工艺[J]. 国际沙棘研究与开发，2010，（3）：21-24.

[24] 陈海芳. 沙棘叶总黄酮提取工艺和化学成分研究[D]. 西北农林科技大学，2006.

[25] 王振宇，夏祥慧，李宏菊. 响应面分析法优化大果沙棘总黄酮提取工艺[J]. 东北林业大学学报，2009，（6）：30-32.

[26] 袁媛，张浩，郑苗. 沙棘果中总黄酮苷类的提取工艺研究[J]. 华西药学杂志，2012，（1）：70-72.

[27] 张郁松，罗仓学. 正交设计法优化沙棘果渣中总黄酮的提取工艺[J]. 沙棘，2007，（2）：19-21.

[28] 袁本香，张东河. 沙棘果实中总黄酮提取工艺研究[J]. 科协论坛（下半月），2007，（9）：52-53.

[29] 王树林. 沙棘叶黄酮提取工艺研究[J]. 食品研究与开发，2008，（8）：110-113.

[30] 包明兰，巴根那，拉喜那木吉拉. 蒙药沙棘中黄酮类成分的提取工艺研究[J]. 中国民族医药杂志，2010，（4）：51-53.

[31] 陈丽娜，吴琼，石矛，等. 沙棘籽及果皮渣黄酮提取工艺研究[J]. 食品科技，2010，（10）：211-213.

[32] 朱万靖，倪培德，江志炜. 沙棘果渣中黄酮类化合物最佳提取工艺研究[J]. 中国油脂，2001，（1）：35-37.

[33] 鲁长征，山永凯，刘明. 沙棘果泥中黄酮提取工艺优化研究[J]. 国际沙棘研究与开发，2012，（2）：13-17.

[34] 刘茜，刘宝沛. 也谈沙棘果渣中总黄酮的提取工艺[J]. 沙棘，2008，21（1）：19-20.

土三七

沙棘

[35] 田景民，陈贵林. 沙棘果渣总黄酮提取工艺响应面法优化与抗氧化活性研究[J]. 食品安全质量检测学报，2014，（9）：2813–2820.

[36] 李教社，杨云，付君鸣，等. 中国沙棘叶总黄酮提取工艺研究[J]. 沙棘，1999，（4）：28–30.

[37] 刘锡建，王艳辉，马润宇. 沙棘果渣中总黄酮提取和精制工艺的研究[J].食品科学，2004，（6）：138–141.

[38] 姜少娟，马养民，孔东宁，等. 超声波法提取沙棘果渣中总黄酮的最佳工艺研究[J]. 西北农林科技大学学报（自然科学版），2006，（10）：184–188.

[39] 祖元刚，赵春建，付玉杰，等. 正交试验法优选沙棘总黄酮的超声波提取工艺[J]. 林产化学与工业，2005，25（3）：85–88.

[40] 曹红，杨金凤，单丽娜，等. 新疆沙棘果实中总黄酮超声辅助提取工艺研究[J]. 食品与生物技术学报，2011，（3）：348–352.

[41] 刘高波. 沙棘黄酮提取工艺及抗氧化性能的研究[D]. 黑龙江大学，2007.

[42] 张益娜. 新疆沙棘叶黄酮类化合物提取、纯化及抑菌性研究[D]. 新疆农业大学，2007.

[43] 陈金娥，赵丽婷，赵二劳，等. 微波萃取-正交优化设计沙棘黄酮提取工艺[J]. 中成药，2007，（11）：1612–1614.

[44] 李宋玲. 微波法提取沙棘总黄酮的工艺研究[J]. 世界中西医结合杂志，2012，（7）：572–575.

[45] 焦岩. 大果沙棘黄酮分离纯化及生物活性研究[D]. 东北林业大学，2010.

[46] 焦岩，王振宇. 响应面法优化纤维素酶辅助提取大果沙棘果渣总黄酮工艺研究[J]. 林产化学与工业，2010，（1）：85–91.

[47] 朱洪梅，赵猛，王文晖，等. 酶法提取沙棘叶中黄酮的研究[J]. 农业与技术，2008，（6）：30–32.

[48] 徐升运，赵文娟，陈卫锋，等.生物酶法提取沙棘果渣总黄酮工艺的优化[J]. 湖北农业科学，2012，（5）：983–986.

[49] 李辰，袁健，邱多隆，等. 5种大孔吸附树脂对沙棘叶黄酮苷元的静态吸附/解吸附性能[J]. 精细化工，2007，（7）：657–661.

[50] 刘睿，王芃，施荣富，等. 氢键吸附树脂的合成及高纯度沙棘叶黄酮的制备[J]. 高分子学报，2010，（10）：1211–1217.

[51] 张静，张晓鸣，佟建明，等. 金属络合法纯化银杏黄酮的研究[J]. 天然产物研究与开发，2010，（5）：751–754.

[52] 焦岩，常影，许英一，等. 金属络合法纯化大果沙棘黄酮工艺研究[J]. 食品科技，2013，（6）：210–213.

[53] Li JF, Wang LS, Bai HQ, et al. Synthesis, characterization and anti-inflammatory activities of rare earth metal complexes of luteolin[J]. Medicinal chemistry research，2011，20：88–92.

[54] 刘春兰，杨万政，刘海青，等. 沙棘叶水溶性多糖的提取工艺[J]. 中央民族大学学报（自然科学版），2005，（3）：251–254.

[55] 杨宏志，钟运翠，阎福林，等. 沙棘多糖提取工艺研究[J]. 黑龙江八一农垦大学学报，2009，（2）：68–71.

[56] 包怡红，秦蕾，王戈. 沙棘叶多糖的提取工艺及抗氧化作用的研究[J]. 食品工业科技，2010，（1）：286-290.

[57] 金婷. 沙棘多糖的提取纯化、结构鉴定及其抗氧化性的研究[D]. 东北农业大学，2006.

[58] 秦蕾. 沙棘叶多糖的提取、功能及其分子修饰的研究[D]. 东北林业大学，2010.

[59] 周丽，张瑞霞，田军. 响应面法优化超声辅助提取沙棘叶多糖的工艺研究[J]. 宁夏医学杂志，2009，（12）：1125-1126.

[60] 陈丽娜，吴琼，邹险峰，等. 破壁方法对沙棘籽及果渣粗多糖提取率的影响[J]. 食品研究与开发，2014，（6）：34-36.

[61] 陈金娥，黄立，张海容. 响应面法优化-微波萃取沙棘叶多糖工艺[J]. 计算机与应用化学，2014，（7）：848-852.

[62] 张妍，吴秀香. 原花青素研究进展[J]. 中药药理与临床，2011，（6）：112-116.

[63] 王翔飞，周文明，傅建熙，等. 沙棘籽中原花青素的提取工艺[J]. 西北农业学报，2006，（3）：204-207.

[64] 崔淼，邹立，王宇峰，等. 沙棘籽粕原花青素的提取工艺研究[J]. 粮油加工，2010，（12）：132-135.

[65] 徐晓云，潘思轶，胡建中. 沙棘籽中原花色素的提取工艺研究[J]. 食品科学，2005，（3）：165-169.

[66] 金海英. 沙棘籽渣中低聚原花青素提取和精制工艺研究[J]. 沙棘，2005，（2）：29-31.

[67] 武宇芳，许霁，赵二劳. 沙棘叶中绿原酸提取工艺研究[J]. 食品工业，2012，（4）：70-72.

[68] 李峰，刘浩，钟媛，等. 沙棘叶中总多酚和总黄酮的提取工艺[J]. 食品与机械，2012，（4）：128-130.

[69] 利毛才让，索有瑞. 正交设计优化沙棘果中总酚酸的提取工艺[J]. 西北药学杂志，2011，（2）：82-84.

[70] 鲁长征，山永凯，李树志，等. 响应面分析法优化沙棘中5-羟色胺提取工艺[J]. 食品科技，2010，（6）：199-203.

[71] 鲁长征，山永凯，李树志，等. 响应面法优化沙棘中熊果酸提取工艺[J]. 国际沙棘研究与开发，2010，（4）：28-33

[72] 凌孟硕，崔淼，赵晨伟，等. 沙棘籽粕蛋白的碱酶两步法提取工艺及功能性研究[J]. 食品工业科技，2012，（17）：240-244.

[73] 崔淼. 沙棘籽粕蛋白的提取及其功能性质的研究[D]. 江南大学，2011.

[74] 黄鹏，苏宁，王昌涛. 沙棘生物活性肽的制备及功效研究[J]. 食品与机械，2010，（6）：67-69.

[75] 黄鹏，刘畅，王珏，等. 沙棘水溶性膳食纤维的提取及结构分析[J]. 食品科

沙棘

万年蒿

技，2011，（2）：203-206.

[76] 张军. 沙棘叶水溶性膳食纤维提取工艺研究[J]. 国际沙棘研究与开发，2012，（1）：1-4.

[77] 刘畅. 沙棘粕水溶性膳食纤维的制备及应用[D]. 东北农业大学，2010.

[78] 赵二劳，王彦波. 微波辅助提取沙棘果胶[J]. 中国食品添加剂，2009，（6）：92-94.

[79] 李兴国，徐雅琴，黄峰华. 沙棘果胶提取工艺研究[J]. 沙棘，2005，（1）：40-42.

[80] 郑瑞生，封辉，戴聪杰，等. 植物中抗氧化活性成分研究进展[J]. 中国农学通报，2010，（9）：85-90.

[81] 张滨，粟登权，曾丹，等. 响应面法提取沙棘抗氧化成分工艺优化[J]. 食品工业，2013，（5）：75-79.

[82] 李云娇，李伟伟，谭立超，等. 超声波法提取沙棘黄色素的工艺研究[J].农产品加工（学刊），2010，（3）：35-37.

[83] 李洋，徐雅琴. 微波法提取沙棘中类胡萝卜素最佳工艺的研究[J]. 食品工业科技，2008，（5）：193-195.

[84] 李洋，徐雅琴. 超声波法提取沙棘中类胡萝卜素条件的优化[J]. 食品科技，2008，（1）：137-139.

[85] Raventos M，Duarte，Alarcon R．Application and possibilities of supercritical CO_2 extraction in food Processing industry：an overview［J］．Food Science and Technology International，2002，8（5）：269-284.

[86] 银建中，刘润杰，丁信伟，等. 沙棘油在超临界二氧化碳流体中溶解度的实验研究[J]. 现代化工，2002，（1）：111-113.

[87] 高拥军. 沙棘油的超临界CO_2萃取与应用[D]. 南京林业大学，2004.

[88] 张红霞，申林. 超临界二氧化碳萃取装置及其萃取沙棘油的研究[J]. 沙棘，2002，（2）：28-30.

[89] Andrea Capuzzo，Massimo E．Maffei，Andrea Occhipinti．Supercritical Fluid Extraction of Plant Flavors and Fragrances[J]．Molecules，2013，18（6）：7194-7238.

[90] 超临界二氧化碳萃取沙棘油等药用成分[J]. 精细化工原料及中间体，2012，（7）：53.

[91] 颜英. 超临界CO_2萃取沙棘油的研究[J]. 精细石油化工，2003，（3）：39-42.

[92] 贺晓光，李海峰，王松磊. SFE-CO_2技术提取沙棘油的工艺研究[J]. 四川食品与发酵，2008，（6）：32-35.

[93] 殷丽君，殷力，孔书敬. 超临界CO_2流体萃取沙棘黄色素的研究[J]. 中国林副特产，2000，（2）：3-4.

[94] 张运晖，赵瑛，罗俊杰. 超临界CO_2萃取与分子蒸馏技术的研究综述[J]. 甘肃农业科技，2013，（5）：44-47.

[95] 刘学良，刘莺，王俊德，等. 分子烙印技术的应用与最新进展[J]. 分析化学，2002，（10）：1260-1266.

[96] 周波，庞小琳，刘凤艳，等. 分子烙印技术选择性分离识别中草药有效成分中的研究进展[J]. 辽宁化工，2012，（5）：481-483.

[97] Martin P，Wilson ID，Jones GR．Optimisation of procedures for the extraction of structural

analogues of propranolol with molecular imprinted polymers for sample preparation[J]. Journal of Chromatography A，2000，889：143–147.

[98] 周力，谢建春，戈育芳，等.分子烙印技术在沙棘功效成分提取中的应用[J]. 物理化学学报，2002，18：808–811.

[99] 金波，龚春晖. 高新分离技术在天然多不饱和脂肪酸功能食品开发中的应用[J]. 中国食品添加剂，1996，（2）：10–15.

[100] 王尚义. 沙棘果渣提取与精制沙棘黄酮的研究及工业化分析[D]. 内蒙古大学，2007.

[101] 孙江晓，黄瑞川. 以树脂吸附法从沙棘叶中制备沙棘黄酮（苷）的方法：中国，01103737.7[P]. 2001–08–15.

（张娜）

紫茉莉

沙棘

第九章

沙棘的产品与市场现状

沙棘中含有多种人体必需但又不能自身合成的氨基酸、维生素、微量元素、多酚、黄酮等生理活性物质，就目前检测水平来看可以达到190多种[1]。沙棘有维生素"源"植物的美称，富含维生素C、维生素E，β-胡萝卜素，B族维生素，维生素K、维生素P、维生素F等。中国沙棘的维生素C含量位于所有沙棘品种之首，可达2500mg/100g；维生素E的含量达162～255mg/100g，高于其他沙棘品种维生素E含量的总均值160mg/100g。沙棘果肉中还含有以天门冬氨酸为主的18种氨基酸，并且包含了8种人体必需氨基酸。沙棘油中含有13种单羟基氨基酸、4种双羟基氨基酸，7种单、双和三环氧酸[2]。因此，沙棘不仅具有医疗保健作用，而且在食品、化妆品及饲料加工方面均有较大的开发价值。目前，我国沙棘产品生产企业超过200余家，沙棘也被誉为"国家的生态树、社会的效益树、农民的增收树"[3]。

沙棘产品

目前国内外沙棘产品的研制与生产出现了保健化、天然化、系列化、多样化的趋势。国内外市场上销售的沙棘产品分为沙棘食品、沙棘药品、沙棘化妆品三大系列：沙棘商品的出口主要是俄罗斯和中国，进口国主要是美国、日本、瑞典等国家。国际市场上主要销售的沙棘基础产品有沙棘油、沙棘浓缩汁和沙棘粉，其中沙棘油供不应求，仅俄罗斯医药工业每年就需750吨，而国内的产量只能满足一小部分。俄罗斯专家预测，沙棘油和沙棘系列药物仅能够满足国际市场需求量的1/10。因此对沙棘系列产品的开发，具有广阔的市场前景[4]。

1 沙棘药品的开发和应用

沙棘在藏药中的应用已有1300多年的历史，藏医现存最早的典籍《月王药诊》、《四部医典》均有其记载，《晶珠本草》中记载"达日布"果，"锐、轻，治培根病"等。公元13世纪沙棘传入蒙古族居住地区，成为藏、蒙民族的传统药物，一般是将其制成沙棘膏，然后直接或与其它药味配制成复方，用于临床[5]。2010版药典一部附录Ⅲ成方制剂中未收载的药材和饮片中对沙棘膏制备工艺进行了简单的介绍：取沙棘成熟果实，去其杂质，用水冲洗，根据设备容量，将药物置于铜锅或铝罐内；加水约高出药面6～10cm，以蒸汽或直火加热，在沸腾状态，保持1～2h，倾出煮液；残渣再照上法浸煮，残渣弃出，煮液合并，静置12h，使杂质沉淀；倾出上清液，底部浑液过滤，放入锅内，徐徐蒸发浓缩；若用直火，开始可用高温，后随稠度增大相应降低温度，保持微沸，不断搅拌，防止焦化。溶液浓缩到挑起成丝或不渗纸为度[6]。沙棘膏工艺简单，很多传统成方制剂均以沙棘膏为主要入药形式。

随着对沙棘开发力度的增大，沙棘油的提取和使用越来越引起人们的关注和重视。沙棘油是果肉油和种子油的统称，主要包括不饱和脂肪酸、脂溶性维生素、植物甾醇、磷脂、黄酮、生物碱等。沙棘油提取之前，一般将采集的新鲜沙棘果实，先进行挤压获取果汁（沙棘果肉和果皮的汁状物），挤出果汁后的固状物，干燥，后得到果皮渣和种籽两部分。果汁、果皮渣和种籽中都含有沙棘油，都可作为提取沙棘油的原料[7]。超临界CO_2萃取法因具有提取产品纯度高、无污染、无毒害物质残留等优点，成为提取沙棘油的主要方法[8]。沙棘果实含油率约为1.5%，其中果肉约占总量的43%、果皮渣油约占33%、种籽油约占24%。从沙棘果不同部位提取的沙棘油物理性质也不完全相同，如在15℃以下，果肉油和果渣油成凝固体；沙棘籽油则为清澈透明的液体[7]。沙棘果油和沙棘籽油是天然的抗氧化剂，富含生物活性物质，对增强细胞活力，促进新陈代谢有显著作用。可以说，沙棘油是沙棘中最有医药价值的部位，在治疗恶性肿瘤、妇科疾病、烫伤和抗辐射等方面疗效显著[9]。

在沙棘的开发利用过程中，沙棘黄酮的药用价值越来越受到重视。沙棘果和沙棘叶中均含有黄酮类化合物，又名醋柳黄酮，主要包括槲皮素、异鼠李素、杨梅素、山奈酚及其苷类[10]。黄酮类在沙棘不同部位含量略有差异：果汁365μg/100g，果肉354μg/100g，果皮渣490μg/100g，籽138μg/100g，而沙棘叶的平均含量为876μg/100g。目前，沙棘黄酮的提取方法主要是溶剂提取法，尽管传统溶剂提取法具有耗时、耗能，消耗溶剂量大，经济与环境成本均很高等不足，但由于操作简单、设备要求不高，目前依然在工业生产中普遍使用[11]。沙棘黄酮具有较强的生理活性，近年来药效学研究证实，沙棘黄酮具有抗心律失常、抗心肌缺血、提高耐缺氧能力、降低血清胆固醇、抑制血小板凝集、抗溃疡、抗炎等广泛的药理活性[12]。

据统计，截止到2014年10月经国家食品药品监督管理总局批准销售含有沙棘的药品有26种。这些药品包括23种口服用药、2种外用药以及1种原料药，这些药品剂型众多，有散剂、颗粒剂、片剂、丸剂和胶囊剂等。从处方上看，沙棘的药品以蒙藏传统验方、现代中药复方和沙棘提取物三种类型为主。从功能上看目前沙棘和含有沙棘的药品主要对心血管系统、呼吸系统、消化系统、生殖系统以及皮肤

疾病有很好的治疗作用。以下按照治疗功能将药品进行分类说明。

1.1 治疗心血管系统疾病的药品

沙棘黄酮作为原料药目前已被批准上市，其商品名为"醋柳黄酮"。制法是将沙棘1000g粉碎成粗粉后去除油脂，经浓度为85％的9000ml乙醇分三次加热回流提取，每次2h；滤过，滤液回收乙醇，浓缩成干膏，进一步去除油脂；再用乙醇200ml加热回流提取，回收乙醇，浓缩成干膏，用水100ml洗涤，干燥，即得。国内生产厂家有2家。

心达康片是华西医科大学药学院经多年研制开发的治疗心脑血管疾病的纯天然药物。该产品在1985年荣获四川省科学技术进步奖，并已列入国家基本药物和国家中药保护品种，其主要成分就是沙棘黄酮。这种药物具有补益心气、化瘀通脉、消痰运脾的功效，临床上多用于治疗冠心病、心绞痛及老年人急性冠状综合征等。以治疗冠心病、心绞痛为例，郑金荣等应用心达康治疗冠心病心绞痛68例，并与消心痛治疗的68例进行对比观察，对比观察发现，应用心达康，对心绞痛症状疗效优于对照组（$P<0.01$），心电图疗效明显优于对照组（$P<0.05$），结果表明，在缓解临床症状及改善心肌缺血等方面，心达康对治疗冠心病、心绞痛有较好的疗效[15]。

心达康片的制法主要是将沙棘黄酮粉碎成细粉，加适量稀释剂、崩解剂混匀后，加入黏合剂一步制粒，经干燥后加入润滑剂压制成片，包糖衣或薄膜衣制得。目前，国内生产厂家有7家。由于心达康片是治疗心脑血管疾病的药物，需要快速起效，但是片剂包衣后崩解较慢，故在此基础上，又开发了心达康胶囊、心达康滴丸、心达康软胶囊、心达康分散片和心达康咀嚼片等剂型，并均已获准上市。

心达康胶囊已针对其生产工艺以"一种心达康的生产工艺"为名申请了专利保护。专利中指出，其主要优势是提高了沙棘总黄酮的含量及生物利用度。主要工艺如下：先取沙棘粉制成粗粉，用醇提3次，每次2h，滤过，滤液回收乙醇，浓缩成干膏，盐水沉，水沉物选用石油醚处理，石油醚处理后所得沉淀经干燥，粉碎即得沙棘总黄酮，然后分别加入辅料制成片剂或胶囊。陈光宇等对心达康胶囊（120例）与心达康片（61例）治疗冠心病心绞痛的临床疗效进行了对比观察，结果显示，心达康胶囊对缓解心绞痛、改善心肌缺血的心电图作用显著；对过去依赖硝酸甘油的病人可以减少其药物用量；对中

委陵菜

医心血瘀阻证型的治疗前后症候记分的统计比较疗效显著；对主要症状如胸闷、心悸、气短等单症状疗效是确切而显著的；但经统计学处理，与心达康片剂比较均无显著性差异[16]。

心达康滴丸国内生产厂家有1家。滴丸技术属于固体分散体技术，其特点是提高难溶性药物的溶解度，加快溶出速率，提高药物的吸收和生物利用度。沙棘黄酮是难溶性药物，在甲醇、乙醇、醋酸乙酯及碱性水溶液中微溶，在水中极微溶，这就会对有效成分在体内的吸收速度和程度以及治疗效果造成一定影响。故将心达康制备成滴丸，可以改善其体外溶出速度，提高生物利用度。制备滴丸时，首先将沙棘黄酮与基质加热熔融，然后转移至滴丸机中，调节滴丸机的滴口口径、滴速、滴距等工艺后，滴制即成。该公司对滴丸的制备工艺进行改进，并获得"一种心达康滴丸及其制备方法"的发明专利。

心达康分散片相对于心达康普通片剂来说，在水中的溶解度有大大提高，可在冷水中快速崩解形成均匀混悬液；服用形式多样，可直接饮用，亦可直接吞服或舌下含服，服用更加便利；同时生物利用高，口感好，患者易于接受。心达康分散片的制备工艺改进后获得了"一种心达康分散片及其制备方法"的发明专利。其工艺主要是：将沙棘黄酮及稀释剂、崩解剂及矫味剂以等量递加的方式混合均匀，用40%～80%的乙醇制粒，干燥后压片即得。

1.2 治疗呼吸系统疾病的药品

沙棘颗粒由沙棘膏单味药制备而成，源于藏医经典《达兰毗琉璃》。用于咳嗽痰多、气管炎、消化不良、食积腹痛、胃溃疡、跌扑瘀肿、瘀血经闭、呼吸困难等。临床上多用于急慢性支气管炎的治疗，对急慢性支气管炎的咳、痰、喘效果显著。沙棘颗粒的制备工艺简单，主要由沙棘膏与辅料蔗糖制粒而成。目前国内生产厂家有6家，其中1家在此基础上研制了沙棘片，并获准上市。

沙棘糖浆是由国内某公司研制并生产的，处方包括沙棘果汁、蔗糖及苯甲酸钠，具有止咳祛痰、消食化滞、活血散瘀的作用。主要用于治疗咳嗽痰多、慢性支气管炎、消化不良和缓解心绞痛。制法是取沙棘果汁澄清液，滤过，滤液加入单糖浆及苯甲酸钠，混匀，加水至规定量，混匀，分装，即得。

五味沙棘散是由蒙药沙棘膏、木香、白葡萄干、甘草、栀子五味药材制成的蒙药制剂，又名达尔布班扎，出自《医法海鉴》，收录于《中国药典》2010年版。具有清热祛痰、止咳定喘之功效[17]。用于肺热久咳、胸中满闷、胸胁作痛、慢性支气管炎等。制法包括以上五味，除沙棘膏、白葡萄干外，其余木香等三味粉碎成粗粉，加白葡萄干，粉碎，烘干，粉碎成细粉，混匀后，加沙棘膏混匀，

烘干，再粉碎成细粉，过筛，即得[6]。目前国内的生产厂家有7家。五味沙棘散疗效确切，但由于散剂吸收性和飞散性都比较大，且服用不便，于是在此基础上开发了五味沙棘口服液、五味沙棘颗粒、五味沙棘胶囊、五味沙棘含片等剂型，其中，五味沙棘颗粒和五味沙棘含片已获准上市销售。

1.3 治疗消化系统疾病的药品

沙棘干乳剂是以沙棘油为主要原料制成的。由国内某公司自主开发并获准上市，并以"中药沙棘干乳剂及其制备方法"获得国家发明专利。其主要功效为消食化滞、活血散瘀、理气止痛。临床上多用于治疗功能性消化不良、儿童功能性腹痛、小儿厌食症等。以小儿厌食症为例，薛玉等利用沙棘干乳剂治疗小儿厌食症，治疗方法是将182例小儿厌食症病例随机分为沙棘干乳剂治疗组92例和健胃消食片治疗组90例，并对临床疗效进行比较。结果显示，沙棘干乳剂治疗组总有效率89.13%，明显优于健胃消食片治疗组的63.33%（$P<0.01$）。故沙棘干乳剂治疗小儿厌食症疗效显著，口味好，无毒副作用，值得临床推广应用[18]。

沙棘干乳剂主要是以新鲜沙棘果为原料通过以下制备步骤制得：①取洗净沥干的新鲜沙棘果，榨取果汁，果渣另器收集，果汁离心除去上层油状物后，薄膜蒸发浓缩至可溶性固形物为60%~70%，备用。②分取①所述果渣中的种子干燥，粉碎成粗粉，用正己烷在70~80 ℃条件下回流提取2次，第一次加正己烷4倍量，浸泡1h后，回流3h；第二次加正己烷2倍量，回流2h，冷却抽滤，合并滤液，在70℃、约0.05MPa 条件下回收至无溶剂滴出时充氮气25min，得沙棘油。③取上述浓缩汁、沙棘油，加入辅料后制粒并干燥而得。

沙棘籽油口服液是以沙棘籽油为原料制备而成的，具有消食化滞、和胃降逆、活血化瘀的作用。用于气滞血瘀、胃气上逆所致的脘腹胀痛、嗳气反酸、胸闷、纳呆等。国内生产厂家主要有4家，其中1家公司在此基础上将其开发为沙棘籽油胶丸，即将沙棘籽油包裹在明胶囊壳中，制备成软胶囊，并获准上市。与口服液相比，软胶囊的主要优势在于将液体药物固体化，即掩盖了不良气味，提高了患者的顺应性，又减少了沙棘籽油与空气的接触而氧化变性，使其稳定性大大提高。如果在明胶囊壳中加入遮光剂还可以避免光线对沙棘籽油的影响，使其稳定性进一步提高。

平溃散由白术、甘草、海螵蛸、厚朴、黄柏、绞股蓝总皂苷、沙棘七味药材组成，可以健脾和胃，清热化湿，理气。主治由脾胃湿热所致的消化性溃疡，慢性胃炎及反流性食道炎。平溃散由现任东科药业董事长赵东科教授主持研制而成，并获得1995年"陕西省科技进步二等奖"。以消化性溃疡的治疗为例，戴绍宏等利用平溃散联合奥美拉唑对消化性溃疡进行治疗，消化性溃疡患者76例，随机分成两组，即奥美拉唑组及平溃散联合奥美拉唑组。结果显示，经过4周治疗，两组都可减轻消化性溃疡临床症状。与奥美拉唑组相比，平溃散联合奥美拉唑组的抗酸能力强而持久（$P<0.05$），且症状改善显著（$P<0.05$），两组不良反应发生率无显著性差异。这说明平溃散对于消化性溃疡具有较好的疗效且不良反应较少[19]。

1.4 治疗生殖系统疾病的药品

二十五味鬼臼丸藏语名为"吾斯尼阿日布"，由鬼臼、藏木香、沙棘膏等二十五味药材组成，原处方收载于四川甘孜地区（康巴藏区）著名藏医药学家云丹嘉措所著的《藏医临床札记》一书中，但其临床使用时间更早，距今约有300多年的历史，是藏医治疗各种妇科疾病的首选药物之一。其有祛风镇痛，调经血之功效。主治妇女血症、风症、子宫虫症、下肢关节疼痛，小腹、肝、胆、上体疼痛，心烦血虚、月经不调等症。临床上多用于治疗附件炎、子宫肌瘤、盆腔炎性包块、子宫内膜炎、术后盆腔感染等病症[20]。马凤林等观察502例妇科病人连续服用二十五味鬼臼丸15天后的情况，并对其临床症状进行统计。结果显示，二十五味鬼臼丸在治疗妇科疾病中有效率为93%，其中治愈15.14%，显效33.86%，有效44.02%。治疗过程中未发现毒副反应。这说明二十五味鬼臼丸在妇科疾病的治疗中有一定的疗效，依从性好[21]。二十五味鬼臼丸包括蜜丸和水丸两种剂型，主要是将处方中二十五味药材粉碎成细粉，过筛后与水或蜂蜜泛制成丸。目前国内有7家生产企业。

十一味能消丸为藏药传统验方，由藏木香、小叶莲、干姜、沙棘膏等十一味药材组成，收录于《中国药典》2010年版一部。主要功能是化瘀行血、通经催产。用于经闭、月经不调、难产、胎盘不下、产后瘀血腹痛等症。制法：是将处方中十一味药材粉碎成细粉，过筛后与水泛制成丸[6]。国内某公司在此基础上，将其开发成十一味能消胶囊并已获准上市。魏秀芳观察了加服十一味能消胶囊对药物流产后阴道出血时间及流产效果的影响。结果显示，加服十一味能消胶囊组，药物流产完全流产率明显高于单纯药物流产组，阴道出血时间也明显缩短。说明加服十一味能消胶囊可提高药物流产效果，减少药物流产不全清宫的痛苦，缩短阴道出血时间，值得推广应用[22]。

复方沙棘籽油栓是由国内某公司自主研制并获准上市的妇科用药，并以"复方沙棘籽油在制药中的新用途"为名获得国家发明专利。处方由沙棘籽油、蛇床子、苦参、炉甘石、乳香、没药和冰片组成。主要功效为清热燥湿，消肿止痛、杀虫止痒、活血生肌。用于湿热下注所致的宫颈糜烂。症见：带下量多，色黄或黄白；血性白带或性交后出血；外阴瘙痒、肿痛；腰腹垂胀等。临床多用于治疗宫颈糜烂、细菌性阴道炎、滴虫性阴道炎及老年性阴道炎等。其不但可以杀灭病原体、提高机体免疫功能，且使用方便、安全、副作用小，易被患者接受。复方沙棘籽油栓主要制备工艺如下：取蛇床子、苦参、炉甘石、乳香、没药五味粉碎成细粉；取冰片研细，与上述粉末配研，混匀；另取甘油明胶基质75℃水浴加热融化，与相同温度的沙棘籽油混合乳化成黏稠胶状，并加入上述粉末混匀，待气泡消失后即可浇注到栓剂模具中，冷却后即得。

1.5 治疗皮肤系统疾病的药品

双磺沙棘桉青软膏，有抗菌消炎、化腐生肌、抗辐射损伤的作用，且有奇效，同时可以促进溃肠愈合、组织再生和伤口表面净化，不仅可以治疗轻度烧伤，而且可治疗Ⅰ、Ⅱ度烧伤，可防止烧烫伤创面感染，促进创伤愈合。本品属于中西药合剂，含有磺胺醋酰钠（$C_8H_9N_2NaO_3S \cdot H_2O$）与磺胺（$C_6H_8N_2O_2S$），其总量在9.9%～12.1%，其余成分为桉叶油、冬青油和沙棘籽油。国内生产厂家主要有3家。

1.6 沙棘药品开发前景

虽然沙棘作为传统药物使用，已经有几千年的历史。而且结合现代药理学和药剂学手段，已经开发出一些列的沙棘药品。但总的来说有以下一些特点：①药品剂型以传统剂型为主，多数围绕散剂、颗粒剂、片剂、丸剂、胶囊剂等基本剂型，生物利用度较低，不能充分发挥药效。②目前市场需求量较大的沙棘油和沙棘黄酮成品稳定性较差，且纯度不高，限制了其进一步开发利用。③对沙棘用药部位的研究多集中在沙棘油和沙棘黄酮，对其他部位的开发还有待深入。因此，应主要针对以上问题进一步开展沙棘药品研究。

1.6.1 改进传统剂型，提高生物利用度

纳米材料属于现代材料技术的一种，所谓纳米颗粒是指药物颗粒

文冠果

的粒径小于100nm，比表面积增大，制备成固体制剂之后，可以迅速崩解，在水中分散度增加，吸收更完全，生物利用度提高。杨孟君将中药饮片提取后，利用超音速喷雾干燥技术制备纳米中药饮片。利用纳米饮片制备药物制剂，不需添加任何辅料，药理作用也明显优于传统制剂，对人体更加有利。此技术还获得两项发明专利："纳米五味沙棘制剂药物及其制备方法"及"纳米十一味能消制剂药物及其制备方法"。

沙棘黄酮属难溶性药物，在体内的吸收速度不高，生物利用度较低。上海中医药大学将其制成自乳化制剂，大大提高了体外溶出度，并因此申请发明专利"醋柳黄酮自乳化制剂及其制备方法"。基本制法是将油相、乳化剂和助乳化剂混合均匀后加热制成自乳化基质，然后加入沙棘黄酮搅拌均匀后制得。沙棘黄酮自乳化药用成分可加入适当的辅料制成片剂、丸剂、胶囊剂等基础剂型，大大提高了生物利用度[23]。

1.6.2 积极探索提高产品稳定性

以沙棘油为例，虽然沙棘油有着广泛的药理学活性，但有不良气味口感较差的缺点；而且不饱和脂肪酸含量达到68%以上，极易氧化变质，产品难以保存，这就在一定程度上限制了沙棘油产品的开发应用。利用药物的微囊化技术，将沙棘油制备成微囊，既可以掩盖其不良气味，又可以提高其稳定性。微囊化技术是将固态或液态药物（通称囊心物）包裹在天然的或合成的高分子材料（通称囊材）中而形成的直径1~5000μm的微小囊状物的技术。将药物制成微囊后，不但能够提高药物稳定性、掩盖药物不良气味，而且还可以将液体药物固体化，便于生产加工和储存或将其制成缓控释制剂。目前将沙棘油制备成微囊，一般是将沙棘油与成囊材料制备成水包油型乳状液，然后囊材固化成膜包裹在沙棘油表面，经干燥得到沙棘油粉末。常用的成囊材料有天然高分子材料、半合成高分子材料和合成高分子材料，其中阿拉伯胶、明胶及乙基纤维素等在药物制剂中应用较多。虽然沙棘油的微囊化技术已经比较成熟，但远没有达到生产应用水平，所以加大沙棘油微囊的开发和利用具有十分重要的意义[24]。

1.6.3 加大力度开发沙棘药用部位

从20世纪80年代开始，我国即对沙棘的化学成分、药效学、药理学等进行了一系列研究，结果证实沙棘含有多种生理活性物质，除沙棘黄酮外，沙棘中还含有多种活性物质，具有广泛药理学活性。如沙棘多糖除对病毒侵染正常细胞有一定防御作用外，并且它的抗肿瘤作用也日益受到人们的重视；沙棘中的多酚具有肾上腺皮质激素样作用，可以用于伤口、溃疡、糜烂性炎症的治疗；沙棘中还含有大量的超氧化物歧化酶，其中叶片为1078.57U/g，果实为2746U/g，明显高于人参，对消除超氧阴离子自由基有重要作用。但在沙棘药品开发方面，国内多集中于沙棘黄酮，对其他药用成分的开发几近空白。故在对沙棘的进一步开发利用中，应加大对除黄酮外药用成分的开发。华东师范大学做出了初步尝试并获得专利即"沙棘多糖制备降血糖和胆固醇药物的方法"。

2 沙棘食品、保健食品的开发

沙棘的果肉、种子、叶都含有丰富的营养和保健成分，可以加工成多种食品和保健食品。研究表明沙棘具有多项保健功能，包括降血糖、降血脂、增强免疫力、抗氧化、提高生长发育能力、提高耐缺氧能力、防止化学性肝损伤与胃黏膜损伤、抗辐射危害的辅助保护功能及促进排铅功能等，因此沙棘在食品和保健食品中有着巨大的应用前景[25]。

沙棘果实中含有极丰富的维生素，可以加工成沙棘果汁、果粉、果酱，作为饮料、啤酒、糖果、糕点、冰淇淋等食品的原辅料或营养强化剂；沙棘果除可榨汁外还可以提炼沙棘果油，沙棘油内含类胡萝卜素、维生素E、不饱和脂肪酸，能提高酶生物活性和提高机体抵抗力，对表皮黏膜炎也有良好的疗效，可用来制作高档食用油和保健食品。沙棘嫩叶采用制茶工艺可以生产保健茶，其中含多种有益成分，热量低且咖啡碱含量很低。沙棘籽一般用于榨油，沙棘籽油被作为保肝、护肝保健食品开发，最新研究显示沙棘籽榨油后可获得到沙棘籽渣，沙棘籽渣提取后还具有降低血糖的作用，可用来开发具有辅助降血糖功能的保健食品。

问荆

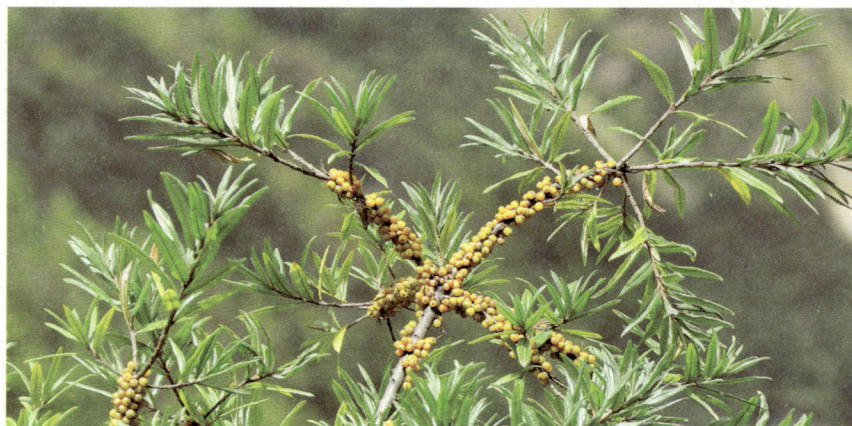

2.1 利用沙棘果实开发食品和保健食品

沙棘果实酸甜，可鲜食或加工成果醋、果汁、果酱、果浆、果羹、果冻、果酒、汽酒等食品和饮料。更重要的是沙棘果含有黄酮类、β–胡萝卜素、多种维生素、不饱和脂肪酸、多种氨基酸和微量元素等生理活性物质，可降低胆固醇，预防动脉粥样硬化作用。同时，沙棘果中还含有超氧化物歧化酶，可以清除人体自由基，又可增强免疫系统功能、调节免疫活性细胞，是一种有效的免疫调节剂，对提高人体的抗病能力，延缓衰老具有显著的作用。因此，可利用沙棘果开发具有增强免疫力、辅助降血脂以及抗氧化功能的保健食品。

沙棘果由相对较结实的表皮、果肉、果汁和种子组成。在进行沙棘果实加工时，首先要对采摘后的沙棘进行拣选和清洗；经压榨后得到果汁和果渣，其中果渣经分离后得到沙棘籽和沙棘果皮渣。经初步压榨得到的沙棘汁是成分复杂的混合物，包含了不同粒度的固形物颗粒和油滴。沙棘汁放置1~2天后即会出现分层现象，最上层为悬浮的油层，中间部分是清汁，下部为颗粒物沉淀。经过离心分离得到的油层部分，可用来提取沙棘果油；分离油层后的清汁部分，经过适当的巴氏杀菌和灌装后即可分装；剩余的残留物可用来提取色素，也可制成营养胶囊作为膳食补充剂。

2.1.1 沙棘饮料产品

2.1.1.1 沙棘果汁类产品

沙棘果汁是最传统的沙棘饮品，20世纪80年代起，我国开始建厂生产沙棘果汁。早期的沙棘果汁均以清原汁为基础，到20世纪90年代开始生产以（浊）沙棘果汁为基础的沙棘饮品，同时沙棘果汁被大量的运用到医药保健品上，并被制成固体冲剂和添加其它一些成分制成中药制剂。进入21世纪以后，沙棘果汁的生产规模进一步扩大，普遍使用（浊）果汁作基础，包装材料多种多样，并开始批量的向日本等经济发达国家出口[26]。沙棘果汁分清汁和浊汁两种，其中浊汁即沙棘原汁，由于沙棘原汁中含有维生素C和单宁，易在放置中氧化褐变，故制得成品后一般要脱气后再进行包装；沙棘清汁一般是将压榨后的沙棘原汁进行澄清处理，再进行调味后制得。目前常用的沙棘原汁澄清的方法主要有自然澄清法、加热凝聚澄清法、加入果汁澄清剂等方法，较常用的方法是加入果胶酶。由于沙棘果汁本身味道较酸涩，一般要加入矫味剂调味，常用的调味剂有白砂糖、苹果酸、木糖醇、甜蜜素等。由于国内生产沙棘果汁饮料的生产厂家较多，因此沙棘果汁饮料是沙棘产品中的一个大类，现有各种类型的沙棘饮料数百个品种，在南方和北方都有生产（表9–1）。

表9-1　沙棘果汁饮料

产品名称	配料
V9鲜榨野生沙棘果汁	有机沙棘果汁、水、β–胡萝卜素
沙棘汁饮料	沙棘汁、水、柠檬酸、白砂糖
沙棘果肉饮料	沙棘、水
生榨沙棘汁饮料（加糖型）	水、沙棘原果汁、白砂糖、果葡糖浆
生榨沙棘汁饮料（低糖型）	水、沙棘原果汁、白砂糖、果葡糖浆
黄金沙棘果汁	有机沙棘浓缩汁、纯净水
沙棘果汁	沙棘原汁、纯净水、木糖醇
中华沙棘果汁	水、沙棘原汁、白砂糖
沙棘果汁饮料	水、沙棘原果汁、白砂糖、果葡糖浆
沙棘饮料	水、沙棘汁、白砂糖
沙棘果汁	水、沙棘原汁、白砂糖
沙棘果汁饮料	水、沙棘汁、白砂糖
圣果沙棘原浆	沙棘果
经典沙棘果汁	水、沙棘果、白砂糖
冰凌沙棘果汁	水、沙棘果、冰糖

　　沙棘果汁较酸，如与低酸的柔和果汁（苹果汁、梨汁等）兑制成混合果汁，即可获得风味极佳的饮料。目前市场上的混合果汁饮料可以分成3类：①混合天然果汁，指果汁成分为100%，例如用5%～10%的沙棘汁混入90%的苹果汁或橙汁，加入适量非营养性甜味剂；②混合果汁饮料或混合果肉饮料，由于沙棘原汁中不宜分离出果肉，故将二者归为一类，指制品中原果汁含有率为50%～100%；③加入混合果汁的清凉饮料，一般就是指含有二氧化碳的碳酸饮料。用混合沙棘果汁制成的碳酸饮料，其沙棘汁的含量不能少于5%[27]。

　　随着沙棘果汁保健功效逐渐为人们所熟知，利用沙棘果汁制备的功能性饮品也越来越多。君乐宝沙棘酸奶饮品是由国内某乳业公司开发的一种佐餐饮品，既增加了酸奶的风味，又具有了酸奶保健功能。其主要工艺是将沙棘浓缩汁与牛奶共同发酵制成沙棘酸牛奶，经矫味制得。某公司还利用冷榨沙棘冰果、蜂蜜、蜂王浆及蜂花粉共同制成沙棘黄金果蜜，其中沙棘冰果是野生沙棘经过数月自然冷冻后，在零下18℃以下采摘而得的高成熟度的水果。沙棘黄金果蜜不但口感丰富，而且将蜂王浆等的保健功效融入到沙棘饮品之中，可谓一举两得。此外，还可以将沙棘果汁加入蔗糖等添加剂后制粒，使之成为沙棘固体饮料。其优点在于方便携带，即冲即饮，适合旅游、外出和野

西伯利亚艾菊

沙棘

外工作人员饮用。

2.1.1.2 沙棘果醋产品

果醋是以水果及干果为主料，经过发酵酿造的酸性调味品。其风味独特、营养丰富，含有多种有机酸、氨基酸、维生素、矿物质元素等多种营养成分。果醋同时具备水果和食醋的保健作用，是一种新型饮品，具有食疗、营养、保健等方面的功能。果醋的生产工艺可分为半发酵工艺及全发酵工艺。半发酵工艺是只经过醋酸发酵就可以生产果醋的方法；全发酵工艺是指酵母先作用于果汁、果渣中的糖类，将其转化成酒精，酒精再经醋酸菌作用转化成醋酸的两步发酵工艺。工艺中通过控制酵母菌与醋酸菌最佳生长状况，从而得到他们的最佳作用效果，以获得最佳品质的果醋。根据工艺特点又可将果醋的酿造工艺分为固态发酵法和液态发酵法。醋酸发酵时物料呈液态的酿造工艺即为液态发酵工艺，液态发酵工艺可分为深层发酵、静置表面发酵、液体回流浇淋工艺等。

沙棘果醋具有多种保健功能，例如沙棘果醋中有机酸的种类较多，而且含有一些特殊的有机酸，这些有机酸可以促进消化液分泌，有助于食物中营养物质被人体吸收，可以健胃消食、增进食欲。沙棘果醋总糖含量远远低于陈醋，用沙棘果醋代替传统食用醋（如陈醋），对高血糖、高血压及高血脂人群比较有利；沙棘果醋还具有抑菌功能，研究表明，4%沙棘果醋的抑菌效果与30μg/ml的四环素抑菌效果相似。随着沙棘果醋饮品的快速发展，对复合型保健果醋的研究越来越多，例如将黑加仑果汁和沙棘果汁共同发酵制成的复合果醋；还有将沙棘、甘草、山药、薏米、五味子、花生、红枣、核桃仁等粉碎后发酵制成的沙棘醋获得了国家发明专利。

2.1.1.3 沙棘酒产品

沙棘果酒就是将沙棘果实，经破碎、压榨、过滤、发酵或浸泡等工艺酿制而成的低度饮料酒，富含有机酸、酯类及多种维生素，除有浓郁的果香味外还具有低酒度、高营养等特点。沙棘果酒中含多种对人体有益的物质，适合男女老少饮用。成吉思汗时期，沙棘果酒专供蒙古皇族、贵族饮用，所以在当时又有"御酒"之称。受地域的限制，只有在我国北方、蒙古、俄罗斯少数国家和地区可以生产沙棘果酒，而且产量极少，因此沙棘果酒非常昂贵，被誉为"液体黄金"。其保健作用包括增进食欲、助消化、防治心血管疾病、减肥和杀菌等作用。沙棘果酒根据主要制备工艺的不同，可以分成发酵型和浸泡型两种。发酵型沙棘果酒是在沙棘果汁经过自然发酵或利用酵母菌人工发酵后得到的，其特点是酒精度较低。浸泡型沙棘果酒是利用60°~85°的白酒浸泡沙棘鲜果一段时间后，勾兑制得，酒精

度相对较高。沙棘果酒冲入CO_2后可制成沙棘香槟酒；利用糯米稠酒浸泡沙棘可以制得沙棘稠酒；利用啤酒为酒基与沙棘浓缩汁进行调配即可得到沙棘啤酒。此外，还可利用滋补中药等成分与沙棘共同发酵制得滋补性沙棘酒，增加其保健功能。

表9-2 沙棘酒产品

产品名称	酒精度	配料
高原沙棘酒（甜型）	8%	野生沙棘、白砂糖
高原沙棘酒（干型）	12%	野生沙棘、白砂糖
沙棘冰酒	12%	野生冰晶沙棘
木糖醇沙棘酒	14%	野生沙棘原汁、木糖醇
宜果沙棘酒	10%	蒸馏酒、浓缩沙棘汁
沙棘酒	18%	鲜沙棘汁、赤砂糖
燕麦沙棘酒	36%	沙棘果、燕麦、大麦、小麦、高粱
沙棘酒	10%	沙棘汁、石榴汁、玫瑰花
沙棘酒	52%	沙棘

2.1.2 沙棘调味品

随着对沙棘综合开发利用力度的加大，沙棘产品的种类和数量越来越多，沙棘调味品也逐渐进入人们的视线。目前，市场的沙棘调味品主要是沙棘酱油和沙棘食醋，在此基础上，还研制和开发了沙棘腐乳。由于沙棘中含有大量的蛋白质，因此可以利用沙棘果皮、沙棘籽渣或沙棘叶，与传统酿制酱油的材料如豆饼、麸皮等共同发酵后制备成沙棘酱油；而沙棘醋则是利用传统制醋的材料，包括小米、玉米、高粱等进行酒精发酵，然后加入沙棘果汁或果粉醋酸发酵而制成。

2.1.3 沙棘固态食品

2.1.3.1 沙棘果粉产品

沙棘果粉是沙棘果实经过清洗、离心取汁、浓缩和离心喷雾干燥工艺制得的沙棘复合提取物，最大限度的保留了沙棘中的营养成分和生物活性物质，且便于储存和运输，被广泛应用于食品和其他行业。这类产品便于制作沙棘颗粒；也便于添加在粉剂及保健品、营养品中；还可以压成咀嚼片、口含片食用，如沙棘天然维生素C咀嚼片、沙棘口含片等。目前市面上添加沙棘果粉的产品有沙棘软糖、健怡茶、沙棘奶粉等。其中沙棘软糖是由沙棘果粉制成的明胶软糖，具有

细叶白头翁

沙棘

一定的保健作用，它充分利用沙棘果粉中的多种微量元素和维生素协同作用，来增加人体免疫力，是一种集保健、风味、口感于一体的新型软糖。完美低聚果糖沙棘健怡茶的主要成分是红茶粉、沙棘粉和菊粉，既营养又保健。在牛奶中添加沙棘果粉、白砂糖等配料混合均匀后喷雾干燥制成沙棘营养奶粉，不但可以提高奶粉的营养价值，使其具有抗氧化、抗衰老和增强机体免疫力的功效，而且风味独特，具有一定的市场价值。

2.1.3.2 沙棘果酱、果糕、羊羹及罐头产品

沙棘果实不易久存，可以制成沙棘果酱、沙棘果干、沙棘果糕或沙棘罐头等。果酱是把水果、糖及增稠剂混合后，用超过100℃的温度熬制而成的凝胶物质，也叫果子酱，制作果酱是长时间保存水果的一种方法。沙棘果酱就是用沙棘鲜果或沙棘果汁加入糖和增稠剂熬制而成的。增稠剂是果酱的赋形剂，目前常用的增稠剂有黄胶原、海藻酸钠、琼脂和淀粉等。如果在生产果酱时加入胡萝卜、红薯、南瓜等富含果胶或淀粉的瓜果还可以不加入或少加入增稠剂，使沙棘果酱更加天然。为了增加沙棘果酱的风味及保健功能，还可以将各种水果与沙棘一起来制备成复合果酱。沙棘果酱的一般生产工艺为：①沙棘鲜果经挑选后洗净；②加入软化后打浆浓缩；③加入纯化后的沙棘原汁调配成一定稠度；④装瓶、排气、密封、杀菌、冷却后即得成品[27]。

沙棘果干是将沙棘果实除去枝叶、杂质并洗净后，入熏硫室熏制3~4h，去除沙棘表面的细菌；然后移入烘房，在80℃以下烘至含水量5%~16%时取出晾干后得到的。沙棘果干略酸涩，可泡水熬汤或直接嚼食。果糕是由山楂等富含果胶的水果制作而成的，且多采用低温工艺，充分保留了水果的营养成分。沙棘的果胶含量相对较低，所以在制作沙棘果糕时需加入卡拉胶、魔芋胶等食用胶。另外由于沙棘口感酸涩，可加入蔗糖调味，为了防止蔗糖反砂可用麦芽糖浆等其他糖浆代替。

沙棘羊羹是用沙棘果和红小豆制成。羊羹起源于中国，传入日本后演变为由红豆与面粉或葛粉混合后蒸制而成。沙棘羊羹为琥珀色，表面光泽，有沙棘特有风味，酸甜适口，质地细腻润滑，软硬适中而有弹性。其制备工艺为：①沙棘鲜果经挑选洗净后，打浆过滤成果泥；②红小豆经充分浸泡后加入小苏打，高压锅蒸煮1~1.5h。煮好后冷却打浆，清水漂去豆皮后甩制成沙；③琼脂粉以20倍水充分浸泡10h后加热溶解制成胶浆，白砂糖与水熬制成75%的糖液备用；④将沙棘果泥、红小豆沙、琼脂胶浆及白砂糖液以一定比例混合加入搅拌式减压浓缩锅，边搅拌边加热，待温度达105℃后，离火注模。⑤充分冷却成形后，包装即得成品。

　　罐头是将食材经高温灭菌后密封于玻璃或金属容器中制成的，因工业化生产时，多采用巴氏消毒法进行灭菌，故对水果的营养损失较小；另外由于经过高温灭菌且使用密封容器，故无需添加任何防腐剂即可长期保存。将沙棘制作成沙棘罐头，既可以使人们随时品尝到沙棘，又保留了沙棘的大部分营养，可直接食用，也可制作沙拉和冰粥等，非常适合如军队等一些长期在恶劣环境下工作的人群食用。

2.1.3.3 沙棘休闲食品

　　随着人们生活水平的提高，休闲食品正在逐渐升格成为百姓日常的必需消费品，经济的发展和消费水平的提高使得消费者对于休闲食品数量和品质的需求不断提升，因此将沙棘开发为休闲食品具有十分广阔的市场前景。果冻是倍受人们尤其是少年儿童喜爱的食品，市售果冻主要由果冻胶、甜味剂、酸味剂、凝固剂、缓冲剂等调制而成，其营养价值不高且价格不菲。将沙棘汁添加到果冻中既可提高果冻的营养价值，又可利用沙棘汁天然的色泽和香味增加果冻的风味。饼干是常见的休闲食品，但目前市场上的多数饼干为了增加口感，添加了大量的糖分和油脂，容易导致肥胖。沙棘中黄酮和维生素可以加速新陈代谢，增加胆固醇和脂质的排泄，具有一定的减肥作用，故可以制作成功能性保健饼干。利用沙棘汁、白砂糖、全脂奶粉、鲜鸡蛋及棕榈油制成的沙棘冰激凌不仅色泽金黄，而且同时具有奶香和沙棘果香，风味独特。将沙棘、薄荷、蔗糖、天然树胶、葡萄糖、软化剂等经过混合后压制而制成的沙棘口香糖，不仅提供了一种新型咀嚼口香糖，而且同时可以使人们享受到沙棘的丰富营养。

2.1.4 沙棘色素

　　沙棘果实中富含大量黄色素，其主要成分为黄酮类物质和β-胡萝卜素等。沙棘黄色素是一种重要的食品添加剂，目前已应用于植物奶油，冰激凌，糖果，蛋糕食品的着色。黄色素常用的提取方法有：有机溶剂提取法、酶反应法、微波辅助提取法、超声波辅助提取法、超临界流体萃取法等。

2.1.5 沙棘果类保健食品

　　据统计截止到2014年10月，经国家食品药品监督管理总局批准销

细叶百合

沙棘

售含有沙棘的保健食品有57种，其中处方中含有沙棘果的保健食品有30种。从处方上看，沙棘果类的保健食品以现代复方产品和沙棘提取物（沙棘果油和沙棘黄酮）为主，包括颗粒剂、片剂、胶囊剂和口服液，其中以口服液和软胶囊最为常见。从保健功能上看主要集中在增强免疫力、辅助降血脂、辅助降血糖、缓解体力疲劳、提高缺氧耐受力、改善生长发育、调节肠道菌群、减肥、祛黄褐斑等。

　　增强免疫力是沙棘保健食品的最主要功能，市场上具有该功能的沙棘果类保健食品有11种，大约占同类产品的30%。其中有1种颗粒剂、2种口服液、2种片剂，其余均为胶囊剂。这些保健食品绝大多数都是沙棘与其他药食同源的原料共同组方而成，而仅有2种以沙棘为单一有效成分制成。辅助降血脂也是沙棘的常用保健功能，具有该功能的沙棘果类保健食品有6种，占同类产品的20%。其中3种软胶囊、2种口服液、1种片剂，有2种仅以沙棘黄酮为主要成分，其余均为复方制品。其余沙棘果类保健产品还包括3种缓解体力疲劳产品、2种辅助降血糖产品、2种祛黄褐斑产品、2种通便产品、1种调节肠道菌群产品、1种提高缺氧耐受力产品、1种减肥产品、1种促进生长发育产品、1种改善视力产品（表9-3）。

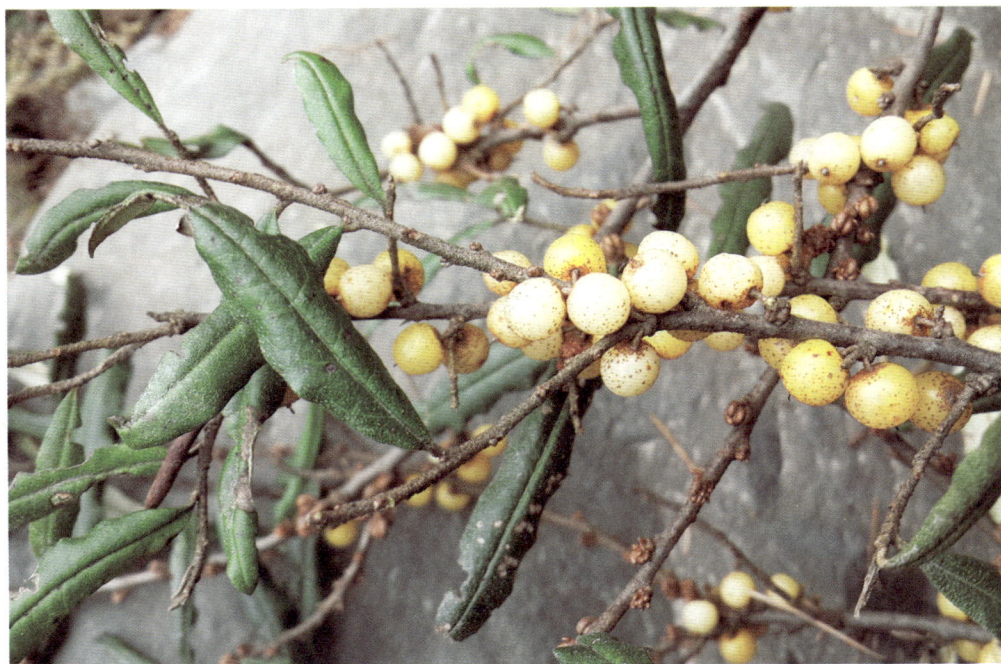

表9-3 沙棘果类保健食品

产品名称	成分	功能
沙棘果油软胶囊	沙棘果油、食用明胶	增强免疫力
沙棘油丸	沙棘提取物	增强免疫力
沙棘贞芪胶囊	黄芪、当归、女贞子、灵芝、沙棘、淀粉、硬脂酸镁	增强免疫力
君康源口服液	沙棘原汁、山楂、山药、大枣、麦芽、枸杞子、鸡内金、白砂糖	增强免疫力
王浆沙棘软胶囊	蜂王浆冻干粉、沙棘果油、玉米油、蜂蜡、明胶、甘油、可可壳色素、二氧化钛、水	增强免疫力
沙棘茯苓咀嚼片	沙棘、茯苓、山药、山楂、越橘提取物、木糖醇、乳糖、麦芽糊精、硬脂酸镁	增强免疫力
沙棘黄芪复合氨基酸胶囊	沙棘、黄芪、山药、枸杞子、复合氨基酸、蝙蝠蛾拟青霉菌丝体粉、糊精、硬脂酸镁	增强免疫力
元力口服液	沙棘果提取液、枸杞果提取液、沙棘油	增强免疫力
灵芝红景天沙棘肉苁蓉胶囊	灵芝提取物、红景天提取物、沙棘提取物、肉苁蓉提取物、预胶化淀粉、硬脂酸镁	增强免疫力
灵芝红景天沙棘肉苁蓉片	灵芝提取物、红景天提取物、沙棘提取物、肉苁蓉提取物、预胶化淀粉、硬脂酸镁	增强免疫力
灵芝红景天沙棘肉苁蓉颗粒	灵芝提取物、红景天提取物、沙棘提取物、肉苁蓉提取物、预胶化淀粉	增强免疫力
沙棘欣之安口服液	沙棘、决明子、甘草	辅助降血脂
沙棘黄酮软胶囊	沙棘提取物	辅助降血脂
沙棘软胶囊	沙棘提取物、沙棘油、蜂蜡、明胶、甘油、二氧化钛、可可壳色、纯化水	辅助降血脂
沙棘黄酮口服液	沙棘黄酮	辅助降血脂
绞股蓝沙棘软胶囊	沙棘鲜果、绞股蓝	辅助降血脂
沙棘血脂康片	沙棘、枸杞、山楂提取物、茶多酚	辅助降血脂
呗菲口服液	沙棘原果汁、左旋肉碱、阿斯巴甜、水	缓解体力疲劳
淫羊藿沙棘胶囊	淫羊藿、黄芪、沙棘、黄精、桑椹、牛磺酸、糊精、硬脂酸镁	缓解体力疲劳
红景天沙棘松茸胶囊	红景天提取物、沙棘提取物、松茸	缓解体力疲劳
沙棘葛根茶	沙棘、葛根、黄芪、山药、枸杞子、绿茶	辅助降血糖
沙棘山药胶囊	沙棘、山药、微晶纤维素	辅助降血糖
归丹沙棘胶囊	何首乌、当归、沙棘、苦杏仁、丹参	祛黄褐斑
清妍胶囊	维生素C粉、维生素E粉、珍珠粉、葡萄籽提取物、沙棘果粉	祛黄褐斑
沙棘木糖口服液	沙棘果、桑椹、低聚木糖	通便功能
双仁沙棘口服液	柏子仁、火麻仁、沙棘、青皮、蜂蜜、水苏糖、苯甲酸钠	通便功能
低聚果糖沙棘茶	低聚果糖、沙棘粉、红茶粉、柠檬酸、苹果酸、罗汉果甜苷、维生素C、柠檬香精、茶香精	调节肠道菌群
红景天西洋参沙棘胶囊	红景天、沙棘、西洋参	提高缺氧耐受力
沙棘成长口服液	沙棘果、麦芽、山楂、低聚果糖、木糖醇	促进生长发育
仕康咀嚼片	棘果、菊花、桑叶、天然β-胡萝卜素、乳酸锌、淀粉、糊精、蔗糖粉、硬脂酸镁	改善视力

细叶铁线莲

沙棘

2.2 利用沙棘籽开发食品和保健食品

沙棘籽中含有多种活性物质，其中含油量为7%～12%，是非常优质的油料资源；蛋白含量达到20%～25%，包含了所有人体所必需的氨基酸，也是一中丰富的蛋白质资源。沙棘籽油不饱和脂肪酸含量达到90%以上，其中亚油酸含量为36.3 %、α–亚麻酸含量为33.0%、一价不饱和脂肪酸油酸的含量为20.9%，此外还含有多种脂溶性维生素、胡萝卜素和植物甾醇等生理活性物质。特别引人注目的是沙棘籽油中亚油酸与α–亚麻酸两种必需脂肪酸以大致1∶1的比例共存，这与最新脂质营养学所倡导的最佳脂质摄取平衡比例相吻合，这表明沙棘籽油不仅能够提供人体必需的脂肪酸营养，同时可以防治与脂质摄取失衡密切相关的心脑血管系统疾病及脂质代谢失调方面的疾病。因此，开发、利用沙棘籽具有广阔的市场前景[28]。

由于沙棘籽并不是沙棘的主要食用部位，故对沙棘籽类食品开发较少，主要集中在沙棘籽油和沙棘籽粕。沙棘籽油是十分优质的保健食用油，但由于其产量与工艺的限制，一般不作为消费者经常消费的烹饪用油。沙棘籽粕是沙棘籽榨油后得到的，含有大量优质蛋白，故可与传统的富含植物蛋白的大豆共同开发，制成沙棘酱油、沙棘豆瓣酱、沙棘豆腐等。中国人民解放军海军医学研究所就利用沙棘籽粕和大豆等原料制作了沙棘豆腐，并获得"营养沙棘内酯豆腐及其制作方法"的发明专利。利用此方法制作出的沙棘豆腐呈紫色，质地细腻，同时具有纯正的豆香味和沙棘特有的风味；并且该产品既保留了豆腐丰富的蛋白质，又加入了沙棘籽粕中的沙棘蛋白、黄酮等营养成分，增强了其保健功能。

据统计截止到2014年10月，经国家食品药品监督管理总局批准销售含有沙棘籽的保健食品有26种，都是以沙棘籽油为主要成分的，其中以沙棘籽油为单一成分的就有9种。含有沙棘籽油保健食品的复方制剂，大都加入一些与沙棘籽油保健功效相似的药食两用原料，如紫苏籽油，它富含α–亚麻酸，它们也具有辅助降血脂等保健功效。在含有沙棘籽油的17种复方制剂里就有3种加入了紫苏籽油，其余制剂还添加了葡萄籽油、大蒜油、红花油、绞股蓝提取物等有效成分。从保健功能上看主要以增强免疫力和辅助降血脂为主，这类产品占沙棘籽油保建食品的80%以上，其中增强免疫力的10种，辅助降血脂的10种。其余还有对化学性肝损伤有辅助保护作用的产品3种，对辐射危害有辅助保护功能产品2种，抗氧化产品1种（表9-4）。

表9-4 沙棘籽类保健食品

产品名称	成分	功能
沙棘天宝软胶囊	沙棘籽油、沙棘果渣油、沙棘黄酮、茯苓粗多糖	增强免疫力
沙棘元元软胶囊	沙棘籽提取物、沙棘果油、紫苏籽油、蜂蜡、明胶、甘油、焦糖色素、水	增强免疫力
安达日软胶囊	沙棘籽提取物、紫苏籽油、沙棘果渣油、食用明胶、焦糖色素	增强免疫力
沙棘油胶囊	沙棘油、维生素E	增强免疫力
大枣西洋参沙棘籽油软胶囊	沙棘籽油、西洋参提取物、大枣提取物、蜂蜡、明胶、甘油、纯化水、柠檬黄、胭脂红、二氧化钛	增强免疫力
枸杞葡萄籽沙棘油软胶囊	枸杞子提取物、葡萄籽提取物、沙棘油、蜂蜡、卵磷脂、明胶、甘油、纯化水、二氧化钛、焦糖色	增强免疫力
蜂胶沙棘油软胶囊	沙棘油、蜂胶、明胶、甘油、纯化水	增强免疫力
沙棘籽油螺旋藻维生素E软胶囊	螺旋藻粉、沙棘籽油、维生素E、蜂蜡、明胶、甘油、纯化水、焦糖色、二氧化钛	增强免疫力
番茄红素沙棘籽油红花籽油维生素E软胶囊	番茄红素油树脂、沙棘籽油、红花籽油、维生素E、明胶、纯化水、甘油	增强免疫力
沙棘红花软胶囊	红花油、沙棘油、银杏叶提取物、蜂蜡、明胶、甘油、水	增强免疫力
沙棘油	野生沙棘籽	辅助降血脂
天然沙棘籽油	野生沙棘籽	辅助降血脂
沙棘油丸	沙棘籽油	辅助降血脂
沙棘油软胶囊	沙棘油	辅助降血脂
沙棘油软胶囊	沙棘油、维生素E	辅助降血脂
大蒜沙棘油软胶囊	大蒜油、沙棘油、玉米油	辅助降血脂
沙棘苏子油软胶囊	沙棘籽油、紫苏籽油、明胶	辅助降血脂
植物甾醇沙棘软胶囊	植物甾醇、红花籽油、沙棘籽油、蜂蜡、明胶、甘油、可可壳色素、二氧化钛	辅助降血脂
绞股蓝沙棘油软胶囊	绞股蓝提取物、沙棘油、磷脂、蜂蜡、明胶、甘油、焦糖色、二氧化钛	辅助降血脂
沙棘油软胶囊	沙棘油、明胶、甘油、水	对化学性肝损伤有辅助保护作用
沙棘甘之福软胶囊	沙棘籽油、食用明胶	对化学性肝损伤有辅助保护作用
沙棘籽油软胶囊	沙棘籽油、明胶、甘油、水	对化学性肝损伤有辅助保护作用
耐福软胶囊	茶叶提取物、沙棘籽油、葡萄籽提取物	对辐射危害有辅助保护功能
嘿斐软胶囊	沙棘油、明胶、纯化水、甘油	对辐射危害有辅助保护功能
沙棘番茄红素软胶囊	番茄提取物、沙棘油、茶多酚、蜂蜡、明胶、甘油、水	抗氧化

细叶小檗

沙棘

2.3 利用沙棘叶开发食品和保健食品

沙棘叶和沙棘果一样含有极其丰富的营养成分和生理活性物质，主要包括蛋白质、多糖类、有机酸、生物碱、黄酮类，氨基酸、类胡萝卜素、叶绿素及微量元素等。氨基酸含量较为丰富，有20多种，其中人体必需的氨基酸含量较高。将沙棘叶与日常食用果蔬中维生素C对比发现，沙棘叶中维生素C含量高于白菜4倍，高于菠菜和芹菜3倍、番茄7倍、西瓜28倍；另外通过分析发现，沙棘叶的维生素E、胡萝卜素及类胡萝卜素含量也比较高；更为重要的是沙棘叶中还含有大量的黄酮类物质，主要包括异鼠李素、槲皮素和山奈酚、杨梅素等，且叶中的含量高于果中的含量[29]。沙棘叶具有辅助降血脂、润肠通便及抗氧化等保健功效，但与沙棘果相比，国内对沙棘叶的开发力度并不大，只有在沙棘茶方面有所应用。

沙棘茶是采用沙棘的新鲜嫩叶加工而成的，其主要生产厂家是敖汉沙漠之花饮料有限责任公司。根据工艺不同，可分为沙棘绿茶和沙棘红茶。沙棘绿茶的一般制作工艺是沙棘嫩叶经杀青、揉捻和干燥后获得；而沙棘红茶在揉捻过后，要经过发酵使其有效成分部分氧化后制得。沙棘茶香高味纯，使人们在品茶同时，获得了高于普通茶饮的保健作用。此外，为了获得更加丰富的口感，人们还将沙棘叶加入到传统茶制品中制成复合茶，如茉莉沙棘茶。随着生活节奏的加快，速溶饮料越来越受到青睐，将沙棘叶加工后制成沙棘速溶茶也已成功上市。国内某公司将沙棘茶提取后制成瓶装饮料，并为此申请了专利保护。

截止到2014年10月经国家食品药品监督管理总局批准销售含有沙棘叶的保健食品只有1种，即沙棘通便茶。其原料主要有沙棘叶、决明子、黄芪、火麻仁、女贞子（酒）、枳壳（炒）和茶叶，主要的保健功能是通便。该保健食品利用决明子、火麻仁和枳壳（炒）加强了沙棘叶润肠通便的作用，又引入黄芪和女贞子（酒）补气利水、滋补肝肾。

2.4 沙棘食品和保健食品的开发前景

分析沙棘食品及保健食品的开发现状可以发现：①对沙棘果的开发已经比较深入，而对沙棘籽和沙棘叶的开发还相对较弱。除了可以加强对沙棘籽和沙棘叶中黄酮、原花青素等活性物质的开发利用外，还可将其中的水溶性膳食纤维加以利用，制成功能性的食品或保健食品。②沙棘保健食品的研发方向多为增强免疫力、辅助降血脂，而降血糖和抗氧化功能方面的研发相对较少，故应加大此方面的研发，开拓沙棘在保健食品中应用前景。③研发的保健食品剂型多为茶剂、酒剂、油剂、软胶囊及颗粒剂等剂型，若能利用现代的微囊化技术，将沙棘油微囊化成沙棘油粉末，就可以更方便的与食品其他原料混合，制成各种口感好、外观美的保健食品，甚至于添加到适用于中老年、儿童等特殊人群的保健食品中，使沙棘在保健食品中的应用更加多样化。④对沙棘花粉的研究几近空白，可对其功能性和保健性进行研究，为开发沙棘花粉类保健食品奠定理论基础。

3 沙棘化妆品的开发

化妆品是指以涂抹喷洒或其他方法施于人体表面以达到清洁护肤美容清除不良气味和修饰目的的化工产品。随着化妆品向天然性、安全性、科学性、综合性、实用性方向的发展，天然化妆品的开发在21世纪化妆品工业中将占居主导地位。以沙棘及其提取物为主要营养源的沙棘化妆品于20世纪80年代后期进入国内市场，这种集天然性、营养性、药效性于一体的含有沙棘天然成分的化妆品一经上市，就得到了人们的广泛认可。

3.1 沙棘的美容功效

3.1.1 沙棘中维生素的美容功效

沙棘中含有维生素C、维生素E及β-胡萝卜素等多种维生素，有"水果的维生素宝库"之称。维生素C可以抑制黑素产生，使深色的氧化型黑素还原为浅色的还原型黑素，美白皮肤；可以增强皮肤对紫外线的耐受性，降低皮肤敏感性，增强皮肤结缔组织，特别是胶原的合成，保持皮肤弹性，延缓皱纹产生；还可调节皮脂腺功能，防止皮肤干燥，并能通过影响铁吸收，间接促进血红蛋白的合成，改善血色，增加皮肤光泽，因此，维生素C是重要的美容维生素。维生素E是体内最重要的抗氧化剂，可做自由基的清除剂，防护紫外线损伤和减少色素沉积，延缓衰老；维生素E还可增加毛细血管血流量，维持血管通透性，滋润皮肤、保持皮肤红润。而β-胡萝卜素属于维生素A原，它可以通过皮肤直接进入表皮细胞并转化为维生素A而营养皮肤，是一种皮肤调节剂，可提高皮肤深层细胞的更新速度，加强细胞间的连接力，促进发育，使皮肤更有弹性；此外，维生素A对皮肤的作用与皮肤衰老过程恰好相反，可活化皮肤细胞，促进细胞新陈代谢，改进皮肤的锁水功能，改变和调节胶原的合成，有助于保持皮肤柔软和丰满，使皮肤光滑细腻，并可预防皮肤癌[30]。

细叶鸦葱

沙棘

3.1.2 沙棘中不饱和脂肪酸的美容功效

沙棘油中含有的大量的亚油酸、亚麻酸等不饱和脂肪酸，这些不饱和脂肪酸在皮肤美容方面的作用主要有两方面。首先可以抑制黑素合成，减退由紫外线B诱导的色素沉着斑产生，尤以亚油酸的脱色作用最明显，研究显示其抑制黑素合成的主要作用机制为亚油酸可促进黑素合成中的关键酶——酪氨酸酶的水解。其次可作为皮肤的保湿剂，减少和阻止表皮水分的蒸发和丢失，使干燥失去弹性的皮肤变得柔软，延缓皮肤衰老。

3.1.3 沙棘中原花青素的美容功效

沙棘籽中还含有大量的原花青素，多羟基结构使它具有特殊的抗氧化活性和清除自由基的能力，享有"皮肤维生素"和"口服化妆品"的美誉。其美容功效主要表现为：①具有抗皱作用。原花青素能维护胶原合成，抑制弹性蛋白酶的活性，协助机体保护胶原蛋白，改善皮肤弹性和健康循环，从而避免或减少皱纹产生。②具有防晒美白作用。原花青素在280nm处有较强的紫外吸收，故可作为紫外线的吸收剂运用到护肤品中起防晒作用，此外还可抑制酪氨酸酶的活性，还原黑色素，与维生素C、维生素E起到协同美白的作用。③具有收敛保湿作用。原花青素的多羟基结构可以与空气中水分形成氢键，从而使其具有锁水保湿作用[31]。

3.1.4 沙棘中黄酮的美容作用

黄酮类化合物广泛分布于植物界，到目前为止，已发现了2000多种，多数以苷的形式存在，少数以游离态存在，其生理作用和生物活性是多种多样的。由于其结构的共轭性，对紫外和可见光均显示出超强的吸收作用，并在可见和紫外光区内具有高度的稳定性。天然来源的类黄酮还具有抗菌、抗光敏、抗氧化、解毒和增白等作用，能清除皮肤中的自由基，避免自由基对细胞的损伤，促进皮肤的新陈代谢，改善皮肤的弹性，延缓皮肤皱纹的产生，减少色素的沉着，润泽肌肤，达到显著的美白效果[32]。

国内的沙棘化妆品的品牌主要有宇航人、参棘天宝、天狮、瑞思康百分百、美妃黛儿等。产品上百种，几乎涵盖了化妆品的所有种类，涉及洗护产品、护肤产品、彩妆等。以下按其功能，对沙棘化妆品进行简要介绍。

3.2 沙棘洗护产品简介

洗护系列的化妆品主要包括洗发水、护发素、沐浴液、香皂、洗面奶等。沙棘系列的洗护用品主要是将沙棘汁或沙棘油加入到以上具有基础功能的化妆品中以增强其洁肤、护肤作用。

3.2.1 沙棘系列洗发护发产品

市场上沙棘系列洗发用品多以沙棘浓缩汁或沙棘油配以高效低刺激的表面活性剂及协同调理作用的辅助乳化剂共同制备而成。沙棘洗发液多为乳化体，其工艺主要是将表面活性剂、调理剂等依次加入到水中制成洗发液基体，然后添加沙棘浓缩汁或沙棘油。沙棘浓缩汁属水溶性成分，可直接加入；然沙棘油属脂溶性成分，需预先乳化后再加入。沙棘中的维生素C和维生素E可以作为头发的营养剂；黄酮类成分可以强化血液循环，刺激毛发生长；而沙棘中的蛋白质、氨基酸和脂肪醇类成分不但可以起到消炎和维持皮肤弹性的作用，还可以去屑止痒强发护发（表9-5）。

表9-5　沙棘系列洗发用品

名称	配方
沙棘营养柔顺洗发露	去离子水、沙棘提取物、维生素B5、脂肪醇醚硫酸铵盐、丙基甜菜碱等
沙棘植物柔顺洗发水	水、氨基酸、植物蛋白、沙棘精油、阴离子表面活性剂、胶原蛋白等
沙棘矿物泥洗发水	水、矿物泥、沙棘油、甘菊提取物、芦荟提取物、表面活性剂等
金果三肽洗发乳	水、沙棘提取物、胶原三肽、表面活性剂等
沙棘三肽生物去屑洗发露	去离子水、胶原蛋白三肽生物去屑因子、维生素B5、柠檬酸、沙棘提取物等
海莓新生洗发水	水、沙棘油、蔓越莓籽油等
沙棘婴儿洗发沐浴露	水、沙棘叶提取物、石榴提取物、椰子油等

护发素的主要原料是阳离子表面活性剂。因洗发香波是以阴离子、非离子表面活性剂为主要原料提供去污和泡沫作用，故香波净发后，再使用护发素可以中和残留在头发表面带阴离子的分子，形成单分子膜，而使缠结的头发顺滑，易于梳理。沙棘系列护发素在此基础上加入沙棘提取物以增加其护发功效。沙棘护发素多为乳化体，工艺主要是将水溶性沙棘提取物及水溶性乳化剂溶于水相，脂溶性沙棘提取物及脂溶性乳化剂溶于油相，两相充分混合后于60℃保温下搅拌3～12h使其完全乳化，静止冷却12～24h后即得（表9-6）。

香青兰

沙棘

248

表9-6　沙棘系列护发用品

名称	配方
沙棘顺滑护发素	水、沙棘油、十六醇、十八醇等
沙棘三肽养润护发精华素	水、胶原蛋白三肽、维生素B₅、沙棘提取物等
养润护发精华素	水、沙棘籽油、沙棘提取物、小麦水解蛋白、甜菜根提取物、甘油等
海莓滋养护发素	水、沙棘油、蔓越莓籽油、维生素B₅等
沙棘护发素	水、沙棘籽油、向日葵籽油、小麦水解蛋白等

3.2.2 沙棘系列洁肤产品

除了洗发护发用品，沙棘还被广泛的用于沐浴产品中。沐浴液多是由表面活性剂及护肤成分组成，其中表面活性剂主要发挥清洁作用，而护肤成分主要对皮肤起到滋润、保湿和美白等作用。沙棘沐浴液中添加了沙棘提取物，除了能够滋养皮肤，还可以促进营养成分对皮肤的渗透作用，在洁净肌肤、软化角质的同时促进新陈代谢，有效改善肌肤干燥状态，使其恢复自然弹性，保持皮肤持久水嫩（表9-7）。

表9-7　沙棘系列洗浴用品

名称	配方
泉肤露沙棘沐浴乳	水、沙棘提取物、水解胶原蛋白、薄荷油等
沙棘滋养沐浴露	水、沙棘油、海藻提取物等
全天然沙棘果油沐浴露	水、沙棘果油、椰油衍生物、柠檬酸、食盐等
沙棘三肽润养肌肤沐浴露	水、沙棘提取物、胶原三肽、柠檬酸等
天然沙棘柠檬沐浴液	水、甘油、沙棘果提取物、柠檬过江藤叶提取物、摩洛哥坚果油等

洗面奶也叫洁面乳，主要是去除皮肤表面的污物、油脂、坏死细胞的皮屑以及涂抹的彩妆等，同时能使皮肤柔软润滑，并可形成一层保护膜，是优良的面部清洁和美容用品。根据产品结构和添加物的不同，可将洗面奶分成普通型洗面奶、泡沫型洗面奶、营养型洗面奶等不同类型。沙棘系列洗面奶即属于营养型洗面奶，在洗面奶的配方中添加了沙棘提取物，使其在清洁皮肤的同时为皮肤提供营养，同时具备护肤作用。洗面奶属于水包油型乳化体，包括水分、油脂和表面活性剂等。传统洗面奶使用的油脂主要是矿物油，这些油脂不但可以溶解皮肤表面的油污，而且对皮肤有一定的润泽作用，但相对刺激性也较大；而在配方中添加沙棘油后，可以在一定程度上减少传统矿物油的用量和刺激性，尤其适用于皮肤敏感者。此外，沙棘中的营养成分还具有深层清洁毛孔，增加皮肤含水量，美

白皮肤的作用，因此沙棘洗面奶一经开发就广受好评（表9-8）。

表9-8　沙棘系列洁面用品

名称	配方
沙棘保湿嫩肤洁面乳	沙棘提取物、大豆异黄酮、氨基酸保湿剂、海藻提取物、霍霍巴油、维生素E、温和表面活性剂等
沙棘维他美白洁面乳	维生素B_3、维生素B_5、维生素E、维生素C、沙棘提取物、烷基糖苷等
沙棘活效保湿洁面乳	沙棘籽油、氨基酸保湿剂、霍霍巴油、透明质酸、温和表面活性剂、维生素E等
沙棘晶莹嫩白洁面乳	沙棘提取物、透明质酸、水解蛋白等
沙棘祛痘洁面乳	沙棘提取物、PHA弹力素、维生素A、透明质酸
沙棘控油洁面泡沫	沙棘提取物、芦荟提取物、透明质酸等
沙棘白茶水润洁面乳	甘油、沙棘油、白茶提取物、橙花精油等
沙棘美白保湿洗面奶	沙棘提取物、芦荟提取物、熊果苷、白及提取物等
男士沙棘净油洁面乳	沙棘提取物、鼠尾草提取物、海藻酸钠、薄荷油等
沙棘弹力水润洁面乳	沙棘提取物、牛油果果油、甘油、尿囊素等
积雪草沙棘水润洁面乳	沙棘提取物、积雪草提取物等
沙棘油马油美白泡沫洁面乳	沙棘油、马油、月桂酰肌氨酸钠、维生素C、百合提取物、白及提取物等

　　手工香皂是近年来新兴的一种洁肤用品，区别于传统的机器制作香皂，手工皂不会添加过多的化学物质和防腐剂，只利用天然油脂与氢氧化钠反应产生皂类和甘油的性质来进行制备。由于在制作过程中不需要高温加热，最大限度地保留了植物油和其他添加物中所含的天然维生素和营养成分，因此是皮肤最好的保养品。沙棘油中含有大量的不饱和脂肪酸和维生素E，使其成为制作手工香皂的最好原料。制作手工皂时为了更好的发生皂化反应，一般要进行皂化值的调节，即将其他具有护肤作用的天然油脂，如橄榄油、棕榈油、椰子油等与沙棘油按一定比例混合。制作工艺如下：按比例混合沙棘油、棕榈油等植物油，加热至50℃左右，在搅拌下缓缓加入温度相同的氢氧化钠溶

小根蒜

液，使其发生皂化反应并保持搅拌30min，皂化完成后即可铸模成型。24小时后脱模，但还需大概4周左右的成熟期才可使用，期间其碱性会逐渐降低直至接近中性。手工皂性质温和、滋润，保湿效果极好，但由于不添加硬化剂等化学物质故硬度较差，使用时应避免过度浸水而导致浪费。

3.2.3 沙棘系列牙膏产品

牙膏是日常生活中常用的清洁用品，随着科学技术的不断发展，工艺设备的不断改进和完善，产品的质量和档次不断提高，现在牙膏品种已由单一的清洁型牙膏，发展成为功能多样的多功能型牙膏。沙棘油所含的生物活性物质具有抗氧化、抗菌、收敛作用。牙膏中添加沙棘油可防治牙病，对口腔具有一定的保健作用[27]。沙棘牙膏通常由摩擦剂（如碳酸钙、磷酸氢钙、焦磷酸钙、二氧化硅、氢氧化铝）、保湿剂（如甘油、山梨醇、丙二醇、聚乙二醇和水）、表面活性剂（如十二醇硫酸钠、2-酰氧基磺酸钠、月桂酰肌氨酸钠）、增稠剂（如羧甲基纤维素、鹿角果胶、羟乙基纤维素、黄原胶、瓜尔胶、角叉胶等）、甜味剂（如甘油、环己胺磺酸钠、糖精钠等）、防腐剂（如山梨酸钾盐和苯甲酸钠）、沙棘提取物以及色素、香精等混合而成。其主要生产工艺是分别将摩擦剂等粉体成分和沙棘提取物等液体成分混合均匀后，置于叶片式搅拌机中搅拌均匀，通过快速研磨机研磨至一定粒度后，真空脱泡、装管、包装即得。

3.3 沙棘护肤产品简介

护肤系列的化妆品主要包括化妆水、面霜、眼霜、手霜、精华素、面膜等。根据其侧重点不同，又将护肤品分为基础护肤产品和功能护肤产品两类。所谓基础护肤即以补水保湿和滋润为主；而功能性护肤品除具有基础护肤成分外，还添加一些例如美白、祛斑、除皱、防晒等功能性成分。

3.3.1 沙棘系列基础护肤产品

沙棘富含多种维生素、微量元素、黄酮及多酚等活性物质，特别是黄酮和多酚等成分使其具有独特的保湿和抗氧化功效，故沙棘基础护肤系列产品的开发和应用最为广泛。以国内某知名品牌为例，其开发的沙棘基础护肤产品就有四个系列，30多种产品。

3.3.1.1 沙棘系列化妆水

化妆水包括爽肤水、柔肤水、收敛水等，涂于皮肤表面，用于补充水分、软化角质、收缩毛孔及调节皮肤酸碱度等。正常皮肤的含水量在20%～25%，如果低于这个标准，就会出现干燥、脱屑及细纹等皮肤问题，影响美观，故补水是日常皮肤护理的重中之重。沙棘系列化妆水在配方中添加了沙棘中的水溶物质，洁

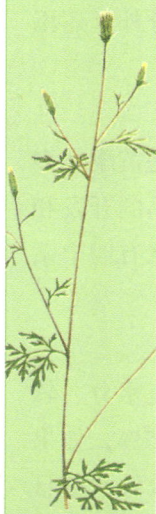

肤后使用，可及时补充洁肤所致的水分损失，提高皮肤含水量，水溶性成分可随水分子一起渗透进入皮肤，深层营养细胞。

3.3.1.2 沙棘系列面霜

面霜、眼霜和手霜都是施于皮肤表面用于滋润和保护皮肤的，统称为润肤品。润肤品除了霜外，还有膏、乳、露等类型。膏霜类护肤品含油脂类成分较多，属于半固体类护肤品，适合干性、中性皮肤使用；而乳和露则属于液体类护肤品，适合中性、油性皮肤使用。这类护肤品的主要特点是可在皮肤表面形成保护膜，抑制水分经表皮蒸发；也可承载更多的养分，更利于皮肤的滋润和营养。市面上的沙棘系列润肤产品多是利用沙棘油制备而成的。除了类似沙棘油一类的营养剂外，润肤品的配方中还包括保湿剂、促渗剂、乳化剂等成分，这些成分都会在一定程度上促进皮肤对营养成分的吸收和利用，加强护肤品对皮肤的营养和润泽作用。沙棘膏霜类护肤品的主要生产工艺为：①将保湿剂等亲水性成分加入精制水中，加热至70℃制成水相；②将表面活性剂等油相成分混合加热溶解，冷却至65℃，加入沙棘油和香料，搅拌均匀；③边搅拌边将两相混合，用均质乳化机乳化，脱气、冷却后灌装即得。

3.3.1.3 沙棘系列精华素

精华素，是护肤品中之极品，成分精致、功效强大、效果显著，其有效成分是经过提取、浓缩而获得的高营养物质。沙棘精华素由沙棘提取物精制而成，可根据不同肤质和使用方法制成沙棘精华液、沙棘精华露、沙棘精华面膜及沙棘精华胶丸等。沙棘精华液适用于油性肤质，宜放在小瓶中，随时取用。沙棘精华露适用于中性肤质，比精华液稍浓，水、油成分比例适中。沙棘精华面膜是将精华素溶于面膜中，以敷面的方式促进肌肤对养分的吸收，适合家庭使用，操作简便。沙棘精华胶丸使用时需将其刺破，把精华素挤到手上，薄薄涂于面部即可，适合外出携带。

3.3.1.4 沙棘系列面膜

面膜利用覆盖在脸部的短暂时间，暂时隔离外界的空气与污染，提高皮肤的温度，使皮肤毛孔扩张、肌肤含氧量上升，并能促进汗腺分泌与新陈代谢的一种产品，有利于肌肤排除表皮细胞新陈代谢的产物和累积的油脂类物质。面膜中的水分渗入表皮角质层，会使皮肤变得柔软，肌肤自然光亮而有弹性。根据产品形态和使用方式的不同，市面上的沙棘面膜主要有剥离型沙棘面膜和面贴型沙棘面膜。剥离型沙棘面膜配方中的主要成分是沙棘提取物和成膜剂。目前成膜剂多采用水溶性高分子聚合物，这些高分子聚合物具有非常好的成膜性，同时还具有一定的保湿作用。常用的高分子聚合物有聚乙烯醇（PVA）、聚乙烯吡咯烷酮（PVP）、丙烯酸聚合物、羧甲基纤维素等。此外，天然明胶和西黄蓍胶、阿拉伯胶等天然胶质也可以作为成膜剂使用，但成膜性能不及高分子聚合物。面贴型沙棘面膜是将无纺布纤维织物剪裁成人面部图形，将眼、鼻和唇部暴露出来。市售的面贴型面膜都是将无纺布面贴浸润到面膜液中，然后单独包装而成，使用和携带都较方便，故很受消费者欢迎。面膜液中主要含有保湿剂、润肤剂和活性添加剂等。将沙棘提取物制成面膜后，其有效成分更易被皮肤所吸收。

3.3.1.5 沙棘油

除以上介绍的基础护肤产品外，沙棘油还可以作为护肤品直接使用。沙棘油富含不饱和脂肪酸以及各种维生素，极易被皮肤吸收，清爽自然，无油腻感。富含多酚类及超氧化物歧化酶，具有抗氧化作用，能有效地避免因脂肪被氧化而发生细胞老化所带来的色斑、皱纹等现象。洁面后，将沙棘油涂于面部并反复按摩，再用蒸脸器或热毛巾敷面，能除去毛孔内肉眼看不到的污垢，还可以滋养肌肤、增加皮肤的光泽和弹性、去除细小皱纹。除了面部护理之外，沙棘油还可作为唇部、头发和身体护理用品。用棉签蘸少量沙棘油均匀涂在唇部，有益于保持水分，消除及延缓唇纹出现，防止口唇脱皮裂开；洗发后，于脸盆中注入少量本品或滴在掌心直接细细擦入头发，沙棘油就会均匀地附着于头发上，常用可防止头发枯黄起叉，使头发变得光泽漂亮；沙棘油还是按摩推拿的极佳用油，洗浴后毛孔张开，用沙棘油涂抹全身按摩，可减缓肌肉紧张，加速血液循环，使肌肤光滑细腻。也可将沙棘油均匀涂抹于腹部，用手掌画圈按摩，能够促进血液循环和肌肤新陈代谢，有助于吸收皮下多余脂肪和减肥。

3.3.2 沙棘功能护肤产品简介

沙棘功能性护肤产品是在其基础功能性成分之上添加沙棘提取物来增加其功效的，市面上沙棘系列功能护肤品主要包括美白和防晒两大系列。

3.3.2.1 沙棘系列美白产品

美白护肤产品中含有的熊果苷等功能性成分，可以干扰黑素的生物合成，减轻皮肤色素沉着。沙棘系列美白产品主要是在此基础上添加沙棘提取物，不但增强其美白效果，而且能润泽和营养皮肤（表9-9）。

<table>
<tr><td colspan="2" align="center">表9-9　沙棘系列美白产品</td></tr>
<tr><td>产品</td><td>配方</td></tr>
<tr><td>沙棘维她美白液</td><td>维生素B₃、维生素B₅、维生素P、熊果苷、沙棘精华、海藻精华、透明质酸等</td></tr>
<tr><td>沙棘维她美白霜</td><td>维生素B₃、维生素B₅、维生素E、沙棘精华、绿茶精华、物理防晒剂、霍霍巴油、氨基酸保湿剂等</td></tr>
<tr><td>沙棘维她美白精华乳</td><td>维生素B₃、维生素E、维生素B₅、维生素C、维生素A、熊果苷、沙棘精华、透明质酸等</td></tr>
<tr><td>沙棘美白保湿营养霜</td><td>沙棘提取物、石榴提取物、枸杞果提取物、熊果苷、薏苡提取物、芦荟提取物、维生素E等</td></tr>
<tr><td>高级沙棘美容蜜</td><td>沙棘果油、水解燕麦蛋白、维生素E等</td></tr>
</table>

3.3.2.2 沙棘系列防晒产品

防晒霜，是指添加了能够阻隔或吸收紫外线的防晒剂来达到防止肌肤被晒黑、晒伤的化妆品。传统的防晒产品大都添加一些化学吸光剂，对皮肤的刺激作用较大，已经逐渐被物理遮光剂和天然紫外线吸收剂所代替。沙棘系列防晒产品利用沙棘中黄酮、多酚及原花青素等天然活性物质对紫外线的吸收作用制备而成的，此外，多数沙棘防晒产品中还会添加物理遮光剂来增强其防晒效果，其主要作用是反射和散射紫外线而减少紫外线对皮肤损伤。目前常用的主要有二氧化钛、氧化锌、滑石粉和陶土粉等（表9-10）。

小蓟

表9-10　沙棘系列防晒产品

产品	配方
沙棘美白防晒霜	物理防晒剂、阿魏酸酯、沙棘精华、熊果苷、维生素B$_3$、氨基酸保湿剂、维生素E等
沙棘防晒霜	沙棘提取物、绣线菊提取物、芦荟提取物、纳米二氧化钛、甲氧基肉桂酸辛酯、水杨酸辛酯、薄荷脑等
防晒护肤乳液	沙棘提取物、绿茶提取物、芦荟提取物等
沙棘柔白防晒乳	二氧化钛、氧化锌、沙棘提取物、绿茶提取物、角鲨烷、维生素E等

3.4 沙棘彩妆产品简介

彩妆是指通过粉底、蜜粉、口红、眼影和胭脂等有色泽的化妆材料和工具，美化和保护脸部妆扮方法的总称，其主要作用是让女性形象更美丽。彩妆产品相对于护肤产品更强调对女性妆容的美化作用，如调整肤色、提亮遮瑕、修饰唇色等，因此并不会过度强调其护肤功效。这也导致对沙棘系列彩妆产品的开发力度远不及护肤用化妆品，其类型主要有隔离霜、BB霜、粉底液、润唇膏等。

3.4.1 沙棘系列隔离产品

隔离霜主要是隔离紫外线、灰尘及其他彩妆对皮肤的损伤。其主要功能与防晒霜相似，但又在其基础上增加了一些美肤成分，具有一定的调整肤色、增白提亮作用，因此一般将其归入彩妆的范畴。沙棘系列隔离霜的主要作用是全面抵御UVA和UVB的伤害，防止日晒引起的皮肤老化，同时可以及时清除自由基，防止肌肤氧化，全面隔离彩妆及污染空气，给予肌肤多重保护。其中的高效美白活性成分，可以有效预防黑色素的形成和沉积，为肌肤提供深层美白护理，令肌肤时刻保持白皙水润的娇嫩状态。其主要成分除包括沙棘油、沙棘黄酮等沙棘提取物外，还包括甘草提取液、维生素C、薏仁提取物、烟酰胺、透明质酸等营养剂；丙二醇、甘油等保湿剂以及纳米级钛白粉、甲氧基肉桂酸辛酯等防晒剂。

3.4.2 沙棘系列BB霜产品

BB霜是Blemish Balm的简称，即伤痕保养霜，最初是德国人为接受镭射治疗的病人设计的，质地比较厚重，含护肤和防晒成分，能使受损肌肤得到修复与再生。其被韩国化妆品界引进改良后，才从医学美容品变为了日化美妆品。主要作用是遮瑕、调整肤色、防晒、细致毛孔。因BB霜均含有粉底液成分，故属彩妆范畴。沙棘系列BB霜的主要成分为丁二醇、甘油、北美金缕梅提取物、葡糖氨基葡聚糖、霍霍巴籽油、神经酰胺、植物鞘氨醇、黄原胶、维生素E、白茅根提取物、茶叶提取物、沙棘油、苦橙等，质地轻盈透气，可以改善黯沉肤色，赋予肌肤润泽无瑕、粉嫩透亮的隐形裸妆效果。

3.4.3 沙棘系列粉底液产品

粉底液主要具有均匀肤色、遮瑕和提亮作用，如果在粉底液中添加保湿成分，还可起到润泽皮肤的作用（表9-11）。

表9-11 沙棘系列粉底液

产品	配方
晶润粉底液	遮光粒子、沙棘精华、洋甘菊精华、透明质酸、海藻精华等
沙棘丝柔无瑕粉底液	超细钛白粉、沙棘油、洋甘菊提取物、甘油等
沙棘水凝保湿粉底液	沙棘精华、大豆异黄酮、甘草提取液、洋甘菊精华、透明质酸、海藻精华、维生素E等
沙棘靓白粉底液	沙棘精华、渗透剂、丝质蛋白素、透明质酸等
沙棘莹润亮肤粉底液	沙棘精华、珍珠粉、亮白配方、保湿因子等

3.4.4 沙棘系列唇膏产品

唇膏的主要作用是锁住双唇水分，其可以较长时间停留在唇部而不渗透。沙棘系列润唇膏可分为手工制作和非手工制作两种。非手工制作的沙棘润唇膏主要成分为沙棘籽油、蓖麻油、脂肪醇、羊毛脂、蜂蜡、氧化钛、抗氧化剂、防腐剂、香料、色料等，随时使用可保持双唇自然弹性，防止唇部干裂、粗糙及细小皱纹的产生，使双唇柔润、自然有光泽。其主要生产工艺为：①油性基料加热溶解，混合均匀；②加入色料，过滚筒机，使色料均匀分散；③加热溶解后，加入沙棘油和香料，脱气后注入模具；④急冷使其凝固，脱模装入容器即得。手工制成的沙棘润唇膏大都只含有纯天然成分，不含矿物油脂，且多数不添加抗氧剂、防腐剂等化学物质，故其保质期较短。常用的原料有蜂蜡、可可脂、蜂蜜、沙棘果油、乳木果油、霍霍巴油及天然维生素E等。

3.5 沙棘化妆品的开发前景

目前沙棘化妆品的开发已具有一定的规模，但也存在诸多问题影响着沙棘化妆品的发展：①由于沙棘油价格偏高、色泽偏深等原因影响了沙棘油的加入量及化妆品的疗效，故可在沙棘油的提取及稳定化方面入手发展改进沙棘化妆品。例如利用新技术提取沙棘油，以获得较高的提取率和较低的色泽度；利用脂质体及微囊技术，控制活性成

小米口袋

沙棘

分的释放，延长有效期。②沙棘化妆品功能单一已不再能满足市场需求，因此开发多功能化妆品是沙棘化妆品的重要发展方向。例如可增加中草药成分，与沙棘油复合配方，发展疗效、营养和美容兼顾的化妆品，提高疗效功能，扩大其适用范围。③沙棘化妆品大多是一些基础化妆品，品种较单一，开发一些新的品种，使其更具有竞争性，是当今沙棘化妆品的发展方向。例如男士专用化妆品、儿童化妆品等。因此，沙棘系列化妆品的发展方向为在扩大品种的基础上，应用高科技，开发优质的、多功能的产品。

4 沙棘饲料的开发

中国是世界第二大饲料生产国，饲料工业在国民经济中占有重要地位。随着农村畜牧业的发展，大规模养殖家禽、生猪以及牛羊等越来越向着规模化、经济化和科学化方向发展。因此，人们在注重畜禽生产性能和料肉比的同时，逐步提高了对饲料品质和畜禽产品品质的要求。近年来沙棘作为绿色植物饲料或饲料添加剂用于畜牧和家禽养殖方面的开发研究与综合利用受到了越来越多的关注。

4.1 沙棘的饲用价值

饲料营养价值的指标，总体来说可以分为两大类，一类按饲料的化学成分来表示，另一类按饲料所含营养物质的用途评定其营养价值。按化学成分评定饲料

营养价值，主要有水分、粗蛋白质、粗脂肪、无氮浸出物、粗纤维和粗灰分6个指标；按营养物质的用途评定饲料价值，主要有蛋白质、矿物质和维生素3项指标。

夏静芳等按以上两种方法对沙棘的饲用价值进行了评价。按化学成分评价时除测定沙棘中6种指标的含量外，还与多种常规饲草的营养价值指标进行了对比，这些饲草包括柠条、紫花苜蓿、草木樨、谷草、秸秆。结果显示，沙棘的粗蛋白含量大于其他饲料，是谷草和玉米秸秆等一般饲料的5倍以上；粗脂肪含量也较高，超过了当地优良牧草紫花苜蓿和白花草木樨；同时，沙棘的粗纤维含量最低，灰分含量也较低，水分含量也低于10%。因此从化学成分对比分析，沙棘具有较高的饲料营养价值。按营养物质评价时，分别测定了蛋白质、矿物质和维生素的含量。蛋白质是评价饲料营养价值的重要指标，除对蛋白总含量进行评价外，还测定了其中氨基酸的种类和含量，结果显示，不同林龄的沙棘叶片蛋白质含量均高于同属的同林龄的柠条和小叶锦鸡儿；各种氨基酸含量与紫花苜蓿、箭舌豌豆及聚合草相比也较高；沙棘中含有的矿物质主要有铁、锰、锌、硒、钙、磷、镁，在沙棘不同部位包括沙棘叶、沙棘果肉、沙棘籽和沙棘果渣中含量均较常规饲料高；对维生素的评价主要是针对维生素C及维生素A进行的，结果显示其维生素C和维生素A的含量均高于备检的7种水果（猕猴桃、山楂、柑橘、菠萝、桃、苹果、梨）。故从以上评价结果来看，沙棘具有巨大的饲用价值[33]。

4.2 沙棘用于对畜禽养殖的功效

4.2.1 鸡

用沙棘叶和沙棘果渣作为补充饲料饲喂产蛋母鸡，可提高产蛋率8.7%～11.3%、提高产蛋量24.9%～30.3%、蛋黄胡萝卜素含量增加8.44%～75.66%、蛋黄胆固醇含量降低10.54%～27.65%，且对蛋黄颜色、比重均有一定的影响。沙棘果粉可直接作为饲料添加剂用于蛋黄的着色，这是因为沙棘果粉中含有具有着色或辅助着色作用的类黄酮化合物，它们和类胡萝卜素共同作用起到了非常好的着色效果。

4.2.2 猪

以沙棘叶、松针、宽叶独行菜为基础组成的饲料添加剂对30头不同饲养期的猪进行试验，结果饲养30、60、15天试验组比对照组依次

增重2.65%、0.9%及20.2%，分别提高饲料报酬3.5%、10%及15.5%。

4.2.3 牛

前苏联学者用沙棘果渣饲喂妊娠母牛，日添加量600g，1个月后血样检测，血清中蛋白质总量、γ-球蛋白、维生素A、维生素K及无机磷含量均有增加。

4.2.4 羊

寿县畜牧站用30～40日龄关中奶山羊公羔120只分组试验，试验期为30天，沙棘果渣组每千克体重日添加沙棘果渣分别为1g、5g和7g。结果表明，添加7g组增重比对照组增长106.09%，胸围指标显著高于其他组。经屠宰测定，沙棘果渣组胴体重比对照组提高87.71%，屠宰率提高20.21%，肌肉重提高115.86%，净肉率提高15.10%，同时肉质细嫩多汁[34]。

4.3 沙棘饲料的饲喂方式

就当前情况而言，以沙棘饲料饲喂畜禽，主要有以下两种方式。

第一，在沙棘林地直接放牧。此种饲喂方式在沙棘资源丰富的林区使用较多。但在枝刺较多的中国沙棘林地，山羊不受影响，绵羊则适应性较差。对有些无刺沙棘品种，牛、羊、马等均可适应。直接放牧应注意与林木养护相统一，采用轮牧制，使沙棘林可持续利用。

第二，将沙棘制成饲料后，实行圈养饲喂。此种饲喂方式目前正在逐步发展。其优点在于既可保护好林地，使其可持续利用，又可使饲料增加适口性。经过加工后，丰富饲料营养，且可常年使用。

4.4 沙棘饲料的类型

沙棘饲料的类型主要有：①沙棘嫩枝叶风干粉碎后直接按一定比例添加到基础饲料中。②沙棘叶经过干燥、粉碎、过筛后按一定比例添加到基础饲料中。③将提取过的沙棘果渣干燥粉碎后按一定比例添加到基础饲料中。④将未经提取的沙棘果实干燥后直接打粉，按一定比例添加到基础饲料中。⑤从沙棘果中提取黄酮类化合物作为饲料添加剂。⑥从沙棘叶中提取黄酮类化合物作为饲料添加剂。

4.5 沙棘饲料的应用现状

目前市场上的沙棘饲料原料多数都是在生产沙棘食品、药品及化妆品的过程中产生的副产品，其中沙棘籽粕或沙棘果渣使用较多，沙棘叶使用较少。而专门利用沙棘来生产饲料的厂家几乎没有。沙棘籽粕或沙棘果渣均以副产品的形式进行销售，市场价格大概1540元/吨，而豆粕的价格大概要达到4000元/吨，故沙棘籽粕的价格相对便宜且营养丰富，具有很大的开发前景。

沙棘产品的市场现状

　　我国拥有世界上最丰富的野生沙棘资源，因此有着"世界沙棘看中国，中国沙棘看三北"的说法[35]，这种具有生态、经济和社会价值的宝贵资源在近30年不断被人们认识和利用。沙棘的开发一方面受益于生态治理、医药、食品等领域专家、学者及技术工作者的努力，另一方面受益于林业、农业、水利等国家相关部门的大力扶持，如国家重点生态工程建设注重扶持沙棘资源的培育与经营，对沙棘产业开发给予减免税收、贴息贷款等税收金融优惠政策。因此，沙棘的加工企业如雨后春笋般不断涌现，1997年以前，我国与沙棘加工和生产相关的企业仅有200余家；截止2013年底，增至1200余家，涉及沙棘原料、药品、食品、保健食品及化妆品等不同的领域。研发出的沙棘产品包括食品饮料、医药保健、化妆品、饲料和原料等八大类约200多种，年产值近1000亿元[36,38]。我国的沙棘产业已经成为当今世界发展最为迅速的新兴产业之一。

1 沙棘及沙棘提取物（初级产品）市场现状

　　沙棘提取物是指应用某种技术从沙棘果、叶、枝中提取出的有用成分，主要包括沙棘油、沙棘果粉、沙棘黄酮、沙棘多糖、原花青素、沙棘膳食纤维等。这些提取物很少直接使用，而是作为药品、食品、化工品等的中间体和原辅料，应用领域广阔、市场潜力巨大。

旋复花

沙棘

1.1 近几年沙棘及部分沙棘提取物价格

随着沙棘市场开发力度的加大，部分沙棘及其系列产品价格有所增长。我们以内蒙古著名沙棘企业提供的2010～2013年部分产品价格数据作为参考，与2008年文献数据进行对比[39]，对比数据见表9-12。

表9-12　国内沙棘初级产品价格

产品名称	市场价格（元/吨）				
	2007年	2010年	2011年	2012年	2013年
沙棘籽	22000	–	–	40000	40000
沙棘鲜果	1600~2100	–	–	–	2000
沙棘原汁	1500~2600	7000	9000	10000	12000
沙棘籽油	600000	950000	950000	1000000	1250000
沙棘果油	4~12	600000	650000	750000	750000
沙棘黄酮	12000000~15000000	–	–	–	–
沙棘籽粕	–	–	–	1500	3000
沙棘果渣	–	–	–	–	9200

1.1.1 影响我国沙棘初级产品价格的主要因素分析

1.1.1.1 沙棘籽的价格影响因素

沙棘籽的价格受以下因素影响：现有沙棘资源当年挂果率及采收率、沙棘籽的质量（主要是含油率）、人员工资、运输成本、以沙棘籽油为原料的国内加工企业的收购量及加工能力、国内外市场对以沙棘籽油为原料的产品需求等。目前，沙棘籽供货相对紧张，需求基本态势为供不应求，且价格也呈总体上涨趋势，这主要是因为以沙棘籽油为原料的产品不断涌现，导致沙棘籽油市场需求旺盛。一些分析调查数据显示沙棘籽油的市场需求量逐年上涨，且涨幅较快，沙棘籽油加工企业不断增多、加工能力不断增强，最终导致沙棘籽源供不应求。缓解这一市场需求的最有效措施，就是通过加大沙棘籽源的开发，如种植、采收人工沙棘林来满足市场需求。

1.1.1.2 沙棘鲜果的价格影响因素

沙棘鲜果的价格受以下因素影响：现有沙棘资源当年挂果率、病虫害、采收情况、人员工资、运输成本、国内以沙棘果为原料的加工企业对其的收购量及加工能力、以沙棘果为原料的产品国内外市场需求等。目前，沙棘果货源较为充

足，近年价格也呈总体平稳态势。主要是因为沙棘果不便储存和转运，一般都做成高浓度的沙棘果汁、饮料，或者高附加值沙棘保健食品。

1.1.1.3 沙棘原汁的价格影响因素

沙棘原汁的价格受以下因素影响：沙棘果的收购价格、沙棘果的出汁率、贮存费用等。

1.1.1.4 沙棘籽油的价格影响因素

沙棘籽油价格受以下因素影响：原料、生产成本及市场需求。有文献指出，目前国内加工提取工艺大多为超临界二氧化碳萃取法，沙棘籽出油率为18：1左右，也就是18吨沙棘籽出1吨沙棘籽油，如果沙棘籽价格按40000元／吨计算，那么18吨是720000元，这还仅是原料费，再加上相应的资金利息、辅助材料、管理、折旧等费用，每吨沙棘籽油价格最终价格会高达1200000元左右。此外，以沙棘籽油为中间产物制备的终端产品市场需求旺盛，加之人工费用、原料成本等价格的上涨，都使沙棘籽油的价格长期居高不下，并且有继续上升的趋势。

1.2 国内、外对沙棘提取物主要产品的需求情况

1.2.1 国内主要企业对沙棘提取物主要产品的需求情况

根据相关统计数据[6]，近年国内相关行业主要知名企业对以往沙棘提取物主要产品市场需求调查情况表（表9-13）如下。

表9-13　近年国内主要企业对沙棘提取物主要产品的需求情况（吨）

产品	2007 年	2008 年	2009年
沙棘籽油	180	320	510
沙棘果油	120	190	340
沙棘果粉	400	610	1000
其他产品（总黄酮等）	260	420	560
合计	960	1540	2410

从表9-12中可以看出，各类沙棘提取物的需求均呈增加趋势。沙棘提取物产品中，沙棘籽油和沙棘果油是目前市场需求最为旺盛的沙棘产品，以沙棘油为例，据不完全统计，截止2010年，国内外沙棘籽油和沙棘果油的年总需求量已达 2000吨左右，仅国内以沙棘油为原

沙棘

岩败酱

料的主要5家企业的年需求量就200吨，而国内应用先进工艺——超临界CO_2萃取法获得的沙棘油，实际年产量还不足300吨，加之国外的巨大需求量，沙棘油市场缺口很大，使得这两种提取物长期处于供不应求的状态。

沙棘果粉是沙棘原汁经过喷雾干燥或冷冻干燥制成的沙棘果干粉。沙棘果干粉作为原料便于贮存及再加工。从相关加工企业网站主页了解到，多数的沙棘果加工企业具有生产沙棘果粉的能力，加之我国沙棘果产量丰富，因此沙棘果粉市场供应相对较为充足。近年来，沙棘果粉作为药品、食品、新兴功能产品（保健食品、化妆品）添加剂或原辅料，被相关行业开发成多种沙棘终端产品，并被市场认识和接受，市场需求随沙棘终端产品的增长而增长，增势尤为迅速。

沙棘总黄酮是从沙棘果、叶、枝中提取的黄酮类成分，在心脑血管包括心肌缺血、高脂血症、冠状动脉硬化症等方面的显著功效已被人们证明并获得认可。加之它本身为纯天然物质，并且具有高品质、高科技、多功效、无毒副作用的优点，因而越来越受到人们的青睐。现沙棘总黄酮已被提取纯化形成多种含量规格，市场常见的规格有5%、10%、20%、30%、40%、50%、65%及接近100%纯度的沙棘黄酮提取物，价格区间根据沙棘总黄酮的纯度大约在100万/吨～5000万/吨左右，可供相关的终端产品生产企业根据生产需求及价格进行选择。虽然我国的沙棘黄酮提取利用较国外晚，但发展迅速，需求量几乎成倍增长，以其作为原料开发的药品、食品、保健食品等终端产品种类繁多，十几年间，国内开发利用沙棘黄酮的企业就已遍布全国。从事沙棘黄酮提取的企业仅从阿里巴巴、中国制造网、世界工厂网等网上交易平台就可查到上百家，在数量上，陕西省的厂家占据全国的半壁江山，涌现出像艾康、森弗、锦泰等实力较强的厂家，其余则分散分布在三十多个省市。由此可见，沙棘黄酮提取产业已初具规模。

1.2.2 国外对沙棘提取物主要产品的需求情况

据2010年统计数据显示[40]，沙棘提取物的进口国主要是欧盟、东南亚等相对发达的国家，主要有美国、日本、德国、瑞士、新加坡等。其中，美国、欧盟等市场年增长率在30%以上，仅美国市场对沙棘提取物每年需求量达240吨，而其国内产量只能满足10%；日本需求量年增加率也在20%以上，而沙棘的主要出口国仅有俄罗斯和中国。从沙棘资源来看，我国的沙棘资源最为丰富，如果得到合理充分的开发利用，在国内外沙棘提取物市场还会有更大的上升空间。

1.3 沙棘提取物产品在国内主要相关行业的应用情况

青海省轻工业研究所有限责任公司对2007～2009年沙棘提取物产品在主要相关行业的应用比例进行统计分析[40]，见表9-14。

表9-14　近年沙棘提取物产品在国内主要相关行业的应用比例

销售额应用领域	沙棘销售额比例		
	2007年	2008年	2009年
食品	9	10	12
保健食品	69	71	72
医药	17	12	6
化妆品	1	2	3
其他	4	5	7
合计	100	100	100

从表9-14中可以看出，沙棘提取物在保健食品领域应用最多，其增长速度也较快；其次为食品、化妆品和其他行业，比例也有所增长；而医药行业增长速度较慢。不难看出，与药品相比，保健食品的研发门槛低、周期短、投入小，因而使得近年来我国的保健食品市场迅速发展，这也促进了沙棘保健功能产品的开发和创收；而在医药领域，因沙棘提取物销售基数的不断扩大，以及新药研发周期长、投入大、门槛高等原因，使其所占比例有所下降。总体来看，应用领域的沙棘提取物还在不断扩大，并逐渐被广大消费者所认同。

1.4 沙棘提取物市场需求预测

通过对国内外沙棘提取物现状的研究，预计在未来几年，沙棘提取物的需求将进一步扩大。具体表现在：人民收入增加、对健康保健意识的增强以及对沙棘营养和功效的认可。此外，因国内外巨头的大举进入，使沙棘终端市场药品、食品、保健食品、化妆品行业也受到刺激，促使对沙棘原料的需求不断增大。随着沙棘市场的不断开发，未来几年这种增势会更加明显。预测，国内外对沙棘提取物的市场需求将以 25%～30%左右的速度增长，以此计算，仅我国对沙棘籽油的需求将达到2000吨左右，国际的需求量在10000吨左右。沙棘提取行业前景光明。

2　国内沙棘药品市场现状

我国对沙棘的医用记载最早、利用最多。现在，从沙棘的果实、种子、叶、皮等部位提取的有效成分已经被开发成药品应用于临床。现已获得批准文号并在市场上销售的药品见表9-15。

表9-15　市场上销售的沙棘药品

产品名称	价格	功能主治
藏降脂胶囊	90元左右	高脂血症
枸杞消渴胶囊	100元左右	2型糖尿病
心脑欣胶囊	25元左右	头晕，头痛，心悸，气喘，乏力，缺氧引起的红细胞增多症
通心舒胶囊	200元左右	冠心病心绞痛
心达康片	41元左右	心慌，心悸，心痛，气短胸闷，血脉不畅等症
参芎胶囊	40元左右	头晕健忘，眼花耳鸣，心悸气短，腰膝酸软
五味沙棘颗粒（散、含片）	25元左右	慢性支气管炎
沙棘颗粒	20~30元左右	消化不良，食积腹胀，跌扑瘀肿
沙棘片		咳嗽痰多，消化不良，食积腹痛
平溃散	30元左右	消化性溃疡，慢性胃炎及反流性食道炎
沙棘干乳剂	35元左右	功能性消化不良、小儿厌食所致的胃腹胀痛，食欲不振，纳差食少，恶心呕吐等症
二十五味鬼臼丸	15~40元左右	妇女血症，下肢关节疼痛，小腹、肝、胆上体疼痛，心烦血虚，月经不调
十一味能消胶囊	35~40元左右	经闭，月经不调，难产，胎盘不下，产后瘀血腹痛
复方沙棘籽油栓	25~40元左右	湿热下注所致的宫颈糜烂
双磺沙棘桉青软膏	–	火烧伤、水烫伤、化学品灼伤
沙棘籽油口服液		气滞血瘀、胃气上逆所致的脘腹胀痛，嗳气反酸，胸闷，纳呆
沙棘籽油胶丸		气滞血瘀、胃气上逆所致的脘腹胀痛，嗳气反酸，胸闷，纳呆
参棘软膏	95元左右	黄褐斑，老年斑，干燥综合征
虫草清肺胶囊	40元左右	用于气阴两虚，痰热阻肺所致的咳嗽痰多，气喘胸闷；慢性支气管炎

2.1 沙棘药品市场定位

由表9-15可以看出，目前上市的沙棘或含有沙棘的药品主要有二十余种，其中外用药3个，其余均为口服药。上述药品中，主治功能还是首先偏重于心脑血管、"三高"方面；其次是止咳化痰、滋补及抗菌消炎方面。从药品生产厂家所在地区

来看，主要集中在青海、西藏、内蒙古、陕西等省区，很大程度上是依据各地区民族用药优势开发的沙棘或含沙棘的药品。

2.2 沙棘药品销售模式及销售渠道

药品的销售终端为各级医院、药店、卫生院、社区医院等。沙棘及含沙棘的药品是具有民族用药特色的药品，随着人们对具有独特制作过程和神奇治疗效果的藏药、蒙药的认可，民族医药在药品市场中也占有了一席之地。

沙棘系列药品的主要销售渠道如下。

（1）民族药和化学药不同，是在民族用药理论指导下，由蒙医、藏医、中医经过疾病的诊治后开具使用的药品。民族医药产业近年来得到了国家和政府的大力扶持，以蒙医院为例，在内蒙古自治区，几乎所有的盟市、旗县区都有中蒙医院并设有蒙医科，在蒙古族聚集多的旗设有专门的蒙医院；藏医院除了在西藏、青海地区，在北京、济南等地也有开设，藏药也正在摆脱区域的制约[41~42]。因此，作为民族药的沙棘系列药品，在终端销售渠道中，以各地区的蒙医院、藏医院、中医院为主要销售渠道。

（2）不断出现的网络交易平台为沙棘系列药品的销售市场提供更大的空间，这种销售模式的优点就是不受地域限制，目前市场在售的沙棘系列药品在各种网络平台基本都有销售。

（3）零售药店。

2.3 沙棘药品市场存在的问题及解决途径

沙棘系列药品市场作为沙棘产业的最后环节，其发展成为影响沙棘产业化进程的主要因素之一。总体看来，我国没有哪家药品生产企业生产的沙棘系列药品能够在同类产品中处于主导地位。目前，沙棘系列药品在我国药品领域虽然占据一定市场份额，但还不具竞争力，以某一含沙棘黄酮成分的药品为例，这种以沙棘黄酮为主要原料的药品在心血管方面具有良好的疗效，但在治疗心脑血管的同类药品中，使用最多的是银杏叶黄酮类药品，后者自20世纪90年代起，一直是治疗脑血管疾病的首选药物（根据中商情报网关于《浅谈银杏叶制剂市场现状》中，把银杏叶注射液和银杏达莫合计来看，2012年两者在样本医院销售额为8.39亿，在心血管中成药份额超过14%，在总体心脑血管中成药比例达到9.10%。位居医院用药类别前列），并成为心脑

岩青兰

沙棘

血管领域植物药的领先品种之一。与之相比，沙棘黄酮类药品的市场份额就相差甚远了。

我国的沙棘系列药品发展并不尽如人意。体现在以下几方面。

（1）新药研发滞后、高技术剂型产品少[43]。现有的沙棘系列药品多是在传统藏、蒙、中医药记载的传统药方基础上研制而成的，新药研发相对滞后。事实上，除了这种方式，还可考虑根据新发现的活性成分药理作用及临床应用范围来增加沙棘的适应证并研制新药。此外，沙棘药品剂型集中在散剂、口服液、片剂等常规剂型上，而高附加值的缓控制剂、生物利用度高的注射剂型还是空白，如果能像银杏叶提取物注射液那样，将沙棘总黄酮开发成注射液，其市场前景则较为可观。

（2）民族用药受区域限制，品牌效应不明显、市场认可度低[44]。作为民族药，其销售区域覆盖面较为狭窄，有人对医务人员和患者使用民族药的情况做了调查，结果显示，高达七成的汉族民众并不经常接触民族药，基本没有接触或听说的人员占到两成，使用民族药的主要人员仍是民族聚集区域的主体民族[45]。由此可以看出，民族医药仍未被广泛接受，究其原因是因为民族药宣传力度不大，消费者对民族药的了解则不够深入，这有待于国家的大力开发与宣传。目前，沙棘系列药品存在竞争力不强、"有优无市"等问题，需要拓宽销售渠道以解决现在的尴尬处境。

3 国内沙棘食品的市场现状

沙棘果实是一种可食用的浆果，且味道酸甜适口。前苏联于20世纪60年代就已将其制成食品，作为宇航员的营养补充剂。我国也在20世纪80年代开始开发系列的食品。现在，我国开发沙棘食品的企业多达上百家，范围遍布全国；市售的沙棘食品涵盖众多种类，常见的有沙棘果汁、果醋、果浆、罐头、果酒等液态食品、沙棘果丹皮、糖果、果酱、果冻、固体饮料、沙棘糕等固态、半固态食品，并且备受崇尚天然、注重健康的人们的喜爱。这些沙棘食品，从销售量看，最受消费者青睐、市场份额最大的当属以沙棘果汁、果浆为代表的液态食品。

3.1 沙棘固态、半固态食品的市场现状

3.1.1 沙棘固态、半固态食品的定位及销售渠道

沙棘果酱、沙棘果糕、沙棘固体饮料、果丹皮等是沙棘固态、半固态食品常见的品种。其中，沙棘果酱和沙棘固体饮料的品牌和种类较多，目前市售常见的为新疆、甘肃、山西等国产果酱，以及德国、芬兰的进口沙棘果酱，共计10余种。市售沙棘果酱根据有无添加蔗糖及其他添加剂，可分为含糖和无糖两种，国产品牌中仅一种为100%沙棘果浆制成外，其余基本属于含糖型或复合型；进口产品中，德国产属于无糖型，芬兰产属于含糖型。根据沙棘果酱产品的包装形式

可分为玻璃瓶和自立袋（高分子塑料）两种包装，除俄罗斯进口的沙棘果酱为自立袋包装外，全部国产品牌均为玻璃瓶包装，包装的规格120g/瓶、200g/瓶、250g/瓶、300g/瓶不等，国产沙棘果酱每瓶零售价在5～25元之间，价格上和其他常规水果制成的果酱差别不大，普通消费者能够接受；进口沙棘果酱德国产每瓶零售价要在70元左右，售价较高。

3.1.2 沙棘固态、半固态食品市场存在的问题及解决途径

沙棘果酱的畅销卖点是原料纯天然、高维生素C，营养丰富且健胃消食。从一些消费者食用后的评价反馈可知，少儿食用沙棘果酱后开胃效果明显，这对脾胃不和、消化不良的普通消费者具有一定的吸引力。不足之处是，现售的所有沙棘果酱从产品包装来看，设计较大众化，与其他种类相比，没有明显的市场竞争优势。沙棘果酱生产企业可从加强沙棘果酱的包装外观设计入手，将其包装成精美特产礼盒，以增加其附加值；其次，可根据消费者崇尚健康无添加这一理念，考虑在保证口感的前提下，开发低糖、无糖、少添加剂的沙棘果酱；此外，单以沙棘为原料制成的沙棘果酱风味、口感并不能满足所有消费者的喜爱，可以考虑开发沙棘果与常规水果的复合产品，制作出口感更好、风味更佳的沙棘复合果酱[46]。

沙棘固体饮料也是为数不多的沙棘固态食品之一。沙棘加工企业将沙棘汁制成沙棘固体饮料可使产品货架期延长，且便于消费者携带。市售的几种沙棘固体饮料，价位在10~30元区间。但目前，沙棘固态饮料的销售并不乐观，在沙棘主产区之一——内蒙古地区的各大超市并未见到此类产品，与最常见的"雀巢"品牌系列果珍相比，品牌的知名度、销售额相差甚远。类似情况还出现在沙棘果糕、沙棘果丹皮等产品销售过程中。相关企业可考虑将产品作为休闲零食在社区食品店出售；或将产品精美包装后，在超市、专营店及车站、机场卖场作为消费者馈赠亲友的特产礼品出售，这类特产物美价廉、营养丰富，应当会具有一定的竞争优势。此外，在产品的广告宣传上，具有一定经济实力的企业可通过各类媒体宣传自己的沙棘食品，提高品牌的知名度。

3.2 沙棘液态食品的市场现状

3.2.1 沙棘液态食品的定位及销售渠道

沙棘果汁、果浆是最畅销的沙棘食品。市售的沙棘果汁饮料主要

野菊

沙棘

有3个类型，沙棘清汁、沙棘浊汁、沙棘复合饮料，从消费者需求来看，沙棘饮料以沙棘浊汁和沙棘复合饮料为主，沙棘清汁市场份额不断减少，几近消失。从沙棘饮料的市场定位来看，主要是针对国内大众市场的普通消费人群，产品以普通PET瓶包装或玻璃瓶包装为主，国内市场售价（以500ml计）每瓶3~10元不等，易拉罐装售价稍高，在5~15元左右。直接饮用的沙棘原浆因其纯天然无添加也备受青睐，除上述包装材质外，还有进口无菌袋、口服液装等规格，当然后者的包装形式售价较贵一些，（以500ml计）每袋在50~150元左右。

沙棘液态饮品的销售渠道通常有以下几种。

（1）国内大、中城市（尤其在企业所在地区）的大型超市有售。但在我国大、中城市的饮料市场长期被国内外大品牌所占据的情况下，沙棘饮品和国内外大品牌的常规饮料竞争则不具有优势。

（2）沙棘产品在直营店销售。部分沙棘企业在产地拥有自己的直营店，当地消费者是其市场的主力军；此外，在当地旅游业的带动下，沙棘饮品作为馈赠亲友的地区特产销售，多以礼品的形式呈现，包装更为精美，但售价较高。

（3）网络平台出售。

具有降脂、养颜功效的沙棘果醋，能够满足中等收入者的需求。现售的沙棘醋饮品牌不多，但也不乏较知名的品牌。沙棘果醋在各大超市的铺货率不高，市场售价在20元左右，可以作为中高档商务宴会的饮品。

以沙棘果为原料酿造的沙棘果酒，依照配制工艺的不同，大致可分为偏白酒型和偏红酒型两种，其中红酒型较常见，市面可见的有三种。沙棘果酒适合人群广泛，男女老少皆可饮用，但由于地域限制，只有在我国北方的青海、山西、内蒙古、北京，及蒙古、俄罗斯少数国家和地区可以生产且产量较少，因此沙棘果酒铺货量不高，销量有限。

3.2.2 沙棘液态食品市场存在的问题及解决途径

总体来看，沙棘液态食品市场占有率很低，据不完全统计其占有率还不到市场份额的1%，而早在1990年，仅沙棘液态食品之一的沙棘饮料国内占有率就达2%[47]。分析市场份额减少的原因，可以发现，固有观念难以改变，人们通常更愿意购买常规水果开发的饮品，如橙子、苹果、葡萄等果汁，对沙棘这种不易见到、不常食用的，大众消费者普遍感到较陌生；此外，现有沙棘饮料的产品品牌知名度普遍较低；再有，企业的综合实力包括质量问题、企业管理机制、包装设计、市场促销、销售网络等方面存在很多问题，这也使得沙棘饮料难以畅销。沙棘饮品要想在我国饮料市场中占据一定份额还有很长的路要走。但值得关注是，近年来山西、辽宁、河北、

北京等地的沙棘饮品厂家的销售额呈现出上升趋势，尤其是受到了中等收入、健康意识较强的消费者的喜爱，沙棘饮品也有了较为稳定的消费群体；此外，一些知名品牌也把目光瞄准沙棘饮料市场，推出了一系列沙棘饮品，相信在品牌效益的影响下，将会产生较为可观的销售额。

4 国内沙棘保健食品的市场现状

4.1 沙棘保健食品市场定位

沙棘果、籽、叶具有多种保健功效。在我国，保健食品相对于药品具有审批门槛低、周期短的优势；加之随着经济水平的提高，人们的保健意识也日益增强，我国又是拥有15亿消费群体的大国，保健食品市场必然潜力巨大，这也使众多沙棘生产企业将目光都聚集在这一领域[48]。据相关资料统计，市售的沙棘保健食品品牌达一百多个，开发出的保健食品近200种，其中一些知名度较高的品牌下就拥有多个沙棘保健食品品种。有资料显示，这些主要以沙棘为原料或添加沙棘作为辅料开发的各类保健食品占到沙棘总产品市场销售额的70%左右。因此，很大程度上，沙棘保健食品把持着"沙棘产业"的经济命脉。

现对市场上品种繁多的沙棘保健食品进行梳理分类，按照原料来源可分为以沙棘果肉果皮、沙棘籽、沙棘叶为原料的保健食品；按照产品外观形式可分为颗粒剂、片剂、胶囊剂和口服液等形式，其中以口服液和软胶囊最常见；按照保健功能范围可分为具有调节血脂、增强免疫力、缓解疲劳、耐缺氧、抗辐射、祛斑等作用的20余类保健食品，基本涵盖了保健食品的全部种类（27类）[49]。沙棘保健食品的市场定位是保健功能相对应的特殊使用人群；从现有产品功能来看，开发调节血脂、提高免疫力、缓解疲劳等功能的产品种类最多，约占到全部产品的50%左右，而服用这类保健食品的特殊人群主要是中、老年人。以内蒙古某公司所开发的具有调节血脂、提高免疫力沙棘保健食品（沙棘籽油软胶囊）近5年的销售情况来看，老年人是主要的消费人群，其中，女性数量又多于男性，这也与我国保健食品市场主要消费人群为女性和老年人相符[50]。

现有以沙棘果肉、果皮为原料的保健食品主要是提取沙棘汁、沙棘黄酮、沙棘果油及沙棘果粉作为原料制成的。其种类根据有关资料统计，要占到沙棘保健食品总数的七成以上。这类保健食品品种较多，是因为沙棘果实可利用的部分——果皮、果肉占果实很大比

野西瓜苗

沙棘

例（90％以上），且具有产量大的特点，价位又很低廉，与以沙棘籽为原料开发的保健食品相比，这类保健食品成本更低，沙棘开发企业致力于降低成本、提高沙棘果综合利用率上努力研发这类保健食品。市售这些保健食品中，单独以沙棘果肉、果皮为原料的仅见一种——为兰州一公司生产的果粉咀嚼片，主要以沙棘汁为原料并配以辅料制成的，是具有促进排铅功效的保健食品；其余的近百种均为以沙棘果肉、果皮与其他成分复合制成。这可能是因为后者可以扩大产品的功能范围，增加消费人群。在卖点上，这类沙棘保健食品宣传突出了沙棘果中不饱和脂肪酸、总黄酮、维生素C、维生素E、类胡萝卜素及微量元素的保健功效，部分企业还通过强调沙棘这一纯天然无污染的野生资源、自身企业产品的高科技含量、先进的生产工艺等优势来吸引消费者。

据有关资料统计，现有以沙棘籽（主要是提取沙棘籽油）为原料生产的保健食品种类占到沙棘保健食品总数的三成左右。这类保健食品品种较少是因为：①相对于沙棘果，沙棘籽产量少（仅占鲜果的6％左右），出油率低（以SFE萃取计，为6％左右），沙棘籽油原油的生产成本较高。②国内、外的需求量巨大，因此以沙棘籽油制成保健食品的价格较高。以内蒙古某公司生产的沙棘籽油软胶囊（调节血脂、增强免疫）为例，在十年前，每粒沙棘籽油软胶囊（规格0.5g/粒）的市场售价为每粒1元左右；现在价格已升至每粒7元左右，产品主要销往北京、上海等地，并出口到美国、日本、德国、瑞士、新加坡等国家，因沙棘籽货源不足，市场缺口大，产品供不应求。③沙棘籽油因生产成本高、产量少，基本不会以原油或开发成复合保健食品销售，而以作为单一原料制成沙棘籽油软胶囊较常见，这也是以沙棘籽油为原料的保健食品种类较少的主要原因。

4.2 沙棘保健食品的销售模式及渠道

沙棘保健食品在销售模式上，可粗略分成两种情况，即以中小企业为代表的代理制和以大企业所代表的直销制[4]。前者为生产沙棘保健食品的中小企业，占总数的90％以上，通过厂商总代理在国内外诚招代理商（经销商）将产品铺设在终端网点。这些企业知名度普遍较低，主要依靠增加销售终端网点的方法增加销售额。后者则是少数大企业，省去代理商环节直接将产品放于终端网点。这些大企业开发的多个沙棘保健食品就是这种销售模式，依靠品牌知名度，省去中间环节以降低成本、获得利润。具体营销模式无需对开始业务员投入资金，可以像其他直销公司营业代表一样，全力开拓客户市场；当业务员到达初级经理位置，有了较为稳定的客户群和较为丰厚的收入，可以凭自己意愿选择，开出一个"实业"性质的专卖店。这种以专卖店为依托的后期市场开拓，使其创业道路更加稳定可靠，从而避开了过去纯业务人员没有"实体企业"观念。不难看出，这些大公司在充分保留直销倡导这一根本理念的基础上，做了适应国情、政策的改变，使生产稳定，并实现了效益最大化。此外，专卖店还可以向除自己下属顾客群之外其他业务员顾客群发货，以5万以上3%，10万以上6%的补贴方式向专卖店拨出营运经费，使专卖店业主又有了额外的收入可以投入市场，则可以进一步扩大市场规模。

在优化营销模式上，一些公司的销售模式也值得推广。其销售模式是将企业所在地区的旅游、工厂参观与产品购买相结合。当消费者购买一定数量的产品后，可免费来公司所在地区旅游点旅游观光，并对公司进行实地考察和参观。这种方式吸引了大批国内如北京、浙江、上海等地区的消费人群，此外，公司还通过自有市场国际部门将产品销往东亚（日本、马来西亚等国家），欧美（美国、意大利、加拿大等国家）及中国香港、中国澳门、中国台湾地区。

沙棘保健食品在销售渠道上，除直营店外，其余沙棘保健食品兼具食品、药品的销售渠道优势，在药店、各大中型超市、特产店及网络平台均有销售，销售渠道更加广泛。

4.3 沙棘保健食品市场存在的问题及解决途径

沙棘保健食品是沙棘应用最多、市场份额最大的领域，其市场已成为影响沙棘产业经济的主要因素。随着人们对食品的需求向营养保健型的转变、人口老龄化趋势的出现（据预测，到2015年中国的老年人口总数将达到4.2亿）[50]，沙棘保健食品有着更为广阔的市场前景，但在沙棘保健食品种类、销售额快速增加的同时，其在生产、销售、宣传、监管等方面存在诸多问题日益凸显，体现在以下几方面。

4.3.1 保健食品企业与科研单位缺乏合作，产品科技含量低[48]

部分保健食品企业科研开发实力较弱，又缺乏与科研单位的合作，产品甚至在第一个开发环节，配方上就出现问题。保健食品的原料多来自药食同源的中药，在配伍上遵循共同组方原则，如药物的"寒凉热温"的药性考虑，而有些保健食品企业在组方时就存在随意性，因此导致产品科技含量较低。例如市售的某个沙棘保健食品组方均为性温热的药食同源中药组成，此方就不适宜偏阳质的体质（包括阴虚内热的体质，阳盛体质，阴阳相格的体质）的人群使用。

4.3.2 部分相关企业生产环节存在的问题[48]

目前，沙棘保健食品质量良莠不齐。以沙棘籽油软胶囊为例，在沙棘籽油提取工艺中，仍有一小部分企业使用传统的溶剂萃取法，导致产品质量不高。随着国内外对食品安全的高度关注，建议在提取时采用CO_2超临界萃取工艺进行提取，这种方法可在低温下操作，能够保护油脂中的有效成分，且油脂中无有机物残留，符合绿色、环保理念，生产出来的油附加值较高。建议相关企业应加强原料控制。由于沙棘提取物是保健食品的重要组成部分，直接与人类健康和生命安全息息相关，因此需从原料上严格控制，重点监测农药残留、重金属、细菌、有机物残留等指标，做到从源头上控制产品质量。

4.3.3 沙棘保健食品宣传广告力度不够且不规范

在广告宣传上，现保健食品企业多采用平面媒体、店面促销、社区推广等手段对产品进行推广，此外，企业还可考虑口头宣传、宣传车、网络虚拟展示等较为新颖的宣传方式。少数保健食品的广告内容存在过分夸大产品疗效的问题，误导了消费者，应引起有关部门的注意，并应及时纠正，以规范市场。

5 国内沙棘化妆品的现状

沙棘果实富含多种生物活性物质和高级营养成分，其抗氧化、防辐射、抗衰老、美白等作用已被国内外大量研究报道所证实。早在20世纪60年代，前苏联、罗马尼亚等国就将沙棘果实、籽、叶的萃取物（沙棘油、沙棘浸膏、沙棘水溶物）广泛用于各类化妆品中[51]。我国于20世纪80年代开始开发沙棘化妆品，如今，生产沙棘化妆品的厂家已近百家，包括入市十年以上的品牌，此外，还有后起之秀、较有实力的品牌。现今，国内市售的沙棘护肤品种类几乎涵盖所有化妆品种类，按功能可分为如清洁化妆品，包括清洁霜、洗面奶、浴剂、洗发护发剂等[52]；基础化妆品，包括各种面霜、蜜、化妆水、面膜、发乳等；美容化妆品，包括胭脂、口红、眼影等各类彩妆；功能性化妆品，如防晒品、美白功效化妆品。按使用人群划分，除普通人群外，还有婴儿用沙棘油防皱润肤霜。

5.1 沙棘化妆品的市场定位

国内所销售的化妆品按添加的功效成分，可分为化学化妆品和植物草本化妆品。因化学化妆品曾产生一些负面影响，因此植物草本化妆品广泛受到国内消费者的喜爱[53]。尤其是近两年，中国植物草本化妆品在佰草集、相宜本草等优势品牌的影响带动下，年增长率高达25%左右，市场份额也占到8%左右，销售总额近100亿人民币[54]。因此，目前多数沙棘化妆品生产企业将沙棘提取物加入到化妆品中，将产品定位为纯天然、无污染、效果卓著的植物草本化妆品，迎合了消费者安全

护肤的心理需求。

我国现有的沙棘化妆品，多数生产企业的性质为内资企业（根据公司主页）。在市场定位方面，通过笔者对一些品牌沙棘化妆品近三年对其在内蒙古、甘肃、陕西地区的销售终端——洗化店、专柜、超市货架和促销活动的调查情况分析可知，消费对象基本为年龄在20～45岁的中青年女性（男士用沙棘护肤品仅见一个品牌的4款），包括中低收入崇尚"天然植物"概念的女性、注重生活品质的年轻理性女性、都市白领、大学生等。可见，产品定位于大众消费群体，走平民化路线，单品销售价格大多集中在10～200元区间。从价格分类上，属于化妆品中低端的内资市场；而高消费人群的高端市场（单品价格在200元以上，主要是国际品牌）几乎空白。即使有消息称有国外洗化用品巨头生产已推出、开发了多个沙棘相关产品，但截止目前在市场及各公司官网上还未看到上市产品。但值得关注和欣喜的是，虽没有国外产品的入驻，内资企业也正采取一系列措施着力开拓沙棘化妆品市场，希望可与跨国公司强势品牌的渗透相抗衡，这些举措包括依托国内品牌知名度、优化销售模式、拓宽销售渠道等。

5.2 沙棘化妆品的销售模式及渠道

品牌知名度是影响化妆品市场份额的主要因素之一，现今品牌效应较强的沙棘化妆品并不多，多数相关企业在产品销售上很大程度依赖于业内口碑、区域优势等。如内蒙古的一个沙棘化妆品公司，其产品依靠多年良好的口碑（在防紫外线、抵御寒冷、风沙、干燥对肌肤的侵袭方面）和固定的消费人群，在西北及东北地区占有一定市场份额，市售十几年来市场份额稳定上升。不足之处是这种销售方式对于开拓新的销售区域、增加销售额作用不大，扩张速度也过于缓慢。近年来这种销售格局有被打破的趋势，一些品牌知名度高、实力强大的综合性企业开始把目光投向沙棘化妆品市场，这些公司在保健食品、营养品市场打响品牌后，继而推出一系列化妆品，想凭借自身品牌知名度开拓化妆品市场。相信在未来几年，会有更多实力较强的化妆品企业，包括内资、外资甚至是国际巨头企业，开拓国内沙棘化妆品市场。

此外，国内沙棘化妆品企业在优化市场营销模式、拓宽销售渠道上也不遗余力。纵观国内现有的几个主要知名品牌，在市场营销模式上不断优化，形成了各自独特的营销模式以吸引消费者。

沙棘

异叶败酱

（1）常见的市场营销模式之一：品牌故事+多元终端渠道。一些沙棘化妆品是通过品牌名来诉说品牌故事的。沙棘油能够抗辐射、抗氧化，首次完成太空行走的前苏联宇航员加加林，在他完成太空行走前，曾服用大量沙棘油等沙棘产品以防止宇宙射线的辐射和气温骤变、失重等太空环境给身体带来的伤害。此外，沙棘还能够使战马皮毛闪闪发光、使褐马鸡重披新衣，这些故事显示出沙棘的显著效果。因此，公司在沙棘护肤品的宣传上，从它抵御寒冷、风沙、干燥、紫外线辐射的功效上入手大力宣传，这对西北及东北地区的消费者具有一定的吸引力。在营销渠道上，公司以代理商模式+直营模式+B2C网络销售模式相结合为主，坚持走多元化终端销售路线，通过产品铺货率的提高来提升销售额。目前，能覆盖的零售终端类型多种多样，包括百货商场专柜、超市货架、沙棘产品品牌专营直营店、各类化妆品洗护日化店及网络平台等。

（2）市场营销模式之二：突出草本护肤理念+多元终端渠道。一些企业将野生沙棘提取液添加于化妆品中，推出了自己的多个系列日用化妆品。产品突出纯天然成分，高科技特点，倡导绿色、健康、科学、理性的消费理念。企业的相关产品销售网络遍及中国北方大部分区域，具有非常独特的市场竞争优势。在营销渠道上，以代理商模式+B2C网络销售模式相结合为主，在中国北方的大部分地区如赤峰市、兴安盟、锡林郭勒盟等，均设有各类化妆品洗护日化店，并借助网络平台作为其销售渠道；此外，尤其引人关注的是其针对全国市场的网络平台——天猫官方旗舰店，其多个系列产品销售业绩十分可观，店铺的综合评分较高（产品描述相符：4.9分，满分5分），这也充分体现出消费者对此品牌沙棘护肤品的认可。

（3）市场营销模式之三：单一品类+分销模式。这些化妆品企业通常是开发多个植物草本系列化妆品，沙棘化妆品仅是众多系列里的一个系列或一种。公司从单一品种已发展至拥有多个系列上百个品种产品。一些护肤品正是在这种"植物牌"、"植物一派"的整体定位模式下，与本公司其他系列植物草本护肤品共同出售，产生了良好的销售效果。沙棘化妆品以这种销售模式销售的前提，是需要品牌所包含的其他某个系列产品已有一定的知名度，进而对消费者的购买产生一定的影响，凭借消费者对品牌的信任选择此类品牌的沙棘护肤品。在销售渠道上，一般选择以分销为主，通过代理商覆盖各化妆品店进行销售，也可拓展卖场超市货架等渠道。

5.3 沙棘化妆品市场存在的问题及解决途径 [55]

沙棘化妆品具有天然优势并表现出强劲的发展潜力，但在其发展壮大的道路上仍要面临很多问题，具体体现在以下几方面。

（1）目前，市售沙棘化妆品均为本土品牌，市场定位低，中高端市场产品空白。国际巨头几乎垄断、整合、霸占了我国化妆品中高端市场，本土品牌化妆品市场的争夺日益激烈，并且面临着生存威胁。在这种情况下，作为本土品牌的沙棘化妆品很难占领市场，只能通过实力强劲的企业或大型综合企业大量的资金投入、技术及管理支持，才有可能在中高端化妆品市场立足，而这解决办法需要政府在政策、资金上给予更多的支持。

（2）相关企业实力薄弱，产品科技含量低。现有沙棘化妆品产品的科技含量不具竞争优势。相关生产企业在提升自身产品质量和内涵建设上，可考虑以下几点：首先，利用现代高科技生产产品。例如将纳米技术（超微粒技术，）应用于化妆品制造工艺中，纳米技术可将化妆品中沙棘提取物的成分特殊处理成纳米级的微小结构，使其顺利通过表皮，渗透入真皮进而被皮肤吸收，从而较好地发挥护肤、疗肤效果。其次，生产企业应努力将产品由简单原料配方转变为科学配伍。最后，加强产品包装设计。

（3）相关企业应改进经营管理观念、优化营销模式。大多数沙棘企业发展经历了从无到有、从小到大的过程，现代化的管理体制对企业的发展尤为重要。以某品牌沙棘化妆品为例，企业发展最迅速的时期，在销售业绩良好的地区陆续开设了几十家产品专门店、沙棘产品美容院，但由于管理理念、营销手段落后，几年之内，店面相继倒闭。以此为鉴，沙棘化妆品企业及相关销售部门，应加强自身的规范化管理，完善各项规章制度；还应对产品的销售区域、使用人群、销售理念做出及时、准确的判断，在此基础上不断优化营销模式。

（4）相关企业应努力开辟新兴市场，拓宽销售渠道。目前，沙棘生产销售厂家基本位于一至三线城市，随着大城市化妆品行业竞争日益激烈，增加市场份额难度增大。因此，可考虑开拓国内县、镇及有着8亿人口的农村市场，这些地区的经济发展状况和人民收入水平，适合沙棘化妆品的销售，存在着具有潜在购买力的巨大的消费群体。此外，城市高速增长的经济态势下，出现了一批男性"白领"、"金领"，他们的美容意识开始加强，相关企业还应关注这一消费群，将目光瞄准男性专用化妆品这一正在兴起的领域。

益母草

沙棘

参考文献

[1] 魏增云，陈金娥，张海荣. 沙棘的活性化学成分与医疗应用[J]. 忻州师范学院学报，2010，26（5）：47.

[2] 刘勇，廉永善，王颖莉，等. 沙棘的研究开发评述及其重要意义[J]. 中国中药杂志，2014，39（9）：1547.

[3] 赵志永，王东键，陈奇凌，等. 沙棘的有效成分及其保健功能研究进展[J].农产品加工·创新版，2010，（7）：50.

[4] 石艳春. 经济植物沙棘的开发利用展望[J]. 研究与探讨，2010，（11）：367.

[5] 王宏昊，孙欣，花圣卓，等. 我国沙棘药用历史记载与药品开发现状[J]. 国际沙棘研究与开发，2012，10（4）：25.

[6] 国家药典委员会. 中华人民共和国药典2010年版一部附录[S]. 北京：中国医药科技出版社，2010:21

[7] 金绍黑. 沙棘油产品及提取加工技术[J]. 技术与市场，2008，（9）：23.

[8] 王鑫，张琳琳. 沙棘提取物及应用研究[J]. 高师理科学刊，2010，30（6）：63.

[9] 聂斌英. 沙棘油的综合利用研究及发展前景[J]. 食品研究与开发，2008，29（5）：190.

[10] 窦乌云，杜晓鸣. 沙棘黄酮研究进展[J]. 内蒙古中医药，2010，（3）：131.

[11] 张郁松，罗仓学. 沙棘资源开发与沙棘黄酮提取[J]. 食品研究及开发，2005，26（3）：46.

[12] 丁小林，秦利平. 沙棘中营养成分与生物活性物质研究进展[J]. 中国食物与营养，2008，（9）：57.

[13] 吕海兵，王晓芳，李丙禄. 参芎胶囊治疗脑血管性痴呆的临床观察[J]. 中国中医药现代远程教育，2012，10（10）：33.

[14] 孙绪丁，邵成雷，刘玉芹，等. 藏降脂胶囊质量标准研究[J]. 中成药，2013，35（3）：534.

[15] 郑金荣，王兵. 心达康治疗冠心病心绞痛68例临床观察[J]. 中国基层医药，2004，11（10）：1241.

[16] 陈光宇，贾秀兰. 心达康胶囊与片剂治疗冠心病（心绞痛型）181例临床疗效对比[J]. 中国中医急症，2000，9（6）：249.

[17] 苏日娜. 五味沙棘散研究进展[J]. 北方药学，2012，9（5）：103.

[18] 薛玉，刘水章，高梅梅. 沙棘干乳剂治疗小儿厌食症182例[J]. 中国中医药现代远程教育，2011，9（21）：120.

[19] 戴绍宏，李景苏. 平溃散联合奥美拉唑对幽门螺杆菌相关性消化性溃疡疗效研究[J]. 中国现代医生，2014，52（4）：78.

[20] 郭登海，才让措. 藏药"二十五味鬼臼丸"方解浅述[J]. 中医杂志，2010，51：145.

[21] 马凤林，赵金凤，陈辅英，等. 藏药二十五味鬼臼丸临床疗效观察[J]. 中国民族医药杂志，2008，（6）：22.

SHA JI

[22] 魏秀芳. 药物流产后加服十一味能消胶囊的效果观察[J]. 现代中西医结合杂志, 2004, 13（20）: 2697.

[23] 王月茹, 张莉, 张建, 等. 沙棘总黄酮自微乳化制剂处方研究[J]. 陕西中医, 2014, 35（1）: 92.

[24] 周松, 陈腾. 微囊化技术在药物研究中的应用[J]. 医药导报, 2007, 26（2）: 179.

[25] 胡建忠. 沙棘功能性食品开发探讨[J]. 国际沙棘研究与开发, 2007, 5（4）: 16.

[26] 许涛, 张红梅, 赵梅霞. 沙棘果汁在我国的发展[J]. 国际沙棘研究与开发, 2006, 4（2）: 6.

[27] 黄铨, 于卓德. 沙棘研究[M]. 北京:科学出版社, 2006.

[28] 杜晓鸣, 王尚义, 张占成. 沙棘籽油与现代生活习惯病的防治[J]. 沙棘, 2004, 17（4）: 33.

[29] 滕晓萍, 温中平, 王宏昊, 等. 沙棘叶研究进展综述[J]. 国际沙棘研究与开发, 2010, 8（3）: 17.

[30] 任欢鱼, 韦异, 朱海洋. 维生素在皮肤护理中的应用[J]. 日用化学品科学, 2005, 28（1）: 40.

[31] 段玉清, 谢笔钧. 原花青素在化妆品领域的研究与开发现状[J]. 香料香精化妆品, 2002,（6）: 24.

[32] 张英, 沈建福, 俞卓裕. 竹叶黄酮作为抗衰老护肤因子的应用基础研究[J]. 林产化学与工业, 2004, 24（1）: 95.

[33] 夏静芳, 范军波, 殷丽强. 沙棘饲料与其他饲料营养价值对比分析[J]. 国际沙棘研究与开发, 2010, 8（1）: 10.

[34] 吕进宏, 黄涛, 马立保. 新型饲料资源——沙棘[J]. 中国饲料, 2004,（8）: 37.

[35] 中国绿色时报. "黄金圣果"何时串起金色产业链[EB/OL]. http: // biyelunwen.yjbys.com/cankaowenxian/420205. html, 2015-1-4.

[36] 中国绿色时报. 沙棘产业二十年养精蓄锐待崛起[EB/OL]. http: //www. greentimes.com/green/econo/jjlg/cyzx/content/2013-09/03/content_232230.htm, 2013-9-3.

[37] 王宝平. 沙棘产业的现状分析及其发展措施[J]. 农产品加工, 2008,（3）: 68-69.

[38] 豆丁网. 沙棘开发现状[EB/OL]. http: //www. docin. com/p-700179290. html, 2013-9-13.

[39] 李晓燕. 2008年国内沙棘市场行情变化的分析[J]. 沙棘, 2008, 21（1）: 44-46.

[40] 张东, 陈保华. 我国沙棘提取行业的现状及发展分析[J]. 青海科技, 2010,（5）: 12-15.

沙棘

小叶朴

[41] 樊海岩. 试论现代医药产业发展趋势之藏医药产业发展的思路和路径[J]. 中国民族医药杂志，2013，19（7）：71-78.

[42] 李银山. 蒙药产品市场营销渠道创新研究[D]. 东北大学学位论文，2009.

[43] 王新敏，蔡焱. 我国药品市场现状、问题及对策建议[J]. 科技信息，2014（2）：94.

[44] 干荣富. 我国医药市场现状及行业发展探讨[J]. 中国医药工业杂志，2013，44（1）：101-105.

[45] 马雪薇，郝木兰. 内蒙古蒙药产业发展现状及存在问题的分析[J]. 北方经济：综合版，2011（14）：29-31.

[46] 李翔宇，田梦媛. 沙棘饮品的发展现状[J]. 农产品加工，2014，（8）：61-63.

[47] 李晓燕. 国内沙棘产品市场行情分析（最终产品）[J]. 沙棘，2007，20（2）：40.

[48] 刘洋，周鸿立. 吉林市保健食品市场现状及研究对策[J]. 吉林农业科技学院学报，2013，22（4）：24-26.

[49] 蒋玉婷，姜华，郑健，等. 保健食品市场现状分析及前景展望[J]食品研究与开发，2013，34（22）：8-80.

[50] 中商情报网. 中国保健食品消费现状及发展趋势[EB/OL]. http：//www.askci.com/freereports/2011/09/16922326312.shtml.

[51] 陈友地. 国外沙棘化妆品专利综述[J]. 沙棘，2007，20（4）：25-26.

[52] 郭华山，赵毅. 国内外化妆品市场观察[J]. 日用化学品科学，2012，35（4）：45-54.

[53] 魏子华. 试论佰草集营销模式的优化——从中草药化妆品营销模式谈起[J]. 现代经济信息，2010（23）：109-111.

[54] 尹家振，崔浣莲，赵华. 我国植物性化妆品研究现状及发展趋势[J]. 日用化学品科学，2011，39（9）：1-3

[55] 郭华山. 我国化妆品行业发展现状、瓶颈及趋势[J]. 日用化学品科学，2012，35（7）：6-9.

（宋森　宋晓玲）

第十章

沙棘的栽培技术

沙棘大规模种植与开发20多年来，我国沙棘资源面积翻了一番，种植区域遍及东北、华北和西北地区，使我国已成为世界沙棘种植大国。在自然环境中，沙棘不仅被誉为保持水土的"天然堤坝"，还被称为防风固沙的绿色屏障，能有效地减缓风速、防风固沙，因此养护和种植沙棘可以产生良好的生态效益。除此之外，沙棘浑身是宝，根、茎、叶、花、果实都有很好的经济用途，特别是沙棘果实含有丰富的营养物质和生物活性物质，可以广泛地应用于食品、医药及农业等领域。此外，沙棘还可加工成食品、药品、保健品及饲料等多种产品；沙棘的枯落枝干，也由于其发热量高、木质坚硬，既可用做薪柴，也可以作为制作农具的优质木材。

沙棘植被建设的快速推进，有效地提高了"三北"地区的植被覆盖，加快了水土流失的治理速度，可以起到减轻风沙危害，改善生态环境的作用。目前在我国已形成符合我国生态经济特点的沙棘资源建设方式，即在水土流失严重的地区主要发展生态型沙棘林，如护岸林、护坡林、固沙林、防风林等。在生态条件较好的地区主要发展经济型沙棘林；在生态退化与贫困地区主要发展生态经济型沙棘林，已成为我国沙棘林的主要分布类型。这类沙棘林又可分为沙棘放牧林、沙棘薪炭林、沙棘采果林及其复合利用类型[1]。

当前我国沙棘资源建设既在沙棘天然分布区种植，也在非天然分布区种植；既有普通中国沙棘，也有由蒙古沙棘培育出的良种大果沙棘。只有对沙棘的生物学特性、生态学特点以及沙棘属的种质资源有了深入的认识，才能在科学的基础上进行沙棘种植。

沙棘的生物学特性

1 资源及地理分布

沙棘属（*Hippophae*）为胡颓子科（Elaeagnaceae）植物，广泛分布于欧亚大陆的温带地区，南起喜玛拉雅山脉南坡的尼泊尔和印度，北至波罗的海岸的芬兰，东至中国东北地区，西到地中海沿岸的西班牙，位于东经20° ~ 123°、北纬27° ~ 69°之间，其垂直分布从欧洲海滨到海拔5200m以上的青藏高原及喜马拉雅山地。

按我国廉永善教授对沙棘属的分类[2~4]，该属有6个种12个亚种（图10-1），我国产6种6个亚种，是世界上沙棘资源最多的国家。我国天然沙棘林占73.4%，人工种植沙棘林占26.6%。其中，中国沙棘资源东起大兴安岭的西南端，西至天山山麓、南抵喜马拉雅山南坡，北到阿尔泰山的广大地区，跨东经

70°32′～121°45′，北纬27°44′～48°35′之间，集中分布在青藏高原，黄土高原及新疆维吾尔自治区，遍及西北、华北、西南、东北20余个省、市、自治区。

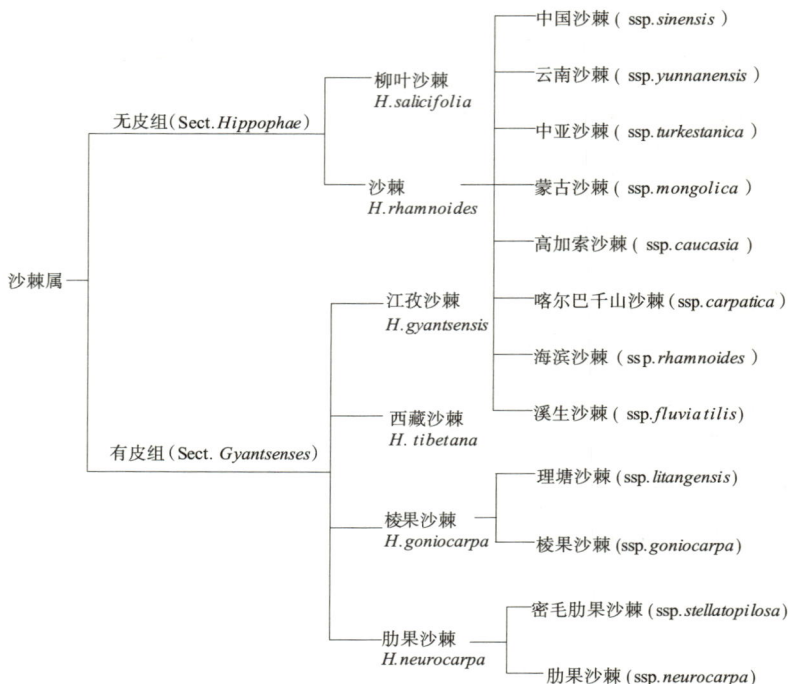

图 10-1 沙棘属种和亚种类群

中国沙棘亚种（ssp. *sinensis*），面积最大，占我国沙棘资源面积的80%以上，主要分布在黄河中游地区。目前在我国水土流失地区大面积种植的就是这种沙棘。

中亚沙棘亚种（ssp. *turkestanica*），主要分布在新疆的天山以南。

云南沙棘亚种（ssp. *yunnanensis*），主要分布在云贵高原等地区，开发研究较少。

蒙古沙棘亚种（ssp. *mongolica*）主要分布在新疆的天山以北，俄罗斯主要以这种沙棘为育种材料，培育出了大果沙棘良种。

柳叶沙棘（*H. salicifolia*），主要分布在西藏东南部，开发研究较少。

江孜沙棘（*H. gyantsensis*），主要分布在四川西部，青藏高原东部，开发研究较少。

阴行草

沙棘

棱果沙棘（*H. goniocarpa*），1992年发现的一个新种，有2个亚种，分别出现在中国沙棘和肋果沙棘以及云南沙棘和密毛肋果沙棘相混生的地段。

西藏沙棘（*H. tibetana*），主要分布在青藏高原。

肋果沙棘（*H. neurocarpa*），主要分布在青藏高原。

2 形态学特征

中国沙棘（*H. subsp. sinensis*），为沙棘属雌雄异株的灌木或亚乔木。树高1～5m，高山沟谷可达18m，棘刺较多，粗壮，顶生或侧生；嫩枝褐绿色，密被银白色而带褐色鳞片或有时具白色星状毛，有枝刺，刺长4～6cm，老枝灰黑色，粗糙；芽大，金黄色或锈色。单叶通常近对生；叶柄极短；叶片纸质，狭披针形或长圆状披针形，长3～8cm，宽约1cm，两端钝形或基部近圆形，上面绿色，初被白色盾形毛或星状毛，下面银白色或淡白色，被鳞片。果实圆球形，直径4～6mm，橙黄色或橘红色；一般4月下旬至5月上旬开花，花较叶先开放。花黄色，雌花比雄花晚开放，进行风媒传粉。3～4年开花结果，果为浆果，橙黄色或橘黄色。果梗长1～2.5mm，9～10月逐渐成熟，果实长期不落，11月份以后采果。种子小，黑色或紫黑色，有光泽[5]。

中亚沙棘（*H. subsp. turkestanica*），落叶小乔木或灌木，高达5～6m，稀达15m。嫩枝密被银白色鳞片状鳞毛，一年以上枝条鳞片状鳞毛脱落，表面呈灰白色，光亮；老枝树皮剥裂；枝刺较多且常有分枝。叶片互生，少有对生者，狭披针形，长15～45（80）mm，宽2～4（8）mm，两面银白色，密被鳞片状鳞毛（稀上面绿色）；叶柄长1.5～3mm。花芽较小，花螺旋状着生，呈塔形。果实阔椭圆形或倒卵形至球形，通常纵径大于横径，纵径5～9（11）mm，横径3～4（8）mm，桔红色或桔黄色，极少黄色者；果柄3～6mm。种子形状变异大，红棕色或褐色，常稍扁，具光泽，长2.8～4.2mm。花期5月，果熟期8～9月。

云南沙棘（*H. subsp. yannanensis*），落叶乔木或小乔木，高5～23m，直径可达1m以上；枝条柔软或具软刺，幼枝密被锈色鳞片状鳞毛。叶多互生，披针形，长4.3～5.3cm，宽0.6～1.4cm，基部最宽，上面中脉凹陷直达顶端，沟较宽而深，下面被较多且较大的锈色鳞片状鳞毛；叶柄长1～1.5（2）mm。果实黄色或橘黄色，近圆球形，直径5～7mm；果梗长1～2mm。果皮与种皮有时脱离困难。种子倒阔椭圆形至倒卵形，有光泽，稍扁压，长3～4mm。花期4月，果熟期9～10月。

蒙古沙棘（*H. subsp. mongolica*），落叶灌木，高2～6m；幼枝灰色或褐色，老枝粗壮，侧生棘刺较长而纤细，常不分枝。叶互生，长40～60mm，宽5～8mm，中部以上最宽，顶端钝形，上面绿色或稍带银白色。果实圆形或近圆

形，长6~9mm，直径5~8mm，果梗长1~3.5mm，种子椭圆形，长3.8~5mm。

柳叶沙棘（*H. salicifolia*），落叶小乔木或灌木，高3~5m，有时高达10m以上。枝条纤细，少刺或无刺，密被褐色鳞片状鳞毛或散生淡白色星状鳞毛，老枝灰棕色。叶披针形，长30~90mm，宽6~10mm，边缘通常反卷，上面散生白色星状短柔毛，下面密被星状鳞毛和少量毛部发达的鳞片状鳞毛，外观呈现毡绒状；叶柄长约2mm。果实近球形，径长6~8mm，黄色、橘黄色或橘红色；果梗长约1mm。种子倒阔椭圆形，长5.5mm，宽约3.2mm，具光泽。花期6月，果期10月。

江孜沙棘（*H. gyantsensis*），落叶乔木，高5~18m。枝条柔软，当年生枝褐黄色；枝刺柔弱。叶互生，叶片近，长3~5.5cm，宽3~5mm，下面密被鳞片状鳞毛，有时上下两面均散生白色星状鳞毛，边缘微反卷；叶柄短于1mm。雌雄花芽卵形或卵形二裂。果实椭圆形，黄色，长5~7mm，宽3~4mm，具6条纵棱，几成翅状；果柄长约1mm。种子为果皮包被而表面无光泽，近两面体形，一面平，一面凸，具6条棱，长4.5~5mm，宽约3mm。果熟期9~10月。

棱果沙棘（*H. goniocarpa*），落叶灌木或小乔木，高（3）4~7m。一年生枝条柔软，淡褐色，通常镰状弯曲，先端刺状，密被白色星状鳞毛或褐色鳞片状鳞毛；老枝黑褐色或深褐色。叶互生、近对生或对生，稀三叶轮生；叶片窄披针形、披针状条形、近条形或窄条形，长20~57mm，宽2.5~7mm，先端渐尖，基部楔形或宽楔形，叶缘平展或反卷，上面绿色，嫩时被白色鳞片状鳞毛或被星状鳞毛，以后脱落，下面密被白色星状鳞毛或鳞片状鳞毛，或仅在叶缘或中脉混生极少数褐色鳞片状鳞毛；中脉在叶上面凹陷；叶柄长1~2.5mm。果实圆柱状或短圆柱状，纵径（5.5）6~7（10）mm，横径（3.5）4.5~5.3（5.9）mm，常具5~7条纵棱，汁液丰富，果实成熟时橘红色、深橘红色、禾杆色或杏黄色，表面被稀疏的白色鳞片状鳞毛，果柄长0.9~1.2mm。种子倒卵状矩圆形，稍扁，长4~6（7）mm，宽1.8~2.7mm，基部稍稍向内弯曲，暗褐色，具不明显3~5条纵棱；果皮与种皮贴合，有时上部彼此分离而种子表面具光泽。果熟期10月初。

西藏沙棘（*H. tibetana*），枝条整体呈扫帚状，高8~60（100cm；

茵陈蒿

果实圆球形或长球形，长8～13mm，直径6～10mm，顶端有5～9条棕黑色芒状纹饰。

肋果沙棘（*H. neurocarpa*），落叶灌木或小乔木，高0.6～5m；幼枝黄褐色，密被银白色或淡褐色鳞片和星状柔毛，老枝变光滑，灰棕色，先端刺状，呈灰白色；冬芽紫褐色，小，卵圆形，被深褐色鳞片。叶互生，线形至线状披针形，长2～6（8）cm，宽1.5～5mm，顶端急尖，基部楔形或近圆形，上面幼时密被银白色鳞片或灰绿色星状柔毛，后星状毛多脱落，蓝绿色，下面密被银白色鳞片和星状毛，呈灰白色，或混生褐色鳞片，而呈黄褐色。花序生于幼枝基部，簇生成短总状，花小，黄绿色，雌雄异株，先叶开放；雄花黄绿色，花萼2深裂，雄蕊4，2枚与花萼裂片对生，2枚与花萼裂片互生，雌花花萼上部2浅裂，裂片近圆形，长约1mm，具银白色与褐色鳞片，花柱圆柱形，褐色，稍弯，伸出花萼裂片外。果实为宿存的萼管所包围，圆柱形，弯曲，具5～7纵肋（通常6纵肋），长6～8（9）mm，直径3～4mm，成熟时褐色，肉质，密被银白色鳞片，果皮质薄，与种子易分离；种子圆柱形，长4～6mm，黄褐色。

3 适宜沙棘生长的环境条件

沙棘是多年生灌木，对环境条件有较强的适应能力。沙棘是阳性树种，表现为喜光、喜温凉、喜湿润、耐气候干旱、耐严寒、耐高温。沙棘主产于半干旱及半湿润地区，并具有中生的茎叶结构和一定的旱生表皮结构，为耐旱树种。

3.1 沙棘对光的要求

沙棘喜光，光照是沙棘正常生长最基本的影响因素之一。沙棘是阳性树种，对光照有强烈要求，在疏林下可以生长，但无法适应郁闭度大的林区。

沙棘纯林遮蔽度大于80%时，植株的冠幅变小，下部枝条枯死严重，开花结果部位因此上移，林下的新生沙棘幼林无法成活，生长在乔木林下的沙棘，由于光照不足，一般都生长不良。散生的沙棘植株由于自身的遮荫，其主枝下部的枝条也往往枯死。

光照还可使沙棘的光合色素含量增高，研究指出每1g干物质中含有2.93～4.36mg的叶绿素[6]。

3.2 沙棘对温度的要求

沙棘对温度要求不很严格，极端最低温度可达-50℃，极端最高温度可达50℃，年日照时数1500～3300h。

3.3 沙棘对水的要求

沙棘对降水有一定的要求，一般应在年降水量400mm以上，如果降水量不足

400mm，在河漫滩地、丘陵沟谷等地亦可生长，但不喜积水。建议地下水密集的地区不宜广泛种植沙棘。一般春季地下水水位不应高于离地面以下50~60cm[7]。

3.4 沙棘对土壤条件的要求

沙棘对土壤条件要求不高，在粟钙土、灰钙土、棕钙土、草甸土、黑护土上均有分布，在砾石土、轻度盐碱土、沙土，甚至在砒砂岩和半石半土地区也可常年生长，但不喜过于黏重的土壤。黑壤土和灰壤土最有利于沙棘遗传基因的巩固。沙棘自然生长所在的土地中腐殖质很好，可以生长在非常贫瘠的土地上，例如河滩地、陡峭的峡谷以及酸性和碱性土壤中。

沙棘同时还具有耐盐性，它可以生长在pH为5.5~8.3的土壤中，但最适宜生长的pH为6.0~7.0。

4 沙棘的生长发育规律

沙棘的生长分四个阶段：幼苗期、挂果期、旺果期、衰退期。沙棘幼苗期比较娇嫩，畏强光、高温和曝晒，也畏积水；一旦苗根伸展开来，则适应性增强[8]。5~8cm高的1年生幼苗，可以安全越冬。定植后二年内，以地下生长为主，地上部分生长缓慢。沙棘生长从第2年起加速，3~4年生长旺盛，开始开花结果。成年沙棘树高2~2.5m，冠幅在1.5~2m。沙棘长到2~2.5m高时剪顶。第5年进入旺果期，大约维持4~5年，往后枝条部分干枯，内膛空虚，树势转弱。待隔3年左右，枝条更新，树势转旺，又可迎来新的结果盛期。

沙棘的单株产果量随各地区条件不同变幅很大，在盛果期间，株产2~5kg，经人工选育的优良品种可达20kg以上。因土壤条件和管理的不同，进入衰退期的时间也不一样，一般树龄15年后进入衰退期；有些地区，树龄20多年就因多种原因而枯死；而在另一些地区，树龄可达几十年甚至上百年。

沙棘属植物根系发达，具有很强的萌蘖能力，因此能在短时间内形成群落，覆盖地表种植。据调查，树高1.52m，地径3cm的植株，有主根1条，长1.2m；侧根27条，总长20m；须根316条，总长45.34m；毛根89条，总长2.01m；各种根总共433条，长68.5m。沙棘根系中有放线菌形成的根瘤，3.5年生沙棘林，30cm长的根有菌体34个，在1m^{3}的体积内，有根瘤100~140个。

银粉背蕨

沙棘

5 药材性状描述

沙棘药材为干燥成熟果实，果实呈类球形或扁球形，有的数个粘连，单个直径5~8mm。表面橙黄色或棕红色，皱缩，基部具短小果梗或果梗痕，顶端有残存花柱。果肉油润，质柔软。种子斜卵形，长约4mm，宽约2mm，表面褐色，有光泽，中间有1纵沟，种皮较硬，种仁乳白色，有油性。气微，味酸、涩[9]。

6 主要栽培地

沙棘多为野生，由于其具有很好的防风固沙、保持水土和改良土壤的生态作用，目前在中国、俄罗斯西伯利亚、芬兰等国家和地区均有大面积的栽培。我国栽培的主要是中国沙棘亚种，人工种植的中国沙棘除西南地区外基本与其天然分布重合，种植区域横跨"三北"地区，以内蒙古、陕西、甘肃、宁夏、青海、山西、河北、辽宁等地为重点种植省区。而从俄罗斯等国引进的栽培品种大果沙棘在黑龙江、新疆等生境类似地区生长比较理想。

沙棘的良种选育

1 国外良种选育

国外沙棘良种的选育最早始于前苏联，前苏联科学家在20世纪30年代早期就开始了沙棘的选择和育种，其在沙棘育种领域的研究成果一直处于世界领先地位。其沙棘育种过程经历了两个阶段，第一个阶段是1933年开始的沙棘选择育种阶段，"沙棘之父"利萨文科院士从野生沙棘林中选择优良类型和优良单株，并采集了148个表型优的单株种子，获得了大量的实生苗，并从中选择出第一批栽培品种，如"阿尔泰新闻"、"卡图尼礼品"、"维生素沙棘"等；第二阶段是从1959年开始的杂交育种阶段。著名育种学家潘杰列也娃等采用不同地理生态型的沙棘进行地理远源杂交，于1977年培育出"巨人"、"金色"、"丰产"、"优胜"、"浑金"等品种。迄今为止，俄罗斯共培育出50多个品种。俄罗斯沙棘育种的主要目标是浆果生产，选育出的品种具有果粒大、果穗长、结果多、无荆刺或少刺、果柄长，便于采摘，产果量高的特点[10]。

受前苏联的影响，20世纪60年代以来，许多国家如德国、法国、蒙古、芬兰、加拿大、匈牙利、罗马尼亚等国也先后开始了沙棘育种和栽培，形成了自己的品种和人工林。德国、法国具有丰富的野生海滨沙棘（*H. rhamnoides* subsp. *rhamnoides*）和溪生沙棘（*H. rhamnoides* subsp. *fluviatilis*）资源。德国沙棘种质资源研究和品种选育起源于20世纪80年代初期，以海滨沙棘和溪生沙棘作为种质资源，主要从加工沙棘果汁出发培育沙棘的栽培品种，以酸度及维

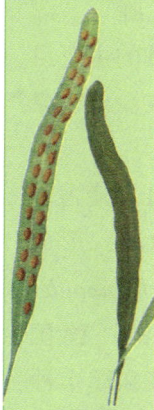

生素C含量为指标，先后培育出5个适用于当地栽培的沙棘品种。"Ceikora"为速生品种，生长量大，果实深橘黄色，维生素C含量高；"Hergo"为速生品种，果实大，浅橘黄色，中早熟；"Frugana"果味较淡；"Dorana"维生素C含量高，适宜于庭院栽培；"Askola"高产，且维生素C含量高[11]。法国的育种目标是生产沙棘果实，主要从野生的溪生沙棘中优选出产量高、味道好、维生素含量高的单株。

芬兰沙棘育种的目标是减少棘刺和提高维生素C含量，现已培育出两个品种。与芬兰相邻的瑞典，沙棘育种主要选择俄罗斯原生种作为母本及瑞典的雄株为材料，目的是希望后代具有俄罗斯沙棘的抗病性，同时具有瑞典雄株对本地气候的适应性。对雌株的要求是高产、适宜机械采收、抗病、耐寒和易繁殖。拉脱维亚在沙棘育种方面也开展了一些工作，主要从俄罗斯引进大果沙棘品种，与海滨沙棘进行杂交选育，选育出的新品种既有果大、高产、少刺的特点，同时还能够适应温和海洋性气候，这些品种已被种植在爱沙尼亚、芬兰、瑞典等国家。

2 国内良种选育

国内外关于沙棘种的选育标准有所不同，我国根据沙棘种植的地区及环境条件选择适合的良种繁殖。沙棘是一个多用途树种，育种目标主要包括果实和非果实两个方面。果实育种目标追求的是大果、无刺、高产、优质、早熟、抗病、便于机械采收等，当前推广种植的良种沙棘主要是从蒙古沙棘亚种中选育得来的果实较大的类型。非果实育种目标一般注重生态效果，包括生长快速、具有庞大的根系、能够有效固氮等。俄罗斯沙棘育种的主要目标是浆果生产，而我国则更注重水土保持，主要目标是根据我国的实际情况，通过杂交把俄罗斯沙棘大果、无刺、耐寒的优良特性和中国沙棘抗旱、抗热、耐瘠薄的特性相结合，选育出生态经济型良种。

中国沙棘的良种选育工作始于1985年。迄今为止，中国沙棘良种选育主要是在以下三个方面开展的：一是群体遗传改良，重点是进行中国沙棘亚种地理种源试验，基本搞清了一些主要性状的地理变异模式。此外，全国各省（区）分别结合资源调查，还进行了自然类型的调查和划分；二是个体遗传改良，重点是进行优树选择和其子代选

网眼瓦书

沙棘

择。我国第一代生态经济型沙棘新品种多数是从优树子代中选出；三是引进国外优良品种资源，重点是从俄罗斯引进品种，迄今为止，俄罗斯生产中应用的主栽品种基本上都已被引入国内[10]。

中国林科院黄铨研究员在开展良种选育中，对俄罗斯大果沙棘的引种地点进行了研究。结果表明：从50°（N）左右地区引进的良种可在我国40°（N）以北地区生长，一些品种可直接应用于东北地区和内蒙古东北部地区，部分品种也可应用于有灌溉条件的中西部地区，但在40°（N）以南地区引进品种均表现出明显的不适应性，因此在这些地区需要进一步选育适应性强的品种[12, 13]。中国科学院水土保持研究所吴钦孝研究员认为引种国外良种沙棘的主要制约因素是沙棘生长和结实的水分和温度[14]。

在栽培沙棘时，既要考虑自然的范围，而更为重要的是要考虑自然生长条件下的气候和栽植地点的条件，对沙棘品种特性进行评估，确认该种质是否适合在本地栽培，并针对该种质繁殖材料的特点，建立适合于该种质的栽培方法。内蒙古水利科学研究院1986年在内蒙古中部地区先后引进多种沙棘进行试验，结果表明，西藏沙棘、云南沙棘、江孜沙棘和海滨沙棘不能存活；肋果沙棘虽能成活，但生长不良，枯梢严重，不能正常开花结实；中亚沙棘生长不良；只有蒙古沙棘可以正常生长[15]。

在对8个沙棘种或亚种种质资源试验中，中国沙棘在砒砂岩立地和沙地立地上表现最好，高生长、地径生长和冠幅生长三个营养指标都最高，所以，中国沙棘亚种在试验的沙棘种质资源中比较适应砒砂岩立地和沙地立地；柳叶沙棘、肋果沙棘、江孜沙棘和云南沙棘，不适宜在鄂尔多斯两个立地类型上保存和种植；海滨沙棘、中亚沙棘和蒙古沙棘虽然可以在鄂尔多斯两个立地类型上进行种质资源的保存，但大面积种植时，其生长量受到立地条件的限制[16]。

国内现有的沙棘品种分两种类型，一种是野生型中国沙棘亚种；另一种是人工栽培型大果沙棘。中国生产中广泛应用于生态环境建设和开发的是中国沙棘亚种，这也是我国种植面积最大的品种。在我国原产的各种沙棘中，中国沙棘亚种的生态适应性最广，主要原生地分布在黄土高原及周边地区，其主要天然分布区域属于温带森林草原区，多年平均降水量为400～500mm，年平均气温在3℃左右，无霜期150天左右。

当前推广种植的良种沙棘，主要是从蒙古沙棘亚种（subsp.*mongolica*）中选育得来的果实较大类型，人工栽培型大果沙棘。野生的蒙古沙棘亚种主要分布在中、俄、哈、蒙交界处的阿尔泰山及其临近地区，该区域属于寒温带森林草原

区，多年平均降水量400mm左右，年平均气温在2℃左右，无霜期100天左右。

大果沙棘果大、高产（鲜果产量1.5万～1.8万kg/hm²），具有无刺或少刺等优良性状，深受种植户青睐。大果沙棘种子为深褐色或黑褐色，种皮上覆一层油脂膜，膜面上有一纵缝，椭圆形或圆形，胚和胚乳位于种壳内。种子长4～6mm，宽2.5～3.0mm，种子千粒重15～20g，是中国沙棘千粒重的2倍，1kg干燥种子有5.4万～6.0万粒[17]。

沙棘的栽培技术

1 繁殖方法

沙棘人工驯化繁殖主要有种子繁殖、根蘖繁殖和扦插繁殖3种方法。根蘖繁殖是一种无种可采，枝条老化时的无性繁殖方法；扦插繁殖又分为硬枝扦插和嫩枝扦插，硬枝扦插和嫩枝扦插只用于优良品种的人工培育。

1.1 种子繁殖

种子繁殖一般采用育苗移栽。

1.1.1 采种

采种一般在9～10月果实成熟时，剪下果枝，用石磙碾压后放入清水中浸泡一夜，并搓去果皮、果肉和杂质，用清水淘净，晾干。还可利用浆果成熟而不落的特点，在冬季冻果时采收，在果树下铺上芦席、麻袋等物品，并将果实打落，果实收集后用簸箕簸去树叶、刺等杂物，放在室内，等果实融化后放入塑料桶内捣烂，用清水淘净漂出果皮、杂质，取出种子，阴干，除去杂物可得到纯种子。出种率为7%～10%，千粒重7g左右，发芽率80%～90%，纯度90%以上。

1.1.2 种子处理

一是用40～60℃温水浸种24～28h，温水中可放0.2%高锰酸钾进行种子消毒处理，浸好后捞出控干水分，再混入河沙催芽，种和沙体积比1∶2，保持种沙湿度为饱和含水量的60%，温度5～20℃，每1～2d翻动一次，播前在日光下晾种子，待有1/3的种子裂嘴，即可播种。

二是种子与潮湿的大粒沙1∶3的比例混合，在温度为0～3℃的地窖中沙藏20～30天，每周翻动2～3次，当种子大部分裂嘴后即可播种。

猬毛

沙棘

三是大量播种一般用45℃温水浸泡12~16h，捞出即可播种。

1.1.3 播种

播种选择背风、松软、平坦、土层深厚肥沃、浇水条件方便的沙壤土为育苗地，切忌黏重土壤。结合深翻整地，施入厩肥或堆肥作基肥，捡出碎石、细翻耕匀耙平。适合在春季进行早播，当土层5cm处的温度为9℃以上时，沙棘的种子就能够发芽了，当温度在14~16℃之间时，最适合播种。采取大行距、宽播幅方法播种。播种行距20~25cm，播幅宽10~15cm。开2cm深的沟，沟底一定要平整。种子均匀播入沟内，一定要覆盖过筛土或腐殖土，覆土厚2.0~2.5cm，盖住种子即可，覆土太厚不利于出苗，太薄幼苗扎不下根。播种后也可搭薄膜拱棚，保温。播种量每亩3~5kg。

1.1.4 育苗

播种后，注意土壤管理，防治虫害，经常喷水保湿保墒。大约7天左右即可出苗，14天出齐苗。播种后覆地膜的或较湿润的地区，在出苗期不用浇水。土壤干旱影响幼苗出土，因此需及时喷水，不能漫灌。

苗出齐后要勤松土，尽量控制水分，促进幼苗扎根。当长出2对真叶时进行第一次间苗，4对真叶时按株距5cm定苗，太干旱时可喷水或小水漫灌。6~7月份进入速生期后，可追施氮肥1~2次，每亩7.5~15kg，促进苗木生长。生长后期要停水停肥，促进苗木木质化。当年苗木质化，苗高0.5cm，基径>0.5cm，根长>20cm，亩产成苗3万~6万株。在苗木落叶至土壤封冻前或翌春土壤解冻后至萌芽前出圃。起苗前应灌透水，起苗时将雌雄株分开，保证苗木主、侧根系完好，有利于提高造林成活率。

1.2 根蘖繁殖

根蘖繁殖的插根时间春秋均可，以春季为主，选择插穗。在秋末至春分时树液停止流动期间挖根，要在4~6年生母树林根上选取1~2年生发育良好的根蘖条，要求挖根时在母树基部1m以外，每株母树只挖几根。在距树干10~20cm处将根切断，分别标上雌或雄株标记。春季插根育苗前，先将插穗在水中浸泡1~3天，然后以株距10cm、行距20~30cm插根。插根时，苗根上端朝上，直插、斜插均可，旱地苗圃采取直插的方法，将苗根放入孔中，上部与地面齐平[18]。

1.3 扦插繁殖

沙棘繁殖技术中研究最多、应用最广的是扦插繁殖，根据枝条木质化程度分为硬枝扦插和嫩枝扦插。硬枝扦插是指用完全木质化的枝条作穗进行扦插，生根

率较高，对扦插条件要求不太严格，直接进行露地扦插也可成活，苗木当年可以出圃，生产周期短。扦插之前，插穗的预处理对整个扦插育苗过程影响很大，决定着插穗的成活率和生长量等指标。嫩枝扦插是指在生长期内用半木质化带叶枝条进行的扦插，嫩枝插条的形成层细胞具有很强的分裂能力，受品种、类型、枝条年龄、采条时间及基质等因素的影响，扦插后可很快形成根原基，进一步分化成不定根。扦插前插穗的预处理也很重要，扦插后对温度湿度条件要求高，需要注重后期管理。

插床基质可用河沙或干净沙土，扦插时间以6月中旬～7月中旬为宜。剪取生长健壮、无病虫害、长势中等的一、二年生枝条，剪成长8～10cm的节段，作插条，保留上段叶片3～4片，去掉下段叶子，按50～100条成捆，下端对齐。扦插前用激素（吲哚乙酸、吲哚丁酸或萘乙酸）处理，再把插条下半部2～3cm浸于药液内14～16h，以株距10cm、行距20～30cm插扦，深度至插穗的2/3；插后浇水并搭薄膜拱棚保湿，上面再搭棚遮荫，经常浇水保湿，插后30天左右即可生根。扦插时，雌雄株插条要分开插，雌插条多于雄插条，其比例为5～8∶1。冬季要在拱棚上盖草保护越冬。苗高15～20cm，炼苗7～10天，移入苗圃地或定植地培育[19]。

2 栽培定植

2.1 栽培时间

种植沙棘春秋两季均可。一般春季在4～5月上旬，秋季在10月中下旬～11月上旬，树木落叶后，土壤冻结前。秋季栽植的苗木，第2年春天生根发芽早，等晚春干旱来临时，树已恢复正常，具有较强的抗旱性，因此秋季种植比春季种植效果好。

2.2 定植

营造沙棘林，要先耕翻土地，除去杂草、树枝、石块，施入基肥。最好在春季随起苗随定植。栽植时按行距3m挖定植沟，在定植沟内按株距50～70cm挖坑，将苗木根茎埋深10～12cm。覆土踩实，浇水。

2.3 栽培密度

沙棘栽植密度随品种的树势强弱而定，便于机械化抚育。为了授粉，在栽植时应采取一行雌株和一行雄株混合交替定植。树穴的规格视树苗的大小而定，一般为直径35cm，深35cm。每亩栽植300株，苗龄以二年生的嫩枝扦插苗为好。

一般以产果为目的的沙棘园，株行距采用2m×4m；以采条为目的采穗圃，株行距采用1m×3m。沙棘为雌雄异株，雌雄比例及配置方式对果实产量影响较大。若雄株花粉量大则雄株比例可小些，反之比例应大些，一般雄株和雌株比例以1：8为宜。

3 田间管理

3.1 中耕除草

沙棘3～4年生长旺盛，开始开花结果。结果前4年，每年应中耕除草。中耕除草可以蓄水保墒，沙棘根系较浅，中耕不宜过深，一般5～7cm，否则伤及根系。

3.2 施肥

和其他作物一样，为了获得高产优质，沙棘需要充足的N、P、K养分供给。施肥应从栽植后2～3年开始，每隔2～3年施1次有机肥，施肥量根据土壤肥力情况而定。一般情况下，每亩施1500～2000kg农家肥，时间应于秋季将肥料撒入行内，然后中耕7～10cm。每年施2～3次无机肥，前期施尿素，后期施磷酸二氢钾、过磷酸钙，每株0.1～0.2kg，结合灌溉或降雨将肥料撒入行间，浅耕覆土7～10cm。为了促进形成根瘤和增加分子氮共生固定，在枝条迅速延伸期，对沙棘种植园最好进行根外追肥，喷施0.06％铜酸铵溶液[20]。

3.3 水分管理

播种以后的一个半月内，要保持土壤湿润。根据土壤气候特点，特别在幼苗期，灌水应本着"少浇、勤浇"的原则，不能积水，如有积水需及时放水。小苗孱弱，不耐干旱，应视土壤干旱情况及时浇水，幼苗期浇水5～6次。小苗细弱，最好喷灌，漫灌容易造成小苗倒伏，影响成活率。插扦繁殖而言，扦插后15天即有大部分插穗的地上部分开始萌动，应保持床面湿润，防止幼芽被灼伤，在60天后注意进行肥水管理[21]。

沙棘根系主要分布在地表0～50cm的土层中。因而在地下水位较低，雨量不充沛的条件下，灌溉对沙棘的产量有很大影响。灌溉时间取决于土壤的湿度，田间最大持水量是制定灌溉制度的主要指标。一般在干旱的夏季要灌水3～4次，使田间最大持水量不低于60％～70％，当土壤湿度低于这个水平时。特别是在开花、果实形成的生长时期，不能缺水，一定要及时灌水，否则就会影响树体生长和果实产量。秋季果实采收后，灌水更为重要，可防止干旱和冬季风大枯梢，确保植株安全越冬[22]。

3.4 修剪

沙棘在4年内可以生长到2～3m高，在主干上形成树冠。为保持树势平衡，可作适当修剪，保留萌发的三大枝作骨干枝，疏去相互搭接的枝条，去除长枝枝端以促进侧枝的发展。在大约第5年，主干停止生长，枝条开始从侧芽发出[23]。

进入结果期时，密集的成熟结果树体必须修剪以增加透光度。每年休眠期进行修剪，首先剪去枯枝、病虫枝，然后清除徒长枝、交叉枝、过密枝等。沙棘在全光照下的产果量比部分遮荫情况高，每年适度修剪可以使枝条受光量增加。

沙棘树型一般剪成"一把伞"、"自然开心型"、"三层楼"等。以"三层楼"为最好，树高2～2.5m，树冠直径1.5～2m，从主干上直接分生出的主枝较多，主枝在中央干上呈有间隔的三层分布。这样能有效地改善通风透光条件，产量高、质量好。

3.5 平茬复壮

沙棘平茬的目的是更新复壮，如沙棘没有及时进行平茬处理，尤其是生长在土壤黏重或干旱的地区，就会使沙棘出现停止生长的情况，有些沙棘的枝叶还会出现干枯的现象，这就需要定期做好沙棘平茬更新工作，必须在沙棘林旺盛萌发力结束前进行。沙棘林萌发力开始衰退的年龄称作沙棘无性更新成熟龄。沙棘更新成熟龄因种质、品种、生长地域不同而存在差异，一般为10～15年，目前新疆阿勒泰地区一般提前3～6年。

平茬工作可以在沙棘种植后的4～5年之间开展，经过萌发更新成林，又在4～6年后可进行再次平茬，如当沙棘的生长环境较好，可以延后进行平茬。当树木处于休眠期时，可以进行平茬，但最好选在土壤解冻以前，这样就能够保证树木的根系不受伤害。时间应选在落叶后到次年树液流动前，因为沙棘在春天芽萌动前树液开始迅速流动，若在树液开始流动后平茬，则会流失平茬伤口处的大量树液，这对沙棘萌发及以后萌条生长产生不良影响。夏秋平茬则萌条很难木质化，对其越冬不利。

在对树木进行平茬的过程中，可以选择"片砍"、"花砍"或"带砍"，砍伐时，要尽量降低砍伐的茬口，并保证树木的茬口平滑不开裂，这样才能有利于苗木的继续生长。平茬的出材量会

知母

沙棘

由于地类不同而产生较大的差异，当地类较好、林木较茂盛时，第1次可以砍3500～4000kg/667m²，这样在之后的平茬中就会有更多的出材量[24]，平茬所得沙棘枝条可作薪柴用。

4 病虫草害防治

以预防为主，控制为辅；以综合防治为主，化学防治为辅；优先选用低毒、高效农药，严禁使用剧毒、高毒、高残留或具有三致（致癌、致畸、致突变）的农药，主张交替用药，复合用药。

4.1 病害防治

沙棘的主要病害有沙棘干枯病、腐烂病、缩叶病、叶斑病以及猝倒病等。

4.1.1 沙棘干枯病（沙棘干缩病）

沙棘干枯病是一种严重的毁灭性病害，苗圃和沙棘林均可发生。幼苗发病的症状首先是叶片发黄，苗茎干枯，最后导致整株死亡。沙棘林或种植园内沙棘植株发病，症状表现为：树干或枝条树皮上出现许多细小的枯色突起物和纵向黑色凹痕，叶片脱落，枝干枯死。发病原因一种情况是感染了真菌或镰刀菌，且因土壤含氮素相对过多，植株生长快，组织疏松，促使病原菌繁殖；另一种情况是外界养分、水分，通气条件不良，造成生理失调，导致沙棘干枯。造成沙棘干枯，后一种原因居多。

大果沙棘在当年侵染干缩病是不易被发现的，会在2～4年后发病严重，导致难以根治。该病侵染始于花期，在5月底、6月初进入侵染盛期，并可延续至7月底、8月初左右。病症显现始于7月中旬，首先灌丛个别树梢发黄，然后落叶，继而树枝在8～10天内干枯，这种现象逐渐向下部枝条扩展，短期内可使整个植株死去，枯死植株上的果实会提前变色。也有枯死的植株在当年或翌年发出根蘖苗，但3～4年内同样会枯萎；有时是植株中个别枝条先枯死，然后遍及整个植株，这个过程是不可逆的，并且具有传染性。干缩病的侵染是连续完成的，发病不仅表现在夏天，也表现在越冬过后。

防治方法

A. 栽培防治：在栽植时应选择抗病品种，同时加强田间管理，定期松土，增强土壤通透性和植株的抗病能力，防止沙棘的根和地上部分受到严重的机械损伤，杜绝病原菌的入侵途径。

种植园栽培的沙棘，在行间间种禾本科牧草，也可减少干枯病的发生，向土壤中施入石灰、磷、钾肥和微量元素肥料可抑制病原菌的侵染。

B. 药剂防治：在苗期发生繁殖时，可用60%～75%可湿性代森锌500～1000倍液，在雨季前每隔10～15天喷洒一次，连续2～4次；还可用50%可湿性多菌灵粉剂

的300～400倍液，每隔10～15天，连续喷洒2～3次。

4.1.2 沙棘腐烂病

病原是一种真菌，也是沙棘树的主要病害之一。沙棘腐烂病主要发生在7年生以上的大树上，郁闭度较大的沙棘林也容易发生。病斑多发生在主干、主枝处。症状有溃疡型及枝枯型两种，但通常溃疡型居多。每年5月沙棘主干处病斑呈现暗褐色水渍状，略肿胀，病斑椭圆形；5月后病斑继续扩大，树皮呈深褐色，病皮组织腐烂，用手压有湿润感；到7月随气温升高，病斑组织干枯下陷，有时发生龟裂，此时病斑上产生密集的小黑点，树皮可用手撕破，从树干上部可撕到下部，严重时，沙棘树可当年死亡[25]。

防治方法

A. 栽培防治：在造林时选用当地的抗病性强的乡土沙棘品种，提前做好防冻工作，科学整枝，逐年进行修剪，做到勤修、合理修。对于密集过大的沙棘林，可实行间伐，伐后密度控制在0.6左右，保持林分通风透光；对于5～6年以上生沙棘应实行平茬，平茬后的树枝集中烧毁，以后每6年平茬一次。同时注意排水、防冻，增强有机肥，树干涂白，以防腐烂病发生。

B. 药剂防治：对严重感病的沙棘应及时清除。对感染严重的林分应彻底清除；对染病较轻的林分可及时砍去病株或刮除病部，然后进行喷药或涂药处理。目前防治腐烂病的常用药剂有10%碳酸钠、蒽油、蒽油肥皂液（1kg蒽油+0.6kg肥皂+6kg水）结合赤霉素（100ppm）、1%退菌特、5%托布津、50ppm内疗素等。

4.1.3 缩叶病

病害主要发生在沙棘叶部，叶片发生后皱缩，凹凸不平，叶缘向内卷曲。9月份叶片变黑，枯萎脱落。新梢受害后，矮化肿胀，丛生，节间变小。

防治方法

A. 药剂防治：在早春芽开始膨大但未展开时，喷施石硫合剂1次，连续喷药2～3年，可彻底根除缩叶病。在发病严重的沙棘园，1次喷药往往不能全部杀灭病菌，可在当年沙棘落叶后（11～12月）再喷2%～3%硫酸铜1次，以杀灭黏附在冬芽上的大量芽孢子，并于第2年早春喷1次石硫合剂或1%波尔多液，以巩固防治效果。

直立地蔷薇

沙棘

B. 栽培防治：喷药后，如有少数病叶出现，应及时摘除，集中烧毁，以减少第2年的菌源；对发病重、落叶多的沙棘园，要增施肥料，加强栽培管理，以促使树势恢复[26]。

4.1.4 沙棘叶斑病

沙棘叶斑病是一种苗期病害，发病初期，叶片上有3～4个圆形病斑，随后病斑逐渐扩大，叶片干枯并脱落。

防治方法

主要为药剂防治。一般用50%可湿性退菌特粉剂800～1000倍液，每隔10～15天喷1次，连续2～3次效果显著。

4.1.5 白粉病

发病初期叶片上可见丝状物，随后叶片出现白粉层，由绿变浅，并出现不规则连片的晕斑，白色丝状物布满其上。夏秋交际可见褐色或黑色小点状病菌的闭囊壳层。

防治方法

A. 栽培防治：加强树体管理，减少郁闭，增强树体自身抵抗力；冬季清除病树落叶，剪掉病枝集中烧毁，减少病原。

B. 药剂防治：发病后喷施50%退菌特可湿性粉剂1000倍液，可产生较强的杀菌效果。

4.1.6 沙棘锈病

锈病是一种苗期病害，以1～3年生沙棘苗为主，发生时间多在6～8月份。被害苗木症状是大量叶片发黄、干枯、植株矮化，叶片上的病斑呈圆形或近圆形，多数汇合。发病初期病斑处轻微退绿，随后变为褐色、锈色或暗褐色。

防治方法

预防为主，采用药剂防治方法，在苗期6月份每隔15～20天喷1次波尔多液，连续2～3次，可以减少沙棘锈病的发生。

4.1.7 沙棘黄萎病

该病表现为叶先枯黄，进而萎缩，维管束出现褐色，叶部生长不对称。受害树上的沙棘果过早着色，然后开始干缩，夏末时节，粉红色的瘤状物在树皮及树干裂缝中出现，被感染的植株通常在1～2个生长季内死亡。

防治方法

目前还没有有效的防治枯萎病的方法，被感染的沙棘植株应该挖出并烧毁，且3～5年内不宜在同一地点再次栽种，有感染症状的沙棘树也不能用作繁殖插条。

SHA JI

4.1.8 其他病害

例如，枯梢病，由镰刀菌引起，枝皮产生疮痂；沙棘苗木猝倒病，被认为是由土壤真菌引起的。

4.2 虫害防治

资料显示，沙棘的虫害有50多种，主要虫害有沙棘木蠹蛾、白星花金龟、柳蝙蛾、沙棘豆象、沙棘实蝇、黄褐天幕毛虫和沙棘巢蛾等，有的危害主干，有的危害叶片和果实。

4.2.1 沙棘木蠹蛾（*Holcocerus hippophaecolus*）

以幼虫钻蛀侵害沙棘的干基部和根部。初期幼虫常十几头至几十头群集树干，侵害树皮，进而钻入树干内部，最后转移到根部蛀食。严重时沙棘根部被蛀空，致使植株逐渐腐朽干枯死亡。

沙棘木蠹蛾产卵在干部树皮裂缝、伤口等处。卵孵化后，初孵幼虫首先取食树干的韧皮部，然后逐渐向下转移危害根部。根部幼虫主要取食木质部，形成多条、纵向的蛀道，通过蛀道，在主根与侧根、侧根与侧根间进行转移危害。沙棘木蠹蛾具有繁殖能力强、生活和危害地点隐蔽等特点，幼虫通过钻蛀沙棘的韧皮部和木质部破坏沙棘输导组织，从而导致树势衰弱或整株死亡。

沙棘木蠹蛾是内蒙古地区对沙棘危害最大的害虫之一，特别是在干旱年份或干旱的立地条件下虫害尤为严重。干旱阳坡沙棘受害率高达36.7％，丘陵阴坡和沙滩地上生长的沙棘受害率分别为11.7%和8.7%。

防治方法

A. 栽培防治：危害区，春季或秋季全面清除沙棘地上部分，通过水平根系萌蘖出新的植株，迅速恢复林分，及时定干、除蘖，加强抚育管理，确保成林。

B. 生物防治：筛选专化性强的白僵菌菌株进行人工繁殖，选择雨后湿润的天气施放，积极探索保护和利用猪獾等天敌。

C. 物理防治：沙棘木蠹蛾有较强的趋光性。5月中旬~8月中旬，在有虫林分内，应用杀虫灯诱杀成虫。每天开灯时间为20:00~23:00时，每5公顷设置1盏诱虫灯。为了保护天敌，杀虫灯不应长时间使用。

4.2.2 春尺蠖（*Apocheima cinerarius*）

春尺蠖主要通过以幼虫取食寄主的嫩芽、幼叶，特别在幼虫3龄以后，会进入暴食阶段，轻者嫩梢和叶片残缺不全影响抽梢；重者枝

中国扁蓿

沙棘

光叶净，严重影响沙棘林的光合作用，促使树势严重衰弱，导致钻蛀性害虫及病害大量发生，威胁树体的生长和生存。

防治方法

主要为药剂防治。卵孵化初期或幼虫3龄以前，可用5%氟虫脲乳油、灭幼脲1000倍液、苏云金杆菌（Bt）、核形多角体病毒（NPV）、杀螟杆菌、青虫菌等300～500倍液进行喷雾防治。防治时间以16:00～20:00效果最佳。

4.2.3 柳蝙蛾（*Phassus excrescens*）

蛀干害虫，是危害沙棘的主要害虫[22]。该害虫主要通过幼虫危害沙棘，幼虫钻蛀主干基部，少数在枝茎2cm左右的侧枝上，也有的在主干中部，一般1株树1头，地径8～10cm沙棘树约有2～3头的，各自虫道，平行发展，有的在髓部，也有的在木质部，啃食虫道口周围的边材。由于虫道口常呈环形凹陷状，因而幼虫往往边蛀食，边用口器将咬下的木屑送出，虫道口会留有咬下的木屑及幼虫排泄物。

防治方法

A. 栽培防治：加强园地田间管理，及时翻树盘，铲除杂草，增强树势，提高树种的抗虫和耐虫性，破坏越冬卵的生存环境。

B. 药剂防治：在低龄幼虫钻蛀树干前，用80%敌敌畏乳油1000倍液、20%速灭杀丁乳油2000倍液或25%灭杀毙2500倍液进行地面或树干基部喷药，每隔7天喷1次，连续2～3次；正钻蛀危害的幼虫，用上述药剂浸蘸棉球塞入虫道，或沿虫道直接注下1～2ml药剂触杀幼虫。

C. 物理防治：用稀释的乙醇或清水灌注虫道，迫使幼虫爬出捕杀，在幼虫或蛹期，用细铁丝沿虫道插入，直接触杀。

4.2.4 红缘天牛（*Asias haloldendri*）

以幼虫蛀食沙棘枝干，危害老龄沙棘或生长不良的沙棘最为严重。危害部位多在主干的中下部，对侧枝危害较少。危害初期，虫道纵向延伸，在木质部出现柱形虫道，随着虫口密度的增加，进而形成倾斜的环状虫道，虫道发生交错，树皮环剥。植株经多次感虫后，主干几乎全部被蛀空，严重破坏了沙棘养分水分的疏导组织，致使受害株初期表现为生长衰弱，到后期干枯死亡。红缘天牛在取食期也有向树干外排泄木屑的习性，但排出物呈细粉末状，这是从外观环境区别沙棘木蠹蛾的重要标志。

红缘天牛对沙棘的危害有选择性，主要针对树龄3年生以上、生长不良的沙棘。健壮的沙棘对该虫有一种自我保护反应，在幼虫侵入韧皮部的同时，沙棘可在被入侵部位分泌一种胶性泡沫，粘住幼虫，使幼虫难以进入木质部。沙棘长势越旺，分泌物越多，越不易受害；长势衰弱分泌能力差，则受害机会多。

红缘天牛是内蒙古地区对沙棘危害最为严重的蛀干害虫。据调查，在乌兰察布盟沙棘产区，沙棘林内受该虫危害株率为26%～81%。

防治方法

A. 栽培防治：最好是连根伐除感虫植株。伐除时间应在春季红缘天牛产卵后，沙棘萌动前。平茬深度沿地表切根，或深入地表5cm左右。伐除后及时将带虫沙棘运走，清除虫源。

B. 生物防治：红缘天牛有两种寄生蜂，齿姬蜂和蛀姬蜂，都是红缘天牛的天敌。被姬蜂寄生的天牛幼虫，其组织营养逐渐消耗，最后只剩下残骸。

4.2.5 桑白介壳虫（*Pseudaulacaspis pentagona*）

桑白介壳虫发生时，幼虫成群固定在沙棘枝干上，吸食汁液，使树势衰退，甚至萎缩干枯死亡。桑白介壳虫极易识别，在沙棘枝干上，只要发现有密集的白色蜡状小点，就是桑白介壳虫雌虫的介壳。雄虫的介壳呈棉絮状，雌虫介壳近圆形，长2～2.5mm，背部隆起呈伞形，介壳上有一个黄褐色隆起的壳点。壳下雌虫呈卵圆形，橙红色，体长约1mm。雄成虫介壳白色，长约1mm，长筒形，壳点橙黄色。幼虫扁椭圆形，长约0.3mm，六足爬行。

防治方法

A. 药剂防治：可用50%的对硫磷乳剂，80%的敌敌畏乳剂，90%的敌百虫晶体的1000～2000倍液，分三次喷杀。第一次在5月中旬雌成虫产卵时，此时虫体膨大，介壳边缘发生裂缝，药剂易从裂缝处渗入；第二次在幼虫大量出壳时喷杀；第三次在8月下旬第二代幼虫大量出现时喷杀。连续三次可收到良好的防治效果。

B. 栽培防治：冬季结合修剪，剪掉雌虫密集的枝条，在种植园内也是一种常用的防治方法。

4.2.6 舞毒蛾（*Ocneria dispar*）

舞毒蛾为杂食性食叶害虫，大量发生时树叶可全部被食光，发生范围遍及沙棘主要分布区。

防治方法

A. 药剂防治：舞毒蛾大量发生时，可用50%的对硫磷乳剂

沙棘
中间锦鸡儿

1500～2000倍液，90%晶体敌百虫500～1000倍液喷雾防治。

B.物理防治：在沙棘种植园内，可以利用舞毒蛾白天下树潜伏的习性，在树干上涂毒环；卵期用煤油沥青（2∶1）的混合物涂抹卵块。

4.2.7 弧目大蚕蛾（*Neoris haraldi*）

该虫在沙棘叶片背面产卵，老熟幼虫躲在树基周围落叶层下或枯草层内吐丝结茧，化蛹越冬。

防治方法

A.栽培防治：冬春修剪时，剪除带卵枝条，人工震落幼虫，收集灭杀。蛹期清除林间杂草及枯枝落叶，集中烧毁或采用黑光灯诱杀成虫。

B.药剂防治：初孵幼虫用90%敌百虫晶体800倍液或氧化乐果乳油1000倍液喷雾防治。

4.2.8 沙棘巢蛾（*Gelechia hippophaella*）

沙棘巢蛾是沙棘的食叶性害虫之一。其幼虫在沙棘芽苞含苞欲放期间繁殖，钻入芽苞内，每条幼虫破坏5个芽苞。随着沙棘的放叶生长，稍后在嫩枝4～6个顶叶上吐丝作巢。在大发生年份，沙棘巢蛾会引起植株干缩，甚至全株死亡。沙棘巢蛾幼虫长14mm，头部灰绿带棕色。幼虫危害结束后便爬到沙棘根颈附近土壤表层作茧化蛹。7～8月初由蛹变成蛾，8～9月产卵于树下部的树皮内，以卵越冬。

防治方法

主要用药剂防治。沙棘芽苞开放初期用50%对硫磷乳剂1500～2000倍液，或90%敌百虫原药500～1000倍液喷雾，杀灭幼虫。

4.2.9 黄褐天幕毛虫（*Malacosoma neustriatestacea*）

在沙棘林内发生极为普遍，主要取食树叶，严重时吃光树叶，使树势减退，造成大量落果。

防治方法

A.栽培防治：在种植园内，于秋季用人工剪除沙棘上的卵块，并予以烧掉。

B.药剂防治：可在幼虫大发生时喷洒90%的敌百虫晶体1000～2000倍液。

4.2.10 白星花金龟（*Protaetia brevitarsis*）

此害虫主要吸食沙棘果实，被吸食的果实变成干瘪的空壳，危害极其严重[26]。

防治方法

主要为物理防治。糖醋液配比：糖6份，酒1份，醋2～3份，水10份，加适量敌百虫，配好的诱液放在小桶里，保持3～5cm深，悬挂于沙棘枝干处诱虫。

4.2.11 沙棘豆象

沙棘豆象为沙棘种实害虫。幼虫钻进果实取食沙棘种仁，导致果实不能正常发育，种子质量降低。有的地区沙棘种子受害率达20%左右。沙棘豆象在10月上旬开始，以幼虫形式越冬，翌年4~5月在土壤表层化蛹，6月出现成虫。成虫在果皮上产卵，幼虫孵化后为白色，体长2~2.5mm，头红褐色，无足靠节间收缩爬行，随后钻入果实内。

防治方法

A. 栽培防治：为防治沙棘豆象蔓延，必须加强检疫，凡受豆象危害的沙棘种子不予外调。已调入的种子入库前或播种前用0.5%~1.0%的食盐水选种，捞出带虫种子并集中烧掉。

B. 药剂防治：在成虫羽化期喷洒50%百治屠乳剂1000~1500倍液，或50%杀螟松乳油500倍液，均有较好的防治效果。

4.2.12 沙棘木虱（*Psylla hipphophaes*）

沙棘木虱是一种叶部害虫。在沙棘芽苞开放时幼虫首先钻入芽苞内，随着沙棘的萌动放叶，其幼虫又转移到叶子背面，吸吮叶汁，致使叶片扭曲发黄。

防治方法

主要为药剂防治，在春季沙棘花芽萌动初期，喷射50%对硫磷乳剂1500~2000倍液；也可用掺有肥皂水的硫酸烟碱溶液喷洒。

4.2.13 其他害虫

其他危害沙棘的昆虫有：沙棘白眉天蛾、蚜虫，影响沙棘生长，在中心叶脉两侧引起树叶变黄皱缩，最终脱落；蓟马，在春末夏初发生危害；螳螂和红蜘蛛，只在干旱的夏季偶尔发现；粉虱，引起叶部肿胀，使受害叶片呈现畸形。卷叶蛾，在5~7月间取食并卷起叶片，8月末在主枝光滑树皮部位能发现越冬卵；沙棘实蝇危害沙棘果实，是种植园内最危险的害虫，大发生时可使果实减产90%。一些鸟类如乌鸦和喜鹊的危害也不断加重[27]。

4.3 鼠害防治

沙棘林鼠害有2种形式：一种为地上危害型，包括阿拉善黄鼠、大林姬鼠、根田鼠、松田鼠、高原鼠兔、甘肃鼠兔、达乌尔鼠兔、高原兔和草兔等，分布广泛；另一种为地下危害型，主要是指专门啃食植物根部的鼢鼠，如甘肃鼢鼠、高原鼢鼠[28]。

皱叶酸模

沙棘

防治方法

A. 物理防治：在害鼠种群密度较低，局部地段危害严重，或存在大量鸟类等有益动物的地区，主要动员群众大量使用弓箭、鼠铗、捕兔钢丝扣、灭鼠雷等器械、装备进行防治。

B. 药剂防治：在害鼠种群密度较大、造成严重危害的地上，根据不同的种类，合理使用不同的药物及饵料，对症下药。防治地下鼢鼠，投饵5~15g于有效洞内，封上洞口；对地上对象防治，尽量将毒饵放置于有效洞内和经常出入的地方，可以大幅度提高防治效果。

4.4 杂草害防治

沙棘林地，绝大多数杂草根系发达，生长旺盛，但由于杂草控制不利引起苗木死亡率要高于其他原因导致的死亡。造林整地时要尽力铲除杂草，在树冠高于杂草前铲除杂草非常重要，栽植后4~5年内为防治关键期。1年生杂草种子主要在地面下5cm土壤中萌发。

防治方法

人工或机械铲除以及使用除草剂，包括萌前除草剂、土壤混合型除草剂和萌后除草剂，都是通过控制种子萌发和杂草发育来控制杂草。

利用机械或人工防治林下的杂草都是非常有效的。一个生长季通常要除杂草3次。清理杂草的深度通常不超过8cm，以免伤害树根。另外，操作要当心防止对树木造成机械损伤，为此可采用机械除草和人工除草或采用特制的除草工具相结合的办法。

萌前除草剂施于土壤表面，通过降水和灌溉使除草剂渗入土壤，发挥作用。土壤混合型除草剂施于土壤表面后，需要通过人工均匀混合。萌后除草剂应施于萌后不久及旺盛生长期的杂草叶面，这些除草剂从晚春到秋初都可应用，主要取决于杂草的生长状况，使用除草剂后总的症状为新叶卷曲皱缩，杂草生长受到抑制[29]。

沙棘采收与加工

1 沙棘的采收过程和方法

1.1 最佳采收时间的确定

沙棘果的成熟期，以特有的颜色和果实大小为标志，并依此决定采收期。在通常情况下，从俄罗斯和蒙古等高纬度地区引入的品种，成熟期较早，如丘依斯克、阿尔泰等品种，在8月初即可成熟；优胜沙棘和橙色沙棘等品种，多在8月下旬成熟；

我国自产的中亚沙棘多在8月下旬成熟。中国沙棘来自不同种群，其成熟期也有区别，产于华北地区的，如涿鹿、丰宁等地，果熟期多在8月下旬至9月上旬；产于西北地区的，如甘肃、青海等地，则多在9月中下旬成熟。

1.2 采收方法

沙棘以果实入药。播种苗3年开始结果，4～5年进入盛果期；营养繁殖苗2～3年进入盛果期。在冬季末化冻前采收敲打，收起果实晒下或送往工厂。

一般采用以下3种采收方法。

（1）手工采收法　沙棘枝上有刺，果小且柄短，不便一粒粒采摘，但果实具有宿存且不落、不怕霜冻的优点，可在严寒季节以击落法采收。

（2）机械采收法　为了提高采收效率，降低生产成本，俄罗斯在沙棘工业种植园，多采用С.Н.科瓦列夫的吸入装置和西伯利亚М.А.里萨文科园艺研究所的打落装置采收果实。

（3）化学采收法　除手工和机械采收外，还可用化学方法进行采收。在沙棘果实由绿变黄时喷布不同浓度的40%乙烯利进行催熟采收[29]。

1.3 加工技术

目前，沙棘加工的基本工艺是相同的。采收的沙棘果先进行清洗，去除泥土等杂物，然后压榨可得到果汁、果渣，进一步通过离心分离得到沙棘油。一般来说，得到的残留物中主要包括沙棘籽皮、沙棘籽仁及小部分的果皮，主要被用来生产沙棘籽油。

2 包装、运输及贮藏

2.1 批量包装及标签

包装应有包装记录品名、批号、规格、重量、产地采收日期，并附有质量合格标志。有条件的基地注明农药残留、重金属含量分析结果和药用成分含量。包装好的沙棘药材及时贮存在清洁、干燥、阴凉、通风、无异味的专用仓库中，要防止鼠害，注意定期检查。

包装用的材料应无污染、清洁、干燥、无破损，外层材料应具有一定的机械强度，符合药材包装的质量要求。再次使用的包装材料，在使用前，应进行清洁和消毒，以防止前次所装物质的污染。所有的包装材料应保存在干燥整洁、没有害虫的地方，应远离任何污染源、

沙棘

紫草

家畜以及其他驯养动物的地方。

2.2 运输

批量运输时不能与其他有毒、有害物质混装，运输工具必须清洁、干燥无异味，具有较好的通风性，保持干燥，并设有防雨、防晒、防潮措施。严禁用装运农药、化肥和其他污染严重的车辆装运。在运输过程中，如遇到害虫侵害，必要时要进行熏蒸除虫，熏蒸除虫需经过专门培训的人员用熏蒸的方法清除害虫。所使用的药品必须是经原产国或最终用户国权威部门许可的化学剂。每一次熏蒸及所用熏蒸剂、使用日期均应有文件记载。

2.3 贮藏

沙棘果实贮藏的条件要求非常严格。必须置通风干燥处，防霉、防蛀。刚采收的沙棘果实如暂时不能出售，必须进行短时间的贮藏。贮藏果实必须保持低温、通风和能排除有害气体的环境。贮藏的温度以1～5℃为宜，空气的相对湿度应保持在90%～95%。如果是在结冰季节采收的果实，可用少量的水洒在堆积好的果实堆上，把果实封冻起来，再在果实堆上覆盖一层柴草，以保持其清洁。

参考文献

[1] 李敏，张丽. 初论我国沙棘资源建设区划[J]. 沙棘，2006，19（3）：1-6.

[2] 廉永善. 沙棘属新发现[J]. 植物分类学报，1988，26（3）：235-237.

[3] 廉永善，陈学林. 沙棘的生态地理分布及其植物地理学意义[J]. 植物分类学报，1992，30（4）：349-355.

[4] 廉永善，陈学林. 沙棘属植物的系统分类[J]. 沙棘，1996，9（1）：15-24.

[5] 马梅. 沙棘的生物学特征和生态绿化[J]. 养殖技术顾问，2014（5）：97.

[6] 梁月，殷丽强. 俄罗斯联邦和独联体国家沙棘研究综述[J]. 国际沙棘研究与开发，2010，8（1）：34-47.

[7] 张国顺，张晓琴. 大果沙棘育苗与造林技术[J]. 宁夏农林科技，2013，54（12）：18-19.

[8] 禤伟，李金祥. 沙棘在洮南市种植及开发利用前景[J]. 现代园艺，2012（2）：25.

[9] 国家药典委员会. 中华人民共和国药典2015年版一部[S]. 北京：中国医药科技出版社，2015.

[10] 张建国，黄铨，罗红梅. 沙棘优良杂种选育研究[J]. 林业科学研究，2005，18（4）：381-385.

[11] 吕荣森. 德国沙棘优良品种及栽培技术[J]. 沙棘，2007，20（1）：24-27.

[12] 黄铨. 对沙棘引种栽培问题的思考[J]. 沙棘，2001，14（4）：1-4.

[13] 黄铨. 再谈沙棘栽培的几个问题[J]. 沙棘，2002，15（3）：10-12.

[14] 吴钦孝. 对引种和发展国外沙棘良种的思考[J]. 沙棘，2003，16（2）：7-9.

[15] 金争平，蓝登明，周世权，等. 中国沙棘优良类型选育和俄罗斯大果沙棘引种研究[J].沙棘，1998，11（4）：10-16.

[16] 韩金莲. 不同种质沙棘在不同立地生长状况调查[J]. 国际沙棘研究与开发，2010，8（4）：15-23.

[17] 李敏，孙丹娜. 沙棘种子及播种技术要点[J]. 种子世界，2007，（4）：46.

[18] 王文臣，吴妍，谭亚军. 沙棘的播种育苗技术[J]. 山东林业科技，2004，（5）：26.

[19] 邵敏丽，张钧. 沙棘的种植方法[J]. 养殖技术顾问，2009（4）：47.

[20] Thomass. C. Li，胡建忠. 沙棘林地土壤肥力和水分[J]. 国际沙棘研究与开发，2006，4（2）：29-30.

[21] 刘春梅，张富. 干旱区沙棘育苗技术研究[J]. 北京农业，2013，（24）：47-48.

[22] 殷国平. 良种沙棘种植园高产高效栽培管理技术[J]. 农业科技通讯，2008，（11）：168.

[23] 宗德禄，齐连珍. 加强沙棘修剪促进座果率[J]. 国际沙棘研究与开发，2006，4（3）：31-35.

[24] 景永顺，薛莲. 宁夏南部山区沙棘种植技术探讨[J]. 现代园艺，2013，（16）：30.

[25] 阿合买提别克·木塔勒布. 青河县沙棘腐烂病的危害与防治措施[J]. 新疆林业，2013（2）：37.

[26] 张献辉，王东健，陈奇凌. 北疆地区沙棘主要病虫害防治措施[J]. 新疆农垦科技，2014（9）：24-25.

[27] Thomas S. C. Li. 沙棘病虫害与杂草防治[J]. 国际沙棘研究与开发，2005，3（1）：38-39.

[28] 孙涛，侯殿忠，关彦军. 沙棘林病虫鼠害防治的方法[J]. 养殖技术顾问，2012（5）：251.

[29] 土小宁，县炬伟，郭海. 沙棘加工技术和方法探讨[J]. 国际沙棘研究与开发，2007，5（1）：46-48.

（王晓琴）

沙棘

紫花地丁

第十一章
沙棘的采收与贮存

沙棘的采收

1 沙棘果的采收

沙棘果是胡颓子科沙棘属落叶灌木或小乔木的果实。在我国，沙棘果用于传统中药、蒙药、藏药已有几千年的历史[1]。但直到20世纪40年代才开始对沙棘深入研究和开发，俄罗斯科学家首先在沙棘中发现了活性物质并建立了第一个沙棘加工企业，由此，沙棘开始备受世界各国关注。

沙棘果实采收技术的研究开始于20世纪80年代，短短三十年间，采收技术已有了突破性的进展，尤其是研制出了一系列采收机械，不仅提高了沙棘果的采收效率而且降低了生产成本[2]。下面从沙棘果采收期、条件、工艺等方面进行阐述。

1.1 沙棘果采收期研究

沙棘果和其他果实一样，一旦成熟，就需及时采收。若采收过早，果实产品器官还未达到成熟标准、单果重量小、产量低，沙棘果实甜味淡、酸味浓、品质差；若采收过晚，果实已经成熟，接近衰老阶段，采后必然不耐贮藏和运输，且极易感染霉菌影响加工质量。只有适期采收，沙棘果实才能果色鲜、出汁多、风味佳、营养丰富且耐贮运[3]。

1.1.1 沙棘果采收期确定依据——果实的成熟度

果实的采收期可根据果实的成熟度而定。多数情况下沙棘果实适时采收的成熟度标志是：颜色由黄绿色变为橙黄色（也有橘红色的），种子变成黑褐色。果实长足到一定大小且未软化。这时的沙棘果实表现为皮坚多汁、耐贮藏运输、营养成分不易损失；而且表现出较好的口感、味道，果实中营养成分丰富[4]。此标准与中国水利部关于沙棘果采摘技术规范（SL 494–2010）中所述的"当沙棘果实成熟转色度达到70％以上即为采摘期"基本一致[5]。

1.1.2 沙棘果的采收期的主要影响因素

品种和生长环境对采收期的影响

我国沙棘的品种繁多，自有的野生沙棘包括中国沙棘亚种、中亚沙棘、西藏沙棘、肋果沙棘、江孜沙棘、蒙古沙棘、柳叶沙棘、云南沙棘等品种[6]。其中，中国沙棘亚种的面积最大（占我国沙棘资源面

马先蒿

沙棘

积的80%以上），是目前我国加工利用的主要品种之一。此外，从俄罗斯等高纬度地区引入的优良品种也不少，包括丘依斯克、阿尔泰、优胜、橙色、浑金沙棘等[7]。这些沙棘品种的果实产量大、易采摘，也是沙棘产品生产加工的主要来源。沙棘不但品种多，分布面积也广，在我国的山西、陕西、内蒙古等19个省和自治区均有分布。沙棘因品种、生长的海拔、纬度的不同，果实成熟时间亦不相同[8]。依据沙棘果实成熟的判定标准，将各地区不同品种沙棘果采收期归纳如下。

从俄罗斯和内蒙古等高纬度地区引入的品种，如丘依斯克、阿尔泰等品种成熟期较早，在黑龙江、内蒙古、辽宁等地的成熟采收期为8月初或8月上中旬，优胜沙棘和橙色沙棘等品种，多在8月下旬成熟。

中亚沙棘分布在新疆南部喀什地区的多8月下旬成熟；蒙古沙棘与中国沙棘亚种杂交种的果实，通常在7月下旬到8月初采摘[9]。

中国沙棘的成熟期相对较晚，来自不同纬度海拔及气温地区，其成熟期也有区别。生长在纬度或海拔较高、气温较低区域的中国沙棘亚种果实，通常在10月中下旬采摘；而产于甘肃、青海等西北地区，生长在纬度较低或海拔较低、气温较高的区域，通常在9月中下旬采摘[10]。

可见，不同品种沙棘果的成熟期跨度较大，从8月初至10月下旬。同一品种沙棘果因纬度海拔的不同，成熟期也有一个月的差距。因此，沙棘的采收也应因地制宜。

目的、用途不同对采收期的影响

沙棘果实富含的维生素、类胡萝卜素、脂肪酸、黄酮等12类约300余种活性成分，在食品、药品领域有很高的利用价值。沙棘果根据目的、用途不同，采收期有所不同。[11]①如果在沙棘产地没有生产加工企业，沙棘果需要长途运输或长期贮存，经后熟的鲜食种类或沙棘果加工成沙棘罐头罐藏、沙棘蜜饯等的情况下，应在沙棘果实已充分长大、转色，但尚未充分表现出应有的风味时采摘。这时的沙棘果肉质较硬，利于果实采摘、运输及贮存。这一阶段是沙棘果采摘成熟度。②用于可及时加工制成产品的情况，如制果汁、果酒、果酱，应在果实表现出该品种应有的色、香、味时采下，此阶段为食用成熟度，采下即可食用或加工。③以沙棘种子为原料提取油脂、黄酮为目的的情况下，应在种子充分成熟时采收沙棘果，此阶段为生理成熟度。此时，沙棘果过熟，果肉化学成分的水解作用增强，风味变淡，营养价值下降，而种子的脂肪酸积累达到峰值。

沙棘果实的利用价值在很大程度上取决于果实中活性成分的含量，而含量的大小取决于众多的因素，其中果实不同生长时期物质的积累是这些因素中重要的

一个。系统研究沙棘中主要成分在不同生长期的变化规律，可以为采摘期和合理开发利用提供参数，促进今后沙棘的高水平的利用。

例如：用于制汁类的沙棘果实，宜在维生素C、类胡萝卜素和固形物含量最高时采摘。田景民等[12]采摘内蒙古和林格尔西摩天岭野生沙棘，从9月5日起，每隔10天在固定地点、固定植株采摘果实，按食品相关规定的方法进行维生素C、果酸含量的检测，结果发现维生素C含量自9月初至11月末，由720mg/100g递减至298mg/100g，果酸由5.7%降至2.6%，呈下降趋势；而可溶性固形物、出汁率随着生长期的延长，含量呈增加趋势。刘东等[13]研究甘肃省天祝县中国沙棘和西藏沙棘果肉和种子中维生素C、维生素PP、维生素E含量的变化曲线，发现从幼果形成到果实成熟，随着果实成熟度增加其维生素C含量不断升高，至8月底9月初（西藏沙棘花后107天，中国沙棘111天），果突变色期维生素C含量达到最高值，其后随着果实进入完熟期，维生素C含量急速下降，大约经过25天降至最低点。也有报道指出[14, 15]，从维生素C含量变化的情况看，以成熟和近成熟期含量最高，达到过熟状态时，维生素C含量则迅速下降，差额达2～5倍以上；类胡萝卜素的含量情况也是这样，以果实成熟初期含量最高，达到过熟时则会下降。

用于提取沙棘油的沙棘果实，则应在10月下旬至11月初为宜，因为此时油脂积累可以达到峰值。张素华等[16]对采自山西省四产地三个不同采收期（9月15日、10月15日、11月15日）的沙棘果进行了生理生化指标测定。结果表明，不同采收期沙棘全果及沙棘种子粗脂肪含量都有差异。沙棘全果及种子的粗脂肪含量10月份达到最高，因此要获得粗脂肪含量高的沙棘果实，应在其生理成熟期采收。也有报道称[9]，沙棘油在果实成熟期的两星期内含量最高。

综合考虑，在实际生产中，除了考虑沙棘果的果皮、果肉、果汁、沙棘籽在食品、药品、保健领域各有不同应用，还应考虑市场远近、加工和贮藏条件等综合因素来确定合适的采收期[17]。

1.2 沙棘果的采收条件

1.2.1 气候条件

沙棘果成熟期往往在深秋，某些高原地区甚至是初冬季节，此时采摘气温较低、雨水较少、空气湿度较低，这对采摘的沙棘保存、运输有利[18]。有人指出沙棘在晴天、阴天均可采收，但晴好天气采摘的沙棘更利于保存、运输[19]。

1.2.2 果树条件及采摘要求

沙棘果的采摘要坚持资源保护与利用并重的原则，进行科学采收[19, 20]。

以中国沙棘为例[21, 22]，其生长特点为：树冠由骨干枝和各级轮生枝条组成，每年形成一轮枝条，植株一般在第5年进入开花结果期。如果是第5年结果，那么在第4年的嫩枝中下部发育形成花芽。果实多集中在1年枝下端，较为稀疏，很少形成饱满的果穗；第二年开始果实明显增多，形成长度在10～30cm的饱满果穗。因此应选5年生以上且生长健康、旺盛，结果密、无病害（包括结实多的萌蘖株）的沙棘树采收，此后5～6年沙棘进入盛果期。

对于剪枝法采果，枝条果采收要坚持"剪多留少、剪密留稀、剪细留粗"的原则[19]；采剪果枝的数量应小于结果枝条总量的2/3；要采强枝留弱枝、采密枝留疏枝，做到采果与修剪整形相结合，以采果促进树体复壮；采剪果枝长度不应大于20cm，果枝基茎不应大于1cm，每枝果实粒数应大于30粒/10厘米。

1.3 沙棘果采收工艺研究现状

1.3.1 野生沙棘果采收工艺研究现状

我国是沙棘属植物分布最广，种类最多的国家，有着大面积的野生沙棘资源，其中，中国沙棘亚种的分布面积最大，约占我国野生沙棘资源面积的80%以上[23]。但以中国沙棘亚种为代表的野生沙棘果实采收比较困难，体现在两个方面：一方面是由沙棘果生长的基本特征所决定的[24]。首先，沙棘刺多、坚硬且分布不规则。刺的坚硬程度远远大于果柄的抗拉断强度，更大于果皮的耐挤破能力。其次，果皮薄，易破裂。往往是果还未摘下，果皮就破裂；还有些果子甚至在成长过程中就互相挤破。再者，果柄短，生长牢固。中国沙棘果柄短，长度仅为2～3mm，果柄的抗拉断力强于果皮耐挤压能力。沙棘果为腋生，成爪挤堆。沙棘果爪一般多密集在果枝根部起的15cm长度范围内，类似玉米穗，呈疙瘩状，再延伸，果很稀少或无果。果实的这种分布状态增加了采收的难度。最后，枝再生枝，枝枝结果。枝条的不规则也不利于果实的采收。另一方面是由沙棘生长地理环境决定[25]。天然生长的中国沙棘亚种遍布山坡、林地、沟壑，往往还和其他灌木伴生，地理环境较差。加之我国沙棘果实采收技术研究起步晚，对沙棘果采收机的研究基本上是空白，虽然国外已有采果机械，往往是根据改良品种无刺大果沙棘所设计的，机械体积大、移动不方便，不能上山、下沟，并不适合我国天然生长的沙棘采摘[26, 27]。

目前针对我国野生沙棘果采收的方法主要有以下几种。

冻果采收法 [10,28]

沙棘果实一旦成熟后，其果柄处不形成分离层，所以只要鸟雀不啄食的话，沙棘果实可以长期在树上保留，甚至可以保存到下个年度的收获季节，利用沙棘果实不易脱落的特点，待严冬时节-10℃以下于寒冷的早晨，即在沙棘果处于过熟冰冻状态，树叶已全部落光时采收。采收时，先在树下铺塑料布，然后用手摇动树枝或用木棒敲打枝条，沙棘果因震动而脱落收集落果，因温度越低，采收果实的完好率越高。冻果采收不宜在晴朗的中午进行，阳光的照射及日间最高气温会使沙棘冻果融化，容易发生破损，不易采摘。冻果采收法优点是：果实杂质少，劳动强度小，速度快，不影响第二年产量，而且果实和种子油脂、糖类、氨基酸等含量有所提高。缺点是：采收时间晚，果实过熟失水会造成果汁的损失，果实的可溶性固形物减少，维生素C和类胡萝卜素含量低，同时因鸟害或鼠害而使果实损失严重，果实产量降低。因此，冻果采收法现已较少使用，采收仅限于农民农闲时，为创收自发采集[29]。

人工采收法 [30]

人工采收是不借助工具或很少借助工具，完全依靠手工采收的方法，目前，人工采收沙棘果实的方法有摘果、钩果法。摘果是不借助任何工具徒手将沙棘枝条上的果实摘下，这种方法最简单、原始，平均一个劳力每天只能采收6~8kg，耗时、费力、产量低、成本高、效率很低，无法满足企业后续的生产需求。钩果[31]是自制的可调节大小的铁丝钩套在结果的沙棘枝条上，将铁钩从接近枝干端拉向枝条远端，钩下沙棘果。用铁丝钩采收果实的方法与摘果方法相比，生产率较高。但挂钩极为原始，在果枝多的丛林中使用不便并且果实损失极大，此外，挂钩不能随意调节，过份卡紧又使植株受到机械损伤。故两种采摘方法现在均较少使用。

手工器具采收法 [32]

为提高沙棘果采收的劳动效率，在人工采收的基础上，陆续开发了一系列小型手持机械设备即沙棘采果器。手工器具根据采摘作业原理目前有以下几类。

①齿形板式手动沙棘果实采摘器[33]

这种器具是由齿形板、装置本体、手柄及采集袋等组成。工作

麻叶荨麻

时握紧手柄，使上下齿形成闭合空间，夹住果枝，然后顺枝条拉移，果柄被捋断后，果实脱落收集。优点是采果时只需一人手持握动手柄即可工作，携带极为方便，适于无刺或少刺天然沙棘枝条。但此法破损果实高达30％，被折断的果枝数和枝皮被损伤的枝约各占所采果枝总数的10％，而工效仅为2kg/h，无法满足相关企业的原料供应。此器具现已被后期研制的性能优良的器具替代，目前较少使用。

②"梳子式"采果器[34]或"钳式"采果器[35]

"梳子式"采果器或"钳式"采果器（图11-1，图11-2）是利用刀片将果柄割断采集。"梳子式"手工器具两组梳齿，梳齿装置结构由上齿和下齿组成，上下齿中间嵌有切割刀片。工作时，梳齿顺着果枝把沙棘果梳到切割刀片上切离，切离的沙棘经滤网分离落入塑料容器内。"钳式"采果器在钳头两侧嵌入刀片，作业时，钳子夹住枝干底部沿枝干方向移动，刀片紧贴枝干，割下枝干上的果实、棘刺、树叶等。这两种装置结构简单，使用灵活方便，用于沙棘少刺或无刺单枝作业，但效率低、杂质含量大、采净率低，对浆果破坏大。

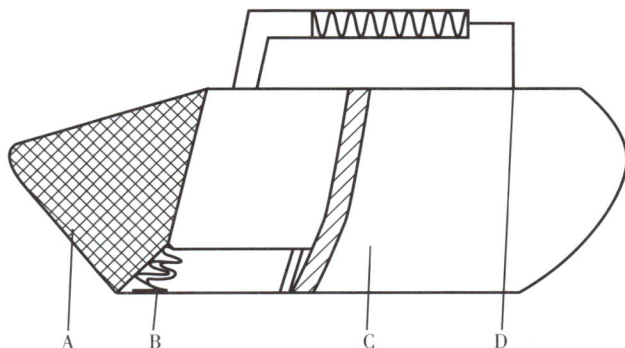

图 11-1　"梳子式"采果器
A.滤网；B.梳子；C.塑料容器；D.手柄

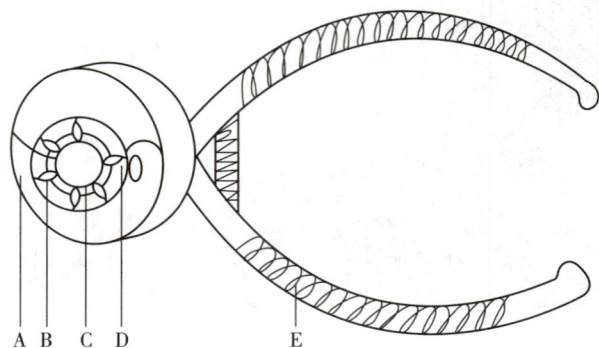

图 11-2 "钳式"采果器
A.卡枝钳头；B.钢珠；C.刀头；D.弹簧；E.防滑手柄

　　黑龙江带岭林科所在此原理基础上研制了4J-40型手工沙棘采摘器[36]，器具主要由箱体、刀具、弹簧、闭锁及手柄离合机构、果实收集袋等组成。除具有操作灵活等优点外，4J-40型手工沙棘采摘器，采集器刀具设计更合理，采果时，刀刃只切果柄，不伤枝条，既无损果实的完好，又无碍树木的生长。所采果实的完好率达90%左右，果实的采净率在90%以上，果枝表皮的损伤率不到1%。与手工采摘相比，功效提高3倍以上，其台班劳动生动率达40kg左右，而且该器具成本低，价格廉，具有广泛推广应用价值。

　　③手持式"摆动式"采收器[37]，

　　手持式"摆动式"采收器（图11-3），通过对沙棘果枝施以一定振幅和频率的振动使果实脱落。但这种方法仅对短枝且只有一个主枝的果枝有效，如果枝条较长且分叉较多，在振动达到果实部位时，已经消耗了很多能量，采摘效果并不理想，而且长时间剧烈的振动容易使工作者手部产生疲劳。后来对这种工具进行改进，研制出振动的枝条夹爪机具，当夹爪夹住结果枝基部时，振动器开始振动脱果，此法虽缓解了人工疲劳，但总体采摘率仍不高。因为采摘器具工作效果不理想，目前并没有得到普及和推广使用。

　　④滚刷式采摘器[38]，

　　新疆工程学院研制出滚刷采摘器（图11-4），其原理是利用毛刷的转动，刷落枝干上的果实，并能沿枝干方向移动。这种采摘方法操作方便，对果实损伤小，采摘损失率低，只采摘果实，杂质含量少，

金莲花

沙棘

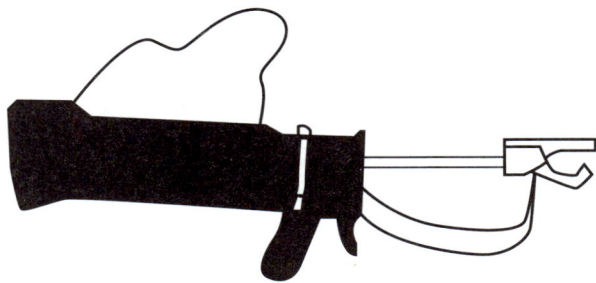

图 11-3 手持式"摆动式"采收器

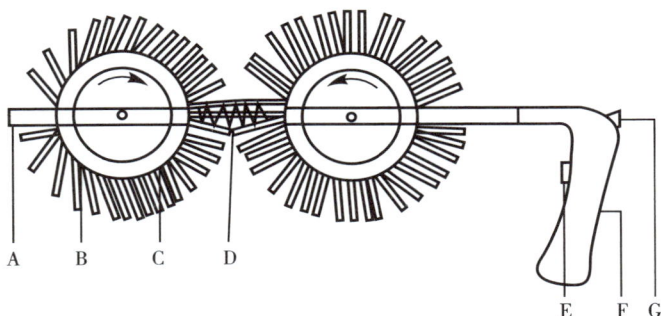

图 11-4 滚刷式采摘器

A.机架；B.滚动毛刷；C.外转式电机；D.间隙弹簧；E.启动开关；F.手持手柄；G.调速钮

不同粗细的枝条都可使用。缺点是只限于枝条采摘，滚刷的磨损大、更换频繁。此器具于2013年初步研制而成，器具改进了手柄舒适度、采摘头的结构等，但在设计上（如外传直流发动机等）还存在一些缺陷，仍需后续的改进和完善，目前还未得到推广使用。

总之，手工器具采收法与手工采摘相比，在工作效率上有很大的提高（至少可提高工效3倍以上）。采净率相对提高，果实破碎率一定程度上降低，此外，手持式沙棘采摘器是枝条采摘，操作较为灵活。但是要想满足大规模沙棘林采摘作业需求，工效必须提高至70～200倍以上，手持式沙棘采摘器远不能达到规模化需求。

化学采收法 [39]

除手工和手工器具采收法外，还可结合化学方法进行（处理）采收。

中国林业科学研究院林业研究所以陕西省永寿县天然沙棘林为研究对象，在果实着色期用不同浓度的脱落酸（ABA）处理结果母枝后，落果迅速发生，在两

天内出现落果高峰，达21%～33%。但这种化学处理是否会对树体的生长发育造成危害，还有待于进一步研究[40]。

内蒙古农业科学院园艺研究所以中国沙棘为例，在沙棘果实由绿变黄时喷布浓度为4000δ的乙烯利进行催熟。喷液7日后，用手轻轻摇动结果枝或触动沙棘果，沙棘果实即开始脱落，有40%的果实脱落，剩余的果实也具有一定硬度，不易损破、极易采摘。研究者经过连续3年观察认为该浓度不会对沙棘树体产生任何伤害或影响物候期及翌年产量，也不会破坏沙棘果实的营养成分[41]。

化学采收法能够降低采摘难度、提高工作效率，但方法的安全可靠性仍需深入研究确证。如果此法安全可靠、成本较低，那么再与成熟的机械采收方式（振动式、气吸式）采收结合，则会取得事半功倍的效果。目前，此法并没有得到推广使用，今后此方法可作为沙棘果实采收工艺未来的一个研究方向。

人工短枝剪枝法 [39~42]

剪枝采摘法，即在成熟后连果带枝一同剪下，再打梢（对剪采下的沙棘枝条留下结果部分，剪掉无果的枝梢）后进行冷冻脱果加工。此法是国内目前应用最为广泛的方法之一，因其操作简单，只需将带果枝条用气剪剪下，对枝条稍加修剪即可。但仍存在很多问题，如工效低，仅比人工采摘提高了4～5倍；剪枝采收果实给后续的生产加工增加了除杂等多道工序，且加工出来的果品饮料品质、口感差；采净率低、资源浪费严重。此方法属掠夺式采摘，对沙棘资源的破坏极大，沙棘果一般着生在两年生以上枝条上，剪枝后必然影响第二、第三年产量，只能实行"三年一周期"轮采制（即把沙棘资源分成三部分，每年采收一部分，当年采收的一部分第二年休养生息复壮，第三年结果后再采果实，而且剪小枝还可以促进结果枝的发育），否则继续采收会导致植株的退化。剪枝法采收，如果没有后续的进入结实树龄的沙棘林，将使相关企业沙棘果实生产断档。

机械化采收

我国机械化采收沙棘果研究起步较晚，目前主要在国外已有的采收机械基础上进行改良。

2008年，内蒙古林科院研究院参考国外沙棘采收机械，并结合我国中国沙棘分布及果柄特性、地形条件，研制出自主知识产权的沙

荆芥

棘果采收装置——"1ZGQ-2B型气吸式小林果实采收机"（即拨簧–吸送式沙棘果实采收机）[24]，见图11-5。整机是由采摘工作头、气力吸送系统、分离器、动力机、传动系统、行走装置以及机架等部分组成。其关键部位——采摘工作头，是由采摘操纵杆、软轴、蜗杆、齿轮、轴（采摘拨簧轴）、柔性拨簧等构成，见图11-6。采摘时，人用一只手将选择好的结果枝条抓住且相对固定，另一只手持工作头将枝条喂入转向相反的拨辊之间，利用旋转的柔性拨簧钳住枝条，手顺枝条端部移动，旋转的柔性拨簧转动会将簇生在枝条上的果实拨下；果实会落入接斗中，并被吸送系统吸入容积式分离器进行气物分离，果实会留在容器内，气体则经风机排出。此机可选择小型汽油机作为该机的动力源和风源，具有结构紧凑、运输转移灵活、操作简单、效率高、质量轻、成本低等特点。生产试验表明：该机适合大面积、坡度<15°的山坡地天然林的沙棘果实采收，既可采摘成熟鲜果也可采摘冻果，果实的采净率均在90%以上，碎果率低于10%且不损伤林木。内蒙古林科院研究院还将此机的汽油机改为以蓄电池为动力源，制成电动拨簧式和变频振动原理结合的背负式沙棘果实采收机（是一种单人小型背负式采收机械），此机型能适合坡度>15°的山坡地上的天然沙棘林果实采收。这两种机械的生产率高、果实破损率低，实现了不损伤树木采收沙棘果实的目标，已于2009年3月通过了国家林业局"948"项目管理办公室组织的专家组验收。目前，此机械还没有得到推广使用，相关企业在后续仍需投入财力、人力进行改良。

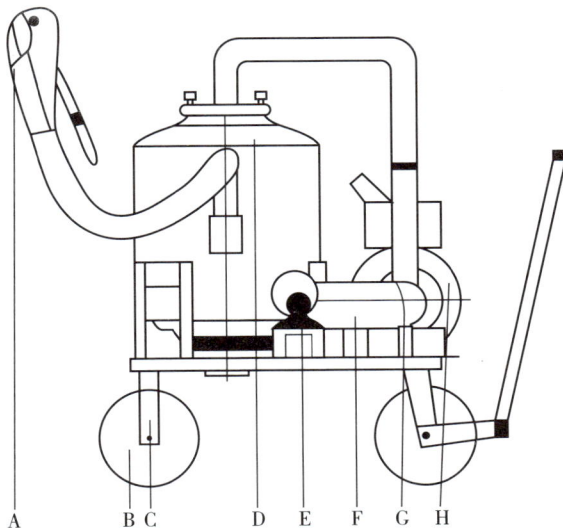

图11-5　1ZGQ-2B型气吸式小林果实采收机

A.工作头；B.走轮；C.机架；D.分离器；E.传动软轴；F.皮带传动罩；G.离合器；H.发动机、风机

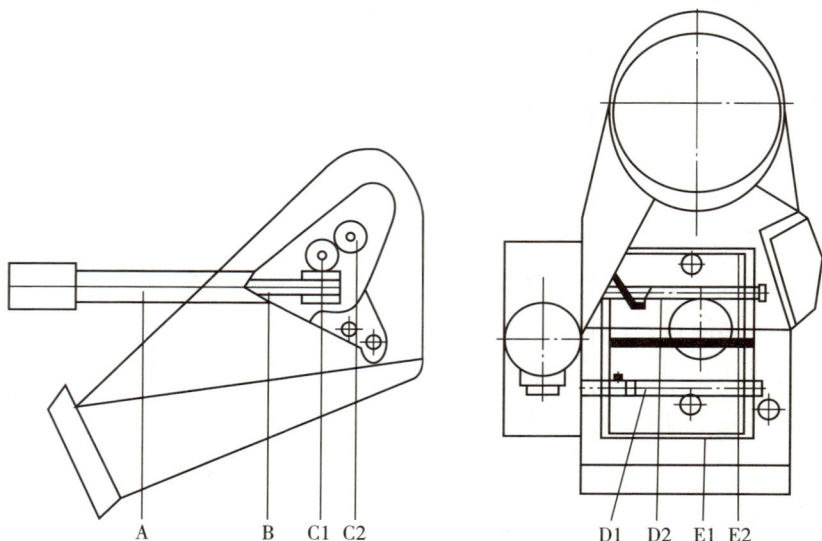

图 11-6　采摘工作头结构简图

A.采摘操纵杆；B.软轴；C1，C2.齿轮；D1，D2.轴（采摘拔簧轴）；E1，E2.柔性拔簧

1.3.2 人工沙棘林采收工艺研究现状

20世纪80年代末，我国开始大力推广种植沙棘，在此后的20年里，人工沙棘林规模不断扩大。我国人工种植的沙棘品种主要来自俄罗斯，目前已从中选出10余个优良品种（向阳、橙色、楚伊、浑金、优胜、阿尔泰新闻、巨人、丰产等统称为俄罗斯大果沙棘）推广到辽宁省、内蒙古、河北省、吉林省、山西省、黑龙江省等广大地区[7]。俄罗斯大果沙棘无刺（或少刺）、易采，有研究表明，俄罗斯无刺大果沙棘枝条与果柄结合力小（为0.3N左右，中国沙棘为0.8N）更易采摘，且具有抗病高产、含油或维生素高、易于加工等优点。

伴随着对这些沙棘品种各项研究的深入，沙棘采收技术也日益成熟。早在20世纪50年代，前苏联就开始研究沙棘采收技术，到目前为止，采收技术已趋于成熟且有一批配套适用的沙棘采收机械。

根据工作原理，采收机械可分为振动式采收机、气吸式采收机和剪枝采收机[34]。

振动式采收机

20世纪80年代，俄罗斯就研制了一种后悬挂的沙棘果振动采收机（图11-7）。2000年左右，加拿大Manitoba大学研制了一种自走式沙棘

茖葱

果振动采收机[43]，机械主要由果实收集装置、夹持振动装置、液压马达和控制油缸等部分组成。工作时，首先选择夹持树干的位置，通过液压控制阀调整好夹持振动装置的高度和角度，然后液压马达驱动夹持振动装置内的偏心机构带动振动装置振动树干，通过流量阀调整液压马达转速使振动装置的振动频率接近株固有频率，从而将成熟的果实振落到果实收集装置。振动式采收机优点在于易脱果、不损果，采净率高达90%以上，但要求树的高度一般在100cm以上，行距在4～5m左右，株距不小于3m，只适用于人工种植的大果沙棘园。此外，还有我国新疆农垦学院研制的机械振动式沙棘采收机也是此原理基础上研制的[44, 45]。

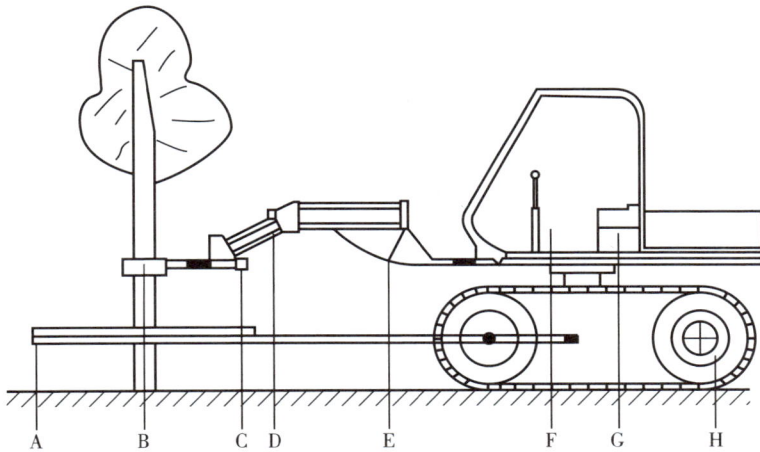

图 11-7　振动式采收机
A.果实接收装置；B.夹持振动装置；C.液压马达；D.角度控制油缸；
E.高度控制油缸；F.驾驶室；G.发动机；H.行走系统

气吸式采收机

这类机具代表机型为莫斯科农业科学机械研究院研制的MⅡ70-6型气吸式沙棘采果机[46]，见图11-8。该机配套动力为36.6kW以上拖拉机，由万向传动轴、皮带轮总成、真空泵、采收容器罐、果箱、真空管和采摘头等部分组成。工作时，拖拉机动力经传动轴驱动真空泵产生足够的负压，在特制的采摘头上形成的一股吸气流采收沙棘果，果实采摘后在气流作用下被送入采收容器罐，采收容器罐装满以后，可以将收获的果实转运到果箱之中。该机配多个采摘头，可供多人同时工作，日采效率可达1000kg左右，但只适用于采收大果沙棘。

剪枝采收机

德国的Kmnem公司研制了一种沙棘果实剪枝采收机[34]，见图11-9。这种自走式剪枝采收机主要由分枝器、剪枝器、拨枝轮、升运器和收集箱等部分组成。工作时，分枝器分开机器两侧缠绕在一起的枝条，拨枝轮梳理枝条并带动枝条至一个合理的切割位置，切割器随后剪断枝条，然后由升运器输送到收集箱中。剪下的枝条先利用快速冷冻设备进行冷冻，然后通过专用的脱果机器将果实从果枝上分离。该机对沙棘品种适应性较强，效率很高；缺点和剪枝法一样，对第2年的产量影响很大，而且要求地势平坦，行距配置不小于3m，一般只适用于人工沙棘林。

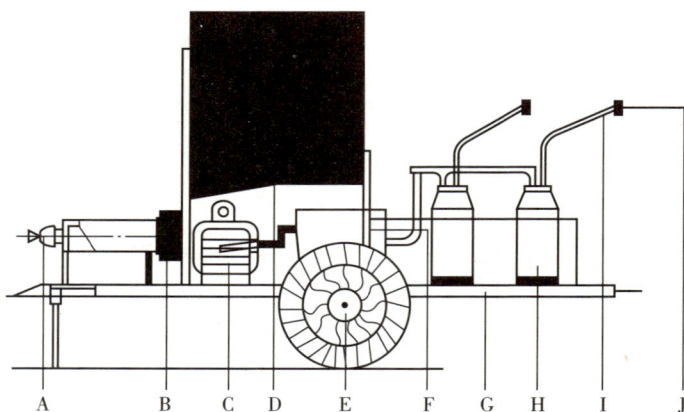

图 11-8　气吸式采收机
A.万向传动轴；B.皮带轮；C.真空泵；D.果箱；E.行走轮；
F.充气容器箱；G.机架；H.采收容器罐；I.真空管；J.采摘头

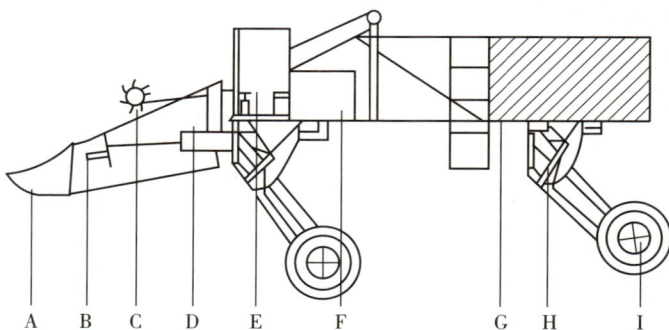

图 11-9　沙棘果实剪枝采收机
A.分枝器；B.切割器；C.拨条轮；D.升运器；E.驾驶室；
F.发动机；G.收集箱；H.液压油缸；I.行走轮

苦参

沙棘

联合收获机

俄罗斯农业科学院西伯利亚分院利萨文科园艺科学研究所研制了一种自行式沙棘联合采收机[34]。该机在44.4kW以上拖拉机的基础上改装设计，集自走、采收、分离为一体，能够收获较大面积的沙棘。但其是对沙棘整株采收，破环性比较大。

1.4 总结

我国是世界上沙棘资源最丰富的国家，沙棘总面积约215万hm²，占全世界的90％以上。但目前沙棘果实采摘仍是个一个十分棘手的难题，据调查我国现有的采收方法采净率仅为50％左右，每年少收的果实仅内蒙古地区就达到1250万公斤，造成了资源的极大浪费。因此，有必要采取措施改变我国沙棘采收现状。可考虑以下途径。

妥善选用传统方法

在采收技术还不够成熟的情况下，传统采收工艺应尽量做到轻采、轮换采[47]。手持的小型器具易伤枝条、树皮，剪枝，又易造成植株退化，以这类方法采收沙棘果时，一定要兼顾沙棘资源的持续利用。

新方法的深入研究和应用

化学采收法可降低沙棘果采收难度，但目前此方法对采收后沙棘植株未来几年的挂果率、植株生长、植株寿命等的影响研究还不够，如果此方法安全可靠，可与成熟的机械采收方式（振动式、气吸式）结合，会取得事半功倍的效果。

大力发展采收机械的研制

结合我国沙棘生长的立地条件，在研制沙棘采果机具时，应以小型、便携、灵活型为主，或在现有机械的基础上进行改良和推广。此外，随着自动化程度的提高，浆果采摘机器人的研制也会成为可能，初步设想它主要由机械手及末端执行器、视觉及决策系统、控制系统等部分组成，采用ARM微处理器对采摘机械手进行运动控制，使其准确到达果实目标位置。

有计划的建立优良类型繁殖区（基因库）

有计划的建立优良类型繁殖区（基因库），以保留优良种质资源。加大人工沙棘林的种植规模。为实现机械化采摘，建议今后对沙棘进行规范化种植并对其进行林间管理，新植林以一些优良品种如楚伊、向阳等果柄长、果实大、产量高，适应机械采摘的品种为主。

对相关企业和人员普及有关沙棘的知识，组织学习沙棘采收技能

重视普及沙棘在资源保护、沙棘果的后续加工利用以及生态环境保护等方面

的知识，兼顾资源保护。

2 沙棘叶的采收

与沙棘果实相比，沙棘叶研究、开发、利用的时间较晚。以往沙棘叶均作为废弃物丢掉，直至20世纪70年代，前苏联沙棘生化研究者才开始研究沙棘叶，发现沙棘叶中含有丰富的生物活性成分[48]。这些活性成分包括多种环多醇组分及脂溶性维生素，多类黄酮组分及多酚类化合物、高脂族醇，同时还发现具抗癌等多种生理活性的5–羟色胺。此外，粗纤维、多糖类、氨基酸、维生素、微量元素、胡萝卜素、蛋白质、有机酸、叶绿素等营养及活性成分也陆续被发现[49]。自此对沙棘叶的利用和开发才受到重视，在医药领域，沙棘叶中含有的黄酮类化合物对心血管疾病有一定疗效，如在治疗心绞痛及心功能改善方面有明显效果，现在俄罗斯等拥有沙棘资源的国家，已把沙棘叶作为配制维生素和类黄酮制剂的重要原料。在食品领域，沙棘叶单独或复配可以制成沙棘茶及茶饮品或饮料，具有一定的保健功能。此外，沙棘叶还可作为渔业、牲畜的营养饲料，具有较高的利用价值。

2.1 沙棘叶采收期研究

沙棘叶的采收日期应视沙棘的品种、不同地区生长特点、叶的用途及采摘技术而定。沙棘叶应及时采收，尤其是对于特殊用途如制做春茶要及时采摘嫩芽。

2.1.1 沙棘叶采收期确定依据

沙棘叶采收期根据用途不同，可从4月～7月，跨度较大。除制春茶外，多数情况下，沙棘叶采摘期可参考叶类药材的采摘标准，即在沙棘光合作用旺盛期，开花前或果实未成熟前适时采收[50]。此时，沙棘叶片已充分长大，所含活性成分已充分积累。

2.1.2 沙棘叶采收期的主要影响因素

目的、用途对沙棘叶采收期的影响

刘卫华[51]指出，对沙棘叶的采收可以根据其用途的不同分期采摘。沙棘叶用作普通茶，如果仅注重品茶的观赏性及口感，而不强调茶的保健功能，采摘以春季为宜，一般约在4月中旬至5月下旬，这时，沙棘植株的10%～15%芽梢已达到茶叶的采摘标准，可以分期采摘初萌的壮芽或初展的一芽一、二叶，而且，沙棘叶的观赏性强、口感好。如果是将沙棘叶制作保健茶，应根据叶中活性成分的含量而

苦豆子

322

定，突出茶的保健功能。

　　沙棘叶作为提取黄酮等活性成分的原料，应根据活性成分在不同时期的积累量确定采收期。南开大学高分子化学研究所于2001年研究了不同采摘时间两个产地（辽宁建平、内蒙古准旗）中国沙棘叶（人工、天然）中总黄酮含量发现，沙棘叶中黄酮的含量均以5、6、7 三个月最高，而以6月份最佳，进入9月份后黄酮的含量急剧下降，因此，他们认为沙棘叶最好的采收期应选择在6月份[52]。

　　在2003年，水利部沙棘开发管理中心联合内蒙古农业大学选育了叶用型沙棘优良品种，并系统地对2个基地（内蒙古呼和浩特市坝口子基地和内蒙古鄂尔多斯市九城宫基地）优良品的杂交子代及其亲本共计7个群体的叶黄酮（游离槲皮素、桑色素、芦丁及游离总黄酮），根据不同生长期（6月1日～8月15日）含量变化进行了分析。结果发现：在不同时期，2个基地所有群体中沙棘叶游离异鼠李素都未检出。游离态槲皮素在不同时期虽然有一定含量，但含量很低且状态极不稳定，无规律；游离桑色素（坝子口基地）的含量变化幅度较大，在7月中旬均达到最高值，而生长于九城宫基地的部分含量变化无规律性；游离态的芦丁变化幅度在不同生长期内的含量变异也较小。游离总黄酮在7月中旬之前没有很大的变化，但是之后，叶中游离总黄酮则急剧下降。所以综合考虑，无论对子代群体还是亲本群体，沙棘叶的采摘在7月15日之前最为适时，而此后的叶中黄酮成分损失较大。因此认为提取黄酮用沙棘叶采摘时间为6～7月为宜[53]。

　　但也有人持不同观点。付桂香等[54]于1997年对不同采收时间的中国沙棘叶（中国医学科学院中国协和医科大学药用植物研究所种植）中总黄酮含量进行测定发现，从4～9月份总黄酮含量呈递减趋势，而到10月份总黄酮含量突增至全年最高。分析其原因可能是此时沙棘果实已成熟，有利于沙棘叶中成分的积累。而将沙棘叶作为饲料，应以沙棘叶中粗蛋白及氨基酸等营养成分含量为参考。

植物自身生长特点对采收期的影响

　　金争平等[55, 56]从生态保护及资源可持续利用方面研究沙棘叶的适宜采摘时间。他考察了沙棘叶不同采摘时间（从6月6日～10月5日）对植株新梢重、新梢长度、叶重、叶片密度等方面的影响，研究表明，6月份摘叶最能促进了新生的叶数，而7月份摘叶则有利于增加百叶重，原因可能是早摘诱导了生长素/细胞分裂素向新梢腋芽运输，促进了新叶的发生和生长。6、7月摘叶都促进了新梢的生长和发育，能够增加新梢重及新梢长度；可能是7月以前摘叶有利于干物质向新梢的转运和积累。综合考虑，摘叶时间以6～7月为宜。

　　可见，不同品种、不同生长地区的沙棘叶，所含活性成分会存在差异，因此

沙棘叶的采收期可根据用途、植物自身生长特点而确定，各地的采收工作需首先进行系统研究再确定最佳的采收期。

2.2 沙棘叶的采收条件

中国水利部关于沙棘叶采摘技术规范（SL 494-2010）规定[5]，应从4年林龄以上的沙棘雄株和其萌蘖苗采叶。采叶植株应健康、繁茂、叶色鲜绿、无病虫害。这是因为沙棘植株是雌雄异株，雌株的结实率高，采摘沙棘雌株的叶片会影响植株挂果率，故应选4年林龄以上的沙棘雄株和其萌蘖苗采叶。

2.3 我国沙棘叶采收工艺研究现状

沙棘叶的开发利用较晚，因此，沙棘叶的采摘还处于探索阶段，研究甚少。目前采用最多的是留顶梢摘叶法和打顶梢捋叶法[5]。

2.3.1 留顶梢摘叶法

这种方法是指在采收期时，由人工摘取枝条上的沙棘鲜叶，往往会留下枝条的顶梢叶以便来年发育形成新枝，但摘叶工作效率低。

2.3.2 打顶梢捋叶法

捋采法采叶时，需戴上帆布手套保护手不被刺伤，然后将叶、刺一起捋下。捋采法采叶工作效率相对要高，但捋采法往往需将顶梢一起捋下，会对来年植株生长产生一定影响。我国目前采用的方法存在很多弊端，尤其是捋采法。沙棘果、叶的采摘，农民是主力军，由于缺乏技术和经验的技术指导和培训，用捋采的方法采摘时往往会不分雌、雄株，仅寻找生长旺盛且棘刺较少的植株，将枝条鲜叶连同新梢的大部分叶片一同摘光（俗称打顶摘叶）。水利部沙棘开发管理中心高级工程师金争平指出[56]，这种过度的打顶摘叶采摘方式会影响植株的生长发育和果实产量，同时，他对捋采法的打顶及不打顶摘叶对来年植株生长发育的影响，不同摘叶强度（20%、40%、60%）对新梢叶片密度、百叶重、新梢长度的影响做了系统研究，研究结果表明，打顶摘叶在一定程度上能够促进当年沙棘的生长和发育（很多农作物亦如此），因为沙棘树是灌木，顶端优势不如乔木强，适度打顶有利于侧枝新梢的发生和营养平衡，适度摘叶能抑制主茎生长，促进侧枝发育，形成低而圆状冠幅树体，塑造良好的树型；但与不打顶不摘叶比，均会对次年沙棘植株产生不同程度的影响，主要体现在新梢密度及枝重显著下降，这意味着花枝的减少和成花质量的降低，最终会导

苦马豆

沙棘

致植株减产和早衰。分析这种情况的原因可能是沙棘生长环境恶劣，打顶摘叶的优点将会转变为伤害。因此，他建议，沙棘叶的采摘应将打顶和摘叶结合，采摘强度应控制在20%以内为宜。

中国水利部沙棘叶采摘技术规范（SL 494-2010）也对采叶技术和强度作了要求，规定指出采叶时应由树冠外围向内顺序进行；采叶的强度应考虑沙棘生长环境，生长在半干旱地区，采叶数量不超过植株叶总量的1/4，生长在半湿润地区，采叶数量不超过植株叶总量的1/3。

2.4 总结

沙棘叶研究、开发、利用较沙棘果晚。目前，我国对沙棘叶的利用率很低，但随着叶中多种活性成分的发现，人们也看到了沙棘叶在食品、医药、饲料等领域的广阔应用前景[57]。如果能利用沙棘叶作为原料，进行相关产品的开发，沙棘的应用前景将会更加广泛。可见，未来沙棘叶的需求量定会逐年扩大。

对沙棘叶的采收需要有正确、充分的认识；科学合理地实施。沙棘作为一种集生态保护、综合利用价值较高为一体的植物，采收叶时必须顾及采摘对果实及来年植株所产生影响，如摘叶对果的产量造成的不良影响、植株侧枝的发育及生态的破坏等方面[58]。为满足市场对沙棘叶的需求，可在现有沙棘资源适度采摘的基础上，进行叶用型沙棘品种的选育和栽培，扩大叶用型沙棘新品系的种植面积，为企业提供产量高、品质好、易采收的叶用沙棘资源[59]。

沙棘采后处理与贮存

1 沙棘果采收后的处理

将沙棘果加工成沙棘成品需要经过适时的、科学的采收、运输、处理和贮存等一系列环节，任何一个环节的疏漏都容易出现霉变及营养成分含量降低等问题，最终影响沙棘成品的品质。

1.1 沙棘果的运输

沙棘果的采收是第一个环节，手工摘果法采收的沙棘果可在产地及时摊晾，并用0.1%～0.2%高锰酸钾溶液及时进行果面杀菌消毒，晾干果面，装入10～15千克小型长果篓，为了避免运输过程中果皮的损伤，可在篓内衬垫干草或草纸[47]。而剪枝法收获的沙棘果可将长果枝剪成符合装箱标准的短果枝，装入筐（箱）中。

包装应记录品名、批号、规格、重量、产地、采收日期，并附有质量合格标志。有条件的基地注明农药残留、重金属含量分析结果和药用成分含量。包装好的沙棘药材及时贮存在清洁、干燥、阴凉、通风、无异味的专用仓库中，要防止

鼠害，注意定期检查。包装用的材料应无污染，清洁、干燥、无破损，外层材料应具有一定的机械强度，符合药材包装的质量要求。再次使用的包装材料，在使用前，应进行清洁和消毒，以防止前次所装物质的污染，所有的包装材料应保存在干燥整洁、没有害虫的地方，应远离任何污染源和家畜以及其他驯养动物。

果实应随采随送，最迟不超过48h送到收购点或加工厂[4]，如条件允许，也可将沙棘果连枝带果进行速冻，当带枝条沙棘果形成一定硬度后，再通过外力作用使果实和枝条完整分离，从而获得沙棘冻果[60]。

1.2 沙棘果的拣选、除杂及清洗

由于受到采收工艺的限制，沙棘果会有部分破浆并混有树枝、树叶、尘土等杂物，不利于后续的贮存及产品加工。所以，采收后的沙棘鲜果要首先经过科学处理，处理工序主要包括拣选、除杂及清洗。

拣选是指仔细拣选剔除有病虫害、霉烂、破浆的果及沙棘碎枝叶等异物。除杂及清洗主要是除去沙棘果上的尘土以及种植环境中的污染物。以上都是比较重要的工序。有研究指出[61]，部分沙棘加工厂在榨取果汁时未清洗沙棘果，果中混有的变质果、果枝及树叶，破碎后使有苦涩味的鞣质等成分溶在果汁里，最终导致果汁口味不正，成品品质下降，此外，沙棘果未经清洗榨出的果汁杂菌数极高，不利于保存。

沙棘果的拣选、除杂及清洗工序可独立进行，也可同时进行。单独拣选沙棘果时，将沙棘果平铺于塑料布等物上，或放入一个光线充足的检查设备，主要依靠人工有目的地剔除变质果实及各种可见杂物。现在，为提高劳动效率，在清洗的过程中，将漂浮在水中或沉在底部的变质果实及各种杂物一并拣出即可。

沙棘果的清洗主要是浸泡、喷淋清洗、气流搅动冲洗、喷淋冲洗等方法[62]。沙棘果可先浸泡后喷淋，即将沙棘果进行浸泡，捞出后再用清澈流水喷洗，清洗效果更好。浸泡沙棘果时，沙棘果表面有一层不易透水的蜡质保护层会漂浮在容器表面，所以，可根据需要加入清洗剂及表面活性剂，以达到更好的清洗效果。

但也有人认为[37]，浸泡清洗时，水中所含的表面活性剂会使果汁中的可溶性固形物降低，使果汁中微生物的含量增高，从而影响果汁质量。分析原因可能是由于沙棘果皮的破损，造成可溶性固形物流失；同时浸泡时，脏水中的微生物又易污染沙棘果。此外，沙棘果具

有一种的特有的"麝香气味"，在沙棘林里即可以闻到，可使用浸泡清洗会减少这种气味或改变这种气味。因此，Heilseher等人[37]提出沙棘果宜采用气流搅动冲洗，水温控制在40℃左右为宜，然而应用这种方法清洗时，水中存在的病原体也会对果汁造成污染。

王和平等提出[18]，采用喷淋冲洗比浸泡清洗更适合于沙棘果，这样有助于减少脏水与果实的接触。具体的清洗步骤是：先用清水喷洗沙棘果，然后再用质量分数为0.5%的高锰酸钾喷淋消毒，最后用清水洗去药液。清洗后的沙棘果沥干水分后压榨的原汁更耐贮存。

2 沙棘果的贮存

沙棘果是一种高水分的浆果，新鲜的沙棘果在采收后新陈代谢仍非常旺盛，体现在果实在多种酶的作用下，会发生复杂的分解和合成化学变化，如细胞壁中不溶性果胶原分解成可溶性果胶，果实变软；单宁转化成可溶性的物质；部分淀粉转化为单糖，果实变甜；由于呼吸的作用，酸性物质被氧化、减少；醇和酸起化学反应，使果实有特殊的芳香气味[18]。这些化学变化的发生使得沙棘果实容易过熟而更加不耐贮藏，往往在常温下放置1～2天就会变味和腐烂，多种营养成分尤其是维生素C含量会迅速下降。有研究表明[63]，在恒温（18℃）条件下，将新鲜沙棘果置于纸质储藏袋内，18天后果实腐败程度超过50%。因此，采收后的沙棘果如没有被立即加工成成品，就需保鲜贮存。

2.1 沙棘果的贮存方法

目前，我国沙棘果实贮存方法的研究还处于初级阶段，20世纪80年代，由于受条件限制，常将沙棘果榨汁后，加入抗氧剂常温保存，可是这样果汁容易发生褐变[64]。近几年主要是采取仓库冷藏或冻藏的方法，此法大多是利用可调节温度的仓库，进行简易贮存。贮存库基本能满足通风、湿润、交通方便、远离有污染空气和环境等条件。

2.1.1 冷藏

采摘的沙棘果如未及时加工，可短时期冷藏存储[65, 66]。通常的做法是：将沙棘果装入纸箱或竹篓内，在0～4℃冷藏库内存储，调节库内相对湿度在90%～95%之间，沙棘果可保存1个月之久而不会腐烂变质。但此贮存方法较为粗放原始，仅仅考虑沙棘果实外观是否发生显著变化，而没有关注贮藏的条件对沙棘果活性成分的影响。后期，陆续有人进行相关研究。王长文等[15]研究了不同贮存条件对沙棘果中维生素B_1、维生素B_2及维生素C含量的影响，他指出沙棘果在0～4℃冷藏库内存储30天，沙棘果中的维生素B_1、维生素B_2及维生素C的保存率仅

为最初的6.7%、9.58%、86.7%，含量均有不同程度的降低。可见，冷藏的方法会使沙棘果中的营养成分发生不同程度的流失，应引起重视。

沙棘果鲜贮可考虑应用中药饮片存储的新技术——气调养护，具体操作方法是：人为地提高库内空气中二氧化碳的体积分数或降低氧的体积分数，这样可以有效地控制果实的呼吸作用，防止品质劣变，同时也能有效地抑制病原菌的繁殖和生长，延长贮存期。这种特殊的贮存处理为沙棘果鲜贮提供了很好的思路，但对贮存库的设备提出了较高要求，目前还没有相关的研究报道。

2.1.2 冻藏

新鲜沙棘果的长期存储还是以冻藏为主。将装有沙棘果的篓或筐在冷冻库内堆放，注意堆放时与墙壁、房顶间隔开一定距离；库内的温度控制在0℃以下并调节相对湿度，这样可延长存放期。原吉林医药学院研究了冻藏条件对沙棘果中维生素B_1、维生素B_2及维生素C含量的影响，结果表明，在-24~-18℃贮存条件下比0~4℃贮存条件下维生素B_1、维生素B_2及维生素C的损失小，这项研究提示冻藏比冷藏存贮优越[15]。后期，人们陆续对冻藏条件进行深入研究，以期最大程度保存果中的营养成分，这也促使相关研究取得了很大进展。

冻藏的影响因素

沙棘果宜快速冷冻[67]

在30min内将温度快速降至-18℃以下，然后冻藏贮存。优点是同其他速冻食品一样，可以避免在沙棘果细胞之间生成大的冰晶体刺破细胞破坏组织和解冻时汁液的流失，同时还能降低微生物生长繁殖，利于后期贮存。

冻藏的温度和时间影响沙棘果品质[68]

黑龙江东方学院做了相关研究，他们先将沙棘果在-30℃低温条件下进行快速冻结，然后分别在-10℃、-20℃和-30℃条件下冻藏3~6个月，考察这种做法对沙棘果中维生素C、类黄酮含量的影响。结果显示，在一定时间内，-30℃冻藏要比-20℃和-10℃冻藏条件下维生素C、类黄酮损失小，但和初始含量相比均有降低。这说明冻藏温度越低越利于沙棘果的保存，营养成分的损失与贮存温度呈负相关，与贮存时间呈正相关。为保证沙棘果的品质，贮存温度越低、期限越短越好。

蓝刺头

沙棘

贮存环境的相对湿度也是需要考虑的因素[69]

环境湿度过小，果内水分蒸发得快，果面容易皱缩，一般以环境相对湿度在90%～95%为宜。

冻干贮藏方法

近年，有人提出沙棘果冻干贮藏方法，并对其冻干工艺进行研究[70]。工艺控制预冻温度低于-35℃、物料温度在50℃以下、搁板温度在80℃以下、升华干燥时间在30h左右，得到的冻干沙棘果在色泽、滋味方面与新鲜果相比，均变化不大，也对后续加工成品的品质影响不大，此外，冻干沙棘果更易贮存。但此法成本较高，除非是将沙棘开发成高附加值产品，否则，不能被广泛使用。

2.2 总结

沙棘果实营养丰富，在贮存期间所含有的多种活性成分在酶的作用下会发生复杂的分解和合成。对于沙棘产品开发企业来说，这些变化会导致活性成分含量减少、口感和风味降低或丧失，给企业造成损失。迄今为止，现有的贮存手段都还不够完善，因此，沙棘果的保鲜、贮存仍是亟待解决的问题，研究沙棘果及原汁的贮存工艺仍具有非常重要的现实意义。

参考文献

[1] 刘圆. 藏药材沙棘的研究现状[J]. 西南民族大学学报·（自然科学版），2004，30（6）：750-754.

[2] 刘磊，牛长河，刘旋峰，等. 沙棘收获机的发展现状及分析[J]. 新疆农机化，2010（1）：35-37.

[3] 杨高. 沙棘果实适采期的确定.[J]. 山西果树，1988，（3）：52-53.

[4] 高尚士. 沙棘果的采收与贮存[J]. 中国林副特产，1989，（4）：31.

[5] 中华人民共和国水利部. 沙棘果叶采摘技术规范（SL 494-2010）[Z]. 2010-10-07.

[6] 雷庆哲，续九如. 我国沙棘引种、杂交及新品种选育的研究进展[J]. 河北林果研究，2007，2（22）：149-152.

[7] 杨自力，彭运潮，李小华，等. 俄罗斯大果沙棘的种类、采收及综合利用现状[J]. 内蒙古林业科技，2002，（3）：14-17.

[8] 胡景文，乔璐，李云飞. 沙棘产品收获与加工技术现状与展望[J]. 农产品加工（学刊），2012（12）：101-103.

[9] 高广军. 沙棘的栽培与采收[J]. 养殖技术顾问，2014（7）：100-101.

[10] 刘保珍. 沙棘果实的采收与商品化处理[J]. 农产品加工，2008（3）：30-31.

[11] 牟哲生. 确定成熟度及采收期[J]. 新农业，1982（13）：20-21.

[12] 田景民，王捷，张久红，等. 沙棘果实最佳采收期实验研究初报[J]. 沙棘，2006，19（4）：

10-11.

[13] 刘东，张微，张锐. 沙棘果实生长期间维生素含量变化研究[J]. 林业科学，1991，27（1）：8-13.

[14] 周银连，阮大津，杨炳才，等. 中国沙棘果实中维生素C含量及其变化规律的研究[J]. 林业科学研究，1991，4（3）：345-348.

[15] 王长文，马洪波，杨晶晶. 不同贮存条件对沙棘果中维生素B_1、B_2及维生素C含量的影响[J]. 吉林医药学院学报，2013，34（1）：22.

[16] 张素华，李国亮，王巨成，等. 沙棘不同产地不同采收期果实品质测定[J]. 山西林业科技，2001（1）：23-26.

[17] 陈体恭，曾丽静，李茸，等. 甘肃省渭源中国沙棘不同部位生化成分的比较和最佳采集期的研究[J]. 甘肃林业科技，1987（1）：26-32.

[18] 王和平. 沙棘的采收保鲜与榨汁加工[J]. 农产品加工，2005（8）：38-39.

[19] 王明珠. 沙棘枝条果采收技术[J]. 农民致富之友，2013（6）：86.

[20] 王道先. 沙棘树损伤后发枝及结果能力的研究[J]. 沙棘，1996，9（4）：19-22.

[21] 顾玉凯，金争平，姜同海，等. 中国沙棘带小枝采果方法应用研究[J]. 国际沙棘研究与开发，2004，2（1）：4-8.

[22] 唐永良. 青海沙棘整形修剪技术[J]. 现代农业科技，2009（18）：192.

[23] 朱新辉，李丽. 阿勒泰地区沙棘采收机械化存在的问题及建议[J]. 新疆农机化，2011（1）：49-52.

[24] 慕厚春，杨浩生，梁建平. 拨簧—吸送式沙棘果实采收机的研制[J]. 林业机械与木工设备，2012，40（1）：30-32.

[25] 郑津英，郭春燕，岳建英，等. 山西石千峰林场野生沙棘林内的伴生植物[J]. 国际沙棘研究与开发，2014，12（3）：35-38.

[26] 夏博，刘丽颖. 德国野生小果的机械化采收[J]. 国际沙棘研究与开发，2008，6（4）：46-48.

[27] 曹肆林，何义川，王敏，等. 沙棘果机械化采收技术的研究现状与思考[J]. 农机化研究，2012，34（5）：12-15.

[28] 周荣文. 沙棘的采收与贮藏技术[J]. 内蒙古林业，2007，（1）：29.

[29] 孔庆杰，董国清. 沙棘果应适时采收[J]. 沙棘，1999，12（1）. 41.

[30] 梁建平，慕后春，杨浩生. 沙棘果实采收技术及装备现状分析[J]. 沙棘，2008，21（4）：17-20.

[31] 刘云辉. 沙棘果的采摘方法[J]. 新农业，1985，（19）：41.

[32] 胡景文，乔璐，李云飞. 沙棘产品收获与加工技术现状与展望[J]. 农产品加工·学刊，2012，（12）：101-104.

[33] 程育光. 沙棘果实采摘机具研究初探[J]. 中国水土保持，1988（1）：49-50.

[34] 刘磊，牛长河，刘旋峰，等. 沙棘收获机的发展现状及分析[J]. 新疆农机化，2010，（1）：35-37.

蓝萼香茶菜

沙棘

[35] 梁建平. 引智成果——沙棘果实采收技术及配套机械[J]. 内蒙古林业科技, 2008, 34（4）: 61-62.

[36] 陈瑞贤, 周桂英. SJ-40沙棘果采集器[J]. 林业科技开发, 1988, (3): 26-27.

[37] Thomas H. J. Beveridge. 沙棘果实采后处理与贮存[J]. 国际沙棘研究与开发, 2005, (4): 14-17.

[38] 手持沙棘采摘器[EB/OL]. http://www.docin.com/p-716817915.html.

[39] 周荣文. 沙棘的采收与贮藏技术[J]. 内蒙古林业, 2007 (1): 29.

[40] 朱长进. 脱落酸与沙棘果实脱落关系研究[J]. 林业科学研究, 1991, 4 (3): 333-336.

[41] 张秀荣, 李堃, 都桂芳, 等. 沙棘果实化学采收的研究[J]. 华北农学报, 1991, 6 (1): 105-109.

[42] 尚林. 怎样采收沙棘种子[J]. 内蒙古林业, 1994, (10): 26.

[43] D. D. Mann, D. S. Petkau, T. G. Crowe, W. R. Schroeder. Removel of sea buckthorn berries by shak-ing[J]. Canadian Biosystems Engineering, 200l, (2): 23-28.

[44] 王敏, 曹肆林, 何义川, 等. 机械振动式沙棘采收机的设计[J]. 农机化研究, 2013, 35 (1): 109-111.

[45] 王敏, 曹肆林, 何义川, 等. 机械振动式沙棘采收机的试验研究[J]. 农机化研究, 2013, 35: 202-208.

[46] 王新刚, 王艳萍, 韩占梅. 我国沙棘果实采收现状与发展方向[J]. 沙棘, 1999, 12 (2): 24-26.

[47] 王和平. 沙棘的采收保鲜与榨汁加工[J]. 农产品加工, 2005, (8): 38-39.

[48] 张哲民. 俄罗斯采取工业措施开发利用沙棘叶[J]. 沙棘, 1994, (4): 54.

[49] 廉永善, 陈学林. 沙棘属植物天然产物化学组分的时空分布[J]. 西北师范大学学报（自然科学版）, 2000, 36 (1): 113-128.

[50] 蔡少青. 生药学[M]. 北京. 人民卫生出版社, 2011: 204-206.

[51] 刘卫华. 吴起县沙棘果、叶、枝干采收技术[J]. 国际沙棘研究与开发, 2006, 4 (3): 36-39.

[52] 施荣富, 王春红, 李永海, 等. 沙棘叶黄酮含量及变化规律研究[J]. 国际沙棘研究与开发, 2003, 1 (1): 40-44.

[53] 温秀凤, 卢顺光, 金争平, 等. 亲子群体沙棘叶黄酮成分含量及其变化研究[J]. 国际沙棘研究与开发, 2004, 2 (3): 16-20.

[54] 付桂香, 冯瑞芝, 肖培根. 不同种及不同时间沙棘叶中总黄酮的含量测定与比较[J]. 中国中药杂志, 1997, 22 (3): 147-148.

[55] 金争平, 温秀凤, 张吉科. 沙棘叶生理年龄与源库功能转化的关系[J]. 国际沙棘研究与开发, 2012, 10 (2): 22-27.

[56] 金争平, 温秀凤, 顾玉凯, 等. 打顶和摘叶对沙棘雄株生长发育的影响[J]. 国际沙棘研究与开发, 2009, 7 (3): 14-21.

[57] 单金友. 沙棘品种叶片、种子千粒重与果实百果重相关分析研究[J]. 沙棘, 2004, 17 (1): 16-18.

[58] 侯霄，万强，付永峰，等. 山西各类沙棘叶总黄酮的含量测定[J]. 国际沙棘研究与开发，2014（1）：6-9.

[59] 秦莉，程文杰，潘晓亮. 沙棘枝叶不同部位氨基酸含量的测定与分析[J]. 家畜生态学报，2013，34（6）：53-57.

[60] 刘保珍，沙棘果实的采收与商品化处理[J]. 农产品加工，2008，（3）：30-31.

[61] 萧复兴，张树辉. 沙棘果汁保鲜贮藏加工技术[J]. 山西农业科学，1989，（5）：19-21.

[62] 刘文君. 沙棘饮料的加工技术[J]. 农产品加工，2011（7）：14-15.

[63] 赵晶，张庆钢，郭丽华，等. 不同冻藏温度和时间对沙棘果中Vc含量的影响[J]. 食品科技2008，（10）：243-245.

[64] 郭健. 沙棘果汁加工与鲜贮的研究[J]. 农产品加工，2008，（6）：67-68.

[65] 张庆钢，季阿敏，赵晶，等. 制冷技术在沙棘产业化的应用与发展前景[J]. 冷藏技术，2007，（3）：53-56.

[66] Y. S. Paul, B. R. Thakur, V. Singh. 不同储存条件下沙棘果采收后腐烂情况研究[J]. 国际沙棘研究与开发，2004，2（4）：1-20.

[67] 关莹，张军. 沙棘及其产品加工技术[J]. 安徽农业通报（上半月刊），2012，18（11）：185-187.

[68] 赵晶，张庆钢，赵瑜，等. 冻藏温度和时间对沙棘果中类黄酮含量的影响[J]. 食品工业，2008（5）：7-8.

[69] 梁月，土小宁，齐祥英. 沙棘果采收后的管理及营养价值研究[J]. 国际沙棘研究与开发，2007，5（3）：29-33.

[70] 余善鸣，张庆钢，赵晶. 冻干工艺对沙棘果的品质影响[J]. 食品研究与开发，2011，32（1）：65-67.

（宋晓玲）

狼把草

沙棘

第十二章

沙棘的生态保护作用

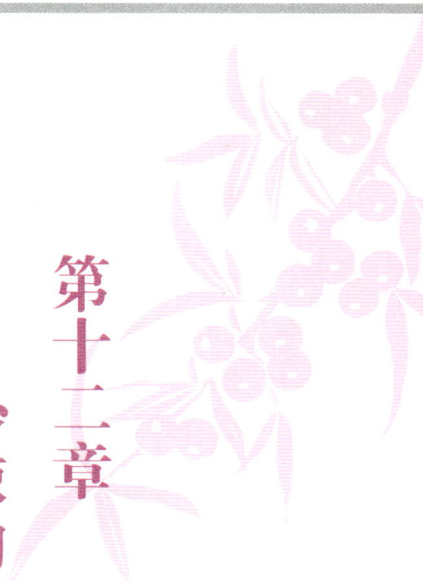

沙棘是我国原产植物，自然分布遍及华北、西北和西南，是世界沙棘资源最丰富的国家，沙棘面积及产量均占世界总量90%以上。其中，有天然沙棘林分布的省、市、自治区共有12个：北京、河北、内蒙古、山西、陕西、甘肃、宁夏、青海、新疆、四川、云南、西藏；已引种栽培成功的有吉林、黑龙江、辽宁、山东、湖北5个省[1]。

沙棘是典型的温带植物，但它具有广泛的生态幅度，从海拔420m的辽宁山地丘陵到5200m的珠峰脚下，都有沙棘的分布。沙棘喜温凉、怕湿热，因此在我国南方或亚热带地区没有分布；北方地区，限制沙棘分布的主要因素是水分；西部地区，沙棘主要分布在200～500mm等雨线范围之内。在青藏高原及东部边缘地区，由于海拔高（2500m以上），有一些特殊种类的沙棘分布区已超过500mm等雨线，达到700mm。在200mm和500mm两条等雨线范围内的地区面积大约有150万平方公里，涵盖了从东北到西南的生态脆弱带，包括科尔沁沙地、浑善达克沙地、长城沿线风沙区、黄土高原大部分、毛乌素沙地及陇东高原。这一地带由于是人口稠密的农牧交错带，因此人类活动频繁，水土流失严重，这也是生态环境急需治理的重要原因。我国天然沙棘林恰好就分布在这一地带[1]。

沙棘具有很高的生态价值。沙棘对生长的自然环境要求较低[2]，属于适应环境能力很强的植物，对各种各样的恶劣气候条件都有很强的适应能力，既能耐寒冷，又能耐酷暑。它能忍耐-50℃以下的低温，在年均气温0℃以下，仍发育良好。沙棘对降水变化适应能力强，在年降水量250～800mm的地区，沙棘都能生长并形成灌丛。它对各种土壤条件也有较强的适应性，耐瘠薄、耐盐碱，不论在贫瘠的黄土高原、在广阔的西北戈壁、盐碱地，还是在东北草甸，沙棘均可以正常生长，并且在短期内能迅速繁殖成林。一般情况下，一年生树高可在1m左右，第二年生长迅速，每亩有成苗70株时，4～5年可郁闭成林。

沙棘根系发达，是兼具深根性树种和浅根性树种根系特征的"复合型"根系，即主根不发达但可由侧根依此代替形成垂直根系。同时，其侧根水平方向延伸能力很强，水平根幅可达2～10m，垂直根系可达3～5m。主侧根系主要分布在20～80cm土层内，形成密集根系网，雨季可利用根系充分吸收水分。

沙棘自我繁殖能力强，栽种3年以后，就能产生根蘖苗。一株三

獐牙菜

沙棘

年生以上的沙棘，每年可向外扩展1～3m，可产生根蘖苗20余株。沙棘在6～7年后可平茬，平茬后在茬桩处还会长出大量萌条，形成新的树冠，同时从其侧根处还会萌生大量的幼苗。沙棘是少有的固氮木本植物，2～13年生人工沙棘林，年平均氮素积累量为1747.5kg/km^2，即每年积累氮素116.5kg。

沙棘由于具有特有的生物生态学特性，所以能有效保持水土、防风固沙、改良土壤和改善生物多样性等。在自然环境中，沙棘被誉为保持水土的"天然堤坝"[3]。而且在生态建设中常将沙棘作为治理水土流失、改善生态环境、退耕还林、防沙治沙、恢复植被的关键树种，不仅成为治理黄土高原的突破口，而且在西部大开发的生态环境建设中也起着举足轻重的作用[4, 5]。沙棘的生态作用概述如下。

水土保持能力

1 涵养水源

1.1 沙棘林冠层的截水作用

天然沙棘林是我国沙棘资源的重要组成部分，与人工沙棘林比较，其生长稳定、结构相对合理。沙棘早期生长迅速，可以在几年内以其繁茂的枝叶形成强大的林冠层。降雨开始后，沙棘林冠层首先接受降雨，林冠截留具有削减雨滴动能和吸收水的双重作用，这是沙棘林对降水的第一次分配，雨水经过林冠分散落到地面后供土壤吸收。随着降雨历时的延长，当降雨强度大于土壤入渗强度时，地面即产生径流。从降雨开始到地面产流这段时间的降雨量，称为初损值。采用人工降雨装置对黄土丘陵沟壑沙棘林实验区的研究结果表明[6]，在相同降雨条件下，不同郁闭度的初损值有很大差异，郁闭度越大，初损时间越长，初损值也越大。郁闭度为0.7的沙棘林，初损值是荒坡的4.6倍，平均林冠截留率为15.9%。林冠的存在，对林下降水具有一定影响。有研究指出，沙棘林冠层截留量的大小与冠层郁闭度密切相关，而与树龄的关系不密切。7～10年沙棘林冠平均年截留率为85%[7]。

在陕西宜川落叶阔叶林区测定的结果表明[8]，5～7年生沙棘林冠层可截留降水8.5%～49.0%，视雨强而有变化，截留量可达10～20t/hm^2。沙棘林冠层具有降低降雨动能的作用，能有效减少因雨滴击溅而引起的林内土壤侵蚀。

1.2 沙棘枯枝落叶层的持水能力

枯枝落叶层由于覆盖地表，除与林冠层一样，能截持降水，还具有吸收、阻延地表径流、改善土壤理化性质、防止土壤溅蚀、增强土壤抗冲能力等作用，是森林水土保持作用的重要层次[9,10]。

研究指出，沙棘林地枯落物的蓄积量为1.50×10^{3}kg/hm^2，枯落物有效拦蓄量达

到 $3.86 \times 10^{3} kg/hm^{2}$，有效拦蓄深为0.39mm。5～10年沙棘林地枯枝落叶层单次可截留率为0.89mm降水，大大减少了到达林地表层的降水量[7]。

沙棘枯枝落叶层自身具有一定的持水能力。在陕北黄土区的研究表明[9~11]，5～7年生沙棘林枯枝落叶量为546t/km²，与其他树种比较，沙棘凋落物具有中等持水能力，其最大持水率为280.3%。地面枯枝落叶层最大持水量可达1531t/km²，相当于1.5mm的水深，其中，叶可吸收1158t的水，占总持水量的75.6%。在坡度25度的沙棘林下有2cm米厚的枯枝落叶层，即可基本控制水土流失。

1.3 增加土壤入渗，减少地表径流

土壤入渗性能是评价林分水源涵养功能的重要指标，土壤入渗性能好，地表径流就少，产生的土壤侵蚀量也相应的减少。根系层主要是通过根系网络固持土壤，枯枝落叶层可改良土壤，增加土壤团粒结构，提高土壤抗侵蚀力，增加入渗量。这两者的共同作用，有利于增加林地水分的入渗能力，减少地表径流。

沙棘林具有增加土壤入渗的作用。首先，沙棘生长迅速，林冠郁闭快，枯枝落叶积累快，可有效避免地表结皮的形成及土壤表层硬化，而且由于枯枝落叶的分解，还可增加土壤中有机质含量，改善土壤理化性质。其次，根系的穿透和腐烂作用，可以增加土壤孔隙度，改善土壤结构。这两种作用均可使沙棘林地土壤容重减小，孔隙度增加。

沙棘林地具有明显改善土壤物理性质的作用。和农地相比，沙棘林地的土壤容重明显小于农地。其中，成林、幼林分别可减少50cm和25cm土层深度的容重。沙棘林地土壤入渗速率在初期是大荒坡的2倍，稳渗率为1.54mm/min，较荒坡高0.38mm/min[7]。在晋西黄土区，天然沙棘林地稳渗速率达1.638mm/h，初始产流时间可延长1.2～3.8h，初始降雨强度可提高4.4～8.2m/h，具有明显的延缓径流的作用[12]。

在沙棘水保林中，对其土壤透水性能、含水率测试显示：沙棘的初渗速率（2.54mm/min）大于荒山（1.57mm/min）；沙棘林地渗透系数比荒山提高42%；分蘖萌生能力强。单位面积沙棘数随着林龄的增长而增加，枝叶茂盛，覆盖地面，能够抑制土壤水分蒸发。一般沙棘林地较裸地土壤水分提高6.9个百分点，较落叶松纯林地提高9.8个百分点，较草原地提高5～7个百分点。

以河北省张家口市北部尚义县坝上高原的沙棘林地为研究对象，

沙棘

冷蒿

对其土壤物理性状、土壤蓄水量和土壤入渗性能等土壤水文效应进行研究。结果表明，沙棘林对土壤容重、孔隙度等物理性状有较好的改良作用。与裸沙地相比，沙棘林下与林间0~40cm土层内的平均容重降低了14.29%和4.04%，而总孔隙度较裸沙地增大4.77%和0.81%；沙棘林下与林间0~40cm土层内的饱和持水量分别为150.54mm和138.75mm，较裸沙地有所增大；有效持水量分别为16.12mm和9.84mm，为裸沙地同层次的有效持水量的3.73倍和2.28倍。这些研究表明，沙棘林可增加土壤的有效持水量和饱和持水量，具有较好的蓄水能力。沙棘林地从开始入渗到稳定入渗的整个土壤入渗过程都好于裸沙地，其林间和林下的土壤初渗速率和稳渗速率分别是裸沙地的1.79、1.34倍和1.67、1.29倍，说明沙棘林具有较好地改善增加土壤入渗量,减少地表径流量的效果[13]。

祁连山人工沙棘林地也有增加土壤入渗量的作用。测定结果显示，土壤的初渗率0~20cm，平均为16.17mm/min，是对照区1.85mm/min的8.7倍；稳渗率0~20cm，平均为2.40mm/min，是对照区0.95mm/min的2.53倍；初渗和稳渗速率在0~20cm范围内随土壤深度增加呈增加趋势[14]。

沙棘不同结构和混交模式的林分，在减少径流和泥沙方面发挥的作用大小也有所不同。沙棘纯林在6年左右郁闭，林下有2~4cm的枯枝落叶层覆盖，发挥的水土保持作用高于沙棘平茬地及其混交林[15]。合理发展沙棘林能有效地改良土壤物理性质，提高土壤持水、保水和透水的能力，有效地减少地表径流量，具有良好的保持水土、涵养水源等水文生态作用。

2 固持土壤作用

2.1 根系固土作用

自然界水土流失最严重的一是沟道，二是陡坡。陡坡由于土地瘠薄、施工困难，是治理水土流失的一个难点；而沟道不仅是泥沙的主要产区，也是坡面泥沙的通道。根系固土作用是植被控制水土流失功能研究的重要内容。

沙棘根系固土作用明显。沙棘主根虽不发达，但通过侧根的不断更新可以形成较为发达的垂直根系。主根逐渐向下深扎，同时侧根向周围水平伸展，在表土层0~40cm形成根系密集层，密集的根系网络起着固持土壤的作用，可以保护土壤免受径流侵蚀[16]。

沙棘的灌丛茂密，根系发达，可以形成"地上一把伞，地面一条毯，地下一张网"。研究认为，沙棘根系占到总生物量干重的13.04%~21.83%，根系的分布一般较浅，沟坡5龄以上的主、侧根主要分布于10~160cm土层，多呈水平分布，水平根幅一般为2m×2m，最大可达6m×8m，在土壤表层形成网状的根系层，对保持水土有很大的作用，垂直根深2~3m；而在梁峁坡生长的沙棘，各侧根主要分布于40~250cm土层，垂直根系可达3~8m[11]。在一些陡险坡面上，利用沙棘串根萌蘖的特性，可将这些人不可及的地段加以绿化。

2.2 抗土壤崩解能力

土壤崩解性能是指土壤在静水中发生分散破碎塌落和强度减弱的现象，是评价土壤侵蚀严重程度的一项重要土壤物理指标。土壤的崩解性是由于水破坏了土粒间的联结而引起的。沙棘根系具有增强土壤抗崩的能力，其抗崩解的能力与根系的分布和数量有关。根量愈多，抗崩能力愈强，反之则愈弱[11]。研究表明，采用浸水法将带有沙棘根系的5cm×5cm×5cm土壤浸入水中，其完全崩解需时随土层深度而变化，沙棘林地土壤表现出了很强的抗崩能力，其表层土（0~20cm）崩解需时达1440min以上，远多于农地，即使浸泡24h以上，仍不能完全崩解，但随着土层深度的加深而急剧降低，其递减的程度亦与根系的分布和数量有关，根量愈多，抗崩能力愈强，反之则愈弱。

2.3 抗土壤冲刷能力

土壤抗冲刷能力是指土壤抵抗径流机械破坏的能力。研究证实，植物根系对土壤的抗冲性能有增强效应。当林龄小时，主要是根系的机械缠绕固结作用；当林龄增大时，还可以通过增加有机质含量和>2mm粒级的水稳性团粒起间接作用。沙棘根系发达，侧根较多，固结土壤，对土壤抗冲性有极明显的增强作用。与无根系土壤相比，8~12年生沙棘林，有效根密度为60个/100cm^{2}以上时，对于坡度≤20°条件下的任何暴雨强度的径流冲刷均有明显的抑制作用，可减少土壤冲刷量55%~88%；当有效根密度大于或等于118个/100cm^{2}时，根系对任何坡度下的任何暴雨强度的径流冲刷都具有显著的抑制作用，根系土壤冲刷量减少值为57%~88%。

沙棘在栽后第4~5年就能充分发挥保水作用，与农地相比，可减少地表径流量87.1%、减少土壤流失量99%[8]。研究表明，山西省右玉县约1.3万hm^{2}沙棘护岸林，可使地表径流减少80%，表土水蚀减少75%，风蚀减少85%[17]。沙棘在沟底成林后，形成一座连续的生物柔性坝，不仅可以有效缓冲洪水下泻、拦截泥沙，而且在泥沙淤积部位通过萌蘖，能够逐年加高加固植物坝体，提高沟道侵蚀基准面。

沙棘枯枝落叶层不仅自身具有一定的抗径流冲刷能力，其覆盖地

莲座蓟

沙棘

表后，也可明显起到减少表土冲刷的作用[18]。研究表明，在冲刷坡度为25°时，冲掉不同厚度的沙棘枯枝落叶层所需的临界流量是不同的。临界抗冲流量随着枯枝落叶层厚度的增加而增加，厚1cm的枯枝落叶层抗冲能力最小，枯枝落叶层厚度从1cm增加到3cm和5cm时，其临界抗冲流量增加57.1%、128.6%；临界雨强增加58.1%、129.0%。在冲刷坡度25°，冲刷流量4L/min条件下，覆盖厚1cm、2cm沙棘枯枝落叶层的土壤表层冲刷的泥沙，比无覆盖土壤分别减少56.9%、96.7%，而覆盖3cm以上枯枝落叶层时，则已无泥沙产生。

沙棘林由于枯枝落叶层和根系的共同作用，增强了土壤抗冲刷能力。如上所述，沙棘枯枝落叶层自身具有的抗冲刷能力随着厚度的增加而增强。沙棘林地覆盖2cm以上厚度的枯枝落叶层就可保护表层土壤免受降水侵蚀；沙棘根系通过缠绕、网络、串连等作用固结土体也提高了土壤的抗冲刷能力，使沙棘林地的冲刷模数小于荒坡。研究亦表明，同一年龄段的沙棘林，其腐殖质含量表层高于下层，且随着林龄的增大，腐殖质含量的增加，沙棘林地各土层的腐殖质均高于农地。腐殖质是土壤中最好的胶结剂[7]。

由于林冠层可对降水的截留、枯落物挡雨防止溅蚀、缓流增加下渗和根系固持网络土体充分发挥作用，并能使相互之间密切配合，因此，沙棘林可以对降水进行时空再分配，减少无效水，增加有效水；同时，林地对渗入土壤中水分的疏导作用不仅体现在水平方向的渗流，还可形成垂直孔道，将渗透水导至深层，以补充地下水，存蓄汛期水，释放非汛期水，这都表明沙棘林具有较高的涵养水源和保持水土的作用[19]。

防风固沙，恢复植被

沙棘具有极强的生命力和快速的繁殖能力，便于进行大规模种植、快速恢复植被。沙棘根蘖及承受风蚀裸根损害的能力很强，适宜在疏松、轻质的沙土上生长，能很快形成密集的植物群落，使地表糙率增加、地表气流阻力加大、有效降低地表风速，在抑制就地起沙的同时，还可截获近地层空气中来自其他地区的尘埃。在内蒙古、陕西两省的毛乌素沙漠南沿，降水量为350～400mm的沙漠边缘，沙棘不但可以生长，而且能够自我繁殖形成群落。当覆盖度达到40%以上时，就能有效地固定沙丘、防止沙丘移动，发挥防风固沙作用[20]。

沙棘根系发达，枝叶茂密，防风固沙能力很强。沙棘繁殖能力强，一般情况下，900hm²沙棘，7～8年后，可自繁到1.5～3.0万株，密度增至数十倍。因此，沙棘防风固沙的面积随着沙棘自繁面积而扩展，形成自然延伸、扩展的绿色屏障。

沙棘林带防风固沙的有效范围一般可为株高的20～25倍，沙棘林内每年可固沙积沙5～10cm厚，且沙棘在沙砾上可以生长，久而久之，荒沙地上由于沙棘丛生从而成为一片绿洲。

沙棘具有改变气候的作用。沙棘树叶量大，蒸腾作用强，能扩散更多的水分，相对林内湿度大，同时受水分调节热量平衡作用的影响，沙棘林内的气温与地湿变幅较小，风速降低较大。在沙棘林中，夏季平均气温较林外低0.1～0.6℃，秋季平均气温较林外高0.3～0.8℃，日平均风速较林外低1.02m/s。陕西省靖边县沙石峁林场1966～1967年栽植沙棘8.7hm^2，经数年发展，使流动沙丘很快变成固定沙丘[2]。内蒙古准格尔旗的黑毛兔沟流域种植沙棘7年后，植被覆盖率达到61%。陕北榆林地区营造以沙棘为主的水保防风固沙林9700km^2，林草覆盖率达到38.9%，年沙尘暴日数由66天减为24天，出现了人进沙退的可喜局面。

改良土壤

沙棘对土壤的改善能力主要是通过增加土壤中的肥力和水分来发挥作用的。沙棘通过其强大的根系向深层土壤吸取无机盐分，再通过光合作用制造有机物质，同时沙棘的凋落物量大，沙棘叶内所含有0.573%的全氮和大量有机物质，在落叶后，其腐殖质可以增加土壤肥力[21]。

沙棘人工林有较好的拦截雨水作用，可调节地表径流，增加水分入渗量，因而有利于提高土壤水分含量。土壤水分含量高便有利于微生物的活动，从而促进有机物质分解，改善土壤的理化性质。此外，沙棘对改良盐碱地有重要作用，在含盐量达0.7%的土壤上种植沙棘，经数年的"沙棘效应"，其含盐量有了明显的降低。

沙棘具有根瘤，可以固氮，其固氮强度比豆科植物还强。在海岸滩地，13～16a/667hm^{2}生长的沙棘林，年可固氮12kg，相当于25kg尿素。通过沙棘根系自身的穿透、挤压、胶结，死根的腐烂等作用，改良了土壤结构，增加了有机质，增加了土壤肥力。沙棘根瘤除固氮作用外，还有吸水、使土壤有机物矿质化、变难溶解的无机及有机化合物为固化形态的功能。可以说，一丛沙棘林，就是一个小型氮肥厂。据山西右玉县测定，六年生的沙棘林土壤有机质含量为2.13%，含氮量为0.11%，两项指标均比耕地高出1倍以上。生长沙棘后的荒地不施任何肥料种植农作物，当年产量比一般农田高1倍以上，而且连种三年地力不衰。

资料显示，8年生沙棘树林中，地上可形成近1.2cm厚的腐殖层；3～5年生沙棘林地中地表层的土壤重比荒山裸坡减少1.2%，土壤团粒提高0.32%。沙棘林地中土壤有机质（全氮，速放氮，全磷，速放磷）含量明显高于坡地。大量枯枝落叶的分解，对改良土壤物理结构、培肥土地起到积极的促进作用。

生物多样性保护

沙棘在生物多样性保护方面也发挥了积极的作用。人工沙棘林一般营造在生态条件严重恶化，生态环境退化，生物多样性遭受极大破坏的地方，有的甚至种植在寸草不生的沙化、石化地上。沙棘林的地上生态系统是反映沙棘林生物多样性最直接、最显著的部分。

沙棘有促进生态平衡的重要作用。沙棘能够形成新的生态系统，在种植7～8年后，即可形成覆盖度达80%以上的林茂草丰的灌木–草本群落；种植13年后，林内天然灌木和草类比种植前能增加80多种。

首先，沙棘林改善了林地的生态环境，为其他植物创造了生存条件。种植沙棘后，沙棘林内的小气候和土壤条件产生了较大的改善，林下草本植物生长茂盛。特别是在半干旱条件下，水分条件要求高的耐荫植物也可得以生存繁衍。

其次，沙棘林为许多哺乳动物和禽类提供了食物和栖息地。由于沙棘具有很强的固氮能力，能够为其他植物的生长提供养分，同样也可促进动物的生存和繁衍，丰富生物链。

沙棘通过为物种提供养分和栖息地，链接了生态链上的其他（树草、禽兽、虫菌等）物种，使种植区域内消失的物种得以重现和发展，在半干旱生态系统中，扮演了关键种的角色，发挥了关键环节的作用，实现了生物多样性保护。除非在极端条件下，沙棘一般不会形成顶级群落（纯林），而只形成"过渡性群落"，为植被演替提供条件[22]。

目前我国西北地区动物稀少的原因除了植被覆盖面积小，缺乏动物栖息之地外，还有一个重要原因是动物缺少过冬的食物。沙棘结果后，果实冬天不脱落，成为小鸟、野鸡等飞禽过冬的食物，随着沙棘林面积的扩大，飞禽也会越来越多，兔子、山羊、野猪等动物也可以生存，狐狸、狼等食肉动物也会随之而来。

沙棘还具有促进伴生树种生长的作用。在营造水保林中，沙棘树与其他树种混交造林，可为伴生树种提供丰富的水分、养分条件，促进生长。沙棘作为混交林中的伴生树种能够形成较稳定的林分，对提高林木抗病虫害起到了良好的辅助作用。据调查，人工种植4～5年后的沙棘林内，杂草丛生，还有一些次生的杨树、榆树等树种。试验研究结果表明，混交于沙棘林地的杨树、榆树、刺槐等与荒坡栽植的对照，分别提高生长量为129.7%、110.5%和130%。

生物治理作用

在黄河中游晋、陕、蒙交界的地区有的砒砂岩地区面积达3.2万km²，是黄河主要的粗沙多沙区，年输沙量3.5亿吨，是水土流失治理的重点和难点地区。针对砒砂岩地区产流输沙特点，我国专家根据沙棘耐旱、根、枝、叶均能不断迅速呈簇状生长，淤埋以后的枝可生新的横根等植物学特性，提出来一种新型防止沟道小流域土壤侵蚀的生物工程——沙棘植物柔性坝。

沙棘植物"柔性坝"是利用沙棘自身特点和水动力学原理，将泥沙拦截于沟道、减少沟道侵蚀的一种有效生物治理措施。这种植物柔性坝是优选2~4龄生沙棘苗，在支、毛沟（黄河的4、5级支沟）内按一定株距和行距，垂直于水流方向交错种植若干行，使水流的行进流速小于泥沙的起动流速，从而拦截暴雨洪水携带的大量泥沙，增加地表水入渗，以改变沟壑的输水输沙及沟道土壤水分特性，达到拦沙保水、改善区域生态环境的目的。经过多年试验，内蒙古鄂尔多斯市在砒砂岩地区成功种植沙棘150多万亩，使大量的不毛之地披上了绿装，许多侵蚀剧烈的沟道、河川被沙棘固定，区域生态环境明显改善，野生动植物种类和数量也有了大幅度增加[23, 24]。

沙棘是砒砂岩区人工生态恢复、改善恶劣环境、把泥沙就地拦截在千沟万壑中的生物治理典范。

裂叶荆芥

生态经济发展并重

加强生态建设，维护生态安全，是21世纪人类面临的共同主题，也是我国经济社会可持续发展的重要基础。我国是世界上最早利用沙棘的国家。从20世纪40年代起，我国一批植物学家、水土保持专家开始了治理荒漠化土地及控制水土流失的研究。经过近20多年的研究和推广，沙棘已经成功地大面积种植于不同类型的退化土地上。我国大规模沙棘资源开发利用形成了符合中国生态经济发展要求的特点：以生态效益为主，与治理水土流失紧密结合，重视经济效益，实现人与自然的和谐相处。

沙棘作为一种经济植物，其产品既可食用，又可药用，能在干旱、贫瘠的土地上生长，具有其他经济植物难以比拟的优势。国际上研究开发沙棘产品的机构和企业日益增多，已经开发出多种沙棘产品。通过沙棘产品开发和市场销售，可使沙棘资源转化为经济效益，对促进山区经济发展，帮助农民增收，进而推动生态环境建设，进而走出一条切实可行的良性循环之路。

沙棘的果实和种子含有丰富的营养物质和生物活性物质，在食品、饮食、保健品、药品及化妆品领域有广泛的用途。天然生沙棘4～5年后开始大量结果，平均产果实375～750kg/hm^2；5年生沙棘可产薪柴10～30t/hm^2，亩产0.6～2.0t。沙棘热值高，平均为20315kJ/kg，1.3t沙棘薪柴相当于1t原煤，可以大大解决农村燃料问题。沙棘枝叶含有丰富的蛋白质、脂肪及许多生物活性物质，是多种牲畜喜食的木本饲料，其营养价值高于普通牧草。沙棘可产鲜饲料1500～2500kg/hm^2，这样就可以发展畜牧业来增加农民收入，充分调动农民积极性，提高其生活水平。

沙棘是兼有生态效益、经济效益和社会效益的珍贵资源。在水土流失越来越受到全社会重视时，开发沙棘具有振兴风沙区、盐碱区经济、脱贫致富的重要战略意义，是利国富民、造福子孙后代的伟大事业。

参考文献

[1] 吕荣森. 发挥沙棘在西部生态环境建设中的作用[J]. 科技导报，2003，21（1）：58-60.

[2] 梁玉清，刘平，陈鑫娇. 沙棘水土保持功能及资源利用研究进展[J]. 亚热带水土保持，2009，21（2）：35-38.

[3] 梁莉. 沙棘种植的可行性分析[J]. 科技情报开发与经济，2004，14（12）：183.

[4] 胡建忠. 吴起县沙棘资源建设综合开发利用[J]. 国际沙棘研究与开发，2009，4（3）：7-9.

[5] 邓蓉，王伟，胡宝贵. 论我国沙棘产业的多功能拓展[J]. 农业展望，2012，08（1）：34-38.

[6] 郭百平，王子科，阎晋民. 天然沙棘林减水减沙效益试验研究[J]. 沙棘，1996，9（4）：32-36.

[7] 陈云明，陈永勤. 人工沙棘林水文水土保持作用机理研究[J]. 西北植物学报，2003，23（8）：1357-1361.

[8] 吴钦孝，赵鸿雁. 沙棘林的水土保持功能及其在治理和开发黄土高原中的作用[J]. 沙棘，2002，15（1）：27-30.

[9] 吴钦孝，赵鸿雁，刘向东，等. 森林枯枝落叶层涵养水源保持水土的作用评价[J]. 土壤侵蚀与水土保持学报，1998，4（2）：23-28.

[10] 陈云明，吴钦孝. 枯枝落叶层的水土保持作用[J]. 科学，1999（9）：51-52.

[11] 陈云明，刘国彬，徐炳成，等. 我国沙棘水土保持功能研究进展与展望[J]. 中国水土保持科学，2004，2（2）：88-92.

[12] 贺康宁，张建军，朱金兆. 晋西黄土残塬沟壑区水土保持林坡面径流规律研究[J]. 北京林业大学学报，1997，19（4）：1-5.

[13] 贾志军，王富，甄宝艳，等. 坝上地区沙棘林土壤水文效应研究[J]. 河北林业科技，2009，13（01）：1-2.

[14] 王红义. 祁连山浅山区沙棘人工林调节水分作用研究[J]. 防护林科技，2013，（6）：10-12.

[15] 陈云明，刘国彬，侯喜录. 黄土丘陵半干旱区人工沙棘林水土保持和土壤水分生态效益分析[J]. 应用生态学报，2002，13（11）：1389-1393.

[16] 胡建忠. 天然沙棘林的水保作用研究[J]. 沙棘，1989，2（4）：1-8.

[17] 袁浩基. 丰富的沙棘资源与广阔的利用前景[J]. 山西农业科学，1985，（9）：3-5.

[18] 汪有科，吴钦孝，刘向东，等. 林地枯落物抗冲机理研究[J]. 水土保持学报，1993，7（1）：75-80.

[19] 林赫杰，陈钰. 沙棘研究现状、开发利用及发展前景[J]. 天津农业科学，2010，16（2）：128-130.

[20] 王登亚. 沙棘产业发展概况及对策探讨[J]. 贵州农业科学，2008，36（3）：139-140.

[21] 朴楚燮，仲梁. 沙棘林木在水土保持中的作用[J]. 东北水利与水电，2011，29（5）：51.

[22] 车传芳. 论沙棘的生物多样性保护价值[J]. 科园月刊，2011，（5）：53.

[23] 何京丽，殷丽强，郭建英，等. 砒砂岩地区沙棘生态工程的土壤修复效果分析[J]. 国际沙棘研究与开发，2013，11（3）：19-23.

[24] 桂凌，张征，闫国振，等. 基于遗传神经网络的鄂尔多斯沙棘水土保持功能评价[J]. 干旱区资源与环境，2012，26（7），136-140.

（王晓琴）

沙棘

流苏瓦松

第十三章 藏药沙棘的质量控制研究

藏药质量控制标准是评价藏药（藏药材、成药制剂、新药）质量的标尺，是进行资源开发利用的依据，是指导制剂生产的重要规范。但目前藏药质控标准仍存在着药材标准缺乏、基原混乱、药效物质基础不明确等问题，藏药制剂质量控制标准存在着未能反映药品有效性和安全性的弊端。

随着藏医药理论体系同现代化科学技术的不断融合，对药物应用和疾病认识的不断深入，藏医药质量控制研究及安全性评价体系得到深化。本部分内容从沙棘资源研究、代谢组学研究和沙棘及其相关制品质量控制研究等方面展开，对沙棘资源分布现状、适宜生态因子、药效物质、药效机理、质量评价等方面进行探索，并建立质量标准草案，通过制定合理严谨的科学实验研究，将对藏药沙棘质量控制标准的建立起到推动和促进作用，为完善民族医药事业发展奠定良好基础。

沙棘资源研究

为了解青藏高原地区沙棘的种质资源分布、适宜生境、资源蕴藏量以及化学成分含量与生态因子的相关性，前期研究以青藏高原地区东缘为重点，对该区域进行沙棘种质资源调查，应用TCMGIS技术对沙棘的生态适宜区进行分析，采用^{1}H-NMR对沙棘中5种代谢成分进行含量测定，通过分析沙棘化学成分含量与生态因子的相关性，初步确定了沙棘资源现状、适宜生境。

1 青藏高源沙棘资源的调研与收集

通过前期野外实地采集沙棘样品，查阅地方植物志、沙棘植物标本和相关文献，最终确定青藏高原东缘为沙棘资源的主要分布区域，针对性地对青藏高原东缘地区进行沙棘资源调查，沙棘资源野外调查采集地点见图13-1。

青藏高原在中国境内部分西起帕米尔高原，东至横断山脉，北起昆仑山-祁连山北侧，南至喜马拉雅山脉南麓，横跨31个经度，纵贯约13个纬度，占中国陆地总面积的1/4左右。青藏高原平均海拔4000～5000m，有"世界屋脊"之称，该地区生态环境最奇特、生物资源最丰富，为我国野生沙棘资源分布最为丰富的区域。在该调查区域，进行了沙棘种质资源的调查与采集。共采集了沙棘植物凭证标本、沙棘果实、沙棘种子及 RNA 材料，记录了沙棘分布的经纬度、

柳穿鱼

沙棘

海拔、生长习性、结实率等。与此同时，还相对应地拍摄了关于环境、群落、植株、叶子、果实的照片。对于同一种沙棘，以两者直线距离相距不低于30km的标准进行采集，确保所采集沙棘属于不同地区居群。并根据沙棘的植物形态特征，对照查阅《中国植物志》、《四川植物志》、《西藏植物志》、《中国高等植物图鉴》等文献，对所采集的沙棘标本进行植物学鉴定。

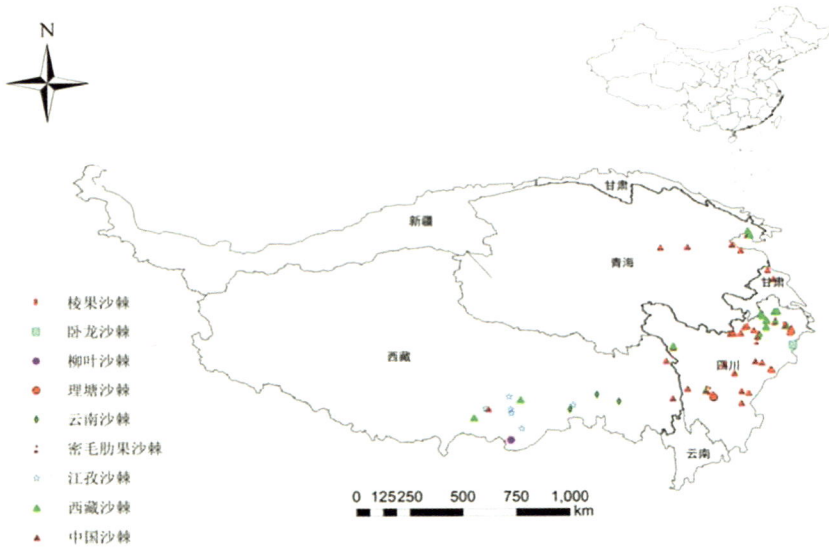

图 13-1　青藏高原地区沙棘资源野外调查采样点分布图

　　在对沙棘野外种质资源实地考察后发现，沙棘植物主要集中分布于青藏高原东缘地区。该区域总共分布有沙棘属植物7种5亚种，分别为：①柳叶沙棘*H.salicifolia* D.Don；②鼠李沙棘*H. rhamnoides* L.（a中国沙棘*H. rhamnoides* L. subsp.*sinensis* Rousi、b云南沙棘*H.rhamnoides* subsp.*yunnanensis* Rousi、c卧龙沙棘*H. rhamnoides* subsp.*wolongensis* Lian K.Sun et X.L.Chen）；③理塘沙棘*H.litangensis* Lian et X.L.Chen ex Swenson et Bartish；④棱果沙棘*H.goniocarpa* Lian et al.ex Swenson et Bartish；⑤江孜沙棘*H. rhamnoides* L. subsp. *gyantsensis* Rousi；⑥肋果沙棘*H. neurocarpa* subsp. *neurocarpa*（a密毛肋果沙棘*H.neurocarpa* subsp.*stellatopilosa* Lian、b肋果沙棘*H.neurocarpa* subsp. *neurocarpa*）；⑦西藏沙棘*H. tibetana* Schlechtend.。资源调查过程中采集沙棘样品共计73批次，同时详细记录了经纬度、海拔等GPS信息。详细信息见表13-1。

表13-1 沙棘资源调查信息表

品种	地名	经度（°E）	纬度（°N）	海拔（m）	生境
	四川道孚县葛卡乡	101.2686	30.8513	3467.8	河岸两边
	四川道孚县协德乡	100.8294	31.2288	3088.2	河岸两边
	四川德格县龚垭乡	98.3828	31.4047	3175.0	河岸两边
	四川德格县柯洛洞乡	98.6757	31.9759	3506.4	河岸两边
	四川康定县炉城镇	101.8726	29.9871	3260.4	河岸两边，山坡路边
	四川康定县雅拉乡	101.5648	30.0559	2559.9	半山坡路边
	四川康定县榆林乡	101.5619	29.5327	3496.3	河岸两边，山坡路边
	四川阿坝县查理乡	102.0887	32.7457	3711.4	山坡路边
	四川阿坝县麦尔玛乡	101.8049	32.9197	3430.4	河沟与公路两边
	阿坝县阿坝镇	101.6957	32.8775	3438.8	山沟与公路两边
	四川阿坝县跨沙乡	101.5375	32.6124	3094.6	河边，公路两边
	四川阿坝县柯河乡	101.2339	32.5957	3063.2	河边，公路两边
	四川壤塘县茸木达乡	101.0848	32.5840	3062.7	河边，公路两边
	四川金川县万林乡	102.1479	31.3818	2921.0	河岸两边
	四川小金县抚边乡	102.4319	31.3224	2861.5	河沟两边
	四川小金县达维乡	102.7835	31.0476	3252.2	河沟两边
中国沙棘	四川小金县日隆乡	102.8579	30.9983	3351.1	河沟两边
	四川松潘县山巴乡	103.6597	32.8319	3114.1	山坡
	四川松潘县川主寺镇	103.6254	32.7895	2985.7	山坡
	四川松潘县十里乡	103.6869	32.7104	2951.7	山坡，公路两边
	四川松潘县牧场村	103.3959	32.9230	3472.1	河岸两边，公路两边
	四川巴塘县措拉乡	99.2833	30.1731	3221.2	公路坎上
	四川松潘县进安回族乡	103.6014	32.6410	2902.8	山坡
	四川红原县瓦切乡	102.6189	33.1801	3469.4	草原河边
	甘肃合作市那吾乡	102.9144	35.0040	2909.7	半山坡
	甘肃夏河县甘加乡	102.6752	35.3996	2814.4	干旱河谷
	青海大通县鸢沟乡	101.8330	36.9688	2921.6	河沟边
	青海互助县南门峡镇	101.9056	36.9700	3079.9	半山腰、山沟、银杉林旁
	青海贵德县尕让乡	101.5472	36.2887	3008.6	公路边湿地
	青海大通县向化乡	101.8501	37.1475	3042.6	河谷草甸
	青海湟源县日月乡	101.1852	36.5460	2927.9	公路边山谷
	青海乌兰县茶卡镇	99.2953	36.4528	3171.4	高山草甸
	青海都兰县夏日哈镇	98.1545	36.4258	3147.0	河谷草甸
	西藏贡嘎县甲竹林乡	90.8755	29.2901	3581.2	河谷
	西藏芒康县嘎托镇	98.6557	29.7431	3685.0	山沟半山腰

品种	地名	经度 （°E）	纬度 （°N）	海拔 （m）	生境
西藏 沙棘	四川红原县瓦切乡	102.6069	33.1600	3499.6	草原河边、湿地
	四川理塘县高城镇	100.0411	30.0812	4125.7	草坡河边
	四川德格县柯洛洞乡	98.6757	32.0413	3642.8	草原溪边、河边
	四川红原县邛溪镇	102.5911	32.8723	3482.4	草原河边、湿地
	四川红原县麦洼乡	102.9761	33.1247	3485.6	草原河边、湿地
	四川红原县龙日乡	102.3645	33.4490	3564.4	草原河边、湿地
	四川红原县江茸乡	102.2527	32.4662	3565.5	灌木林下
	四川红原县安曲乡	102.3073	32.5889	3708.4	公路两边
	四川若尔盖县唐克乡	102.4450	33.3789	3443.3	草原上
	四川若尔盖县塔哇乡	102.9546	33.5726	3444.1	草原上
	四川松潘县尕里台	103.4563	32.9595	3516.0	草原上
	四川若尔盖县达扎寺镇	103.0026	33.5573	3475.1	草原上
	四川红原县瓦切乡	102.6109	33.1656	3449.6	草原上
	四川若尔盖县班佑乡	103.0800	33.5913	3498.0	高山草甸湿地
	青海互助县南门峡镇	101.9418	36.9749	3107.7	半山腰的金露梅灌木丛
	青海大通县向化乡	101.8501	37.1475	3042.6	河谷草甸
	西藏浪卡子县浪卡子镇	90.2682	28.8932	4697.9	高原河谷
	西藏墨竹工卡县日多乡	92.2258	29.6924	4377.7	高原河滩
江孜 沙棘	西藏乃东县颇章乡	91.8376	29.1070	3568.5	山谷、田坝
	西藏隆子县日当镇	92.2696	28.4285	4008.1	河谷湿地
	西藏乃东县结巴乡	91.8142	29.2751	3558.1	河滩湿地
	西藏贡嘎县岗堆镇	90.7475	29.3023	3591.1	河谷湿地
	西藏墨竹工卡县墨竹工卡乡	91.7421	29.8390	3845.5	河滩湿地
	西藏林芝县布久乡	94.4268	29.4580	2934.1	河滩草甸
棱果 沙棘	四川松潘县牧场村	103.3952	32.9230	3472.1	马路坎下，河边
密毛 肋果 沙棘	四川红原县江茸乡	102.2527	32.4662	3565.5	公路两旁
	四川阿坝县查理乡	102.2656	32.5164	3552.2	公路两旁
	四川理塘县奔戈乡	100.1941	30.0757	4096.8	马路两旁、河边
	四川红原县麦洼乡	102.9761	33.1247	3485.6	草原河边
	四川红原县龙日乡	102.2203	32.2733	3570.0	公路两旁
	四川理塘县高城镇	100.0610	30.1327	4078.9	河谷半山坡
	四川理塘县奔戈乡	100.3327	29.8739	4078.3	河谷半山坡
柳叶 沙棘	西藏错那县勒布乡	91.8214	27.9241	3413.5	乐布沟半山谷
理塘 沙棘	四川理塘县甲洼乡	100.3666	29.7781	3718.7	高山河谷
云南 沙棘	西藏米林县热洼乡	94.2955	29.2592	2937.5	河谷湿地
	西藏波密县古乡	95.4464	29.9102	2649.9	河谷半山坡
	西藏波密县玉谱乡	96.3781	29.6127	3379.8	河谷半山坡
卧龙 沙棘	四川茂县太平乡	103.7194	32.0803	2262.5	河谷半山坡，河滩

2 青藏高原沙棘资源的系统评价

2.1 青藏高原沙棘资源地理分布及生境特征

2.1.1 水平分布

沙棘植物资源的分布在青藏高原地区整体上形成了自东南向东北延伸的一个水平分布带，主要集中在经度90°～104°E，纬度27°～38°N的区域内。中国沙棘资源的分布较为广泛，从横断山区延伸到川西北地区；西藏沙棘资源主要散布在青藏高原和喜马拉雅的高寒草原地区；江孜沙棘分布于雅鲁藏布江、拉萨河、年楚河流域的河谷地带；柳叶沙棘资源则分布在喜马拉雅南坡气候温和湿润的山地区域；云南沙棘、密毛肋果沙棘资源集中在横断山区域；理塘沙棘和卧龙沙棘主要集中在理塘、汶川、茂县等狭窄的区域；肋果沙棘与棱果沙棘则零散分布于青藏高原地区。

2.1.2 垂直分布

青藏高原地区的沙棘资源分布上呈现出明显的垂直分布现象。云南沙棘、中国沙棘、卧龙沙棘等种类主要在海拔2000～3500m的中低海拔区域分布，尽管云南沙棘生长海拔可高达4000m，可是大部分云南沙棘群落主体仍分布在海拔3500m以下地区；然而理塘沙棘、西藏沙棘、江孜沙棘、肋果沙棘、密毛肋果沙棘、棱果沙棘等则主要分布在青藏高原3400m以上的高海拔地区，最高可达5200m的高寒地带。对沙棘种质资源调查过程中不难发现，在四川阿坝州理县、茂县2000～3000m地区主要分布着中国沙棘，随着海拔的不断上升直至3400m以上，出现了棱果沙棘，主要分布在松潘尕里台地区，海拔继续上升至3500m，开始有西藏沙棘、密毛肋果沙棘，分布于松潘与红原交界的高山草甸地区。其他地区沙棘属植物的这种垂直分布现象也非常明显。

2.1.3 生境特征

根据青藏高原沙棘资源调查的信息，采用TCMGIS-Ⅱ系统分析后得出沙棘适宜产区全国分布图（图13-2）。沙棘生态相似度95%～100%的区域主要分布于西藏、四川、山西、陕西、甘肃、青海、新疆等个省15（市）387个县（市），总适宜面积为737994.71km²。

应用TCM GIS-Ⅱ技术平台，分析沙棘的适宜生态因子。青藏高原地区的沙棘主要分布在一月平均气温-12.4～0.1℃、七月平均气温5.4～17.3℃、年降水量234～984mm、年平均湿度39.6～71.9%、年日

大花飞燕草

沙棘

照1577～3093h、海拔2800～4200m的区域。一些局部的分布可以适应更加恶劣的生态环境。

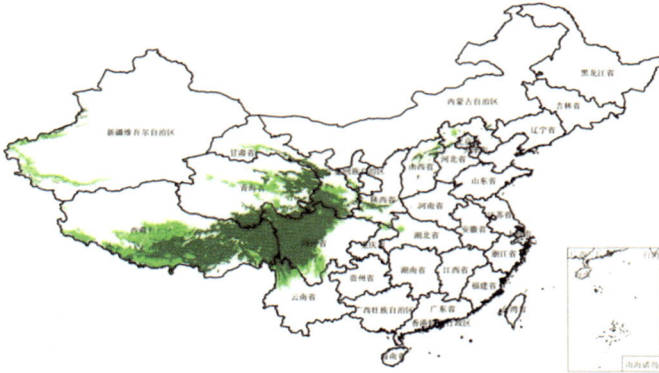

图13-2 沙棘生态适宜分布区所在市/县
（深色 SI 为 95%～100%，浅色 SI 为 90%～95%）

2.2 沙棘化学成分与生态因子的相关性

应用NMR测定沙棘中苹果酸（malic acid）、葫芦巴碱（trigonelline）、山奈素（kaempferol）、槲皮素-3-O-β-D葡萄糖苷（quercetin-3-O-β-D-glucoside）和L-白雀木醇（L-quebrachitol）五个成分的含量，以10个生态因子：经度、纬度、海拔、湿度、活动积温、日照、年降水量、年均温、七月平均温、一月平均温为自变量（X），分别表示为X_1，X_2，X_3，$\cdots X_{10}$；以5个代谢成分含量为因变量（Y），分别表示为：Y_1，Y_2，$Y_3 \cdots Y_5$，使用SPSS19.0统计软件进行双变量相关分析，得到的Pearson相关系数，见表13-2。

表13-2 各生态因子与5个化学成分含量的Pearson相关系数

生态因子	苹果酸	葫芦巴碱	山奈素	槲皮素-3-O-β-D葡萄糖苷	L-白雀木醇
经度	0.384*	0.239	0.310	0.361*	0.188
纬度	0.125	0.177	0.146	0.223	0.137
海拔（m）	0.012	0.007	−0.103	0.005	0.169
湿度	0.313	0.235	0.177	0.269	0.248
活动积温（℃）	−0.306	−0.253	−0.188	−0.353*	−0.380*
日照	−0.310	−0.331*	−0.343*	−0.290	−0.027
年降水量（mm）	0.413*	0.140	0.262	0.257	0.125
年平均温度（℃）	−0.297	−0.222	−0.111	−0.304	−0.237
七月平均温度（℃）	−0.424**	−0.172	−0.078	−0.356*	−0.308
一月平均温度（℃）	−0.170	−0.162	−0.068	−0.215	−0.226

注：*$P<0.05$，**$P<0.01$

Pearson相关系数能简单的表明两个变量间的相关性程度，从表14-2可以看出，苹果酸含量与经度和年降水量都具有显著的正相关性，与七月平均温具有极显著负相关性；葫芦巴碱含量与日照有着显著负相关性；山柰素含量与日照呈显著负相关性；槲皮素-3-O-β-D葡萄糖苷含量与经度呈明显正相关性，与活动积温和七月平均温呈明显负相关性；L-白雀木醇含量与活动积温呈明显负相关性。

2.3 讨论与小结

2.3.1 沙棘资源分布现状

沙棘属植物是一种喜水、耐干旱、（大气干旱）、耐寒、喜pH6.5～7.0的沙壤性土壤的阳性落叶药用植物[7]。青藏高原地区的沙棘多成片生长于山坡河谷、河漫滩、路边以及高山草甸，其中以河谷河滩居多，西藏沙棘主要分布在海拔3400m以上的高山草甸。青藏高原地区的沙棘植物类型丰富，中国沙棘、江孜沙棘等资源蕴藏量较大，棱果沙棘、密毛肋果沙棘等资源储量相对较少。由于青藏高原地区特殊的地理和气候条件，生态环境是比较脆弱，一旦遭到破坏将很难恢复，因此，对沙棘的开发种植具有保护生态环境的重要意义。

2.3.2 沙棘资源的保护与开发利用

沙棘资源具有重要的社会和经济效益，保护并充分开发利用沙棘种质资源迫在眉睫。沙棘种植的初步研究，将为沙棘在青藏高原地区的规范化推广种植奠定坚实的基础；沙棘的广泛种植将为沙棘资源的开发利用提供充足的药材资源。因此，为了保护沙棘的种质资源，迫切需要用采集到的沙棘种子进行育苗繁殖，建立沙棘种质资源圃，以改变该地区单一的经济模式，实现沙棘种植与生产的对接，充分发挥沙棘资源利用价值。

2.3.3 沙棘化学成分与生境因子的相关性

从沙棘5个化学成分与生态因子的相关性分析结果看，沙棘化学成分的含量与经度、降水量成正相关，表明靠近青藏高原东缘气候相对湿润地区有利于代谢产物的积累；而与七月平均气温、日照成负相关，表明青藏高原的强日照与七月的高温不利于代谢产物的积累。结果表明，上述沙棘代谢产物在湿润、低日照、湿润的环境中更便于积累，这对开发沙棘资源利用具有十分重要意义。

龙牙草

沙棘

沙棘代谢组学研究

运用¹H-NMR代谢组学方法，建立藏药沙棘的氢核磁共振指纹图谱，明确不同基原之间的整体代谢物差异，为其质量评价提供新方法。

1 实验材料

1.1 仪器

实验使用Agilent Technologies 600/ 54Premium Compact（600MHz）核磁共振波谱仪（美国Agilent公司）对样品进行测定，使用MestReNova（version 9.0, Mestrelabs Research SL, Santiago de Compostela, Spain） 软 件, SIMCA-P（version 11.5, Umetrics, Umeå, Sweden）软件进行分析，使用Sartorius BP 221S电子天平（北京赛多利斯科学仪器有限公司）称量样品等。实验中还用到：KQ-300B型超声波清洗器（昆山市超声仪器有限公司）；微孔滤膜（天津津腾实验设备有限公司，孔径0.45μm，有机系）。

1.2 试剂

氘代甲醇、重水（色谱纯，北京京云重轻科技有限公司），3-三甲基甲硅烷基-2,2,3,3-四氘代丙酸钠（TSP，美国Sigma-Aldrich公司）；槲皮素、山奈素、异鼠李素、异鼠李素-3-O-β-D-芸香糖苷对照品（成都瑞芬思生物科技有限公司，批号分别为H-009-130126，S-064—130518，Y-039-130326，S-063-130114）；槲皮素-3-O-β-D-芸香糖苷、槲皮素-3-O-β-D-葡萄糖苷、异鼠李素-3-O-β-D-葡萄糖苷、齐墩果酸对照品（成都曼思特生物科技有限公司，批号分别为MUST-13040302，MUST-13021811，MUST-13022011，MUST-13041606）。

1.3 实验样品

本研究主要收集了四川、甘肃、青海、西藏4个不同产地的沙棘药材，共42个批次，经成都中医药大学民族医药学院张艺研究员鉴定，该药材为胡颓子科植物沙棘中国沙棘*H. rhamnoides* L. subsp. *sinensis* Rousi.、西藏沙棘*H. tibetana* Schlechtend.、江孜沙棘*H. rhamnoides* L. subsp. *gyantsensis* Rousi的干燥成熟果实。详见表13-3。

表13-3 不同品种沙棘药材信息表

编号	品种	采集地点	采集时间
SJ–01	中国沙棘 *H. rhamnoides* L. subsp. *sinensis* Rousi.	四川理县蒲溪乡	2013–11
SJ–02	中国沙棘 *H. rhamnoides* L. subsp. *sinensis* Rousi.	四川康定县雅拉乡	2013–11
SJ–03	中国沙棘 *H. rhamnoides* L. subsp. *sinensis* Rousi.	西藏芒康县嘎托镇	2013–10
SJ–04	中国沙棘 *H. rhamnoides* L. subsp. *sinensis* Rousi.	四川小金县达维乡	2013–08
SJ–05	中国沙棘 *H. rhamnoides* L. subsp. *sinensis* Rousi.	四川金川县万林乡	2013–08
SJ–06	中国沙棘 *H. rhamnoides* L. subsp. *sinensis* Rousi.	四川阿坝县麦尔玛乡	2013–08
SJ–07	中国沙棘 *H. rhamnoides* L. subsp. *sinensis* Rousi.	青海大通县向化乡	2013–10
SJ–08	中国沙棘 *H. rhamnoides* L. subsp. *sinensis* Rousi.	四川理县蒲溪乡	2013–11
SJ–09	中国沙棘 *H. rhamnoides* L. subsp. *sinensis* Rousi.	四川小金县日隆乡	2013–08
SJ–10	中国沙棘 *H. rhamnoides* L. subsp. *sinensis* Rousi.	四川松潘县川主寺镇	2013–09
SJ–11	中国沙棘 *H. rhamnoides* L. subsp. *sinensis* Rousi.	西藏贡嘎县甲竹林乡	2013–10
SJ–12	中国沙棘 *H. rhamnoides* L. subsp. *sinensis* Rousi.	青海互助县南门峡镇	2013–09
SJ–13	中国沙棘 *H. rhamnoides* L. subsp. *sinensis* Rousi.	四川小金县抚边乡	2013–08
SJ–14	中国沙棘 *H. rhamnoides* L. subsp. *sinensis* Rousi.	四川壤塘县荣日达乡	2013–08
SJ–15	中国沙棘 *H. rhamnoides* L. subsp. *sinensis* Rousi.	四川阿坝县洛尔达乡	2013–08
SJ–16	中国沙棘 *H. rhamnoides* L. subsp. *sinensis* Rousi.	青海乌兰县茶卡镇	2013–11
SJ–17	中国沙棘 *H. rhamnoides* L. subsp. *sinensis* Rousi.	四川松潘县十里乡	2013–09
SJ–18	中国沙棘 *H. rhamnoides* L. subsp. *sinensis* Rousi.	四川阿坝县柯河乡	2013–08
SJ–19	中国沙棘 *H. rhamnoides* L. subsp. *sinensis* Rousi.	四川阿坝县阿坝镇	2013–08
SJ–20	中国沙棘 *H. rhamnoides* L. subsp. *sinensis* Rousi.	甘肃合作市那吾乡	2013–10
SJ–21	中国沙棘 *H. rhamnoides* L. subsp. *sinensis* Rousi.	四川理塘县甲洼乡	2013–09
SJ–22	西藏沙棘 *H. tibetana* Schlechtend.	西藏墨竹工卡县日多乡	2013–10
SJ–23	西藏沙棘 *H. tibetana* Schlechtend.	西藏浪卡子县浪卡子镇	2013–10
SJ–24	西藏沙棘 *H. tibetana* Schlechtend.	青海互助县南门峡镇	2013–10
SJ–25	西藏沙棘 *H. tibetana* Schlechtend.	四川德格县柯洛洞乡	2013–07
SJ–26	西藏沙棘 *H. tibetana* Schlechtend.	四川红原县麦洼乡	2013–08
SJ–27	西藏沙棘 *H. tibetana* Schlechtend.	四川红原县江茸乡	2013–08
SJ–28	西藏沙棘 *H. tibetana* Schlechtend.	四川若尔盖县塔哇乡	2013–08
SJ–29	西藏沙棘 *H. tibetana* Schlechtend.	四川红原县瓦切乡	2013–08
SJ–30	西藏沙棘 *H. tibetana* Schlechtend.	四川阿坝县查理乡	2013–08
SJ–31	西藏沙棘 *H. tibetana* Schlechtend.	四川若尔盖县唐克乡	2013–08
SJ–32	西藏沙棘 *H. tibetana* Schlechtend.	四川红原县龙日乡	2013–08
SJ–33	西藏沙棘 *H. tibetana* Schlechtend.	四川红原县安曲乡	2013–08
SJ–34	西藏沙棘 *H. tibetana* Schlechtend.	四川若尔盖达扎寺镇	2013–08
SJ–35	江孜沙棘 *H. rhamnoides* L. subsp. *gyantsensis* Rousi	西藏灵芝县布久乡	2013–10
SJ–36	江孜沙棘 *H. rhamnoides* L. subsp. *gyantsensis* Rousi	西藏乃东县结巴乡	2013–10
SJ–37	江孜沙棘 *H. rhamnoides* L. subsp. *gyantsensis* Rousi	西藏乃东县颇章乡	2013–10
SJ–38	江孜沙棘 *H. rhamnoides* L. subsp. *gyantsensis* Rousi	西藏墨竹工卡县墨竹工乡	2013–10
SJ–39	江孜沙棘 *H. rhamnoides* L. subsp. *gyantsensis* Rousi	西藏工布江达县加兴乡	2013–10
SJ–40	江孜沙棘 *H. rhamnoides* L. subsp. *gyantsensis* Rousi	西藏隆子县日当镇	2013–10
SJ–41	江孜沙棘 *H. rhamnoides* L. subsp. *gyantsensis* Rousi	西藏贡嘎县岗堆镇	2013–10
SJ–42	江孜沙棘 *H. rhamnoides* L. subsp. *gyantsensis* Rousi	西藏米林县羌纳乡	2013–10

楼斗菜

沙棘

2 实验

2.1 供试品溶液的制备

取干燥的药材粉末0.2g，置于锥形瓶中，分别加入0.3ml D$_2$O溶液（内含12.32mg/ml KH$_2$PO$_4$和0.04% TSP）和1ml CD$_3$OD，密封，超声提取30min，取出，放冷，过0.45μm微孔滤膜，精密吸取0.6ml滤液至标准的5mm核磁管中，待测。

2.2 ^{1}H-NMR 测定条件

测定温度：25℃；观察频率：600MHz；各项参数：扫描次数（nt）=128；谱线宽度（lb）=0.5Hz；弛豫时间（d1）=2s；FID转换所需点数（fn）=65536；FID信号采集时间（at）=1.7039s；谱宽（sw）=9615.4Hz；调用水峰压制序列（Presat）压制水峰信号，总测定时间为545s。

2.3 数据处理

将经NMR仪检测得到的^{1}H-NMR自由衰减（FID）信号导入MestReNova软件进行自动傅立叶转换，手动调整相位与基线，以内标物TSP为基准校正化学位移，选择δ=0.5～10.5范围的^{1}H-NMR图并以每δ=0.04作为一个单位进行分段积分，并对总峰面积作归一化处理，最后以ASCII格式输出数据，得到各化学位移段与之相对应的信号峰面积值。本试验共获得242段积分（扣除2段甲醇峰信号δ=3.26～3.34和4段水峰信号δ=4.74～4.90）。将获得的数据矩阵（242个变量×42个样品），导入SIMCA-P软件进行PCA分析与PLS-DA分析。

2.4 方法学考察

代谢物组学研究的主要内容是凭借化学计量学方法对不同样品间的相似度或差异性进行评价。在实验进行的过程中，供试品溶液的提取制备以及仪器测量等因素都易产生误差，会对实验分析结果产生影响，因此，在代谢物组学的研究过程中，针对方法重复性的考察显得尤为重要。

为了同时考察仪器测量和供试品的提取制备的重复性，本研究选取了4批不同的沙棘药材，每批药材按"供试品溶液制备"项下的方法分别提取制备4次，依次进行^{1}H-NMR测定，然后，每批药材均随机抽取1个提取液平行进行5次测定。最后，分别进行数据处理，将得到的数据矩阵（242个变量×9个样品）导入SIMCA-P软件进行PCA分析。结果见图13-3。

根据主成分分析的投影图显示，四批沙棘药材都可以完全明显的进行区分，这表明由于仪器测量和沙棘供试品溶液的制备所引起的误差均比较小，从图中不难看出，药材间化学成分的不同是引起最大差异的主要原因。结果表明，本实验所建立起来的沙棘药材代谢物组学的方法重复性良好，沙棘药材样品之间的差异性分析结

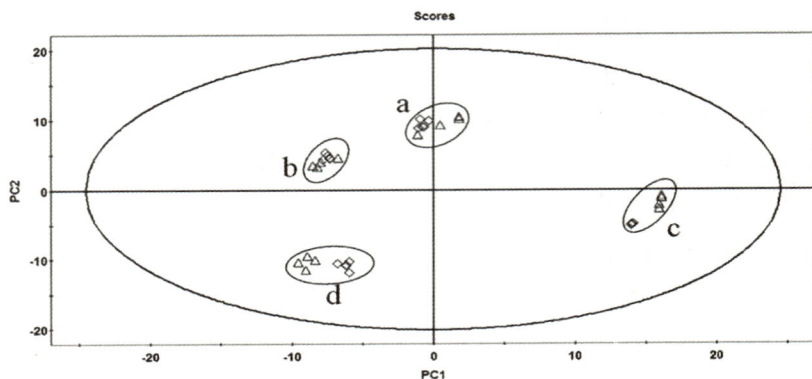

图 13-3　仪器测量（◇）及样品制备（△）重复性评价的主成分分析结果
a、b、c、d分别代表四批沙棘药材

果不会被样品提取、仪器测量、数据处理等外在因素的影响。

　　¹H-NMR信号归属

　　主要采用"加标准品定性"试验以及根据参考文献数据比对的方法进行沙棘药材提取物代表性的¹H-NMR指纹图信号归属。从沙棘药材提取物中一共鉴定出25个化合物，其中槲皮素、山奈素、异鼠李素、齐墩果酸、槲皮素-3-O-β-D-芸香糖苷、异鼠李素-3-O-β-D-芸香糖苷、槲皮素-3-O-β-D-葡萄糖苷、异鼠李素-3-O-β-D-葡萄糖苷8个成分采用"加标准品定性"试验确定，异亮氨酸、亮氨酸、缬氨酸、丙氨酸、奎宁酸、苹果酸、胆碱、L-白雀木醇、脱氢抗坏血酸、蔗糖、尿苷、色氨酸、组氨酸、葫芦巴碱、饱和脂肪酸类、不饱和脂肪酸类、甾醇类17个成分根据参考文献数据对比鉴定。

2.5 数据分析

采用PCA分析方法和PLS-DA方法进行模式识别分析。

3 结果

3.1 沙棘药材提取物代表性的¹H-NMR 图测定及其代谢成分的直观分析

　　中国沙棘、西藏沙棘和江孜沙棘的特征代谢指纹图见图13-4。通过直观分析，可以看到3个基原品种沙棘药材的代谢物轮廓大致相同，均含有黄酮类、糖类、有机酸类和脂肪酸类成分。但不同基原的一些信号峰的强度存在着一定差异，如江孜沙棘的脂肪酸信号明显强于中国沙棘和西藏沙棘，而江孜沙棘的苹果酸信号则明显弱

SHA JI

沙棘

芦豆苗

于其他2个品种；同时可以发现，在δ = 5.0～9.0的芳香区域中，西藏沙棘在该区域中的信号峰强度明显弱于其他两个品种，表明3个基原品种间的代谢成分含量有一定的差异。

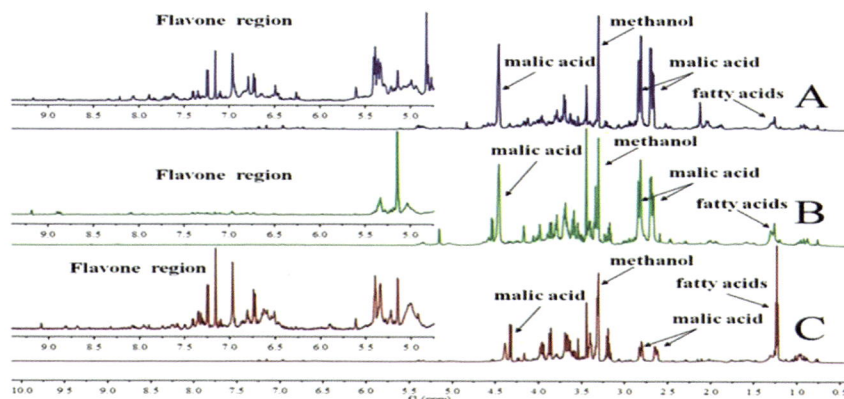

图 13-4　中国沙棘（A）、西藏沙棘（B）和江孜沙棘（C）
代表性的 ^{1}H-NMR 指纹图

3.2 沙棘药材提取物代表性的 ^{1}H-NMR 信号归属及代谢物鉴定

本实验从沙棘药材提取物中一共鉴定出25个化合物，包括3个黄酮类成分、4个黄酮苷类成分、1个三萜类成分、8个氨基酸类成分、1个糖类成分、1个生物碱类成分和7个其他类成分。

25个成分的 ^{1}H-NMR特征信号峰 δ 值及多重态分别如下。槲皮素：7.72（d，J = 8.9Hz），7.63（m），7.59（m），6.93（m），6.44（d，J = 8.7Hz），6.24（s）；山奈素：8.06（m），6.93（m），6.44（d，J = 8.7Hz），6.24（s）；异鼠李素：7.83（d，J = 11.9Hz），7.72（d，J = 8.9Hz），6.97（s），6.44（d，J = 8.7Hz），6.24（s），3.96（s）；槲皮素-3-O-β-D-芸香糖苷：7.68（d，J = 12.1Hz），7.63（m），7.59（m），6.93（m），6.47（d，J = 9.4Hz），6.27（s）；槲皮素-3-O-β-D葡萄糖苷：7.72（d，J = 8.9Hz），7.59（m），6.97（s），6.47（d，J = 9.4Hz），6.27（s），5.15（d，J = 3.4Hz）；异鼠李素-3-O-β-D芸香糖苷：7.90（d，J = 6.7Hz），7.63（m），6.97（s），6.47（d，J = 9.4Hz），6.27（s），5.17（d，J = 6.9Hz），4.53（d，J = 7.9Hz），3.96（s），1.08（d，J = 5.3Hz）；异鼠李素-3-O-β-D葡萄糖苷：7.87（m），7.59（m），6.97（s），6.47（d，J = 9.4Hz），6.27（s），3.95（s）；齐墩果酸：5.22（s），1.10（s），0.95（s），0.91（s），0.90（s），0.76（s），0.75（s）；异亮氨酸：1.00（d，J = 6.5Hz），0.97（d，J = 6.8Hz）；亮氨酸：0.97（d，

$J = 6.8\text{Hz}$）；缬氨酸：1.01（d，$J = 5.5\text{Hz}$），1.00（d，$J = 6.5\text{Hz}$）；丙氨酸：1.49（d，$J = 7.2\text{Hz}$）；奎宁酸：1.88（dd，$J = 20.5\text{Hz}$，$J = 8.7\text{Hz}$），2.23～1.98（m），4.15（m）；苹果酸：4.46（m），2.82（dd，$J = 16.2\text{Hz}$ $J = 4.1\text{Hz}$）2.68（dd，$J = 16.2\text{Hz}$，$J = 7.3\text{Hz}$）；胆碱：3.20（s）；L–白雀木醇：3.45（s），3.63（m）；脱氢抗坏血酸：4.63（dd，$J = 8.5\text{Hz}$，$J = 3.5\text{Hz}$），4.68（m）；蔗糖：5.38（d，$J = 3.7\text{Hz}$）；尿苷：7.90（d，$J = 6.7\text{Hz}$），5.95～5.87（m）；色氨酸：7.72（d，$J = 8.9\text{Hz}$）；组氨酸：8.67（d，$J = 1.4\text{Hz}$）；葫芦巴碱：9.17（s），8.85（d，$J = 6.3\text{Hz}$），8.88（d，$J = 8.4\text{Hz}$）；饱和脂肪酸类：0.88（m），1.24～1.35（m），1.57（m），2.52（t，$J = 7.4\text{Hz}$）；不饱和脂肪酸类：0.88（m），1.24～1.35（m），1.57（m），2.29（m），2.52（t，$J = 7.4\text{Hz}$），5.34（m）；甾醇类0.69（s）。

3.3 基于多元统计分析方法的不同基原沙棘药材代谢成分差异研究

3.3.1 主成分分析

本实验沙棘样品共42批，每份供试品溶液平行测定3次。将126×242数据矩阵导入SIMCA–P软件进行主成分分析，主成分分析得分图见图13-5。结果显示，前2个主成分的累积贡献率为93%（PC1 = 86%，PC2 = 7%），即表明前2个主成分就能概括原数据242个变量的93%的信息量。由第一主成分（PC1）和第二主成分（PC2）得到的得分图可知，中国沙棘与其他两个基原品种在PC1轴上能够明显区分开来，同时，中国沙棘、西藏沙棘、江孜沙棘3个基原皆能被PC1和PC2分为3组，每一组即对应1个基原品种，说明3种基原品种沙棘药材之间的代谢成分有着明显的差异。

为了便于找到引起3个基原品种分类的内在原因，发现可以作为鉴别的内在代谢标志物，本文进一步针对PC1与PC2进行载荷图分析。载荷图（图13-6）表明，L–白雀木醇、蔗糖、奎宁酸、苹果酸和脂肪酸类成分是造成3个品种分类的差异代谢物。对应观察载荷图与得分图，根据代谢成分在PC1轴上的载荷值，可得出结论：中国沙棘和江孜沙棘比较，中国沙棘中L–白雀木醇、蔗糖和脂肪酸类成分含量较高，苹果酸含量较低，根据代谢成分在PC2轴上的分布，可知西藏沙棘和江孜沙棘的代谢成分亦存在差异，西藏沙棘药材中脂肪酸和苹果酸含量较高，而江孜沙棘药材中L–白雀木醇、蔗糖和奎宁酸含量较高。

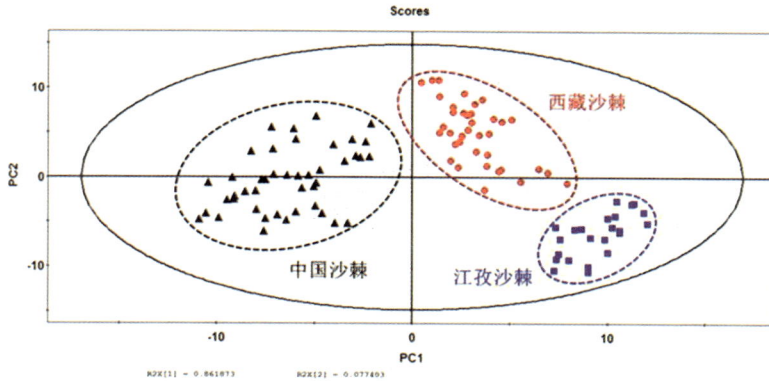

图 13-5　3 种不同基原沙棘 PCA 分析得分图

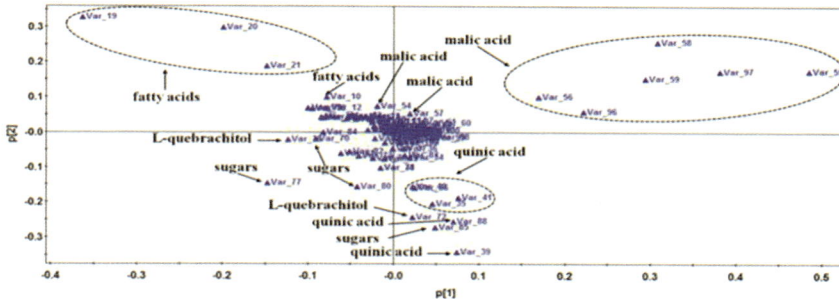

图 13-6　不同基原品种沙棘 PCA 分析载荷图

3.3.2 偏最小二乘法分析

将本实验获得的42×242的数据矩阵导入SIMCA-P软件中，先采用中心化法对数据进行尺度均一化处理，然后再进行偏最小二乘法判别分析。偏最小二乘法判别分析得分3D图和载荷图分别见图14-7和图14-8。

PLS-DA得分图显示，根据代谢成分在PC1轴上的载荷值，可得出结论：中国沙棘和西藏沙棘比较，中国沙棘中L-白雀木醇、蔗糖和脂肪酸类成分含量较高，苹果酸含量较低；根据代谢成分在PC2轴上的分布，可知西藏沙棘和江孜沙棘的代谢成分亦存在差异，江孜沙棘药材中L-白雀木醇、蔗糖和奎宁酸含量较高，而西藏沙棘药材中脂肪酸和苹果酸含量较高。3种沙棘药材（中国沙棘、西藏沙棘、江孜沙棘）差异的变量与上述PCA载荷图分析结果基本一致，均可以得到有效区分。

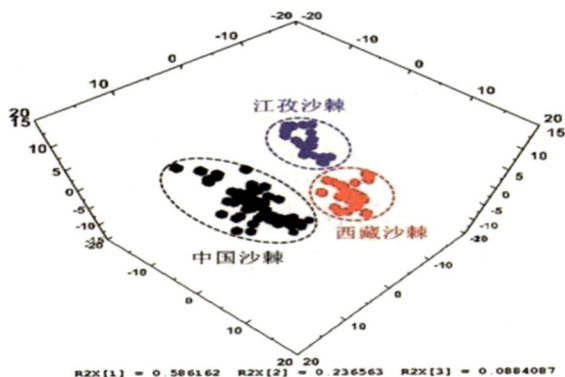

图 13-7　3 种基原品种沙棘药材 PLS-DA 的三维得分图（PLS1、PLS2 和 PLS3）

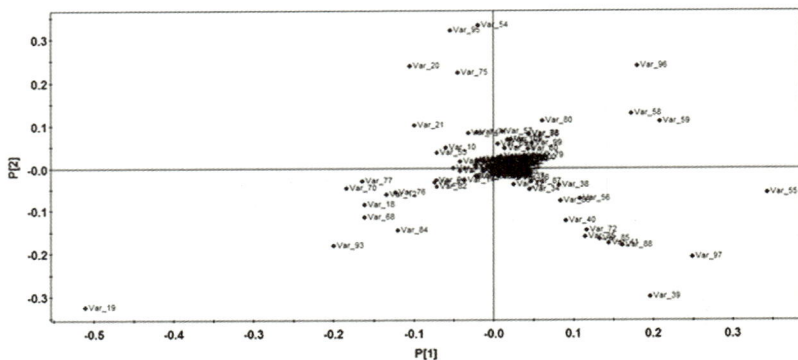

图 13-8　3 种基原品种沙棘药材 PLS-DA 分析载荷图

4　讨论与小结

　　课题组采用¹H-NMR代谢组学技术，首次同时对3种不同品种沙棘药材整体代谢物进行了检测分析。分析鉴定出25个（类）化合物，包括黄酮类、黄酮苷类、三萜类、氨基酸类、糖类及生物碱类等初生和次生代谢产物；同时结合PCA、PLS-DA等化学计量分析方法，发现了沙棘药材3种不同品种植物的代谢成分有明显的差异。L-白雀木醇、奎宁酸、苹果酸、脂肪酸类成分和部分未鉴定的糖类成分成为中国沙棘、西藏沙棘、江孜沙棘3个品种之间区分开来的代谢标志物。这些特征性代谢产物对于沙棘药材3种不同基原品种的鉴定、质量控制等研究都具有十分重要的意义。

　　与传统的色谱法比较，基于¹H-NMR的代谢组学技术是从整体代谢物角度出发，同时可以检测出沙棘药材中多种代谢成分，克服了常

鹿蹄草

沙棘

规HPLC不能检测出糖类和脂肪酸类等初生代谢产物的缺陷。运用^{1}H-NMR代谢组学方法结合PCA和PLS-DA等化学计量学的分析方法，为沙棘属药用植物的品种的鉴别和质量评价提供了新思路。

基于HPLC-MS代谢组学对中药制剂心迪软胶囊的急性血瘀证大鼠模型作用机制研究

1 实验材料

1.1 仪器

所使用的液相色谱系统是一个ACQUITY超高效液相色谱系统（美国，Waters公司）。色谱柱：100mm×2.1mm ACQUITY-1.7μm C18色谱柱（美国，Waters公司）。流动相A和B分别为含0.1%的甲酸水和乙腈。柱温40 ℃，非线性流动相梯度洗脱条件为：B: 2%～100%，0～16min，持续3min，流速：0.35ml/min。Waters SYNAPT G2-S Q-TOF质谱仪（美国Waters公司）。参数使用：毛细管电压3100V、锥电压30V、碰撞能量4eV、去溶剂化气体流量600L/h、锥孔气流50L/h、去溶剂温度300℃、离子源温度120℃。数据采集速率设定为0.4s，扫描延迟时间0.1s。所有数据的分析使用锁喷雾以确保准确性和重现性。亮氨酸脑啡肽作为同步质谱（正离子模式[M + H]$^+$ = 556.2771）的浓度为2ng/ml的甲醇：水（50：50）+ 1%乙酸，流速为10μl/min。锁喷雾频率设定在20s。进行高分辨质谱全扫描质量范围为80～700m/z。潜在生物标志物通过LC-MS / MS进行分析。碰撞能量为25eV，则其他参数均与上述相同。

1.2 试剂

乙腈为色谱纯（德国，Merck公司）、甲酸为分析纯（美国Tedia公司，色谱级）、去离子水由Milli-Q超纯水系统制备（美国，Millipore公司）、亮氨酸脑啡肽Sigma-Aldrich（美国，MO公司）。心迪软胶囊由四川美大康药业股份有限公司提供，大鼠给药前，将心迪软胶囊的材料用菜籽油溶解。

2 实验方法

2.1 动物试验和样品制备

SD雄性大鼠50只，体重（250±20）g，由四川省医学科学院实验动物研究所提供。将50只大鼠随机分为5组，分别为健康对照组、急性血瘀模型组、心迪软胶囊低剂量组、心迪软胶囊中剂量组、心迪软胶囊高剂量组。给大鼠灌胃每天1次，连续7天，其中给健康对照组和急性模型组大鼠灌胃10ml/kg（大鼠体重）心迪软胶囊菜籽油溶液，相同溶解方法的心迪软胶囊溶液给低、中、高剂量组大鼠

灌胃的浓度分别为37.5mg/ml、75mg/ml、150mg/ml。

最后一次灌胃心迪软胶囊药液之后，除健康组，所有实验动物分别由皮下注射肾上腺素0.4ml/kg，共2次，两次间隔4h，在两次注射之间前后各间隔2h将大鼠浸入冰水中5min，头部在冰水外。将大鼠放置于代谢笼中并停食，每12h收集一次大鼠尿液样本，连续2天每只大鼠分别收集4个尿液样本，并置于-20℃冰箱直至分析。在实验过程中，中剂量组大鼠有一只死亡，此样本尿液未能全部收集，或者收集到的尿液量过小不能分析。2天每组内收集32～36个尿液样本，并用于UPLC-TOFMS分析。

在分析之前，将样品在室温下解冻，13000r/min离心15min，取上清液。用150μl蒸馏水稀释50μl等分试样的上清液。将稀释后的尿液转移到自动进样器小瓶保持在4℃冰箱，待分析。

动物模型血液流变学的研究中，相同方式制备样品，然后收集血液样品。使用LG-R-80A全自动血液流变检测仪（中勤世帝总公司，北京，中国）检测血液流变学参数。

2.2 数据采集

将得到的原始图谱和数据，通过分析应用程序管理器MarkerLynx4.0软件处理。这个应用程序管理器集成一个峰值反卷积包，允许检测质量、保留时间和对色谱图中强度峰洗脱。从各峰的数据中，将具有相同质量的保留时间的数据合并成一个单一的矩阵。用每个样品中相应总峰强度将每个峰离子强度的检测标准化。所得的数据采用主成分分析法（PCA）和最小二乘法-判别分析法（SIMCA-P的软件版本11.0PLS-DA）（Umetrics AB，瑞典）分析。

3 实验结果

3.1 心迪软胶囊对急性血瘀模型血液流变学的影响

血瘀证即传统中医描述的血液运行不畅，并会引起疼痛或者其他症状的疾病。血液流变学是判别血瘀技术之一。通过对急性血瘀大鼠血液黏度、血液相对指标、血浆黏度、红细胞体积、血细胞聚集指数（AI）的检测来判断心迪软胶囊对血液流变学的影响。结果见表13-4。该数据表明健康组和急性模型组的血浆黏度、红细胞体积和血细胞聚集指数（AI）之间差异均较为显著，心迪软胶囊能够明显降低血液黏度、血浆黏度、红细胞体积和血细胞聚集指数（AI）。给药剂

沙棘

轮叶婆婆纳

量越大，血液流变学变化越显著。

表13-4　心迪软胶囊对血液流变学的影响（平均值±标准差，N=10）

Group	Blood viscosity (mPas)				Blood relative index		Plasma viscosity (mPa s)	Hematocrit (L/L)	AI
	$1.00 s^{-1}$	$5.00 s^{-1}$	$30.00 s^{-1}$	$200.00 s^{-1}$	High shear rate	Low shear rate			
Control	53.55 ± 6.18	20.90 ± 2.30*	10.61 ± 1.31	7.23 ± 0.77*	4.08 ± 0.44*	29.93 ± 3.60	1.82 ± 0.75*	0.60 ± 0.056*	7.34 ± 0.38*
Model	68.13 ± 19.39	25.01 ± 6.14	31.86 ± 2.38	7.80 ± 1.32	4.19 ± 0.68	36.62 ± 10.39	1.87 ± 0.66	0.64 ± 0.019	8.59 ± 1.29
Low dose	63.85 ± 13.39	23.61 ± 4.23	11.30 ± 1.66	7.44 ± 0.93*	4.06 ± 0.51*	34.79 ± 7.00	1.83 ± 0.56*	0.61 ± 0.042	8.51 ± 0.89
Middle dose	65.47 ± 14.49	24.82 ± 3.99	12.23 ± 1.22	8.25 ± 0.58	4.62 ± 0.13	36.68 ± 8.00	1.78 ± 0.20	0.58 ± 0.014*	7.90 ± 1.49
High dose	54.65 ± 7.38	21.39 ± 2.42*	10.86 ± 0.99	7.48 ± 0.56	4.38 ± 0.29	30.57 ± 3.89	1.79 ± 0.15*	0.58 ± 0.020*	7.23 ± 0.59*

AI: red blood cell aggregation index. *Compared with model $p < 0.05$. One-way ANOVA was used when the data were normal distribution. K independent sample tests were used when the data were not normal distribution.

3.2 UPLC Q-TOF 对大鼠尿液代谢模式的分析

代谢组学研究中，UPLC Q-TOF MS被认为是一种强大的技术。在我们以前的工作中，与HPLC法比较，UPLC Q-TOF MS已被证明有益于获得更多的代谢产物信息，并发现代谢产物浓度的显著变化。同时，基于Waters UPLC Q-TOF与微观1.7μm ACQUITYTM C18柱，能够很好的分析尿液代谢产物的良好的重复性和丰富的代谢产物的信息。在同一台仪器上通过增加柱温到40 ℃和改变缓冲液（2.3节）的一个20min梯度法分离色谱分析大鼠尿液。代表性基峰的峰强度（BPI）色谱见图13-9。检测离子在正离子模式下的数量大约为9600。为了检查方法的稳定性，进行了运行每10尿样后一个质量控制样品以进行分析。总共17测定的数据表明，该的保留时间和马尿酸的质量对照样品中的峰高度的相对标准偏差分别为0.23%和9.5%。所使用的方法具有良好的稳定性和可重复性。

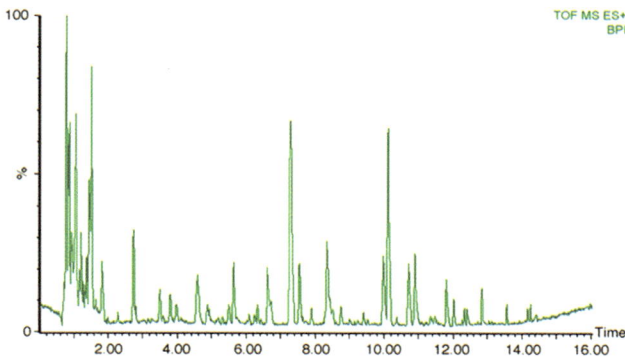

图 13-9　UPLC-Q-TOF MS 正离子模式下分析大鼠尿样的
代表基峰强度（BPI）色谱

3.3 心迪软胶囊对急性血瘀症模型泌尿的代谢影响

我们运用主成分分析（PCA）方法来区分模型组和对照组基于UPLC Q-TOF MS的谱图和代谢产物的差异。结果表明，模型组和对照组可以清楚地分离，大鼠尿液样品质谱数据见图13-10。2天后做好急性血瘀受试者，基于尿液样本的收集可将急性血瘀受试者与正常受试者区分开。急性血瘀组与正常组之间的差异比大鼠的个体差异更为显著。它表明，急性血瘀组尿中的代谢模式图有显著改变。我们用偏最小二乘判别分析法（PLS-DA）来确定心迪软胶囊对急性血瘀受试者的代谢模式的影响，并发现了浓度显著变化的代谢产物（简称潜在生物标志物）和潜在生物标志物，结果见图13-11。

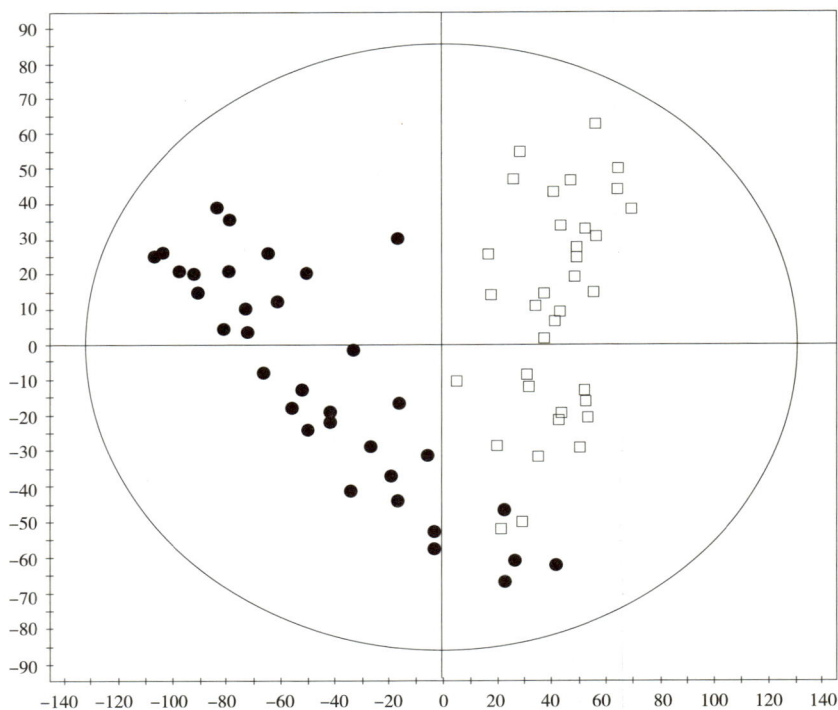

图 13-10 大鼠尿样的主成分分析得分图

□.正常对照组 ●.模型组

骆驼蓬

沙棘

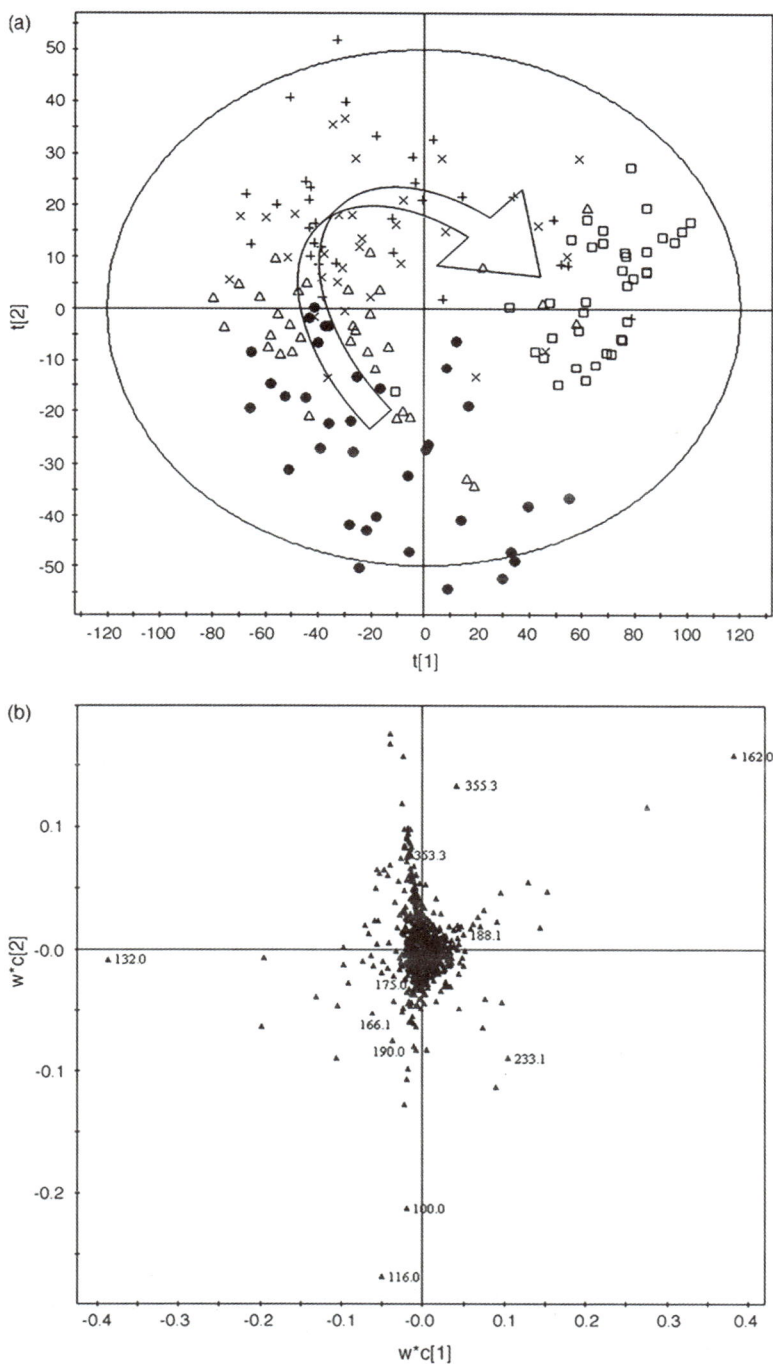

图 13-11　PLS-DA 得分图（a）和 PLS-DA 载荷图（b）

□.对照组；●.模型组；△.低剂量组；×.中剂量组；+.高剂量组

　　用7倍交叉验证评估模型预测能力，软件分类参数为R2Y = 0.866和Q2Y = 0.505，具有很好的拟合性和预测能力。置换反应实验（Y加扰）被用来评估预测能力的重要性并排除由于偶然的相关性造成的过度拟合。数据显示，我们的模型有一个R2Y截距的0.406和Q2-截距-0.470。根据Eriksson等所述，在一个有效模型中R2Y截距应不超过0.4，Q2-截距不应超过0.05，测试结果表明我们的模型是可靠的。从PLS-DA得分图（图13-11a）中可以看出，模型组和对照组能明显分离，而剂量组主要位于模型组和对照组之间。中剂量组和高剂量组的受试体与健康组的分离效果比低剂量组的更好，它们更接近对照组。结合血液流变学的代谢模型的变化可以发现模型组正向对照组转变，结果表明服用心迪软胶囊后，血瘀症被预防和缓解，有向健康组恢复的趋势。

　　基于UPLC Q-TOF MS数据所得的PLS-DA模型载荷图见图13-11b。距远点最远的离子对不同组的聚类贡献显著。不同组的某些典型离子的平均峰高情况见图13-12。与对照组相比，可以发现模型组的离子浓度m/z116.0（图13-12a）和m/z100.0（图13-12b）有所增加，与模型组相比，剂量组的浓度明显下降。与对照组相比模型组的离子的浓度m/z355.3（图13-12c）和m/z162.0（图13-12d）有所下降，剂量组的浓度与模型组相比有所增加。另一方面，模型组和剂量组离子浓度m/z132.0（图13-12e）与对照组相比有所增加，这种变化原因不明确。

驴耳风毛菊

沙棘

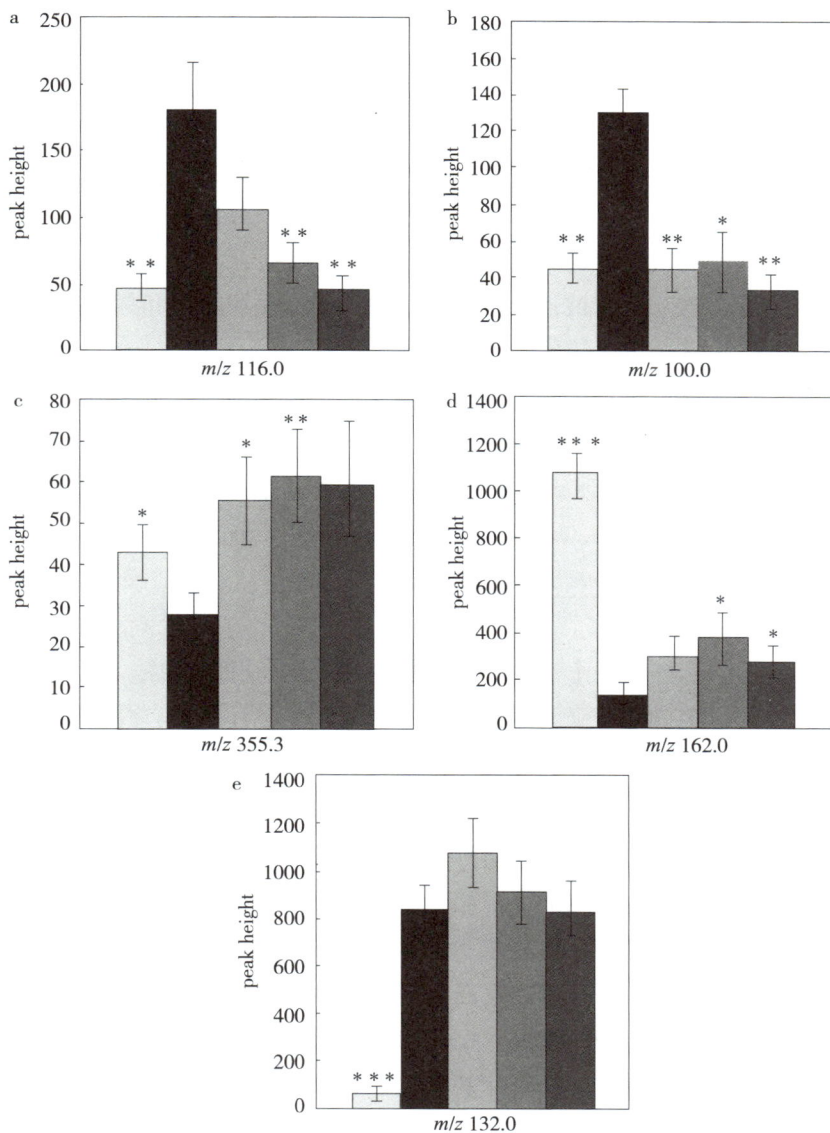

图 13-12　重要离子的平均数峰高度（平均值 ± 标准误差）
□. 对照组；■. 模型组；▨. 低剂量；▨. 中剂量；■. 高剂量

3.4 潜在生物标志物的鉴定

MS/ MS碎片模式常用来确定潜在的生物标志物。用一个潜在的生物标志物在m/z355.3处的保留时间（t_R）14.03min为一个例子来说明识别过程。质谱在保留

时间（t_R）14.03min处正离子模型图见图14-13a。比较负离子质谱图（图14-13b），发现与m/z407有相同的保留时间。因此认为是在409中ESI +和407中ESI-准分子离子结构中一定有三个羟基。为定义其结构，利用公共数据库KEGG（http://www.genome.jp/kegg/）、HMDB（Human Meabolome Database（http://www.hmdb.ca/）对分子量为408的进行检索，将一些无三个羟基的化合物从候选名单中删除，同时对其串联质谱碎片（图14-13c）做进一步研究。片段可能的机制推断见图14-13d。它被初步鉴定为胆酸，根据保留时间和标准样品的碎片图案，这个重要的代谢物被证实为胆酸。

通过使用上述相同的方法，7个潜在的生物标志物被鉴定出来了（表14-5），它们是胆酸（t_R14.03min，m/z 355.3）、二羟基胆甾烷酸（t_R12.88min，m/z 353.3）、苯丙氨酸（t_R2.58min，m/z 166.1）、犬尿酸（t_R5.68min，m/z 190.0）、色氨酸（t_R6.65min，m/z 188.1）、精氨酸（t_R0.71min，m/z 175.0）和N2-丁二酰基-L-鸟氨酸（t_R8.35min，m/z 233.1）。

胆酸是一个主要的初级胆汁酸。它在肝脏合成，在胆囊或肠道分泌，主要是牛磺酸和甘氨酸共轭形成。胆汁酸具有许多重要的生理功能，包括胆固醇的体内平衡，脂质的吸收，生成胆汁流，帮助药物、维生素、内源性和外源性毒的排泄和再循环。在我们的研究中，模型组胆酸相比对照组显著降低（$P=0.047$）。在剂量组中，模型组的尿胆酸的浓度是增加的，二羟基胆甾烷酸类似于胆酸。这可能是它能降低血液黏度和规范血脂水平的原因。在模型组中，苯丙氨酸和犬尿酸均显著增加，并且发现它们在剂量组中比模型组是在减少的。

这种趋势类似m/z 116.0和m/z 100.0（图13-12a和b）。苯丙氨酸是一种必需氨基酸，犬尿酸是另一个必需氨基酸色氨酸的代谢产物。氨基酸是作为蛋白质合成、能量代谢（通过羧酸氧化循环周期）或糖原异生和生酮的底物存在的。某些氨基酸也是神经化学介质底物。苯丙氨酸是氨基酸酪氨酸的前体，酪氨酸可以转化为儿茶酚胺，如多巴胺、去甲肾上腺素和肾上腺素等。在我们的研究中，急性血瘀模型中苯丙氨酸的途径可能被部分堵塞，过多的苯丙氨酸被尿液排出。

色氨酸是通过几个途径代谢，并且是前体的神经递质（5-羟色胺）血清素的生物合成的生物化学信使和调节器，犬尿氨酸途径正在

沙棘

马齿苋

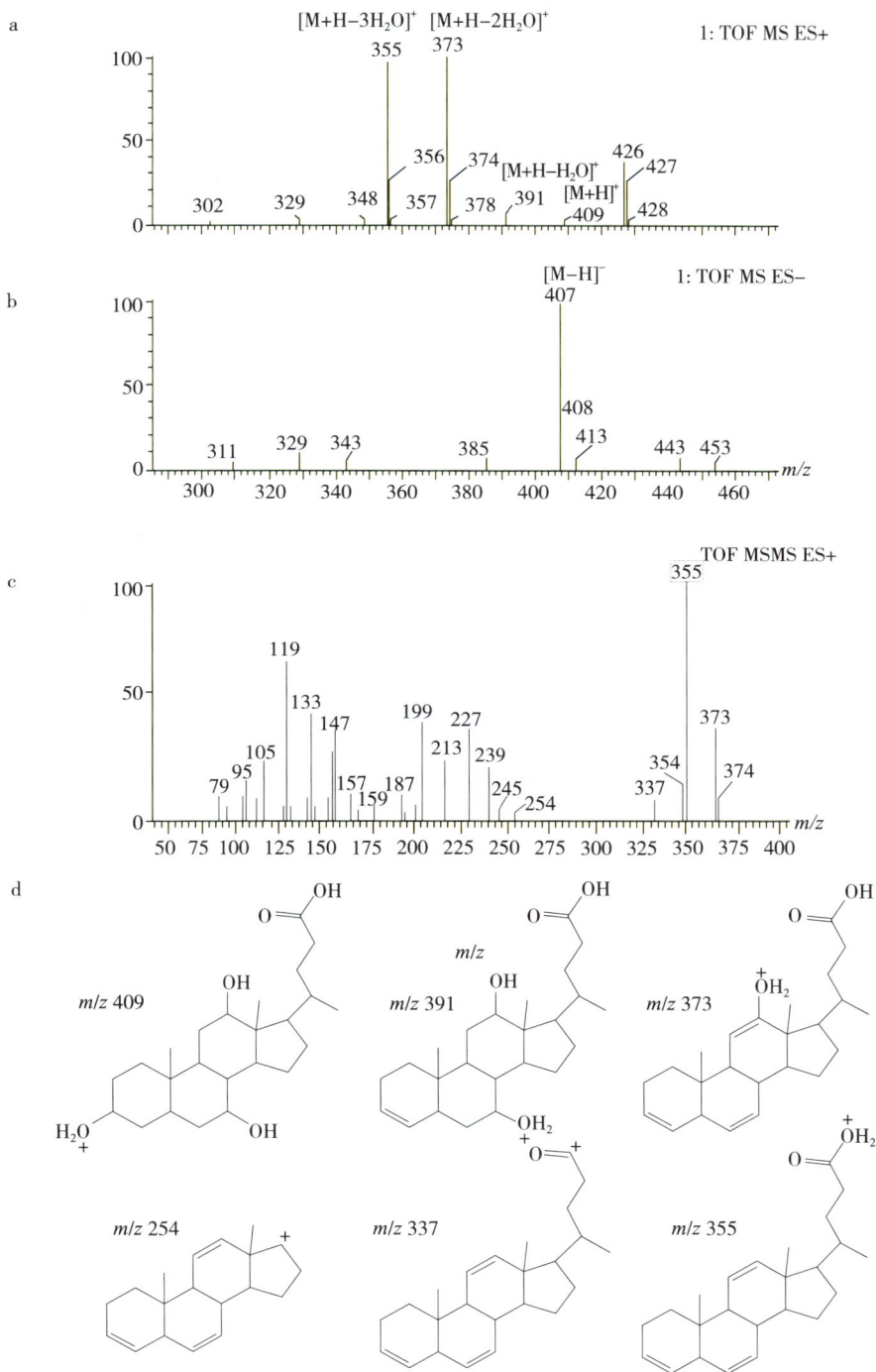

图 13-13　保留时间 14.03min 的质谱图

a.正电离模式；b.负电离模式；c.LC-ESI MS/MS谱图；d.MS的片段可能的机制

日益受到重视，因为它参与了许多不同的生理和病理过程。犬尿氨酸是少数已知的内源性兴奋性氨基酸受体阻断剂与超生理浓度的拮抗性广谱剂之一，在几个实验设置中，已被证明具有神经保护和减小升压反应的作用。在我们的研究中，发现对照组和模型组的色氨酸是不同的。所以在急性血瘀模型中，色氨酸途径可能被改变。犬尿酸的利用率可能低于正常水平，因此神经保护和减小升压反应的能力也被削弱。在剂量组中，苯丙氨酸和犬尿酸的浓度恢复了正常。结果表明心迪软胶囊具有很好的活血化瘀效果。

虽然心迪软胶囊干预后活血化瘀没有显著变化，但精氨酸和N2-丁二酰基-L-鸟氨酸明显有助于分开模型组及对照组，它们都存在于一氧化氮合成的尿素循环途径中。一氧化氮在对血管系统里起着根本性的作用，因为它对血管保护有多样的影响，包括良好的抗增生、抗炎、抗血栓和血管舒张作用。

表13-5 潜在生物标志物的鉴定结果

Retention time (min)	Mass	Identtification result	Pathway
14.03	355.3	Cholic acid	Buile acid biosynthsis
12.88	353.3	Dihydroxy cholanate	Buile acid biosynthsis
			Phenylalanine metabolism
2.58	166.1	Phenylalanine	Phenylalanine, tyrosine and tryptophan biosynthsis
5.68	190.0	Kynurenic acid	Tryptophan metabolism
			Tryptophan metabolism
6.65	188.1	Tryptophan	Phenylalanine, tyrosine and tryptophan biosynthsis
			Arginine and proline metabolism
0.71	175.0	Arginine	Urea cycle and metabolism of amino groups
			Arginine and proline metabolism
8.35	233.1	N2-Succinyl-L-ornithine	Urea cycle and metabolism of amino groups

3.4 讨论与小结

UPLC Q-TOF MS代谢组学方法已经用于评价心迪软胶囊对急性血

沙棘

马蔺

瘀模型大鼠的疗效。随着模式识别分析（PCA和PLS-DA）技术的开发，能实现模型组和对照组的明显分离。分别位于急性血瘀模型组与正常对照组之间的高、中、低剂量组，血液流变学结果的尿代谢方式的变化表明，模型组正在走向对照组改变，并且血瘀是可以预防和缓解的。高剂量组和中间剂量组的效果比低剂量组的更加显著。这项工作表明，代谢组学方法是研究中药的疗效和机制的宝贵工具。

藏药沙棘质量标准研究

1 西藏沙棘质量标准研究

西藏沙棘（藏文名：萨达尔），来源于胡颓子科植物西藏沙棘H. tibetana Schlechtend.，其果实分布于甘肃、青海、四川、西藏等地。西藏沙棘是沙棘膏来源之一，在海拔3500m以上以牧区为主的藏区被大量使用。课题组按《中国药典》（2010年版一部）"药材与饮片"质量标准要求建立西藏沙棘质量标准。

1.1 实验材料

1.1.1 仪器

岛津 LC-2010A HT 型 HPL 色谱仪，SHIMADZU LC solution 工作站；超声波清洗器（KQ-50B 型，功率 200W，频率 40kHz，昆山市超声仪器有限公司）；BP121S 电子天平（德国 Sartorius 公司）；电子显微镜（OLYMPUS CX41RF，奥林巴斯中国有限公司）。

1.1.2 试剂

槲皮素对照品（批号：100081-200907，供含量测定用，含量为 96.5%）、山奈素对照品（批号：10861-201209，供含量测定用，含量为 93.2%）、异鼠李素对照品（批号：10860-201109，供含量测定用，含量为 99%），均购自中国食品药品检定研究院；甲醇为色谱纯，水为超纯水，其余试剂均为分析纯。

1.1.3 实验样品

本文采集10 批西藏沙棘，经成都中医药大学张艺研究员鉴定为胡颓子科植物西藏沙棘H. *Tibetana* Schlechtend.的干燥成熟果实。均粉碎、过筛（三号筛）混匀，置干燥器中备用。

1.2 实验方法与结果

1.2.1 显微鉴别

取10 批供试品，分别粉碎，依据显微鉴别法（《中国药典》2010年版一部附录ⅡC）及相关规定，依法操作，观察西藏沙棘药材粉末的显微特征，据其结果而描述。根据结果描述，本品粉末红棕色。果皮表皮细胞较小，单个细胞长20～50μm，

多角形、类方形，垂周壁稍厚。表皮上盾状毛较多，棕红色，类圆形，直径100～300μm。螺纹导管细长，直径5～10μm。油滴甚多，橙黄色或橙红色。散有纤维。考虑到标准的可操作性，根据各特征在粉末中所占的比例、观察的难易程度以及在鉴定中的价值，确定果皮表皮细胞、盾状毛、导管、纤维为其主要鉴别特征（图13-14）。

1.2.2　TLC鉴别

取供试品溶液10ml，蒸干，加20ml水溶解，用乙酸乙酯萃取2次，每次15ml，合并乙酸乙酯液，蒸干，残渣加甲醇1 ml使溶解，作为供试品溶液。精密称定槲皮素、山奈素、异鼠李素对照品适量，加甲醇分别制成每1ml各含1.0mg、1.0mg、0.1mg的对照品溶液。照薄层色谱法（《中国药典》2010年版一部附录Ⅵ B）试验，吸取供试品溶液3μl、对照品槲皮素1μl、山奈素1μl、异鼠李素2μl，分别点于同一含3%醋酸钠硅胶G薄层板上，以三氯甲烷-甲酸乙酯-甲酸（5：4：1）为展开剂，展开，取出，晾干，喷以三氯化铝试液，热风下吹干，置紫外光灯（365nm）下检视。供试品色谱中，在与对照品色谱相应的位置上，显相同颜色的荧光斑点。薄层鉴别色谱图见图13-15。

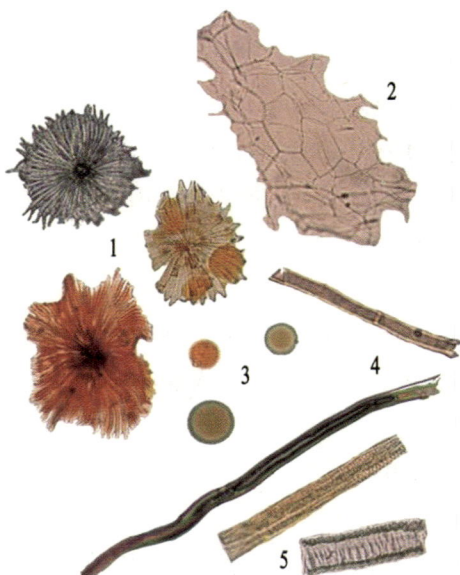

图 13-14　西藏沙棘粉末显微图

1.盾状毛；2.表皮细胞；3.油细胞；4.纤维；5.螺纹导管

沙棘

牻牛儿苗

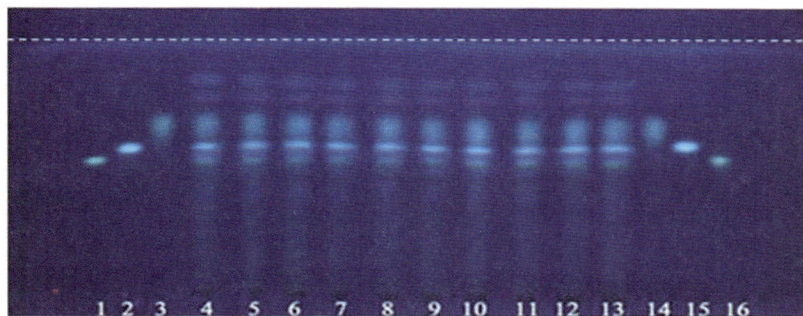

图 13-15　西藏沙棘 TLC 图
1~16.槲皮素对照品；2~15.山柰素对照品；3~14.异鼠李素对照品；4~13.10批样品

1.2.3 水分、总灰分、酸不溶性灰分及浸出物的测定

按《中国药典》2010年版一部水分测定法（附录Ⅸ H 第一法）、总灰分测定法（附录Ⅸ K）、酸不溶性灰分测定法（附录Ⅸ K）、浸出物（附录Ⅹ A）项下热浸法，分别测定10批西藏沙棘药材的水分、总灰分、酸不溶性灰分及浸出物分别在6.86%～10.94%、2.70%～3.98%、0.15%～0.28%、36.33%～42.58%之间，平均值分别为8.26%、3.21%、0.21%、38.89%。

1.2.4 含量测定

1.2.4.1 色谱条件

色谱柱Agilent zorbax SB-C18（250mm×4.6mm，5μm），以甲醇-0.2%磷酸水溶液（48：52）为流动相，流速1.0ml/min，柱温30℃，检测波长370nm，进样量10μl。在此条件下，槲皮素、山柰素、异鼠李素的保留时间、分离度、理论板数等色谱参数均符合要求（高效液相色谱见图13-16）。

1.2.4.2 对照品溶液的制备

精密称定槲皮素、山柰素、异鼠李素对照品，加甲醇制成每1ml各含3μg、6μg、12μg的对照品溶液，即得。

1.2.4.3 供试品溶液的制备

取本品粉末约1.0g，精密称定，置具塞锥形瓶中，分别精密加入甲醇40ml，称定重量，加热回流提取60min，放冷，再称定重量，用甲醇补足减失的重量，摇匀，滤过。精密量取续滤液20ml，置具塞锥形瓶中，加盐酸3ml，在75℃水浴中加热水解30min，立即冷却，滤过，取续滤液作为供试品溶液。

1.2.4.4 线性关系的考察

精密称定槲皮素、山柰素、异鼠李素对照品适量，加甲醇制成每1ml含槲皮

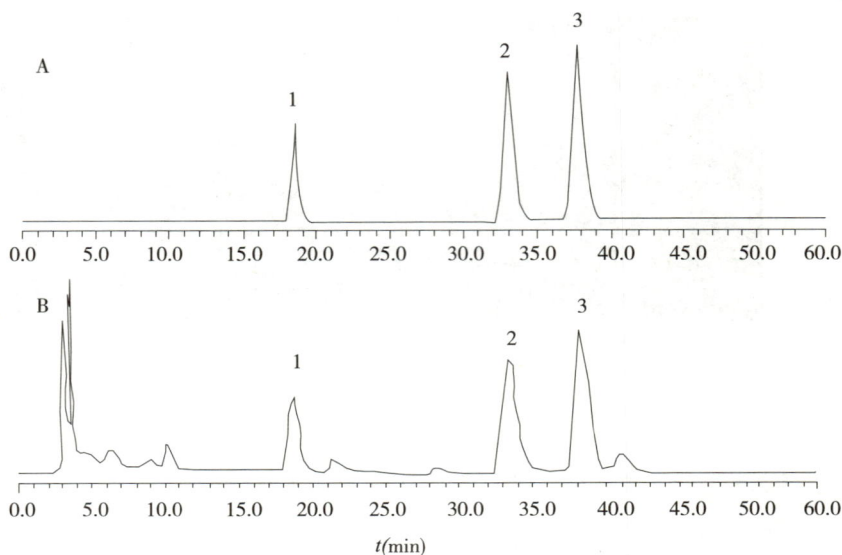

图 13-16　西藏沙棘 HPLC 图

A.混合对照品；B.样品；1.槲皮素；2.山柰素；3.异鼠李素

素1.033mg、山柰素0.932mg、异鼠李素0.224mg的对照品溶液，作为贮备液；分别精密吸取槲皮素、山柰素、异鼠李素1.8ml、4.0ml、35ml，置于100ml容量瓶内，甲醇定容。再取该混合对照品适量，稀释成不同的浓度。槲皮素：19.102、12.607、6.304、3.152、2.364、1.891、1.248μg/ml，山柰素：37.746、24.912、12.456、6.228、4.671、3.737、2.466μg/ml，异鼠李素：78.400、51.744、25.872、12.936、9.702、7.762、5.123μg/ml。精密吸取上述对照品溶液10μl，注入液相色谱仪，记录色谱图，测定其峰面积，并以峰面积（Y）为纵坐标，槲皮素、山柰素、异鼠李素不同浓度（X）为横坐标进行线性回归，得回归方程：①槲皮素$Y = 4.3413 \times 10^4 X - 3552.9$，$r = 0.9999$；②山柰素$Y = 4.3075 \times 10^4 X - 5154.8$，$r = 0.9999$；③异鼠李素$Y = 4.0814 \times 10^4 X - 12521$，$r = 0.9999$。结果表明，槲皮素、山柰素、异鼠李素分别在 1.248～19.102μg、2.466～37.746μg、5.123～78.400μg之间时，与峰面积线性关系良好。

1.2.4.5 精密度实验

精密吸取槲皮素、山柰素、异鼠李素混合对照品溶液10μl，注入液相色谱仪，共6次，记录色谱图，测得槲皮素、山柰素、异鼠李素

峰面积RSD%分别为1.08%、0.29%、0.74%，表明该仪器精密度良好。

1.2.4.6 稳定性实验

精密吸取供试品溶液，置阴暗处室温密闭放置，分别在0、1、2、4、8、12h测定其峰面积，槲皮素、山柰素、异鼠李素峰面积RSD%分别为1.62%、0.65%、0.72%，表明供试品在12h内有较好的稳定性。

1.2.4.7 重复性试验

取本品粉末约1.0g，精密称定，共6份，按供试品溶液的制备项下方法制备供试品溶液，进样10μl，记录色谱图，计算含量。6份供试品中槲皮素、山柰素、异鼠李素平均含量分别为184.26、333.44、530.42μg/g，RSD%分别为1.48%、1.77%、1.03%，表明本法具有较好的重复性。

1.2.4.8 加样回收率试验

取已知含量的供试品约0.5g，共9份，置具塞锥形瓶中，分别按已知含量的80%、100%、120%三个水平加入对照品，按供试品溶液的制备项下方法制备供试品溶液，依次测定，计算含量，结果见表13-6。

表13-6 西藏沙棘中三个对照品的加样回收试验

成分	编号	取样量（g）	样品含量（μg）	加入量（μg）	测得量（μg）	回收率（%）	平均回收率（%）	RSD（%）
槲皮素	1	0.5001	92.61	74.34	165.04	97.43		
	2	0.4999	92.57	74.34	165.59	98.21		
	3	0.5002	92.63	74.34	167.31	100.46		
	4	0.5000	92.59	92.93	183.40	97.72		
	5	0.5004	92.66	92.93	186.20	100.66	99.22	1.60
	6	0.5002	92.63	92.93	183.16	97.42		
	7	0.5001	92.61	111.52	203.13	99.11		
	8	0.5000	92.59	111.52	205.90	101.61		
	9	0.5002	92.63	111.52	204.50	100.32		
山柰素	1	0.5001	167.53	134.21	298.18	97.35		
	2	0.4999	167.46	134.21	300.40	99.05		
	3	0.5002	167.56	134.21	299.04	97.96		
	4	0.5000	167.49	167.76	335.38	100.07		
	5	0.5004	167.63	167.76	333.24	98.72	99.10	1.37
	6	0.5002	167.56	167.76	334.74	99.66		
	7	0.5001	167.53	201.31	371.78	101.46		
	8	0.5000	167.49	201.31	368.96	100.07		
	9	0.5002	167.56	201.31	363.89	97.53		
异鼠李素	1	0.5001	265.36	201.60	466.65	99.85		
	2	0.4999	265.25	201.60	462.68	97.93		
	3	0.5002	265.41	201.60	468.64	100.81		
	4	0.5000	265.30	257.60	525.73	101.10		
	5	0.5004	265.52	257.60	522.33	99.70	99.24	1.57
	6	0.5002	265.41	257.60	518.10	98.09		
	7	0.5001	265.36	313.60	581.84	100.92		
	8	0.5000	265.30	313.60	571.62	97.68		
	9	0.5002	265.41	313.60	569.79	97.06		

1.2.4.9 含量测定结果

取10批西藏沙棘药材，按供试品溶液的制备项下方法制备供试品溶液，按上述方法测定含量，结果见表13-7。

表13-7 10批供试品测定结果（*n*=2）

序号	批号	产地	槲皮素（%）	山奈素（%）	异鼠李素（%）
1	20130801	西藏拉萨市墨竹工卡县日多乡	0.008	0.038	0.013
2	20130802	四川阿坝州若尔盖县白河牧场	0.032	0.030	0.082
3	20130803	四川阿坝州红原县龙日坝	0.043	0.026	0.138
4	20130804	四川阿坝州红原县安曲乡	0.034	0.045	0.066
5	20130805	四川阿坝州红原县江茸乡	0.041	0.046	0.099
6	20130806	四川阿坝州阿坝县查理乡	0.030	0.034	0.108
7	20130807	四川阿坝州若尔盖县达渣寺镇	0.029	0.021	0.077
8	20130808	四川阿坝州若尔盖县阿西哇乡	0.031	0.032	0.078
9	20130809	青海大通县向化乡	0.035	0.046	0.071
10	20130810	西藏山南地区浪卡子县热龙乡	0.023	0.034	0.060
平均含量（%）			0.031	0.035	0.079

注：所有含量均按干燥品计算

1.3 讨论与小结

在薄层色谱鉴别中，常规硅胶薄层的供试品溶液斑点脱尾严重，而采用含3%醋酸钠硅胶板能有效抑制脱尾。槲皮素、山奈素难于分离，参考文献条件，控制相对湿度32%、温度25℃进行展开，斑点清晰，分离效果较好。此外，本文对薄层色谱的展开条件、显色条件、点样量、方法耐用性（不同厂家薄层板、不同展开温度、不同展开湿度）等影响薄层展开效果的因素进行了考察。

HPLC法同时测定山奈素、槲皮素、异鼠李素的色谱条件成熟，在《中国药典》2010年版一部银杏叶及相关制剂中广泛使用，测定波长均为360nm，而本实验通过DAD数据分析槲皮素、山奈素、异鼠李素吸收情况，发现三个成分均在370nm处有最大吸收，因此，建议采用370nm进行测定。实验过程中还发现，水解时间过长、盐酸用量过多会导致样品槲皮素、山奈素、异鼠李素含量下降，这可能与酸性条

梅花草

沙棘

件下，黄酮类成分在水中溶解度降低有关。

本实验分别在西藏、四川、青海收集了10批西藏沙棘，其槲皮素、山柰素、异鼠李素平均含量分别为0.031%、0.035%、0.079%，其中批号为20130801的西藏沙棘槲皮素、山柰素、异鼠李素含量较低，这可能与药材的生态环境有关。

1.4 萨达尔质量标准草案

萨达尔

Sadaer

HIPPOPHAE TIBETANA FRUCTUS

本品为胡颓子科植物西藏沙棘Hippophae tibetana Schlechtend.的干燥成熟果实。9～11月采收，除去杂质，干燥。

【性状】本品阔椭圆形或近圆形，有的数个粘连，单个直径6～10mm。表面棕红色，皱缩，顶端具6条放射状条纹；顶端有残存花柱，基部具短小果梗或果梗痕。果肉油润，质柔软。种子棕黑色，卵形，长4～5mm，宽约2.5mm，中间有一明显纵沟；种皮较硬，种仁淡黄色，有油性。气微，味酸、涩。

【鉴别】（1）本品粉末红棕色。果皮表皮细胞较小，单个细胞长20～50μm，多角形、类方形，垂周壁稍厚。表皮上盾状毛较多，棕红色，类圆形，直径100～300μm。螺纹导管细长，直径5～10μm。油滴甚多，橙黄色或橙红色。散有纤维。

（2）取［含量测定］槲皮素、山柰素、异鼠李素项下的供试品溶液10ml，蒸干，加20ml水溶解，用乙酸乙酯萃取2次，每次15ml，合并乙酸乙酯液，蒸干，残渣加甲醇1ml使溶解，作为供试品溶液。另取槲皮素、山柰素、异鼠李素对照品适量，精密称定，加甲醇制成每1ml各含1mg的对照品溶液。照薄层色谱法（《中国药典》2010年版一部附录Ⅵ B）试验，吸取供试品溶液3μl、对照品槲皮素1μl、山柰素1μl、异鼠李素2μl，分别点于同一含3%醋酸钠硅胶G薄层板上，以三氯甲烷-甲酸乙酯-甲酸（5∶4∶1）为展开剂，展开，取出，晾干，喷以三氯化铝试液，热风下吹干，置紫外光灯（365nm）下检视。供试品色谱中，在与对照品色谱相应的位置上，显相同颜色的荧光斑点。

【检查】水分　不得过10.0%（《中国药典》2010年版一部附录Ⅸ H第一法）。

总灰分　不得过4.0%（《中国药典》2010年版一部附录Ⅸ K）。

酸不溶性灰分不得过0.3%（《中国药典》2010年版一部附录Ⅸ K）。

【浸出物】照醇溶性浸出物测定法（《中国药典》2010年版一部附录Ⅹ A）项

下的热浸法测定，不得少于30.0%。

【含量测定】照高效液相色谱法（《中国药典》一部 附录Ⅵ D）测定。

色谱条件与系统适用性试验　以十八烷基硅烷键合硅胶为填充剂；以甲醇-0.2%磷酸溶液（48:52）为流动相；检测波长为370nm。理论板数按槲皮素、山柰素、异鼠李素峰计算应不低于3000。

对照品溶液的制备　取槲皮素、山柰素、异鼠李素对照品适量，精密称定，加甲醇制成每1ml各含3μg、6μg、12μg的对照品溶液，即得。

供试品溶液的制备　取本品粉末（过三号筛）1.0g，精密称定，置具塞锥形瓶中，精密加入甲醇40ml，称定重量，加热回流1h，放冷，再称定重量，用甲醇补足减失的重量，摇匀，滤过。精密量取续滤液20ml，置具塞锥形瓶中，加盐酸3ml，在75℃水浴中加热水解1h，立即冷却，滤过，取续滤液，即得。

测定法　分别精密吸取对照品溶液与供试品溶液各10μl，注入液相色谱仪，测定，即得。

本品按干燥品计算，含槲皮素（$C_{15}H_{10}O_7$）、山柰素（$C_{15}H_{10}O_6$）、异鼠李素（$C_{16}H_{12}O_7$）分别不得少于0.025%、0.028%、0.063%。

【炮制】除去杂质。

【味性】味酸，性凉。

【功效】止咳祛痰，消食化滞，活血散瘀。用于咳嗽痰多，消化不良，食积腹痛，瘀血经闭，跌打瘀肿。

【用法与用量】3～10g。

【贮藏】置通风干燥处，防霉，防蛀。

2 沙棘膏质量标准研究

2.1 实验材料

2.1.1 仪器

美国Agilent 1200高效液相色谱仪（DAD检测器）；岛津LC-2010A HT型高效液相色谱仪（SHIMADZU LC solution工作站）；UV-1600型紫外-可见分光光度计（上海美谱达仪器有限公司）；ZF-20D暗箱式紫外分析仪（上海顾村电光仪器厂）；BP121S电子天平（德国Sartorius公司）；UPUL-1-10T型超纯水机（成都超纯科技有限公司）；KQ-50B型超声波清洗器（昆山市超声仪器有限公司）。

蒙古久苓草

沙棘

2.1.2 试剂

芦丁对照品（批号：110753-200413，购自中国药品生物制品检定所）；槲皮素对照品（批号：MUST-13072505，购自中国科学院成都生物研究所）；山奈素对照品（批号110861-201209，购自中国食品药品检定研究院）；异鼠李素对照品（批号MUST-12112001，购自中国科学院成都生物研究所）；沙棘对照药材（批号：121519-200501，中国食品药品检定研究院提供）；甲醇、乙腈、磷酸为色谱纯，水为超纯水，其余试剂均为分析纯。

2.1.3 实验样品

实验所用沙棘膏分别于西藏、青海、四川、甘肃各大藏药厂、藏医院收集，共计24批，见表13-8。

表13-8 沙棘膏样品信息

批号	样品来源	年份	批号	样品来源	年份
SJG-01	西藏山南雍布拉康藏药厂	2013	SJG-13	青海药材市场	2013
SJG-02	西藏自治区藏药厂	2013	SJG-14	青海西宁市大通县	2013
SJG-03	西藏自治区藏药厂	2012	SJG-15	四川甘孜州藏医院	2013
SJG-04	西藏林芝地区藏医院	2013	SJG-16	四川甘孜州藏医院	2012
SJG-05	西藏林芝地区藏医院	2012	SJG-17	四川甘孜州德格县藏医院	2013
SJG-06	西藏林芝地区藏药厂	2012	SJG-18	四川甘孜州德格县藏医院	2012
SJG-07	西藏山南地区藏医院	2012	SJG-19	四川阿坝州藏医院	2012
SJG-08	西藏昌都地区藏药厂	2012	SJG-20	四川阿坝州红原县藏医院	2012
SJG-09	西藏拉萨市墨竹工卡县	2013	SJG-21	四川阿坝州红原县江茸乡	2012
SJG-10	西藏山南地区浪卡子县	2013	SJG-22	四川阿坝州若尔盖县藏医院	2013
SJG-11	青海省藏医院	2013	SJG-23	四川凉山州木里县中藏医院	2013
SJG-12	青海省藏医院	2013	SJG-24	甘肃甘南州藏医院	2013

2.2 实验方法与结果

2.2.1 薄层色谱鉴别

2.2.1.1 对照品溶液的制备

取槲皮素、异鼠李素对照品适量，精密称定，加甲醇分别制成每1ml各含0.56mg、0.05mg的对照品溶液。

2.2.1.2 供试品溶液的制备

取本品1.0g，加甲醇50ml，超声处理（功率200W，频率40kHz）30min，滤过，取续滤液30ml，置具塞锥形瓶中，加盐酸3ml，水浴中加热水解30min，立即冷却，滤过，取续滤液20ml，蒸干，残渣加水20ml使溶解，用乙酸乙酯萃取2次，每次20ml，合并乙酸乙酯液，蒸干，残渣加甲醇1ml使溶解，作为供试品溶液。

2.2.1.3 对照药材溶液的制备

取沙棘对照药材1.0g，制成对照药材溶液。

2.2.1.4 薄层色谱条件及结果

照薄层色谱法（附录ⅥB）试验，吸取供试品溶液1~10μl、对照药材溶液与对照品溶液各2μl，分别点于同一含3%醋酸钠溶液制备的硅胶G薄层板上，以甲苯–乙酸乙酯–甲酸（5：2：1）为展开剂，展开、取出、晾干，喷以三氯化铝试液，置紫外光灯（365nm）下检视。供试品色谱中，在与对照药材色谱和对照品色谱相应的位置上，显现出相同颜色的荧光斑点，见图13-17。

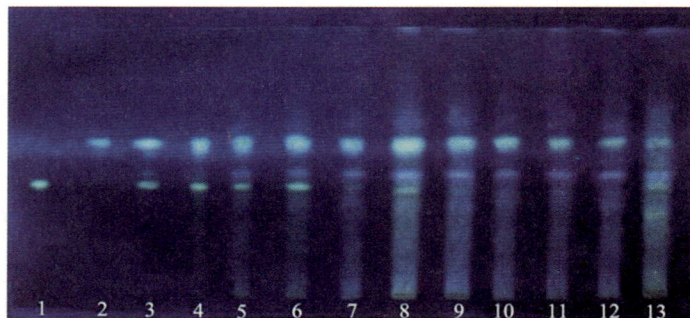

图 13-17　沙棘膏 TLC 图

1.槲皮素；2.异鼠李素；3.对照药材；4.SJG–02；5.SJG–17；6.SJG–15；7.SJG–11；8.SJG–24；9.SJG–01；10.SJG–12；11.SJG–13；12.SJG–23；13.SJG–04

2.2.2 总黄酮的含量测定

沙棘的化学成分主要是黄酮醇和黄酮醇苷。《中国药典》2010年版一部中规定沙棘药材以芦丁为对照品进行含量测定，因此，本标准以芦丁为指标，采用紫外–可见分光光度法测定沙棘膏中总黄酮的含量。

沙棘

蒙古山萝卜

2.2.2.1 对照品溶液的制备

精密称取芦丁对照品，置于50ml的量瓶中，加甲醇溶解，定容后摇匀，即得芦丁对照品溶液（0.208mg/L）。

2.2.2.2 供试品溶液的制备

取本品1.0g，精密称定，精密量取60%的甲醇50ml 85℃加热回流提取30min，放冷，再称定重量，用60%甲醇补足减失的重量，摇匀，滤过，取续滤液，即得。

2.2.2.3 线性关系考察

精密量取对照品溶液1、2、3、4、5、6ml，分别置25ml量瓶中，各加60%甲醇至6ml，加5%亚硝酸钠溶液1ml。混匀，放置6min，再加10%硝酸铝溶液1ml，摇匀，放置6min。加氢氧化钠试液10ml，再加60%甲醇至刻度，摇匀，放置15min，以相应试剂为空白，照紫外-可见分光光度法，在500nm的波长处测定吸光度。以吸光度为纵坐标，浓度为横坐标，绘制标准曲线，$Y=11.885X+0.0031$（$r=0.9998$）。

2.2.2.4 精密度试验

精密吸取芦丁对照品溶液与供试品溶液3ml，测定吸光度，结果表明，芦丁与供试品溶液吸光度值的RSD分别为0.49%、0.73%，说明该方法精密度良好。

2.2.2.5 重复性试验

取本品约1.0g，共6份，精密称定，制备供试品溶液，分别精密吸取对照品溶液与各供试品溶液3ml，测定吸光度，按照标准曲线法计算总黄酮的含量。6份供试品溶液中总黄酮的平均含量为1.49%，RSD为1.41%，说明该方法重复性良好。

2.2.2.6 稳定性试验

分别于1、2、4、8、12h后，精密吸取供试品溶液3ml，测定吸光度，结果供试品溶液吸光度值RSD为1.96%，表明供试品溶液在12h内稳定。

2.2.2.7 回收率试验

取已知含量的供试品9份，约0.5g，精密称定，分别按已知含量的80%、100%、120%加入芦丁对照品溶液，制备供试品溶液，测定吸光度，计算含量。芦丁的加样回收率在95%~105%之间，平均回收率为101.38%，RSD为2.49%，表明此方法有较好的准确性，符合紫外分光光度法含量测定要求。

2.2.2.8 含量测定

取24批沙棘膏样品，制备供试品溶液，测定吸光度，以干燥品计算沙棘膏中总黄酮的含量，结果见表13-9。

表13-9　24批沙棘膏样品总黄酮含量测定结果（n=2）

序号	样品批号	总黄酮（%）	槲皮素（%）	山柰素（%）	异鼠李素（%）
1	SJG-01	0.77	0.0192	0.0078	0.0554
2	SJG-02	4.93	0.4534	0.0696	0.6208
3	SJG-03	3.66	0.4582	0.0552	0.6601
4	SJG-04	1.98	0.3777	0.0527	0.4561
5	SJG-05	1.33	0.0747	0.0302	0.1624
6	SJG-06	2.86	0.0234	0.0083	0.0403
7	SJG-07	1.30	0.0155	0.0065	0.0441
8	SJG-08	0.33	0.0041	0.0208	–
9	SJG-09	0.97	0.0125	0.0379	0.0217
10	SJG-10	0.97	0.0248	0.0587	0.0654
11	SJG-11	0.80	0.0103	0.0039	0.0316
12	SJG-12	2.81	0.0188	0.0070	0.0406
13	SJG-13	2.03	0.0248	0.0091	0.0570
14	SJG-14	1.36	0.0296	0.0160	0.0726
15	SJG-15	2.16	0.2616	0.0367	0.3208
16	SJG-16	0.80	0.3982	0.0547	0.4507
17	SJG-17	3.47	0.1510	0.0242	0.2279
18	SJG-18	3.07	0.0152	0.0058	0.0464
19	SJG-19	3.27	0.1606	0.0255	0.2386
20	SJG-20	1.00	0.0106	0.0043	0.0305
21	SJG-21	0.61	0.0246	0.0093	0.0591
22	SJG-22	0.55	0.0260	0.0205	0.0813
23	SJG-23	2.48	0.1942	0.0066	0.2502
24	SJG-24	1.10	0.0914	0.0324	0.2893
平均含量		1.86	0.1286	0.0263	0.1921

注：批号为SJG-08沙棘膏总黄酮含量过低且未检异鼠李素，因此不计入平均值

2.2.3 HPLC含量测定

沙棘膏主要含有的黄酮类成分是沙棘的主要药效成分，其中，槲皮素、山柰素、异鼠李素与治疗心血管疾病相关，故本标准采用HPLC法对沙棘膏中槲皮素、山柰素、异鼠李素的含量进行测定。

2.2.3.1 色谱条件

以甲醇-0.4%磷酸溶液（50∶50）为流动相；流速：1.0ml/min；色谱柱为岛津 InertSustain C18（4.6mm×250mm，5μm）柱，柱温：30℃，进样量20μl；检测波长 370nm，采样时间 45min。在此条件下，槲皮素、山奈素、异鼠李素保留时间、分离度、理论板数等色谱参数均符合要求，对照品、样品图谱分别见图13-18。

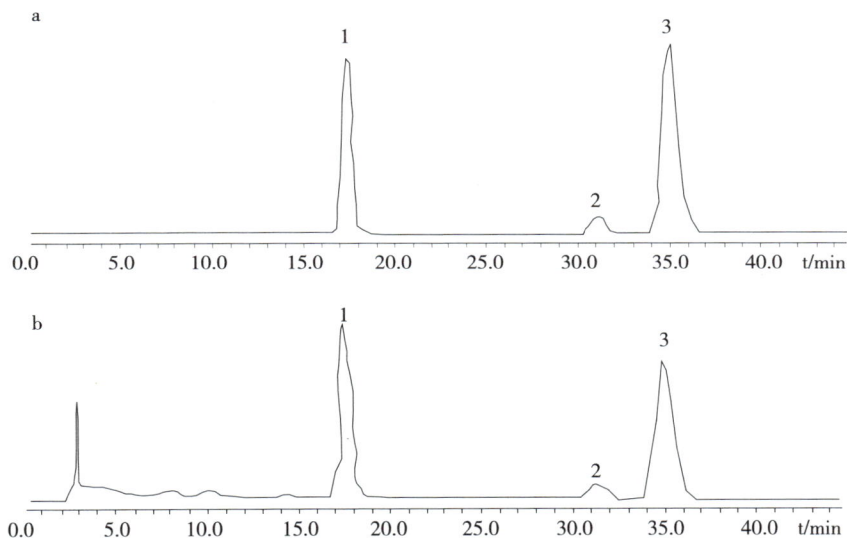

图 13-18　混合对照品溶液（a）和供试品溶液（b）的 HPLC 图
1.槲皮素；2.山奈素；3.异鼠李素

2.2.3.2 对照品溶液的制备

分别取槲皮素、山奈素、异鼠李素对照品适量，精密称定，加甲醇制成每 1ml分别含槲皮素37μg、山奈素5μg、异鼠李素64μg的混合溶液。

2.2.3.3 供试品的制备

取本品1.0g，精密称定，置具塞锥形瓶中，精密加入盐酸的甲醇溶液（3→50）50ml，称定重量，置80℃水浴加热回流1h，迅速冷却至室温，再称定重量，用甲醇补足减失的重量，摇匀，滤过，取续滤液，即得。

2.2.3.4 线性关系的考查

取槲皮素、山奈素、异鼠李素对照品适量，精密称定，加甲醇制成每1ml含槲皮素468μg、山奈素206μg、异鼠李素80.4μg的对照品溶液，作为贮备液，分别精密吸取槲皮素、山奈素、异鼠李素适量，配制为不同的浓度，槲皮素：46.800、

37.440、18.720、9.360、4.680、0.234μg/ml，山奈素：10.300、5.150、2.575、1.288、0.644、0.412μg/ml，异鼠李素：72.360、64.320、32.160、16.080、8.040、2.412μg/ml。精密吸取上述对照品溶液20μl，注入液相色谱仪，记录色谱图，测定其峰面积，并以峰面积为纵坐标，槲皮素、山奈素、异鼠李素不同浓度为横坐标进行线性回归，得回归方程：①槲皮素 $Y=8×10^7X-4619$，$r = 0.9999$；②山奈素 $Y = 9×10^7X+694.4$，$r = 0.9990$；③异鼠李素 $Y = 8×10^7X-21128$，$r = 0.9999$。

2.2.3.5 精密度试验

精密吸取槲皮素、山奈素、异鼠李素混合对照品溶液20μl，注入液相色谱仪，共6次，记录色谱图，6次测定值的RSD低于2%，表明该仪器精密度良好。

2.2.3.6 重复性试验

取本品6份，每份1.0g，精密称定，制备供试品溶液，照色谱条件进样，记录色谱图，计算含量。结果表明：6份样品测定值的RSD低于2%，表明本法具有较好的重复性。

2.2.3.7 稳定性试验

取本品1.0g，精密称定，制备供试品溶液，室温下保存，根据色谱条件进样，分别在0、1、2、4、8、12h时测定其峰面积，计算其含量，供试品溶液中槲皮素、山奈素、异鼠李素峰面积积分值的RSD均低于2%，表明供试品溶液在12h内有较好的稳定性。

2.2.3.8 加样回收试验

取已知含量供试品0.5g，共9份，置具塞锥形瓶中，分别按已知含量的80%、100%、120%加入对照品，制备供试品溶液，根据色谱条件进样，依次测定，计算含量，结果表明槲皮素、山奈素、异鼠李素的加样回收率均在95~105%之间，平均回收率分别为97.71%、100.25%、99.93%，RSD%均低于2%，表明该方法回收率良好。

2.2.3.9 含量测定

取24批沙棘膏供试品，制备供试品溶液，进样，以干燥品计算沙棘膏中槲皮素、山奈素、异鼠李素的的含量，结果见表13-10。

沙棘

棉团铁线莲

表13-10　24批样品HPLC含量测定结果（ *n*=2 ）

编号	样品批号	槲皮素		山奈素		异鼠李素	
		含量（%）	含量（按干燥品计算（%）	含量（%）	含量（按干燥品计算（%）	含量（%）	含量（按干燥品计算（%）
1	SJG01	0.0144	0.0192	0.0058	0.0078	0.0415	0.0554
2	SJG02	0.2042	0.4534	0.0313	0.0696	0.2796	0.6208
3	SJG03	0.2024	0.4582	0.0244	0.0552	0.2916	0.6601
4	SJG04	0.2342	0.3777	0.0327	0.0527	0.2828	0.4561
5	SJG05	0.0545	0.0747	0.0220	0.0302	0.1186	0.1624
6	SJG06	0.0169	0.0234	0.0060	0.0083	0.0292	0.0403
7	SJG07	0.0121	0.0155	0.0051	0.0065	0.0345	0.0441
8	SJG08	0.0019	0.0041	0.0095	0.0208	–	–
9	SJG09	0.0089	0.0125	0.0270	0.0379	0.0155	0.0217
10	SJG10	0.0159	0.0248	0.0376	0.0587	0.0419	0.0654
11	SJG11	0.0096	0.0103	0.0037	0.0039	0.0293	0.0316
12	SJG12	0.0137	0.0188	0.0051	0.0070	0.0297	0.0406
13	SJG13	0.0182	0.0248	0.0067	0.00912	0.0419	0.0570
14	SJG14	0.0211	0.0296	0.0114	0.0160	0.0517	0.0726
15	SJG15	0.1707	0.2616	0.0240	0.0367	0.2094	0.3208
16	SJG16	0.3172	0.3982	0.0435	0.0547	0.3670	0.4507
17	SJG17	0.0874	0.1510	0.0140	0.0242	0.1319	0.2279
18	SJG18	0.0096	0.0152	0.0037	0.0058	0.0293	0.0464
19	SJG19	0.0963	0.1606	0.0153	0.0255	0.1430	0.2386
20	SJG20	0.0090	0.0106	0.0037	0.0043	0.0260	0.0305
21	SJG21	0.0126	0.0246	0.0048	0.0093	0.0302	0.0591
22	SJG22	0.0189	0.0260	0.0149	0.0205	0.0590	0.0813
23	SJG23	0.1356	0.1942	0.0046	0.0066	0.1748	0.2502
24	SJG24	0.0735	0.0914	0.0260	0.0324	0.2324	0.2893
平均值		0.0787	0.1286	0.0168	0.0263	0.1195	0.1921

2.3 讨论与小结

2.3.1 薄层鉴别

通过对薄层色谱的条件优化以及方法耐用性的考察发现，由于沙棘中含有大量的有机酸，酸性较强，因此采用酸性展开系统甲苯–乙酸乙酯–甲酸（5:2:1）以及含有3%醋酸钠的薄层板可以达到较好的分离效果。

2.3.2 总黄酮含量测定

因（SJG–08）沙棘膏总黄酮含量过低，且后期HPLC未能检测出山奈素、异鼠李素，因此不将其计入。23批沙棘膏中的总黄酮含量在0.55%～4.93%之间，平均含量为1.86%。因沙棘膏收集地区范围广，且各地区使用品种不同，其含量差异较大，考虑实际生产需要，初步拟定本品按干燥品计算，总黄酮含量以芦丁（$C_{27}H_{30}O_{16}$）计不得少于0.55%。

2.3.3 HPLC含量测定

从23批样品的测定结果可以看出：沙棘膏槲皮素、山奈素、异鼠李素的含量在0.0103%～0.4582%、0.0037%～0.0696%、0.0217%～0.6601%，与文献测定结果基本一致。批号为SJG–08沙棘膏未检异鼠李素，因此不计入。23批样品槲皮素、山奈素、异鼠李素含量差异较大，可能与各藏区所用沙棘品种不同，或制备工艺不同有关。因此，考虑实际生产需要，初步拟定本品按干燥品计算，含槲皮素（$C_{15}H_{10}O_7$）不得低于0.010%、含山奈素（$C_{15}H_{10}O_6$）不得低于0.003%、含异鼠李素（$C_{16}H_{12}O_7$）不得低于0.021%。

2.4 沙棘膏质量标准草案

沙 棘 膏

Shajigao

HIPPOPHAE RHAMNOIDES EXTRACT

本品系藏族习用提取物，是由沙棘Hippophae rhamnoides L.的成熟果实加水制成的浸膏。

【制法】取沙棘（粗粉），加水15倍量，煎煮二次，每次2h，滤过，合并滤液，滤液于60℃减压浓缩成相对密度为1.30～1.40（60℃）稠膏，即得。

木贼

【性状】本品为棕黄色至深棕褐色稠膏状物，气微香，味酸。

【鉴别】取本品1g，加甲醇50ml，超声处理（功率200W，频率40kHz）30min，滤过，取续滤液30ml，置具塞锥形瓶中，加盐酸3ml，水浴中加热水解30min，立即冷却，滤过，取续滤液20ml，蒸干，残渣加水20ml使溶解，用乙酸乙酯萃取2次，每次20ml，合并乙酸乙酯液，蒸干，残渣加甲醇1ml使溶解，作为供试品溶液。另取沙棘对照药材1g，同法制成对照药材溶液。再取槲皮素对照品、异鼠李素对照品，加甲醇分别制成每1ml各含0.56mg、0.05mg的对照品溶液。照薄层色谱法（附录ⅥB）试验，吸取供试品溶液1～10μl、对照药材溶液与对照品溶液各2μl，分别点于同一含3%醋酸钠溶液制备的硅胶G薄层板上，以甲苯-乙酸乙酯-甲酸（5∶2∶1）为展开剂，展开，取出，晾干，喷以三氯化铝试液，置紫外光灯（365nm）下检视。供试品色谱中，在与对照药材色谱和对照品色谱相应的位置上，显相同颜色的荧光斑点。

【检查】水分　不得过56.0%（附录ⅨH第一法）。

总灰分　按干燥品计，不得过9.0%（附录ⅨK）。

水中不溶物　精密称取本品1g，加水25ml搅拌溶解后，每分钟2000转，离心30min，弃去上清液，沉淀加水25ml，搅匀。再照上法离心洗涤，直至洗液无色澄明为止，沉淀用少量水洗入已干燥至恒重的蒸发皿中，置水浴上蒸干，在105℃干燥至恒重，遗留残渣不得过11.0%。

其他 应符合流浸膏剂与浸膏剂项下有关的各项规定（附录ⅠO）。

【含量测定】总黄酮　对照品溶液的制备　取芦丁对照品10mg，精密称定，置50ml量瓶中，加甲醇适量，超声使溶解，放冷，加甲醇至刻度，摇匀，即得（每1ml含芦丁0.2mg）。

标准曲线的制备　精密量取对照品溶液1ml、2ml、3ml、4ml、5ml、6ml，分别置25ml量瓶中，各加60%甲醇至6ml，加5%亚硝酸钠溶液1ml。混匀，放置6min，加10%硝酸铝溶液1ml，摇匀，放置6min，加氢氧化钠试液10ml，再加60%甲醇至刻度，摇匀，放置15min，以相应试剂为空白，照紫外-可见分光光度法（附录ⅤA），在500nm的波长处测定吸光度，以吸光度为纵坐标，浓度为横坐标，绘制标准曲线。

测定法　取本品约1g，精密称定。精密量取60%甲醇50ml，称定重量，加热回流30min，放冷，再称定重量，用60%甲醇补足减失的重量，摇匀，滤过，取续滤液，作为供试品溶液。精密量取供试品溶液3ml，置25ml量瓶中，加60%甲醇至6ml，照标准曲线制备项下的方法，自"加亚硝酸钠溶液1ml"起，依法测定吸光度，同时取供

试品溶液3ml，除不加氢氧化钠试液外，其余同上操作，作为空白，从标准曲线上读出供试品溶液中含芦丁的重量（mg），计算，即得。

本品按干燥品计算，含总黄酮以芦丁（$C_{27}H_{30}O_{16}$）计，不得少于0.55%。

槲皮素、山柰素、异鼠李素 照高效液相色谱法（附录ⅥD）测定。

色谱条件与系统适用性试验 以十八烷基硅烷键合硅胶为填充剂；以甲醇-0.4%磷酸溶液（50∶50）为流动相；检测波长为370nm。理论板数按槲皮素峰计算应不低于3500。

对照品溶液的制备 分别取槲皮素对照品、山柰素对照品、异鼠李素对照品适量，精密称定，加甲醇制成每1ml分别含槲皮素37μg、山柰素5μg、异鼠李素64μg的混合溶液，作为对照品溶液。

供试品溶液的制备 取本品约1g，精密称定，置具塞锥形瓶中，精密加入盐酸的甲醇溶液（3→50）50ml，称定重量，置80℃水浴加热回流1h，迅速冷却至室温，再称定重量，用甲醇补足减失的重量，摇匀，滤过，取续滤液，即得。

测定法 分别精密吸取对照品与供试品溶液各20μl，注入液相色谱仪，测定，即得。本品按干燥品计算，含槲皮素（$C_{15}H_{10}O_7$）不得少于0.010%、山柰素（$C_{15}H_{10}O_6$）不得少于0.003%、异鼠李素（$C_{16}H_{12}O_7$）不得少于0.021%。

【贮藏】密封。

3 沙棘果油质量标准研究

3.1 沙棘果油提取工艺研究

采用均匀设计法优选沙棘全果油溶剂法提取工艺，建立的沙棘全果油溶剂法提取工艺稳定、可行，适合放大生产。

3.1.1 实验材料

3.1.1.1 仪器

赛多利斯BP121S电子分析天平，Spectrumlab 22PC分光光度计；电子调压电热套。

3.1.1.2 试剂

重铬酸钾为优级纯，其他试剂均为分析纯。

3.1.1.3 实验样品

在四川省阿坝藏族羌族自治州小金县新桥沟定点采集研究用药

牛蒡子

沙棘

材，经检验符合《中国药典》2005年版一部沙棘项下有关规定。实验前粉碎成粗粉（水分含量8.22%）。沙棘酮［符合药品标准WS-10001-（HD-1311）-2003］，沙棘果油（符合行业标准HB/QS001-94，压榨离心工艺），以上由四川美大康药业股份有限公司提供。

3.1.2 实验方法与结果

3.1.2.1 沙棘全果油提取工艺研究

（1）提取溶剂的选择

溶剂法的关键在于溶剂的选择，溶剂需要对沙棘油溶解具有选择性（不影响沙棘酮原料药的提取工艺），需要保持沙棘油中不饱和脂肪酸的稳定性（溶剂沸点<200℃），综合考虑溶剂的理化性质、安全系数以及经济性，参考有机溶剂残留量指导原则（Impurities Guideline for residual solven ICH，2005），选用毒性较小的溶剂作为沙棘全果油提取工艺备选溶剂（表13-11）。

表13-11 沙棘全果油提取溶剂的筛选

溶剂种类	溶剂分类	沸点（℃）	沙棘油溶解性能	醋柳黄酮溶解值（%）[*]
正己烷	Ⅱ	68.7	混溶	3.22
环己烷	Ⅱ	80.7	混溶	2.65
正戊烷	Ⅲ	36.1	混溶	3.31
丙酮	Ⅲ	56.1	混溶	20.24
醋酸乙酯	Ⅲ	77.1	混溶	13.91
正庚烷	Ⅲ	98.4	混溶	2.90

[*]：醋柳黄酮溶解值=残留物重/30ml×50ml/样品重量×100%

（2）溶剂对沙棘油溶解性能考察方法

精密量取沙棘油10ml，溶剂10、20、30ml加入，分别置100ml分液漏斗中，振摇使溶解，静置5h，观察溶剂对沙棘油的混溶情况。

（3）溶剂对沙棘酮溶解性能考察方法

称取沙棘酮约1g，精密称定，精密加入溶剂50ml，置具塞三角瓶中，密塞，精密称定重量，超声处理30min，静置1h，滤过，精密量取续滤液30ml，置已干燥至恒重的蒸发皿中，水浴蒸干，于105℃干燥1h，测定残留物的重量，计算溶解值。

结果表明：极性较小的烷烃类溶剂对沙棘果油的溶解有较高的选择性，其中正己烷已被美国列入18种危险的空气污染物之一，在商业供应6种碳氢溶剂中正庚烷浸出效力与己烷相似，适于替代己烷，选择正庚烷作为沙棘果油的提取溶媒，可行性与安全性良好。

3.1.2.2 提取工艺的优化筛选

（1）提取工艺的实验设计

根据均匀设计试验和溶剂法提取工艺特点，选择溶剂用量、提取时间、提取次数三个因素，采用拟水平法，每个因素确定6个水平，因素水平设计表见表13-12，按 U 6*（63）均匀表安排试验，试验安排与试验结果表见表13-13。

表13-12 均匀设计因素水平设计表

因素/水平	溶剂用量（倍数）A	提取时间（h）B	提取次数（次）C
1	4	3	1
2	4	4	1
3	6	5	2
4	6	6	2
5	8	7	3
6	8	8	4

表13-13 均匀设计试验安排与试验结果表

实验号	溶剂用量（倍数）A	提取时间（h）B	提取次数（次）C	得油率（g/100g药材）	总类胡萝卜素含量（mg/100g药材）	综合评分*^{Y}
1	4	4	2	9.80	121.8	95.85
2	4	6	3	10.53	117.6	97.61
3	6	8	1	8.89	117.8	89.91
4	6	3	3	9.78	119.8	94.94
5	8	5	1	8.90	111.9	87.56
6	8	7	2	10.06	123.5	97.77

*：对两个评价指标，采用综合评分进行数据分析，得油率、总类胡萝卜素含量权重系数分别为0.5、0.5，综合评分=得油率评分+总类胡萝卜素含量评分。

得油率评分=（得油率/得油率最大值）×0.5×100。

总类胡萝卜素含量评分=（总类胡萝卜素含量/总类胡萝卜素含量最大值）×0.5×100

泡囊草

沙棘

（2）提取工艺的试验方法

每份称取80g沙棘粗粉，共计8份，按表确定的试验安排，加入各试验号项下规定的溶剂用量，按各试验号项下规定的提取时间和提取次数，进行回流提取，提取液滤过，滤液备用。

（3）提取工艺的考察指标与评价方法

沙棘油中含有丰富的不饱和脂肪酸类、类胡萝卜素类等成分，其中类胡萝卜素对沙棘油的生理活性具有重要意义，前苏联早把沙棘油中总类胡萝卜素的含量作为评定沙棘油的标准指标之一，行业标准中规定总类胡萝卜素的含量作为评价沙棘果油的重要指标之一。

得油率：分取各实验号的提取液，脱脂棉过滤，适当回收溶剂，至量瓶中，加溶剂至刻度，摇匀，静置过夜，精密量取上清液适量，置称定重量的烧瓶中，水浴加热（控制温度在65℃），旋转蒸发仪减压回收溶剂，置硫酸减压干燥器中干燥至恒重，精密称定，计算得油率。

总类胡萝卜素含量：按照中华人民共和国行业标准HB/Q S001-94沙棘果油项下总类胡萝卜素含量的测定方法。

重铬酸钾标准溶液：精密称取0.3600g于105℃烘干2h的重铬酸钾，置1000ml量瓶中，加水使溶解，加水至刻度，摇匀，即得（其色泽相当于1ml中含有0.00236mg β-胡萝卜素溶液的颜色）。

供试品溶液：称取0.3g左右样品（精确到0.002g），用总体积40ml（1:1）丙酮-石油醚（60℃~90℃）混合液，分次将样品转移至盛有50ml水的分液漏斗中，轻轻振摇20s，静置分层，弃去水-丙酮层，再用水洗涤石油醚层4次，每次50ml，轻轻振摇20s，分取石油醚层，加少量无水硫酸钠脱水，然后用少量预先用石油醚洗涤过的滤纸滤过，滤液置50ml量瓶中，用少量石油醚分次洗涤，洗液并入量瓶中，加石油醚至刻度，摇匀。精密移取供试品溶液1ml，置10ml量瓶中，加石油醚至刻度，摇匀。

测定法：以石油醚为空白，用1cm厚比色皿，在451nm分别测定供试品溶液和重铬酸钾标准溶液的吸光度，按下公式计算，即得。样品中总类胡萝卜素含量按下式计算：

$$总类胡萝卜素（mg/100g）= \frac{K \times A_1 \times 5 \times 10^4}{A_2 \times M}$$

式中，A_1表示供试品溶液的吸光度；A_2表示重铬酸钾标准溶液的吸光度；

K表示重铬酸钾标准溶液的颜色相当于β-胡萝卜素溶液的浓度0.00236mg/ml；M表示样品称样量，g。

（4）提取工艺的试验结果分析

采用统计软件对均匀设计试验综合评分数据进行二次多项式逐步回归分析：

回归方程：$Y = 66.27 + 0.77 \times B + 22.17 \times C - 4.36 \times C \times C - 0.05 \times A \times C$

显著水平：$P = 0.0094$，回归方程有显著性意义

相关系数：$r = 0.9999$

为了保证提取工艺能合理可行，进行优化试验，根据所得的回归方程进行优化预测，兼顾效率、降低消耗，确定验证试验方案：①溶剂用量为8倍量，提取时间为8h，提取次数为3次，综合评分为95.42；②溶剂用量为4倍量，提取时间为4h，提取次数为2次，综合评分为95.85。

（5）提取工艺的验证试验

按提取工艺验证试验方案①进行验证试验见表13-14。

表13-14　验证试验结果

试验号	得油率（g/100g药材）	总类胡萝卜素含量（mg/100g油）
1	9.76	116.4
2	9.92	131.8
3	9.71	122.5
平均值	9.80	123.6

按提取工艺验证试验方案②进行验证试验见表13-15。

表13-15　验证试验结果

试验号	得油率（g/100g药材）	总类胡萝卜素含量（mg/100g油）
1	9.80	121.8
2	9.62	115.2
3	9.24	120.3
平均值	9.55	119.1

披针叶黄华

沙棘

结果表明：验证试验方案①②试验结果差异不明显。

（6）提取工艺的评价结果

根据工业生产要求，兼顾效率与消耗，选择验证试验方案②，与均匀设计试验号1的各因素水平取值相同，即溶剂总用量较少（8倍）、提取总时间较少（8h）、提取次数较少（2次），提取效率较高。

以上结果表明沙棘全果油的溶剂法优化工艺应为：溶剂选择正庚烷，加热保持微沸提取2次，溶剂用量为4倍量，时间为每次4h。

（7）讨论与小结

行业标准中规定沙棘果油中含总类胡萝卜素的含量不得低于150mg/100g，试验研究结果表明，沙棘全果油中含量在100mg/100g以上，与行业标准的沙棘果油的含量存在明显差异，目前仅对一批次的沙棘药材进行了研究，尚不能确定沙棘全果油中总类胡萝卜素的含量限度，应收集不同产地的沙棘进行多批次比较，以确定沙棘全果油的质量要求。

测定验证试验号1所得的沙棘全果油中亚油酸的含量，含量为15.74%，略低于超临界流体CO_2工艺提取的结果（17.19%），但明显高于压榨离心工艺的结果（4.43%），说明本试验研究提供了具有可行性的沙棘全果油提取工艺及其工艺参数。

本试验研究采用的正庚烷溶剂，具有污染小，安全系数较高的优点。确定了有机溶剂热提法提取沙棘全果油的最佳工艺参数，具有工艺成熟、易于推广的优点。

3.2 沙棘果油含量测定

3.2.1 实验材料

3.2.1.1 仪器

惠普HP–6890/5973气相色谱–质谱仪（美国），岛津GC–14B气相色谱仪（日本）；氢火焰离子化检测器（FID）（日本）；N2000色谱数据工作站（浙江大学智达信息工程有限公司）。

3.2.1.2 试剂

亚油酸甲酯对照品：Assay≥98.5%，Fluka Chemie（Packed in Switzer-land）；亚油酸对照品：Purity：99%，CHEM SERVICE Inc；正己烷、甲醇、氢氧化钾、氯化钠为分析纯，三氟化硼为化学纯；

3.2.1.3 实验样品

沙棘果油（批号：040201，采用压榨离心法提取）由四川美达康药业股份有限公司提供，其余批次样品均由成都中医药大学民族医药研究所提供。

3.2.2 实验方法与结果

3.2.2.1 沙棘果油的脂肪酸鉴定及组成分析

（1）GC-MS分析沙棘果油脂肪酸鉴定

试验条件：色谱柱innowax 30mm×0.25mm×0.25μm；色谱条件：汽化室260℃、柱箱120~260℃（10℃/min）；Ei：70eV。

结果见图13-19、表13-16。

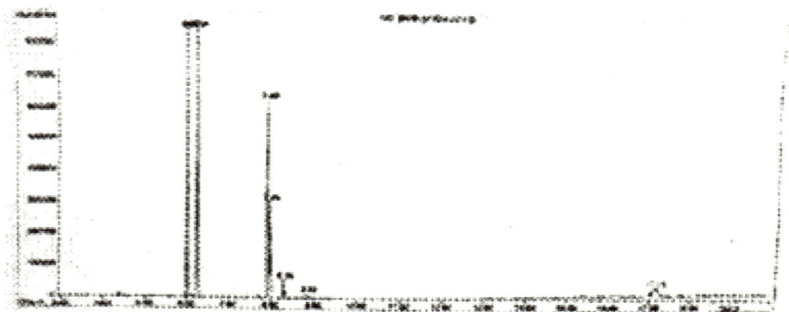

图13-19　沙棘果油脂肪酸总离子流图

表13-16　沙棘果油中脂肪酸鉴定结果

脂肪酸甲酯（系统命名）	代表脂肪酸（通俗命名）	代表脂肪酸（速记命名）
十四碳酸甲酯	豆蔻酸	$C_{14}:0$
十五碳酸甲酯	/	$C_{15}:0$
十六碳酸甲酯	棕榈酸（软脂酸）	$C_{16}:0$
十六碳一烯酸甲酯	棕榈一烯酸（棕榈油酸）	$C_{16}:1$
十六碳二烯酸甲酯	棕榈二烯酸	$C_{16}:2$
14-甲基-十六碳酸甲酯	/	
十八碳酸甲酯	硬脂酸	$C_{18}:0$
十八碳一烯（9）酸甲酯	（9）油酸	$C_{18}:0$
十八碳一烯（8）酸甲酯	（8）油酸	$C_{18}:0$
十八二烯酸甲酯	亚油酸	$C_{18}:0$
十八碳三烯酸甲酯	亚麻酸	$C_{18}:0$
二十碳酸甲酯	花生酸	$C_{20}:0$

（2）GC法分析沙棘果油的脂肪酸组成

供试品溶液的制备：取供试品120mg，精密称定，置10ml具塞试管中，加0.5mol/L氢氧化钾甲醇溶液2ml，充氮气，在60℃水浴中放置20min，待油珠溶解，放冷，加15%三氟化硼甲醇溶液2ml，充氮气，在60℃水浴放置6min，放冷，精密加入正已烷2ml，振摇，加饱和氯化钠溶液2ml，静置，取上层溶液，即得。

参考国家标准GB/T17377-1998，调整温度及载气流速，确定如下色谱条件。

色谱柱：以丁二酸二乙二醇聚酯（DEGS）为固定相，担体为60～80目ChromsorbWAWDMCS，涂布浓度为10%;石英玻璃柱3.3mm×2.1m。

温度：柱温165℃，汽化室215℃，检测器215℃;

载气流速（柱前压）：高纯氮150kPa；氢气70kPa；空气50kPa。

在此色谱条件下，样品经前处理后进样2μl，以保留时间定性，峰面积定量，归一化法计算沙棘果油的脂肪酸组成，色谱图见图13-20，结果见表13-17。

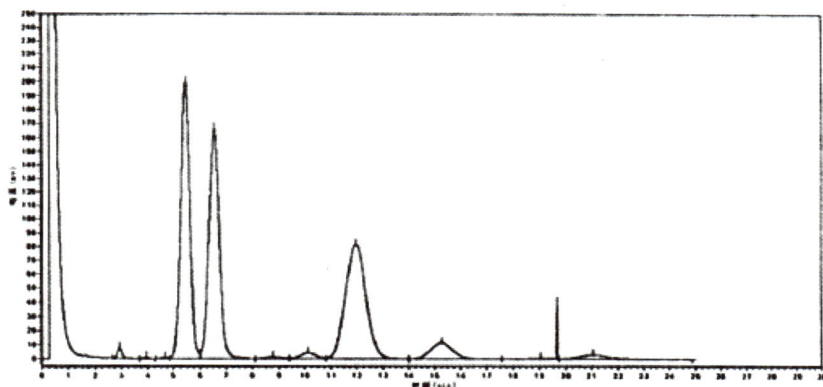

图13-20 沙棘果油（批号：040201）气相色谱图
（色谱峰所代表的脂肪酸成分如表13-17）

表13-17 沙棘果油中脂肪酸组成

峰号	峰名	保留时间	含量
1	豆蔻酸（C14：0）	2.923	0.6087
2	棕榈酸（C16：0）	5.465	31.7089
3	棕榈一烯酸（C16：1）	6.548	29.8307
4	硬脂酸（C18：0）	10.132	1.1974
5	油酸（C18：1）	11.998	29.3855
6	亚油酸（C18：2）	15.265	4.5332
7	花生酸（C20：0）	19.032	0.4741
8	亚麻酸（C18：3）	21.065	1.6973
—	其他脂肪酸	—	0.5642

3.2.2.2 气相色谱法测定沙棘果油中亚油酸含量

沙棘果油中亚油酸具有降血脂作用，能降低血压、减少血小板凝集和增强红细胞变形能力；且化学性质稳定，含量较亚麻酸、维生素E等其他活性成分高，因此本试验选择亚油酸作为质控指标，建立气相色谱法测定沙棘果油甲酯化后亚油酸甲酯的含量，计算沙棘果油中亚油酸含量。结果表明，该方法快速、准确，重现性好，能够控制该制剂总脂肪酸的质量。

（1）色谱分离条件

参考国家标准GB/T17377-1998，调整温度及载气流速，色谱柱：以丁二酸二乙二醇聚酯（DEGS）为固定相，担体为60~80目Chromsorb WAWDMCS，涂布浓度为10%；石英玻璃柱3.3mm×2.1m。温度：柱温165℃，汽化室215℃，检测器215℃；载气流速：高纯氮150kPa；氢气70kPa；空气50kPa。在此色谱条件下，样品经前处理后进样2μl，经分离检测得沙棘果油中亚油酸色谱峰，与标准品出峰一致。

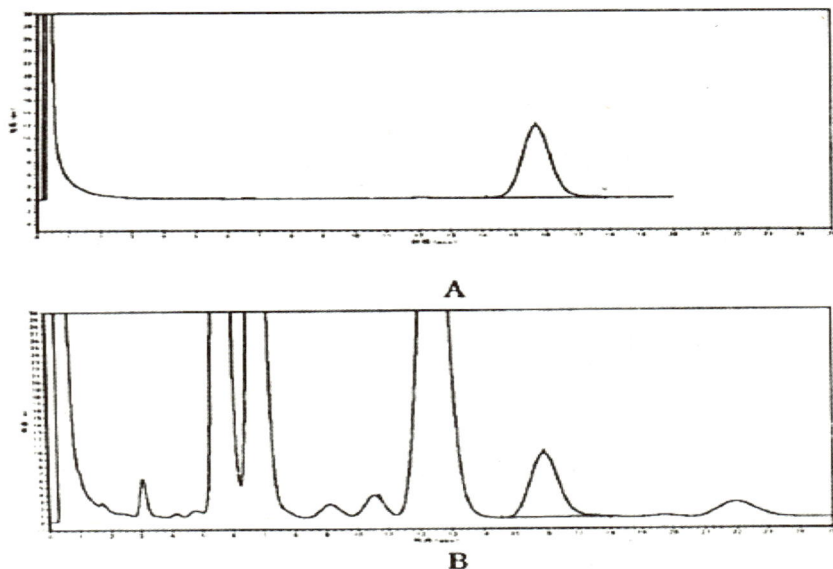

图 13-21　对照品及样品气相色谱图
A.对照品；B.样品；1.亚油酸甲酯

（2）供试品溶液及对照品溶液制备

供试品溶液的制备　考察了沙棘果油皂化条件、甲酯化条件，

沙棘

祁州漏芦

确定供试品制备方法如下：取供试品120mg，精密称定，置10ml具塞试管中，加0.5mol/L氢氧化钾甲醇溶液2ml，充氮气，在60℃水浴中放置20min，待油珠溶解，放冷，加15%三氟化硼甲醇溶液2ml，充氮气，在60℃水浴放置6min，放冷，精密加入正己烷2ml，振摇，加饱和氯化钠溶液2ml，静置，取上层溶液，即得。

亚油酸甲酯对照品溶液的制备　取亚油酸甲酯对照品适量，精密称定，加正己烷制成2.08mg/ml的溶液，即得。

亚油酸对照品溶液的制备　取亚油酸甲酯对照品适量，精密称定，加正己烷分别制成1.82mg/ml、2.28mg/ml、2.73mg/ml的溶液，备用。

（3）精密度试验

为考察进样精密度，精密吸取亚油酸甲酯对照品2μl注入气相色谱仪，重复进样5次，测定峰面积值为649726、649732、650076、676721、648724，根据平均值和标准差求得RSD为1.86%。

（4）线性关系考察

精密移取的亚油酸甲酯对照品（20.78mg/ml）储备液0.5ml、1.0ml、2.0ml、3.0ml、4.0ml、5.0ml置于10ml量瓶中，加正己烷稀释至刻度，摇匀，制备成浓度分别为1.04mg/ml、2.08mg/ml、4.16mg/ml、6.23mg/ml、8.31mg/ml、10.39mg/ml的对照品溶液，按上述色谱条件，精密吸取上述对照品溶液2μl，注入气相色谱仪，测定峰面积值，以峰面积为纵坐标，亚油酸甲酯量为横坐标，绘制标准曲线，计算回归方程为：$Y=159878X-12216$，$r=0.9998$，亚油酸甲酯在2.08～20.78μg内，进样量与峰面积具有良好的线性关系。

（5）重现性考察

取沙棘果油（批号：040201），分别制备供试品溶液，按上述色谱条件测定，采用外标法计算，测得软胶囊内容物中亚油酸的含量为36.19mg/g、36.75mg/g、35.72mg/g、36.07mg/g、36.09mg/g，平均值36.16mg/g，RSD=1.03%。

（6）回收率试验

取1.82mg/g、2.28mg/g、2.73mg/g亚油酸对照品对照品溶液1ml各两份，置100ml圆底烧瓶中，挥干。取装量差异项下沙棘果油6份，每份0.5g，精密称定，分别置上述100ml圆底烧瓶中，制备供试品溶液。测定并计算回收率。结果，加样回收提取率别为101.82%、102.44%、103.16%、103.75%、104.21%、104.57%，平均回收率为103.33%，RSD为1.02%（图13-18）。

表13-18　回收率试验

试验号	样重（g）	样品中亚油酸的量（mg）	加入亚油酸的量（mg）	测得亚油酸的量（mg）	回收率（%）	平均回收率（%）	RSD（%）
1	0.0640	2.31	1.82	4.17	101.82		
2	0.0642	2.32	1.82	4.19	102.44		
3	0.0615	2.22	2.28	4.57	103.16	103.75	1.02
4	0.0636	2.30	2.28	4.66	103.75		
5	0.0678	2.45	2.73	5.30	104.21		
6	0.0673	2.43	2.73	5.29	104.57		

（7）含量测定

采用压榨离心法、溶剂浸提法、超临界萃取法，对四川省阿坝藏族羌族自治州小金县沙棘药材中沙棘果油进行提取。溶剂浸提法与超临界萃取法提取工艺的药材前处理方法为：鲜果烘干后粉碎，粉末作为提取原料药材。

采用3种工艺，共提取七批沙棘果油样品，分别制备供试品溶液，按上述色谱条件测定亚油酸甲酯峰面积值，用外标法计算不同批次沙棘果油中亚油酸含量，结果见表13-19。

表13-19　七批沙棘果油亚油酸含量

批号	原料药材来源地点	提取方法	亚油酸含量（%）
040201	-	压榨离心法	3.62
041101	四川省小金县新桥沟	压榨离心法	4.43
030401	四川省小金县新桥沟	溶剂浸提法	15.74
030402	四川省小金县美沃乡	溶剂浸提法	15.10
030403	四川省小金县崇德乡	溶剂浸提法	14.71
040401	四川省小金县新桥沟	超临界萃取法	17.19
040402	四川省小金县新桥沟	超临界萃取法	17.87

3.3 讨论与小结

本试验通过GC-MS确定了沙棘果油中脂肪酸组成，结合GC测定色谱图，证明采用压榨离心法提取的沙棘果油主要由棕榈酸、棕榈一烯酸、油酸等组成。

本试验参考动植物油脂-脂肪酸甲酯制备国家标准GB/T17376-

歧花鸢尾

沙棘

1998，采用0.5mol/L氢氧化钾甲醇为皂化溶液，考察了皂化溶液用量，皂化时间，皂化温度；采用15%三氟化硼甲醇溶液为甲酯化溶液，考察了甲酯化溶液用量，甲酯化时间，甲酯化温度，最终确定了沙棘果油中亚油酸甲酯制备方法。

本试验参考动植物油脂-脂肪酸甲酯的气相色谱分析国家标准GB/17377—1998，建立了气相色谱法测定亚油酸甲酯的方法，进而计算制剂中亚油酸含量。实验结果表明，本实验方法快速、准确、重现性好，对于产品的生产和质量控制有积极的意义。

表13-19说明通过不同提取工艺提取沙棘果油中亚油酸含量变化极大，原因在于压榨离心法工艺流程为榨汁后离心收取油脂，油脂中主要为沙棘果肉油，因此亚油酸含量较低。而超临界萃取法和溶剂萃取法条件下，沙棘原料粉碎造成沙棘籽破碎，因此沙棘果油中含有沙棘籽油。

参考文献

[1] 谭尔，江道峰，苏永文，等. 基于 TCMGIS 的青藏高原沙棘生态适宜性研究[J]. 世界科学技术—中医药现代化，2014，16（1）：130-134.

[2] 陈雏. 青藏高原沙棘属植物资源与品质评价[D]. 成都：四川大学博士学位论文，2007.

[3] 苏永文，谭尔，张静，等. 3种不同基原藏药沙棘的¹H-NMR代谢组学研究[J]. 中国中药杂志，2014，39（21）：4234-4239.

[4] 范刚，周林，赖先荣，等. 基于代谢组学技术的中药质量控制研究思路探讨[J]. 世界科学技术-中医药现代化，2010，12（6）：870-875.

[5] 陈学林，马瑞君，孙坤，等. 中国沙棘属种质资源及其生境类型的研究[J]. 西北植物学报，2003，23（3）：451-455.

[6] 廉永善，陈学林，于倬德，等. 沙棘属植物起源的研究[J]. 沙棘，1997，10（2）：1-7.

[7] 周道珊. 中国沙棘和云南沙棘的遗传多样性研究[D]. 北京：中国林业科学院硕士学位论文，2005.

[8] 郑瑞霞，杨峻山. 中国沙棘果实化学成分的研究[J]. 中草药，2006，37（8）：1154-1155.

[9] Zhang J, Gao W, Cao M, et al. Three new flavonoids from theseeds of Hippophae rhamnoides subsp. sinensis[J]. J Asian Nat. Prod Res, 2012, 14（12）：1122-1129.

[10] 陈雏，张浩，肖蔚. 中国沙棘果实的部分化学成分提取[J]. 国际沙棘研究与开发，2005，3（4）：25-27.

[11] 雍正平，陈雏，张浩，等. 中国沙棘果实的化学成分及其体外抗氧化活性研究［J］. 华西药学杂志，2010，25（6）：633-636.

[12] 刘雅蓉. HPLC法同时测定沙棘膏中槲皮素、山奈素、异鼠李素的含量[J]. 药物分析杂志，2008，28（5）：759-761.

[13] Xinjie Zhao，Yi Zhang，Xianli Meng，et al. Effect of a traditional Chinese medicine preparation Xindi soft capsule on rat model of acute blood stasis：A urinary metabonomics study based on liquid chromatography-mass spectrometry[J]. Journal of Chromatography B，2008，151–158.

[14] 冉先德. 中华药海（下）. 北京：东方出版社，1993：643.

[15] 杨洋，苏永文，刘 悦，等. 西藏沙棘质量标准研究[J]. 世界科学技术—中医药现代化[J]. 2014，16（1）：146–150.

[16] 刘娟，杨艳丽. HPLC法测定沙棘不同部位槲皮素和异鼠李素的含量［J］. 辽宁中医药大学学报，2010，12（6）：16–17.

[17] 杨洋，张艺，赖先荣，等. 沙棘膏质量控制的研究进展[J]. 华西药学杂志，2014，29（3）：345–347.

[18] 古锐，张艺，赖先荣，等. GC-MS分析沙棘果油脂肪酸组成及其亚油酸含量测定[J]. 成都中医药大学学报，2005，28（4）：49–52.

[19] 忻耀年，周伯川，常介周，等. 沙棘油的特性及其制油工艺的研究[J]. 中国油脂，1993，（2）：8–11.

[20] 银建中，毕明树，孙文献，等. 超临界CO_2沙棘油的实验研究及数值模拟[J]. 高校化学工程学报，2001，15（5）：481–482.

[21] 陈友地，姜紫蓉，秦文龙. 沙棘果油及其油脂的化学组成和性质研究[J]. 林产化学与工业，1990，10（3）：163–175.

（张艺）

沙棘

小画眉草

说明

为了体现丝绸之路特色，丰富读者的丝绸之路沿线植物分布知识，了解植物形态，本书页眉部分引用了部分《内蒙古中草药》（第一版）植物图片，在此对照片的提供者表示感谢，如有问题请与本书编者联系。

本书涉及的企业名称和商品名称均为了说明沙棘产品的国内市场情况，不涉及任何广告宣传，本书编者与所提到的企业和商品亦无任何关系，特此说明。